科学出版社"十四五"普通高等教育本科规划教材

大学物理实验
(第四版)

主　编　吕播瑞　李　坤　魏国东
副主编　王建荣　杨发万　刘　甲

科学出版社
北　京

内 容 简 介

本书是科学出版社“十四五”普通高等教育本科规划教材，是编者在多年实验讲义的基础上增加了研究性实验的内容编写而成的. 全书共6章，包括物理实验方法论、15个基础性实验、10个综合性实验、4个设计性实验、6个研究性实验及18个计算机仿真实验. 这53个实验涵盖了物理学领域内力学、热学、电磁学、光学及近代物理的各个范畴.

本书由基础理论到实验应用，难度由浅入深，系统地讲述了物理实验中的各个环节，可作为普通高等学校物理实验的教材，也可供相近专业的工程技术人员参考使用.

图书在版编目（CIP）数据

大学物理实验/吕播瑞，李坤，魏国东主编. —4版. —北京：科学出版社，2023.1

科学出版社“十四五”普通高等教育本科规划教材

ISBN 978-7-03-074287-2

Ⅰ. ①大… Ⅱ. ①吕… ②李… ③魏… Ⅲ. ①物理学-实验-高等学校-教材 Ⅳ. ①O4-33

中国版本图书馆CIP数据核字(2022)第239551号

责任编辑：乔宇尚 任俊红 田轶静 / 责任校对：杨聪敏

责任印制：赵 博 / 封面设计：华路天然工作室

科 学 出 版 社 出版

北京东黄城根北街16号

邮政编码：100717

http://www.sciencep.com

三河市春园印刷有限公司印刷

科学出版社发行 各地新华书店经销

*

2005年7月第 一 版 开本：787×1092 1/16

2023年1月第 四 版 印张：22

2025年1月第七次印刷 字数：577 000

定价：49.00元

（如有印装质量问题，我社负责调换）

前　言

大学物理实验课是理工科学生进入大学后接触到的第一门实验课程，是接受系统实验方法和实验技能训练的开端，是理工科专业对学生进行科学实验训练的重要基础. 通过大学物理实验课，学生将会学习基本实验仪器的使用、基本物理量的测量方法、基本的实验技能、基本的数据处理方法，更重要的是学会科学实验的基本思想. 这对于提升学生的独立工作能力和创新能力等是十分必要的. 因此，大学物理实验课是一门对所有的理工科学生来讲都很重要的基础课程.

本书是编者在多年实验教学的基础上，依据《理工科类大学物理实验课程教学基本要求》(2010 年版)编写而成的. 本书的目的就是让学生通过学习书中的实验方法、实验内容、实验设计而初步获得进行科学研究的基础能力.

本书在整体编排上，遵循由浅入深、循序渐进的原则，打破了传统的力、热、光、电、近代物理的界限，将大学物理实验划分为基础性实验、综合性实验、设计性实验、研究性实验和计算机仿真实验，形成从低到高、从基础到前沿、从接受知识到培养综合能力的分层次课程体系. 第 1 章物理实验方法论，主要讨论了物理实验中常用的实验方法，尤其是对误差理论与数据处理方法进行了详细的讨论. 第 2 章基础性实验，主要为基本物理量的测量、基本实验仪器的使用、基本实验技能的训练和基本测量方法与误差分析等，涉及力、热、电、光和近代物理各个学科，是大学物理实验的入门实验，也是适合于各专业的普及性实验. 第 3 章综合性实验，主要涉及力、热、电、光和近代物理技术的综合应用，目的在于培养学生综合思维与综合应用知识和技术的能力. 第 4 章设计性实验，由以前教师排好实验、准备好仪器、学生来做实验的状态，过渡到学生在教师指导下自己设计方案来完成实验，从而培养学生的综合思维和创造能力. 第 5 章研究性实验，让学生在具备一定的物理学和物理实验知识的基础上，进一步了解现代物理实验技术的思想、方法、技术和应用，以科研探究的方式进行实验，培养他们的创新思维、能力及合作精神. 第 6 章计算机仿真实验，将一些设备昂贵或有相当危险性的实验，以虚拟仿真的形式展现，开拓学生的视野. 此外，在绪论和重点实验环节配备了详细的视频资源，扫描书中二维码即可观看、学习.

实验教学是一项集体事业，本书是经过太原科技大学物理系全体同仁多次修订和改编逐步积累而成的. 山西科技学院的刘甲老师也在本书编写中做出了贡献. 本书的第 1 章由李坤编写，第 2 章和第 3 章由吕播瑞编写，第 4 章由王建荣、刘甲编写，第 5 章由杨发万编写，第 6 章由魏国东编写，最后由吕播瑞统稿、修改和定稿. 在党的二十大报告提出的“加强教材建设和管理”精神的指引下，在本书出版前，编者再次对全书进行了检查和梳理.

本书在编写过程中，借鉴了许多兄弟院校的相关资料和经验. 太原科技大学物理系的李晋红老师和刘淑平老师审阅了本书并提出了许多宝贵意见，太原科技大学教务处和应用科学学院对本书的编写和出版给予了极大的支持和鼓励，山西科技学院教务部对本书的编写和出版提供了强有力的支持，科学出版社的领导和编辑们为本书的出版也做了很多工作. 在此，向他们表示衷心的感谢！

限于编者水平，书中难免会有不当之处，敬请读者批评指正.

编　者
2022 年 11 月

目 录

第 1 章　物理实验方法论

绪论

1.1　物理实验方法的兴起与发展

物理学是一门研究物质间相互作用及运动规律的学科，是整个自然科学中最基础、最活跃的学科之一. 从本质上讲，物理学是一门以实验为基础的学科，物理学不能脱离实验而独立发展. 因此，实验是物理学科发展的基础，也是物理知识的源泉.

1.1.1　伽利略实验探索的思想和方法

在物理学发展的漫长历程中，前人对自然界做过不计其数的观测. 通过这些观测，人们提出了各种理论去解释这些现象，还制造出很多仪器，用于进一步观测. 例如，古巴比伦人发明了梁式天平，古希腊人阿里斯托芬有过利用透镜点火熔化石蜡的记述，欧几里得记载过用凹面镜聚焦太阳光的实验，阿利斯塔克第一次测定了太阳、地球、月亮之间的相对距离，等等. 在这些观测的基础上，人们慢慢地提高了对自然界的认识，逐渐发展出了物理学的雏形.

早在公元前，阿基米德就做过杠杆、滑轮等实验. 除此以外，他还做了浮力实验，建立了浮力定律. 他在《论浮体》一书中曾这样叙述："浸入静止流体中的物体受到一个浮力，其大小等于该物体所排开流体的重量，方向垂直向上并通过所排开流体的形心. "这就是一个从实验总结为理论的定量实验，即迄今仍被普遍使用的"阿基米德原理".

上述这些实验，无论从系统的观测和记录，还是在人为的条件下重现物理现象来看，都能够称得上是物理实验，但是这些实验毕竟还是零星且不系统的. 定量的实验很少，而定性的实验较多，大多数实验没有提升概括出理论，而只是现象的描述. 或者只做了一般的解释而没有形成系统的理论，即使形成了一些理论，也没有用其他实验去检验它. 因此，这并不能成为物理学真正的开端. 直到公元 16～17 世纪，伽利略等科学家开始运用实验来认识规律，具体地讲，伽利略在物理学研究方面把实验和逻辑推理(包括数学推演)有机地统一起来，有力地推进了人类科学认识的发展，这标志着物理学的真正开端. 这些科学家对物理学的发展做出了划时代的贡献，伽利略便是其中最杰出的代表之一.

伽利略曾经做了两个摆长完全相等的单摆，测量它们的周期，测量结果表明，摆长相等时，两个单摆的周期相等，与其所悬挂的物体重量无关. 接着，他又做了十几个摆长不同的单摆，逐个测量它们的周期. 实验表明：摆长越长，周期也越长. 在此实验的基础上，伽利略通过严密的逻辑推理，证明了单摆的周期与摆长的平方根成正比，而与摆的质量和材料无关；也曾做了斜面实验，验证了物体在重力作用下做匀加速运动的性质，总结出物体从静止开始做匀加速运动时，运动的距离与时间的平方成正比的普遍公式，并且利用几何关系建立了匀加速运动的平均速度与末速度关系的数学表达式. 他还根据实验事实，进行演绎推理，得出了许多物理学的理论结论. 他采用了一套对近代科学发展很有效、很具体的程序，即对现象的一般观察—实验观测—提出假设—运用数学和逻辑的手法演绎、推理得出推论—通过物理实验对推论进行检验—对假设进行修正和推广. 伽利略的科学思想方法有以下几个特点.

1. 运用科学推理和抽象分析

亚里士多德在他的著作《论天》中阐述:“两个不同质量的物体做自由落体运动时，较重的物体速率比较大，较轻的物体速率比较小.”伽利略用著名的逻辑推理反驳了这个论述，他指出:“如果亚里士多德的论断成立，即重物比轻物下落的速率大，那么将一轻一重两个物体拴在一起，下落快的重物会由于被下落慢的轻物拖着而减速，而下落慢的轻物会由于被下落快的重物拖着而加速，因而两个拴在一起的物体的下落速率将比两个中较重的物体下落速率小. 但两个物体拴在一起又要比原来较重的物体更重，下落速率应更大.”这样亚里士多德的论断陷于自相矛盾的困境. 这个流传了千余年的落体运动的谬误终于被伽利略纠正.

亚里士多德的另一论断:“作用于物体上的力一旦终止，物体就随即静止.”伽利略经过独立思考、推理，用抽象方法针对消除摩擦的极限情况来说明惯性运动，发现了惯性原理，纠正了统治物理界两千年之久的“力是维持速度的原因”的谬误.

2. 重视观察和实验

以哥白尼为代表的日心说和以亚里士多德为代表的地心说争论的焦点是，地心说认为如果地球做高速运动，为什么地面上的人一点也感觉不出来呢?为此伽利略亲自到船上做了十分细致的观察、实验，揭示了一条极为重要的真理，即从一个做匀速直线运动的船中发生的任何一种现象，是无法判断该船究竟是在运动还是停着不动. 这就是说，地球本身的运动对居住在地球上的人们来说是觉察不出来的. 这个结论从根本上否定了地心说对日心说的非难，现在人们称这个论断为伽利略相对性原理，这个重要原理后来也成为狭义相对论的两个基本原理之一.

伽利略还用自身的脉搏跳动作计时器，证明了摆的等时性，计算了摆的周期，并证明了摆的周期与摆的长度的平方根成正比，而与摆锤的重量无关. 这个实验的结论纠正了亚里士多德的“摆幅小需时少”的错误说法.

此外，伽利略还研究了匀加速运动，并用实验来验证他推出的公式，即从静止开始的匀加速运动，运动距离和时间的平方成正比，还把这一结果推广到自由落体运动.

3. 把实验探索和理论有机地结合起来

伽利略所发现的许多最基本的定理都是通过了实验和理论的双重证明并把两者有机地结合起来，从而既克服了实验不精确的缺陷，又摒弃了“万物皆数”的唯心主义对科学研究的不良影响. 值得注意的是，在伽利略的著作里所描述的实验都是理想化的，他所写出的实验数据都同理论有很好的符合，这很可能是因为他对数据进行了筛选. 这表明伽利略并没有被实验的表面现象束缚，能正确地对待和解释实验误差. 在他看来，实验结果与理想的简单规范之间的偏差只是某些次要因素干扰的结果.

综上所述，伽利略把科学的实验方法发展到了一个全新的高度. 从此，物理学的一个新时代开始了，物理学走上了真正科学的道路.

1.1.2 物理实验在物理学发展中的作用

在物理学发展的历程中，实验和理论互为依赖、相辅相成. 下面，我们从它们的相互关系来讨论物理实验在物理学发展中的作用.

1. 物理学理论是实验事实的总结

有许多物理学的理论规律是直接从大量实验事实中总结概括出来的. 例如，经典物理学中的开普勒三定律是依据第谷 · 布拉赫所积累的大量观测资料，采纳了哥白尼体系，又把哥白尼体系中的圆轨道修改为椭圆轨道而得到的. 牛顿是在伽利略、开普勒、胡克、惠更斯等的工作基础上，经过归纳总结，提出牛顿三大定律的.

不仅经典物理的规律是这样，近代物理的发展中也不乏这种例子. 例如，粒子物理中的奇异粒子就是 1947 年首先在宇宙射线中被观察到的. 后来，20 世纪 50 年代在加速器实验中发现了一批粒子，它们协同产生，非协同衰变，而且是产生快、衰变慢. 经研究，需要引进一个新的守恒量来对其进行概括，于是提出了一个新的量子数——奇异数. 普通粒子的奇异数为零，奇异粒子的奇异数不为零. 这是完全从实验规律中总结而来的.

2. 物理学中的争论需要用实验去判定

在物理学中，对某一问题的看法常常会产生几种不同意见. 而这些意见的对错往往并不直观，最终还要靠实验做出判断.

比如，在对光本质认识的历史过程中，微粒说和波动说的争论持续过很长一段时间. 最初，由于光的成像和直线传播的事实，人们很自然地支持了微粒说. 可是，光的独立传播，即两束光交叉后，还是各自按原来的方向和强度传播，又给惠更斯的波动说提供了有力的佐证. 杨氏双缝干涉实验证明光是一种波，马吕斯发现的光的偏振也证明光是一种横波. 1905 年 3 月，爱因斯坦在德国《物理年报》上发表了题为《关于光的产生和转化的一个推测性观点》的论文，他认为对于时间的平均值，光表现为波动性；对于时间的瞬间值，光表现为粒子性. 这是历史上第一次揭示微观客体波动性和粒子性的统一，即波粒二象性. 这一科学理论最终得到了学术界的广泛接受. 1921 年，康普顿在实验中证明了 X 射线的粒子性. 1927 年，杰默尔和后来的乔治 · 汤姆孙在实验中证明了电子束具有波的性质. 同时人们也证明了氦原子射线、氢原子和氢分子射线具有波的性质. 在新的事实与理论面前，光的波动说与微粒说之争以“光具有波粒二象性”而落下了帷幕.

3. 实验是修正错误的依据和发展理论的起点

实验常常成为纠正错误理论的依据和发展理论的新起点. 例如，古希腊的亚里士多德曾经断言：体积相等的两个物体，较重的下落较快. 他认为，物体下落的快慢精确地与它们的重量成正比. 这种理论曾经影响了人们 1800 多年. 但以后的无数实验事实以及伽利略的逻辑分析，都无可争辩地否定了亚里士多德的观点.

1911 年，昂内斯在观察低温下水银的电导变化时，在 4.2 K 附近发现电阻突然消失的现象，后来又观察到许多金属在低温下都存在超导状态(即电阻率为 0). 由此产生了一个新的物理学分支领域——超导物理.

以上我们强调了实验在物理学发展中的重要作用，但是，并没有丝毫轻视理论的意思. 在物理学的发展史上，理论的发展往往有其相对的独立性. 在一个相当长的时期内，理论可以独立于实验而发展，而且这种独立的趋势还可能随着物理学的进一步发展而扩展. 然而，归根结底，新理论的提出还是需要一定的实验事实来支撑，并且绝不能违背已有的实验事实.

物理学发展到今天，在理论指导下进行实验就变得更加重要了. 因为除了天文现象以外，已经很少有在一般条件下就可以观察到的新的、具有前所未有的理论价值的实验现象了. 现代物理实验往往要用大型或非常精密的仪器，花费很多人力、物力和时间，在一定的特殊条件下去探索，并且经过大量数据处理才可能获得结果.

1.2 物理实验中的实验方法

在物理学中，基本物理量包括长度、质量、时间、热力学温度、电流强度与发光强度以及物质的量等. 除此之外，电动势、电压及电阻也是物理实验中十分重要的物理量. 本章将分别介绍上述这些物理量的基本实验方法.

1.2.1 实验方法

物理学是一门实验科学. 包罗万象的物理规律，是通过对现象的观察分析，对物理量的反复测量而建立的. 物理量的测量方法种类繁多，在大学物理实验中，归纳起来，可以概括出以下基本实验方法，分别为：比较法、模拟法、放大法、平衡法、补偿法和仿真法等.

1. 比较法

比较法是将被测量与标准量进行比较而得出测量值的测量办法. 例如，用米尺测量长度，就是将被测长度与标准长度(m、cm、mm 等)进行比较；用天平测质量，就是将被测质量与标准质量(kg、g、mg 等)进行比较；又如测量光栅衍射的各级衍射角，也是用比较法通过分光计上已刻好分度的圆游标测出的. 由此可见，所有的测量广义上来讲都属于比较法. 比较法是物理测量中最普通、最基本、最常用的测量方法，分为直接比较法和间接比较法.

2. 模拟法

人们在研究物质运动规律、各种自然现象和进行科学研究以及解决工程技术问题中，常会遇到一些由于研究对象过于庞大、变化过程太迅速或太缓慢、所处环境太恶劣太危险以及直接测量会对待测量发生干扰等情况，致使对这些研究对象难以进行直接研究或实地测量. 于是，人们以相似理论为基础，不直接研究自然现象或过程本身，而是在实验室中，模仿实验情况，制造一个与研究对象的物理现象或过程相似的模型，使现象重现、延缓或加速等来进行研究和测量，这种方法称为模拟法. 模拟法可分为物理模拟和数学模拟两类.

物理模拟就是人为制造的模型与实际研究对象保持相同物理本质的物理现象或过程的模拟. 例如，为研制新型飞机，必须掌握飞机在空中高速飞行时的动力学特性，通常先制造一个与实际飞机几何形状相似的模型，将此飞机模型放入风洞(高速气流装置)，创造一个与原飞机在空中实际飞行相似的状态，通过对飞机模型受力情况的测试，便可方便地在较短的时间内以较小的代价取得可靠的有关数据.

数学模拟是指对于两个物理本质完全不同但具有相同的数学形式的物理量，用其中一种物理量对另一种物理量进行模拟. 比如，模拟法测绘静电场实验中，静电场与恒定电流场本来是两种不同的物理量，但这两种物理量所遵循的物理规律具有相同的数学形式. 因此，可以用恒定电流场来模拟难以直接测量的静电场，用恒定电流场中的电势分布来模拟静电场的电势分布.

3. 放大法

在物理量测量中，对那些难以用普通测量仪器进行准确测量的微小量，常采用放大的方法将其放大，也是一种基本测量方法，称为放大法. 例如，利用螺旋测微器测量长度时，实际上就是把螺杆的位移放大成鼓轮的转动；又如测量钢丝的弹性模量时，用光杠杆法放大钢丝在拉力作用下的微小伸长量.

4. 平衡法

平衡态是物理学中的一个重要概念. 在平衡态下，许多复杂的物理现象可以用比较简单的形式进行描述，一些复杂的物理关系亦可以变得十分简明，实验条件会保持在某一定状态，观察会有较高的分辨率和灵敏度，从而容易实现定性和定量的物理分析.

所谓平衡态，其本质就是各物理量之间的差异逐步减小到零的状态. 判断测量系统是否已达到平衡态，可以通过“零示法”测量来实现，即在测量中，不是研究被测物理量本身，而是让它与一个已知物理量或相对参考量进行比较，通过检测并使这个差值为零时，再用已知量或相对参考量描述待测物理量. 利用平衡态测量被测物理量的方法称为平衡法.

利用平衡法，可将许多复杂的物理现象用简单的形式来描述，可以使一些复杂的物理关系简明化. 例如，利用等臂天平称衡时，当天平指针处在刻度的零位或在零位左右等幅摆动时，天平达到力矩平衡，此时待测物体的质量和砝码的质量(作为参考量)相等；温度计测温度是热平衡的典型例子；惠斯通电桥测电阻亦是一个平衡法的典型例子，属于桥式电路的一种.

5. 补偿法

补偿法是通过调整一个或几个与被测物理量有已知平衡关系(或已知其值)的同类标准物理量，去抵消(或补偿)被测物理量的作用，使系统处于补偿状态(或平衡状态)，从而保证被测量与标准量之间具有确定的关系，由此可得被测物理量，这种测量方法称为补偿法. 例如，可用电压补偿法弥补因用电压表直接测量电压而引起被测支路工作电流的变化；用温度补偿法可弥补因某些物理量(如电阻)随温度变化而对测试状态带来的影响；用光程补偿法可弥补光路中光程的不对称等. 这里需要注意的是，补偿法通常要与平衡法、比较法结合使用.

6. 仿真法

在现代的物理实验中，利用计算机进行仿真实验，是一种新兴的实验方法. 随着计算机的迅速发展与普及，计算机提供了强大的数学运算能力、绘图能力及存储空间，对于一些物理实验，可以在计算机上进行模拟，调节各实验参数，综合数据进行结果分析，从而找出其中的一般规律.

此外，部分实验在传统的线下实验教学中受制于时空、仪器设备等无法充分实现对学生的培养要求. 基于虚拟现实(virtual reality, VR)的虚拟仿真实验则为实验教学打开了一个新的世界，它是计算机技术、虚拟现实技术、人机交互技术的产物，成为教育领域应用信息技术的一种创新. 相比之下，虚拟仿真实验是通过构造一个结构化的虚拟实验室，为学生开展探究型学习提供实验条件，并帮助学生研究、分析和探索物理世界中各种感兴趣的问题.

1.2.2 基本物理量的测量方法

1. 长度的测量方法

长度的国际标准从 1795 年法国颁布米制条例以来一直在不断地完善.

最早，科学家设想从自然界选取长度标准，把从北极通过巴黎到赤道的地球子午线长度的千万分之一作为长度的基本单位，称为“米”，并用纯铂制成了米的基准器. 显然，这种基准器(称为自然基准器)的准确度受到对地球子午线的测量程度的限制.

1889 年巴黎第一届国际计量大会上规定长度的国际标准是一根横截面呈 X 形的铂铱(90%铂和 10%铱)合金棒，保存于巴黎西郊的塞弗尔的国际计量局中，叫做国际米原器. 把刻在棒两端附近的两条细线之间的距离定义为 1 m.

由于国际米原器及其复制品的长度可能由于外界的作用而随时间发生微小的变化，所以对于极精密的测量工作来说，国际米原器不是理想的长度标准. 任何大块物质都不可能保持本身的物理性质永久不变，而单个原子的性质可以合理地假定为基本上不随时间变化而变化. 所以许多年来，科学家企图把长度的标准和原子的性质联系起来. 由于实验技术的发展，人们已经能够极精密地测定光的波长. 1960 年第十一届国际计量大会决定，以氪的一种纯同位素——氪-86 原子在 $2p_{10}$ 和 $5d_1$ 能级间跃迁所对应的辐射，在真空中的波长作为长度的新标准，并规定 1 m 等于该波长的 1650763.73 倍. 新标准一方面提高了测量的准确度，另一方面比旧标准方便得多，因为在任何设备比较完善的实验室里都能够获得氪-86 发出的橙红色光.

用氪-86 波长复现长度单位“米”时，在最好的复现条件下，其准确度为 $\pm 4\times10^{-9}$，要继续提高存在着困难，因为原子受激跃迁时，总要受外部电磁场作用和其他干扰的影响. 这些影响会使谱线产生偏移，这就成了长度计量的测量准确度进一步提高的瓶颈.

20 世纪 70 年代初，有些国家在研究光速方面投入了很大的力量. 因为当时的时间频率测量精度已经比较高了，如果能准确测量光速，必然会提高长度测量的精度.

1983 年 10 月 7 日在巴黎召开的第十七届国际计量大会上，审议并批准了米的新定义. 决定：

(1) 米是光在真空中 1/299792458 s 的时间间隔内行程的长度.

(2) 废除 1960 年以来使用的建立在氪-86 原子在 $2p_{10}$ 和 $5d_1$ 之间能级跃迁的米的定义.

新定义用词简单，含义明确、科学，又能够为广大非科技人员所理解. 这个定义带有开放性，随着科学技术的发展，复现程度可不断提高，并且复现方便，即使是经济不很发达的国家，也有能力复现，并有足够的精确度.

在国际单位制(SI 制，简称国际制)中，长度的单位是“米”(m).

除了“米”以外，在国际制中还可用“米”的十进倍数或分数作长度单位. 符号及其与“米”的关系如下：

$$1\ 千米(km)=10^3\ 米(m)$$

$$1\ 厘米(cm)=10^{-2}\ 米(m)$$

$$1\ 毫米(mm)=10^{-3}\ 米(m)$$

$$1\ \text{微米}(\mu m)=10^{-6}\ \text{米}(m)$$

$$1\ \text{纳米}(nm)=10^{-9}\ \text{米}(m)$$

天文学中计量天体之间的距离时，常用“天文单位”及“光年”作为长度单位. 1 天文单位就是地球和太阳的平均距离，等于 1.496×10^8 km. 1 光年就是光在真空中 1 年所走过的路程. 光的速度约为 3×10^8 m/s，所以 1 光年等于 9.46×10^{15} m.

在物理实验中常用的长度测量仪器有米尺、游标卡尺、螺旋测微器、读数显微镜、百分表等. 选用时要注意仪器的量程和分度值(一般分度值越小，仪器越精密). 在工程技术和科学研究中经常需要测量不同量值、不同精度要求的长度，针对不同情况需使用不同的长度测量仪器. 此外，有许多物理量的测量也经常转化为长度测量，如温度、压力、电流和电压等，因此掌握长度测量就显得十分重要.

2. 质量的测量方法

物体的质量可以用两种不同的方法来测量.

一种方法是利用牛顿第二定律中关于质量的关系式，即物体的质量是作用在该物体上的瞬时合外力与物体即时加速度的比值. 也就是说，在某一时刻物体所受合外力除以此时物体所具有的加速度，就可得到该物体的质量.

另一种方法就是用被测物体的质量和标准质量进行比较. 例如，天平就是利用这一方法来测量质量的，所谓的标准质量实际上就是砝码.

据说，早在公元前 1500 多年，埃及人就已经开始使用天平了，还有人说，埃及人使用天平的时间更早，大约在公元前 5000 年以前. 中国也是世界上使用天平、砝码最早的国家之一. 在春秋晚期，用于天平的砝码，有齐国的右伯君铜权、国铜权.

质量的国际单位，在 1889 年以前经历了与长度的国际单位相类似的完善过程. 18 世纪末，把千克作为质量单位，它等于 1 dm^3 的纯水在 4 ℃时的质量，并且用纯铂制成了千克的基准器. 随着测量技术的提高，经过反复的精确测量，发现质量为 1 kg 的纯水，在 4 ℃的体积并不是 1 dm^3，而是 1.000028 dm^3，即千克基准器的质量和理论之间存在很大的差别.

自 1889 年起，国际单位制将千克的大小定义为与国际千克原器(在专业度量衡学中很多时候会把它缩写为 IPK)的质量相等. IPK 由一种铂合金制成，这种合金叫“90Pt10Ir”，即 90% 铂及 10%铱(按质量比)，然后把这种合金用机器制造成高 39.17 mm 的直立圆柱体(高度=直径)，放置在三层玻璃罩内的石英托盘上，与国际米原器一起保存于国际计量局. 2018 年，新一届国际计量大会决定，国际千克原器退役，改以普朗克常量(符号是 h)作为新标准来重新定义“千克”. 新标准于 2019 年 5 月实施.

常用的质量单位及其换算关系如下：

$$1\ \text{克}(g)=10^{-3}\ \text{千克}(kg)$$

$$1\ \text{毫克}(mg)=10^{-6}\ \text{千克}(kg)$$

$$1\ \text{微克}(\mu g)=10^{-9}\ \text{千克}(kg)$$

实验室中测量质量常用的仪器有物理天平、分析天平以及电子天平等.

3. 时间的测量方法

关于时间的测量，可能遇到两类问题：第一类是测定某一现象开始的真正时刻，这主要是在天文和地球物理研究中有它的意义；第二类是测定两个时刻之间的时间间隔，例如，某一现象的开始和终止之间的时间间隔，这是在物理学的研究中经常遇到的问题.

1960 年以前，人们是利用地球的自转来定义时间的，当时国际上对时间的标准定义为太阳连续两次出现在子午面的时间间隔，取其一年中的平均值，称为平均太阳日，1 秒=平均太阳日/86400. 1960～1967 年，为了提高时间单位的准确度，出现了秒的第二次定义，即用历书秒代替平均太阳秒作为秒的定义. 历书秒是以地球公转为基础的，因为地球公转的周期比自转周期更加稳定. 历书秒的定义为 1900 年 1 月 1 日 0 点开始的一个回归年的 31556925.9747 分之一.

1967 年 10 月，第十三届国际计量大会决定，把时间的标准改为“秒是铯-133 原子在其基态两个超精细能级间跃迁时辐射的 9192631770 个周期所持续的时间”，按照此定义，复现秒的精准度已超过十亿分之一秒.

国际单位制中，时间的单位是“秒”(s). 除“秒”以外，国际制还可使用其他的时间单位. 常用的时间单位及其与“秒”的关系如下：

1 日(d)=86400 秒(s)

1 时(h)=3600 秒(s)

1 分(min)=60 秒(s)

1 毫秒(ms)=10^{-3} 秒(s)

1 微秒(μs)=10^{-6} 秒(s)

1 纳秒(ns)=10^{-9} 秒(s)

1 皮秒(ps)=10^{-12} 秒(s)

1 飞秒(fs)=10^{-15} 秒(s)

实验室中测量时间常用的仪器有停表(机械停表、电子停表)、数字毫秒计和光电计时器等.

4. 温度的测量方法与仪器

温度是表征物体冷热程度的物理量. 要定量地确定温度，必须对不同的温度给以数量标志. 温度的数量表示方法叫做温标. 为使温度的测量统一，就必须建立统一的温标. 人们总结了生产和科学研究中测量温度的经验，并由理论分析得出热力学温标是最科学的温标. 因此国际上规定热力学温标为基本温标. 热力学温度单位是国际单位制中的温度单位. 1954 年第十届国际计量大会将它的定义规定为选取水的三相点为基本点，并定义其温度为 273.16 K. 1967 年第十三届国际计量大会以开尔文的名称(符号 K)代替“绝对温度”(符号 K)，并对热力学温度定义如下：“热力学温度单位开尔文是水的三相点热力学温度的 1/273.16. ”

实验室中测量温度常用的仪器有：气体温度计、水银温度计、电测温度计以及光测温度计等.

5. 电流的测量方法与仪器

在国际单位制中，电流是基本物理量之一. 电流的测量不仅是电学中其他物理量测量的基础，也是许多非电量测量的基础. 安培的定义为“若保持在处于真空中相距 1 m 的两无限长而圆截面可忽略的平行直导线内，通以相等的恒定电流，当两导线之间产生的力在每米长

度上等于 2×10^{-7} N 时，各导线上的电流为 1 A”．该定义在 1948 年第九届国际计量大会上得到批准，1960 年第十一届国际计量大会上，安培被正式采用为国际单位制的基本单位之一．安培是为纪念法国物理学家 A. M. 安培而命名的．利用电流的各种物理效应，可以制成各种各样测量电流的仪器．

在实验中最常用的是磁电式电流表．

1.3 测量误差与数据处理

1.3.1 测量与误差

物理实验不仅要定性观察物理量的变化过程，更重要的是要定量地测定物理量的大小．

1. 测量的基本概念

图 1-3-1 是用米尺测量 AB 的长度．这是一个最简单、最基本的测量．由此例可知，“测量”就是将待测量与选为单位的标准量进行比较的过程．

此例中，AB 的长度就是待测量(更确切地说是“给定的测量目标”)，米尺(测量设备)上每一分格的长度就是标准量．比较的结果(测量所得的信息)，即待测量与标准量比较所得的倍数(此倍数可能是整数、分数或无理数)称为“测得值”或“测定值”．

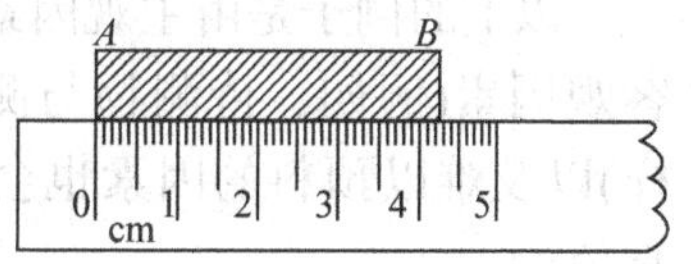

图 1-3-1　用米尺测量 AB 的长度

图 1-3-1 中 AB 的长度是 4.25 cm 或 42.5 mm.

2. 直接测量和间接测量

“直接测量”是指能用仪器或仪表直接测出测量值的测量过程．由直接测量所得的测量值为“直接测量值”．例如，用米尺测得 AB 的长度是 4.25 cm；用电压表测得电路中两点的电势差是 3.20 V 等．

“间接测量”是指测量的最终结果(测得值)需将一些直接测量值代入一定的函数关系式，通过计算才能得出的测量过程．例如，圆柱体的密度 ρ 需将圆柱截面的直径 D、圆柱体的高 H 和质量 m 这三个直接测量值代入函数式 $\rho=4m/(\pi D^2H)$ 中进行计算才能得出．物理实验大都是由直接测量得出某些物理量的值，然后通过已确定的函数关系求另一物理量，或通过对一些直接测量数据的分析研究建立其与待测量间的函数关系．

3. 真值、最佳值与误差

1) 真值

物体有各种各样的性质，我们可以用一些物理量来表示这些性质．这些物理量所具有的客观真实值称为它的“真值”，也可更确切、更具体地给真值下一个定义，即当待测量和测量过程完全确定，且所有测量的不完善性可以排除时，由测量所获得的一个值称为此量的真值．

测量的目的是得到待测量的真值，但通过有限次测量能测得真值吗?让我们再来分析一下图 1-3-1 所示的测量．我们把 AB 的一端 A 和米尺“0”刻线对齐，另一端 B 所对的米尺的位置即为 AB 的长度．从图中可以看到 B 是在 4.2 cm 到 4.3 cm 之间．但究竟是四点二几厘米呢?

不同的人可以读出不同的数来(对同一个人，在不同的时候来测，读数也可能不同)，如读成 4.28 cm、4.27 cm、4.24 cm 等. 这些读数中，最后一位数是估计出来的，称为“估计数字”(也称为“可疑数字”“欠准数字”等). 我们很难判断哪个读数更准，因而也就不能确定物长的真值是多少. 那么图 1-3-2 中所示的两个测量是否就很准了呢?其实不然. 图 1-3-2(a)中长度应记为 4.20 cm，即 *AB* 的长度可能是 4.19 cm、4.20 cm、4.21 cm 等. 而图 1-3-2(b)中 *AB* 应记为 4.00 cm，即它可能是 4.01 cm、4.00 cm 或 3.99 cm 等. 要注意的是，这两个读数中的“0”，并不表示绝对正确，而是表示在我们测量时边缘“*B*”似乎与米尺的某一刻线对齐了，即把估读的那位数估成“0”了. 还要注意的是：*AB* 测得值的最后一位应比米尺的最小分格还小一位. 例如，图 1-3-2(b)中 *AB* 一定要记为 4.00 cm，而不能记为 4 cm 或 4.0 cm.

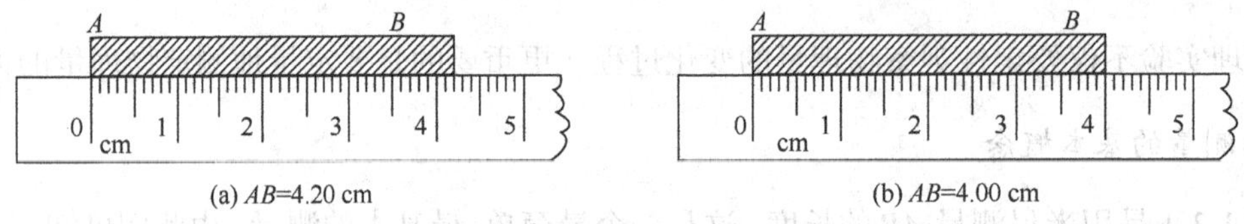

(a) *AB*=4.20 cm (b) *AB*=4.00 cm

图 1-3-2 米尺测量 *AB* 长度对比

以上的例子是由主观因素(估计读数不能确定)造成的测量值与真值有差异，其实还有许多客观因素(例如，待测物与测量设备的材料不同，在温度变化时，它们的膨胀情况也不一样)以及难以预料的因素也会造成测量值与真值的差异. 所以，通过有限次测量是无法测得真值的.

2) 最佳值

在相同条件下(即等精度)对某一物理量进行 N 次测量，其测量值分别记作 $x_1, x_2, x_3, \cdots, x_N$，算术平均值为 $\overline{x}$，则

$$\overline{x}=\frac{1}{N}\sum_{i=1}^{N}x_i \tag{1-3-1}$$

理想情况下，在一组 N 次测量的数据中，算术平均值最接近于真值，称为测量的“最佳值”. 当测量次数 $N\to\infty$ 时，$\overline{x}=X$ (真值).

3) 误差

由以上分析可知，任何测量都包含欠准成分(可疑成分)，也就是说，任何测量值与真值之间都存在差异，这种差异就是测量的误差.

1.3.2 误差定义和分类

各种主观的、客观的、可以预见和不可预见的原因都会对测量结果造成或多或少的影响，使测量值偏离了真值而造成误差. 为了能定量地表征这种偏离程度，人们定义了绝对误差和相对误差.

1. 绝对误差和相对误差

绝对误差是测量值与真值之差，即

$$\Delta x = x - X \tag{1-3-2}$$

式中，x 是测量值；X 是待测量的真值；Δx 则是 x 的绝对误差. 注意：绝对误差可以取“+”

或“−”(不是误差取绝对值)，即 Δx 可表示测量值 x 偏离真值 X 的程度(即“大小”)，也可表示偏离的方向(如 $\Delta x>0$，表示 x 偏大于 X；$\Delta x<0$，则表示 x 偏小于 X).

但是，绝对误差并不能反映测量的准确程度，即测量的好坏. 例如，多级弹道火箭在射程为 12000 km 时，能击中直径为 2 km 的圆面积目标；而优秀射手在距离为 50 m 远处，能准确地射中直径为 2 cm 的圆形靶心. 如只考虑绝对误差，则火箭的误差比射手的要大 10 万倍. 但是，火箭的误差与射程之比为 0.01%，而射手的误差与射程之比却是 0.02%，可见火箭击中目标的准确率比优秀射手要高. 为了能正确地表达测量的好坏，还应引入相对误差的概念.

相对误差是绝对误差与测量值(对某一次测量而言)或近真值(对多次测量而言)之比(常用百分率来表示)，即

$$E_x=(\Delta x/x)\times 100\% \tag{1-3-3}$$

从以上讨论可知，“误差”这个词含有“差异”“差别”“错误”等意思，即误差的出现几乎是人为的，误差是用来表示这个差错的量. 其实，测量值的不确定是客观事实，是不以人的意志为转移的. 严格地讲，实验中的一切测量只能得出对待测物体的“不明确”“模糊”“不确定”的认识.

2. 误差的分类

传统的分类法就是着重于误差的产生原因和误差值的规律性质，一般把误差分为如下三类.

1) 系统误差

在同一测量条件下，多次测量同一值时，其误差的绝对值和符号恒定(定制系统误差)，或按一般的规律变化(变质系统误差)的误差称为系统误差. 系统误差产生的原因主要有以下三个方面.

(1) 理论和实验方法方面——实验所依据的理论不够充分，或未考虑到影响所求结果的全部因素. 例如，精确测定某物体的重量时，忽略了空气浮力产生的影响；计算真实气体的状态变化时，采用了理想气体状态方程；在简化运算公式时，略去的部分所占比例过大等. 若能充分探讨其理论，并将校正项引入到测量结果中去，这种误差是可以部分避免的.

(2) 仪器设备方面——仪器设备常由于制造不够精密或安装不妥，所以测量结果不够准确. 例如，米尺的刻度不均匀或弯曲、天平的两臂不等距、螺旋测微器的螺距不均匀等. 虽然仪器设备不可能绝对完好，但设法改进仪器的设计和制造，可尽量减小这种误差.

(3) 个人原因——由观察者感觉的敏钝或生理上某些缺陷引起. 这种误差往往因人而异，若矫正生理上的缺陷，并经过一段时间的实验技术训练，这种误差也可以减小.

系统误差的特点是使测量的结果总是偏向一边，不是偏大，就是偏小. 一般来说，这类误差有规律可循，往往可预先设法消除或减小. 在物理实验中，前两个因素应在实验室设计和准备实验时加以考虑. 第三个因素要靠实验者自己努力克服.

2) 随机误差

在相同条件下，对同一量进行多次重复测量时，在极力消除或修正一切明显的系统误差之后，每次测量值仍会出现一些随机起伏，由这些起伏所造成的误差称为随机误差.

随机误差产生的原因主要有以下两种：

(1) 剩余的——系统误差虽然可以设法减少，但不能完全消除. 一般来讲，经过精心校正

后的测量值，其误差残余已不再有系统误差的性质，而成为随机性的误差. 例如，对真实气体使用范德瓦耳斯方程比采用理想气体方程准确，但仍然只是近似准确，在某些状态范围内它和真实气体之间仍有偏离.

(2) 意外的——在测定过程中，观察者的生理状态以及外界条件，如温度、气流等发生变化(实际上总是在不断地改变着)而引起的误差，这种影响往往不是人力所能控制的.

随机误差又被称为"偶然误差". 它的特征是"随机性"，即每一个单独误差值的大小和正负是没有规律性的、不固定的，但多次测量就会发现绝对值相同的正负误差出现的概率大致相等，因此它们之间常能互相抵消. 所以随机误差可以通过增加测量次数取平均值的办法来减小.

值得注意的是，随机误差是无法消除的，但我们可以研究它的分布情况，估算它的大小，并探讨它出现的概率.

3) 过失误差和粗大误差

过失误差是指人为事故所造成的误差. 粗大误差是指在一定的测量条件下，超出规定条件下预期的误差. 这两类误差产生的原因均是观察者的疏忽大意. 观察者对仪器的使用方法不当，或对实验原理不甚理解，或记错数据均会造成这类误差. 这类误差毫无规律可循，有时可能造成极大的差错. 因此，这类误差实际上可称为"错误"，它是应该而且完全可以避免的.

1.3.3 测量的准确度、精密度，仪器准确度与仪器误差

1. 多次测量误差分布的直方图、分布曲线和分布函数

表 1-3-1 中所列的数据是测量某钢球直径所得的值. 表中列了两组数据，Ⅰ组总共做了 N=150 次测量，ⅠA 组做了 N=50 次测量. 为了便于比较，我们所列的数据是以测量值 S_i 为中心值，间隔 $\Delta S = 0.01$ 的出现次数. 例如，表 1-3-1 中 7.320 出现的次数 $n_i = 3$ (对应于 N=150)，是指 S_i 的测量值在 7.315～7.325 这一区间内出现的次数为 3. 表中的相对出现次数 n_i / N 在统计学上称为频率. 当 $N \to \infty$ 时，频率的极限就是概率. 图 1-3-3 是以 n_i 为纵坐标，S_i 为横坐标所作的直方图(在横轴上依次按间隔 ΔS 截出各组距，并以此组距为底，以 ΔS 间隔中纵坐标的中心值为高作一长方形. 用这种方法所作的统计图称为"直方图"). 图 1-3-4 是以 S_i 为横坐标，频率 n_i / N 为纵坐标的频率直方图. 图 1-3-5 是以 S_i 为横坐标，以 $(n_i / N) \times (1 / \Delta S)$ (此乘积称为"频率密度")为纵坐标的频率密度直方图.

表 1-3-1　钢球直径测量数据表

测量值(S_i)	出现次数		相对出现的次数	
	Ⅰ组 N=150	ⅠA 组 N=50	Ⅰ组 N=150	ⅠA 组 N=50
7.310	1	0	0.007	0
7.320	3	1	0.020	0.02
7.330	8	3	0.058	0.06
7.340	18	6	0.120	0.12
7.350	28	9	0.187	0.18
7.360	34	11	0.227	0.22

续表

测量值(S_i)	出现次数		相对出现的次数	
	Ⅰ组 N=150	ⅠA 组 N=50	Ⅰ组 N=150	ⅠA 组 N=50
7.370	29	10	0.193	0.20
7.380	17	6	0.113	0.12
7.390	9	2	0.060	0.04
7.400	2	1	0.013	0.02
7.410	1	1	0.007	0.02

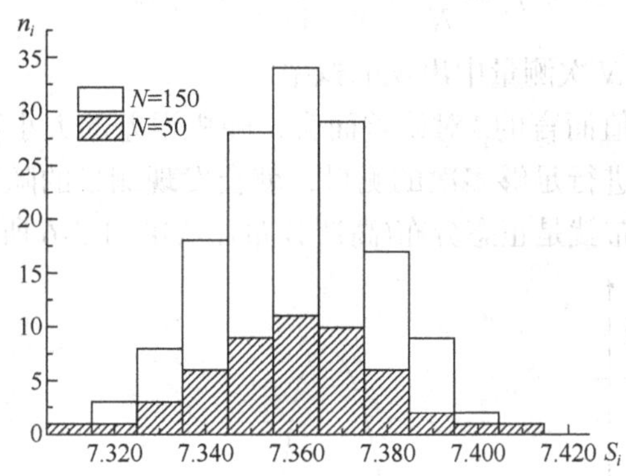

图 1-3-3　直方图

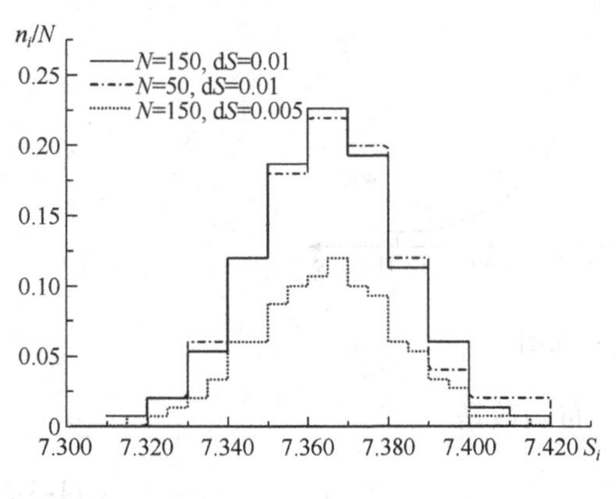

图 1-3-4　频率直方图

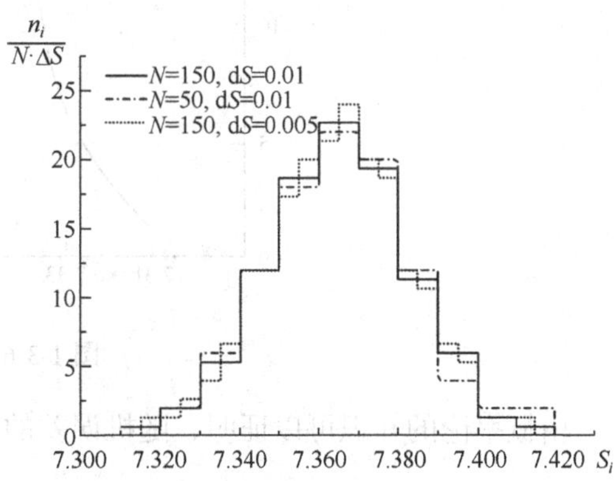

图 1-3-5　频率密度直方图

仔细分析以上各图，可得出以下结论：

(1) 由图 1-3-3 可见，N=150 次(图中无阴影部分)与 N=50 次(阴影部分)两组数据所对应的测量次数虽然不同，但它们的分布情况(直方图)却非常相似. 这说明，对同一物理量进行相同的测量，当测量次数足够多时，数据的分布基本相同.

(2) 由图 1-3-4 可知，当间隔 dS 相同时，不论 N=150 或 N=50，所得频率直方图(为了便于研究，图中有些直线未画)几乎重合. 间隔 dS 不同时，虽总次数 N 相同，频率直方图也不能重合. 可见，频率分布情况与间隔 dS 有关.

(3) 图 1-3-5 表示，对于同一物理量做相同的测量，做足够多次测量，不论取多大间隔，它们的频率密度直方图几乎是重合的.

(4) 为了能更深刻地理解频率密度，我们可以设想把间隔 dS 分得无限小，即使它成为一微分量(无穷小量)dS，并设 $y=(\mathrm{d}n_i/N)\times(1/\mathrm{d}S)=(1/N)\times(\mathrm{d}n_i/\mathrm{d}S)$，则图 1-3-4 即为 y-S 曲线，它是一条光滑的曲线.

(5) 由以上讨论可知：在一组总测量次数为 N 的实验中，测量值介于$\left[S_i-\dfrac{\mathrm{d}S}{2},S_i+\dfrac{\mathrm{d}S}{2}\right]$之内的出现次数为 n_i，其出现频率为 n_i/N. 如把 dS 无限取小，即 $\mathrm{d}S\to 0$，致使在间隔区间内不多于一个测量值，其出现频率就变为

$$p_i=\frac{\mathrm{d}n_i}{N}=\frac{1}{N}\left(\frac{\mathrm{d}n_i}{\mathrm{d}S}\right)\mathrm{d}S=y_i\mathrm{d}S \tag{1-3-4}$$

式中，p_i 就是测量值 S 在 N 次测量中出现的概率.

以上的讨论是对测量值而言的. 对误差而言，随机误差的大小和方向都不能预知，但在等精度条件下，对物理量进行足够多次的测量，就会发现测量的随机误差是按一定的统计规律分布的，而最典型的分布就是正态分布(高斯分布)，如图 1-3-6 所示.

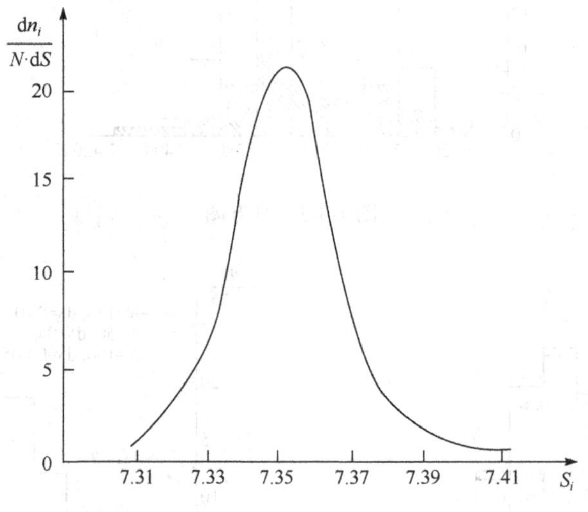

图 1-3-6　正态分布图

由概率论的知识可以证明，随机误差的正态分布函数是

$$y=\frac{1}{\sigma\sqrt{2\pi}}\mathrm{e}^{-(\varepsilon^2/2\sigma^2)} \tag{1-3-5}$$

其中

$$\sigma=\lim_{N\to\infty}\sqrt{\frac{1}{N}\sum_{i=1}^{N}(x_i-X)^2}=\lim_{N\to\infty}\sqrt{\frac{1}{N}\sum_{i=1}^{K}\varepsilon_i^2} \tag{1-3-6}$$

式中，y 为概率密度函数；σ 为均方根误差或标准误差；ε 为误差.

具有正态分布的随机误差具备以下特点：

(1) 单峰性：绝对值小的误差出现的概率比绝对值大的误差出现的概率大.

(2) 对称性：绝对值相等的正负误差出现的概率相同.

(3) 有界性：在一定的测量条件下，误差的绝对值不会超过一定限度，即特别大的正负误差出现的概率都极小.

(4) 抵偿性：随机误差的算术平均值随着测量次数的增加而越来越趋于 0. 所以不能用绝对误差的算术平均值来估算多次测量的随机误差，而应该先对各绝对误差取绝对值(都变成正的)，然后再求平均.

2. 测量精密度、准确度和精度

测量精密度、准确度和精度是在测量、实验、检验和工程技术中常用到的概念，下面我们简单介绍它们的含义.

(1) 精密度. 它是指重复测量所得结果的相互接近程度，是描述实验(或测量)重复性好坏的尺度，能反映随机误差的大小. 图 1-3-7 是三条精密度不同的绝对误差的分布曲线图(为了能反映随机误差的对称性，把 y 轴移到了曲线中央). 由图可见，曲线Ⅰ代表的测量精密度最高，因为误差为 0 或近于 0 的概率最大，即测量的误差都极小；而曲线Ⅲ的精密度最低，因为误差较大的与较小的值出现的概率几乎相等，可见它的重复性很差. 因为正态分布曲线有“单峰性”，如不考虑系统误差，则 $x=0$ 时，y 有最大值 y_0. 由式(1-3-5)，当 $x=0$ 时可得

$$y_0 = \frac{1}{\sigma\sqrt{2\pi}} = \frac{h}{\sqrt{\pi}} \tag{1-3-7}$$

式中，$h = \dfrac{1}{\sqrt{2}\sigma}$，称为精密度常数，用来表征测量的精密度程度. 由于曲线与横轴间围成的面积等于误差落在全区间的概率，即等于 1，是恒定值，因此，当 h 越大，即 σ 越小时，曲线中部升得越高，两侧曲线下降越快，曲线Ⅰ就是这种情况；反之，h 越小，即 σ 越大，曲线中部就升得越低，两侧曲线下降得越慢，曲线Ⅲ就是这种情况.

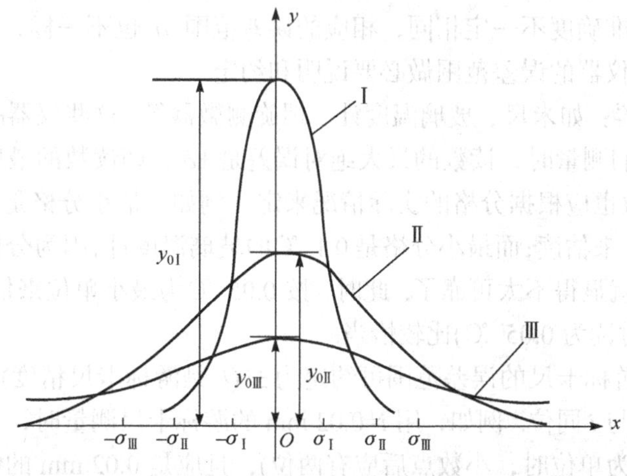

图 1-3-7　绝对误差分布曲线图

(2) 准确度. 准确度是实验所得结果(测量值)与真值的符合程度，它能反映系统误差的大小.

(3) 精度. 随机误差和系统误差的综合效果常用“精度”这个词来表述. 精度是一个含义

不统一的词，概括而言此词大致有以下四种含义：①指仪器分辨能力的标志，通常用仪器的最小分度表示. 例如，螺旋测微器的精度为 0.01 mm 等. ②它常概括地表示测量相对误差的大小. 例如，测量的相对误差为 0.1%，则说测量精度为 10^{-3}，但这样表述与习惯不一致. 因为相对误差越小，测量越好，精度也应越高. 为与习惯一致，常规定以测量精度的相对误差的倒数来表达，则上述测量精度应为 10^3. ③有些仪器、仪表常用“精度级别”或“测量精度”来衡量产品的质量，此时，精度的含义应由部颁标准或国家标准来定义. ④精度有时特指“精密度”，是精密度的简称. 所以，在看到“精度”时，应先弄清楚它的含义.

3. 一次测量的误差、仪器准确度与仪器误差

在实验中，我们用仪器对某物理量测量一次，读得一个数据，称为“一次测量”. 这种测量的误差分布往往是均匀的：如在仪器的误差范围内，估读数的出现概率(或误差的概率)相等；如在仪器误差范围以外，概率为 0，不能出现. 例如，用米尺(最小分格是 mm)来测长度，则读数的最后一位即估计读数与 0.1 mm 同数量级，那么，不论你估成多少(但误差不能超过±0.5 mm)，均算对，机会均等；如估读数误差超过±0.5 mm，则影响到了正确数值，均算错，也就是说，这种情况不能出现，或者说“概率为 0”.

由误差理论可以证明，均匀分布的最大绝对误差 Δx (下式中 a 是仪器误差范围)为

$$\Delta x = \pm\frac{1}{2}a \tag{1-3-8}$$

标准误差(也称“均方根误差”)为

$$\sigma = \pm\frac{a}{\sqrt{3}} \tag{1-3-9}$$

用仪器测量时，在仪器误差范围 a 以内估读一位数是必须的. 考虑到读数误差可能是正，也可能是负，所以估读数必须小于或等于 $\pm a$ 而且也只需读一位，不要多读.

由于不同仪器的准确度不一定相同，相应的误差范围 a 也不一样，估读数也有差别. 下面对物理实验中常用仪器的误差范围做必要说明和约定.

(1) 有刻度的仪器：如米尺、玻璃温度计、螺旋测微器等. 这些仪器的最小分格 δ 就是误差范围 a，所以用它们测量时，读数的最大绝对误差是 $\pm\delta$，即读数的最后一位应比 δ 还小一位(估读一位). 估读数也应根据分格的实际情况来定，例如，最小分格是 1 mm 的米尺，可以按 0.1 mm 为最小单位来估读；而最小分格是 0.1 ℃的玻璃温度计，因为分格太小，如以 0.01 ℃为最小分格来估读，就显得不太可靠了. 此时，按 0.05 ℃为最小单位来估读(与分格重合时读为 0.10 ℃，不重合时读为 0.05 ℃)比较恰当.

(2) 游标卡尺：游标卡尺的误差范围可约定为 $\pm i$ (i 是游标卡尺精度). 所以，用游标卡尺测量时，最后一位应与 i 同位. 例如，用 i=0.02 mm 的游标卡尺测量时，读数的最后一位应与 i 同位(即读数以 mm 为单位时，小数点后应有两位)，且应是 0.02 mm 的整倍数.

(3) 电表：电表的误差范围由它的准确度等级与量程的乘积来定. 例如，0.5 级的电压表，量程是 3 V，则最大误差 $\Delta U_{\max} = \pm 0.5\% \times 3 = \pm 0.015 \approx \pm 0.02\ (\mathrm{V})$. 所以，用此电压表测量时，读数应估读到小数点后两位.

(4) 数字式仪器、进位式仪器：如数字式计时器、便携式电桥等，这些仪器的读数只能按数字进位，而不能在两数字之间再估读. 它们的仪器误差应是最后位数的一个最小单位，读

数也只能到这一位. 例如，旋钮式电阻箱上有六个旋盘. 读数最小的盘是“×1”，单位是Ω，则此时仪器误差应是±1 Ω，即读数的最后一位应与 1 Ω同位.

1.3.4　误差的估算、不确定度和测量结果的表述

我们用表 1-3-1 中的ⅠA 组的数据(用精度为 0.01 mm 的螺旋测微器测量)作为例子来说明误差的估算和测量结果的正确描述.

为了测钢球直径，一次实验就测 50 次(或 150 次)，取得 50 个数据(或 150 个数据)进行数据处理，是不太现实，也不太经济的. 一般来说，一次物理实验对某一量作 5～10 次测量的结果就够了. 为了取得更精确的实验结果，可对 n 次测量的结果再进行处理，我们把表 1-3-1 中ⅠA 组的数据分成 5 列(认为五次实验所得)，即

(Ⅰ) 7.370　7.412　7.363　7.385　7.364　7.352　7.371　7.362　7.350　7.344
(Ⅱ) 7.365　7.390　7.343　7.363　7.372　7.354　7.381　7.391　7.348　7.363
(Ⅲ) 7.338　7.357　7.372　7.363　7.363　7.344　7.400　7.370　7.365　7.353
(Ⅳ) 7.370　7.354　7.339　7.344　7.370　7.380　7.362　7.380　7.334　7.368
(Ⅴ) 7.344　7.354　7.324　7.355　7.380　7.371　7.370　7.355　7.380　7.330

1. 测量误差的估算

1) 一次测量的误差

由以上讨论可知，一次测量的最大绝对误差 $\Delta x = \pm\frac{1}{2}a$，螺旋测微器的 a 就是它的精度(最小分格值)，为 0.01 mm. 所以，每一次测量的最大绝对误差 $\Delta x = \pm\left(\frac{1}{2}\times 0.01\,\text{mm}\right) = \pm 0.005\,\text{mm}$，即每一读数的最后一位应在小数点后第三位(以 mm 单位). 如没有读到这一位，则应用 0 补足(如 7.4 mm 应写成 7.400 mm). 一次测量的标准误差 $\sigma = a/\sqrt{3}$，即

$$\sigma = \pm(1/\sqrt{3}\times 0.01)\,\text{mm} \approx \pm 0.0058\,\text{mm} \approx \pm 0.006\,\text{mm}$$

(1) 直接测量的平均绝对误差 Δx 和均方根误差(标准误差) σ.

设有一组测量值 $x_1, x_2, \cdots, x_n$，共测了 n 次，其真值为 x，则

$$\overline{X} = \frac{1}{n}(x_1 + x_2 + \cdots + x_n) = \frac{1}{n}\sum_{i=1}^{n} x_i \tag{1-3-10}$$

为最佳测量值或近真值.

设每一组测量的误差(测量值 x_i 与真值 x 之差)为 Δx_i，偏差(测量值 x_i 与平均值 $\overline{X}$ 之差)为 V_i，则

$$\Delta x_1 = x_1 - x,\quad V_1 = x_1 - \overline{X}$$
$$\Delta x_2 = x_2 - x,\quad V_2 = x_2 - \overline{X}$$
$$\cdots\cdots$$
$$\Delta x_n = x_n - x,\quad V_n = x_n - \overline{X}$$

注意：Δx_i 与 V_i 是不相同的，Δx_i 称为“绝对误差”，V_i 称为“绝对偏差”或“误差”. 当 $n\to\infty$ 时，V_i 的极限值是 Δx_i.

(2) 平均绝对误差 $\overline{\Delta X}$ 和平均绝对偏差 $\overline{V}$.

由于绝对误差服从正态分布，有对称性，所以不能用算术平均值作为此列测量绝对误差的评价标准，但可以先把每个绝对误差取绝对值(都变成“+”的)后再求平均，即

$$\overline{\Delta X}=\frac{|\Delta x_1|+|\Delta x_2|+\cdots+|\Delta x_n|}{n}=\frac{1}{n}\sum_{i=1}^{n}|\Delta x_i| \tag{1-3-11}$$

这样算得的误差称为“平均绝对误差”. 由误差理论可以证明，在这组测量中，绝对误差的绝对值 $|\Delta x_i|\leqslant\overline{\Delta X}$ 的概率约为 57.6%，即约有 57.6%的绝对误差比 $\overline{\Delta X}$ 小.

在实验中测量次数 n 不可能无限增多，实际上，n 取 10 左右就足够了(误差理论可以证明，当 $n>10$ 时，再增加 n，测量精度几乎没有什么提高). 所以，平均绝对误差只有理论意义，实验测不到. 当测量次数为 n 时，平均绝对偏差 $\overline{V}$ 定义为

$$\overline{V}=\frac{\sum_{i=1}^{n}|\Delta x_i|}{\sqrt{n(n-1)}} \tag{1-3-12}$$

(3) 均方根误差(标准误差) σ.

我们也可以先对各个绝对误差取平方，再求平均，然后再开平方，即

$$\sigma=\sqrt{[(\Delta x_1)^2+(\Delta x_2)^2+\cdots+(\Delta x_n)^2]/n} \tag{1-3-13}$$

这样计算的误差称为“均方根误差”.

实际中，测量次数 n 是有限的，所以均方根误差(即当 $n\to\infty$ 时的 σ)是无法测得的，我们计算的只是均方根偏差. 由误差理论知，均方根偏差为

$$\sigma'=\sqrt{\frac{\sum_{i=1}^{n}\left(x_i-\overline{X}\right)^2}{n-1}}=\sqrt{\frac{\sum_{i=1}^{n}V_i^2}{n-1}} \tag{1-3-14}$$

(4) 极限误差.

由于一般情况下随机误差分布服从正态分布，由式(1-3-5)可知，某一次测量的随机误差出现在 $[-a,a]$ 区间内的概率为

$$p=\int_{-a}^{a}\frac{1}{\sigma\sqrt{2\pi}}\mathrm{e}^{-(\varepsilon^2/2\sigma^2)}\mathrm{d}\sigma \tag{1-3-15}$$

令 $a=k\sigma$，则区间 $[-a,a]$ (可记作 $[-k\sigma,k\sigma]$)称为置信区间，p 称为该置信区间的置信概率，k 称为置信因子.

置信因子 k=1,2,3 时，即随机误差出现在 $[-\sigma,\sigma]$, $[-2\sigma,2\sigma]$, $[-3\sigma,3\sigma]$ 置信区间的概率分别为

$$\begin{aligned}
P(\sigma)&=\int_{-\sigma}^{\sigma}\frac{1}{\sigma\sqrt{2\pi}}\mathrm{e}^{-\left(\varepsilon^2/2\sigma^2\right)}\mathrm{d}\sigma=0.683=68.3\%\\
P(2\sigma)&=\int_{-2\sigma}^{2\sigma}\frac{1}{\sigma\sqrt{2\pi}}\mathrm{e}^{-\left(\varepsilon^2/2\sigma^2\right)}\mathrm{d}\sigma=0.954=95.4\%\\
P(3\sigma)&=\int_{-3\sigma}^{3\sigma}\frac{1}{\sigma\sqrt{2\pi}}\mathrm{e}^{-\left(\varepsilon^2/2\sigma^2\right)}\mathrm{d}\sigma=0.997=99.7\%
\end{aligned} \tag{1-3-16}$$

由上述讨论可知，测量值落在$\left[x-\sigma,x+\sigma\right]$区间内的概率为68.3%，$x$为真值. 同理，测量值落在$\left[x-2\sigma,x+2\sigma\right]$区间内的概率为95.4%，测量值落在$\left[x-3\sigma,x+3\sigma\right]$区间内的概率为99.7%.

这就是说，在1000次测量中，有可能出现3次比3σ大的误差. 由于我们在做实验时，一般测量次数都不超过10次，所以我们可以认为这种情况一般不会出现. 如发现某一误差大于3σ，则可认为所对应的测量值是疏失造成的，应舍去，所以3σ也称为“极限误差”.

根据以上讨论，我们可对所测钢球直径的5列数据进行处理，计算各列测量的近真值、平均绝对误差(或偏差)、均方根误差(或偏差)以及极限误差等，并把各值列于表1-3-2中.

表 1-3-2　钢球直径测量数据处理表

i(列号)	Ⅰ	Ⅱ	Ⅲ	Ⅳ	Ⅴ
$\overline{X_i}$	7.3673	7.3670	7.3625	7.3601	7.3563
$\overline{\Delta X_i}$	0.01376	0.0132	0.0117	0.0139	0.0152
$\overline{V_i}$	0.01450	0.0139	0.0123	0.0146	0.0160
σ_i	0.0186	0.00851	0.0162	0.0157	0.0165
σ_i'	0.0196	0.00897	0.0171	0.0166	0.0195

由以上计算可知：误差是反映测量不准确程度的一个标志，可以认为它之中的数字都是可疑的、欠准的. 所以，误差(或偏差)均只要保留一个非0的数就可以了. 如按此原则来取舍$\overline{\Delta X_i}$与$\overline{V_i}$，σ_i与σ_i'没有什么差别. 因此在大学物理实验中，不必区别误差与偏差.

2) 相对误差

为了正确表达测量的好坏，应计算相对误差. 在物理实验中相对误差有三种算法，要注意它们的区别.

(1)
$$E\left(x\right)=\left(\frac{\sigma}{\overline{x}}\right)\times100\% \tag{1-3-17}$$

这样计算的相对误差反映了多次测量数据的分散程度(统计学上称为“离散度”). $E(x)$大表示数据“离散”严重；反之，$E(x)$小表示数据彼此很接近.

(2)
$$E\left(x\right)=\left(\frac{\overline{x}-x(\text{公认值})}{x(\text{公认值})}\right)\times100\% \tag{1-3-18}$$

这样计算所得的相对误差反映了我们所测得的结果(最佳测量值)与公认值(公认值是由国际上公认的，经权威实验室中有经验的人员用精密的仪器、严格的数据处理方法，经过长期的精心操作得出的. 这些公认值可在实验手册中查到). $E\left(x\right)$大，表示我们的测量值与公认值相差甚远(测量水平较差)；$E\left(x\right)$小，表示测量值与公认值相差不大(水平较高).

(3)
$$E\left(x\right)=\left(\frac{\overline{x}-x(\text{理论值})}{x(\text{理论值})}\right)\times100\% \tag{1-3-19}$$

这样计算是为了用实验方法来验证理论. 如$E\left(x\right)$大，则表示用我们的测量结果不能验证此理论，这可能是我们的测量精度不高，也可能是理论不正确；如$E\left(x\right)$小，则表示测量结果与理论计算非常符合，可以说，用我们的实验数据已较好地验证了理论.

在计算相对误差时，一定要弄清这三种算法的区别，不可混淆.

2. 不确定度和测量结果的正确表述

1) 不确定度概念

既然测量结果与被测量真值之差定义为测量误差，那么在计算误差时，就需要知道真值. 而真值却不能通过次数有限、存在误差的实际测量获得. 为了解决这个困难，在传统误差理论中引入了约定真值，测量的目的是刻意追求通过测量又不可得到的真值，可以说这是传统误差理论的缺陷.

如果换个思路，使测量的目的为合理地评估出真值以多大的概率存在于某个量值区间，这个区间反映了测量结果的不确定性，只要这个区间符合测量要求就行，而不必刻意追求真值的具体量值. 这是现实的，在实际测量中是完全可以实现的. 例如，某人在市场买了一包塑料袋包装的食盐，标称净质量为(1000±5) g，包装袋质量为 10 g. 此人在市场监督的电子秤上称得此包食盐总质量为 1008 g，包装袋质量充其量为 10 g，虽然此包食盐净质量不少于 998 g，但仍符合标称值，他认为质量合格，而没有必要再去追求此包食盐净质量的真值到底是多少，也是这个道理.

1980 年，国际计量局提出了实验不确定度建议书，建议用不确定度来评定测量结果. 1993 年，自国际标准化组织、国际计量委员会、国际电工委员会、国际法制计量组织、国际纯物理及应用物理联合会等 7 个国际权威组织发布实施《测量不确定度表示指南》(1993)以来，用不确定度来评价测量结果在我国国民经济和科学的各领域都得到全面推广和应用. 1999 年，我国还颁布并实施了技术规范《测量不确定度评定与表示》JJF 1059—1999，以便规范不确定度评定与表示中的具体问题. 因此，对传统误差理论进行变革，用不确定度评定与表示物理实验结果也就成为必然.

JJF1059—1999 中定义：表征合理地赋予被测量之值的分散性，与测量结果相联系的参数为不确定度. 不确定度恒取正值. 不确定度一词指可疑程度，广义而言，测量不确定度意为对测量结果正确性的可疑程度，也就是说，要对被测量的真值所处范围做出评定. 测量不确定度可以包括许多分量，这些分量按其数值的评定方法可归并为两类.

不确定度的 A 类评定(type A evaluation of uncertainty)——在重复性条件下，对同一被测量进行多次测量的结果，用统计分析的方法来评定的不确定度. 用统计分析的方法计算出的那些分量称为不确定度的 A 类分量，此类分量主要源于随机误差.

不确定度的 B 类评定(type B evaluation of uncertainty)——用不同于统计分析的方法来评定的不确定度，所计算出的那些分量称为不确定度的 B 类分量，此类分量主要源于系统误差.

这两类分量只是在评定时所采用的方法不同，其本质是完全相同的.

2) 不确定度的估算

(1) 不确定度的 A 类评定.

用统计方法计算出的那些分量都是不确定度的 A 类评定.

在相同的测量条件下，n 次等精度独立重复测量值为

$$x_1, x_2, \cdots, x_n$$

其最佳估计值为算术平均值 $\bar{X}=\frac{1}{n}\sum_{i=1}^{n}x_i$ ，则定义 A 类标准不确定度 U_A 为

$$U_A(x)=\sqrt{\frac{1}{n(n-1)}\sum_{i=1}^{n}(x_i-\bar{X})^2} \tag{1-3-20}$$

(2) 不确定度的 B 类评定.

用非统计方法计算出的那些分量都是不确定度的 B 类评定. 既然 B 类评定不按统计方法进行，也就是说不需要重复测量，而是根据对测量装置特性的了解和经验，测量装置的生产厂家提供的技术说明文件和产品说明书、检定证书，所用仪器提供的检定数据，取自国家标准、技术规范、手册的参数等形成的一个信息集合，来评定不确定度的 B 类分量. 信息的来源不同，评定的方法也不同，本书一般只考虑仪器误差这个主要因素.

设仪器误差为 a，则当仪器的误差服从均匀分布时，B 类不确定度 U_B 为

$$U_B(x)=a/\sqrt{3} \tag{1-3-21}$$

当仪器误差服从正态分布时，B 类不确定度 U_B 为

$$U_B(x)=a/3 \tag{1-3-22}$$

值得注意的是，如果仪器误差没有标注是服从哪种分布，那么我们一般将 B 类不确定度记为 $U_B(x)=a/\sqrt{3}$.

(3) 不确定度的合成.

对某物理量的测量结果中，如果不仅存在若干个不确定度的 A 类分量，还存在多个不确定度的 B 类分量，在各个不确定度分量互相独立、不相关的情形下，计算 A 类和 B 类评定的总贡献时，应将各个不确定度分量按“方和根”的方法合成，这时，直接测量结果的标准不确定度的总贡献 U 为

$$U=\sqrt{\sum_{i=1}^{n}U_A(x_i)^2+\sum_{i=1}^{m}U_B(x_i)^2} \tag{1-3-23}$$

3) 测量结果的正确表述

一般来说，测量结果的完整表达应包括四个内容，即测量近真值(算术平均值) $\bar{X}$ 、测量不确定度 U、测量次数 n 和相对误差 $E(x)$. 前三项实际上表达测量值可能出现的范围，相对误差表达的是测量的好坏.

例 1-3-1　用测量范围为 0～25 mm 的外径螺旋测微器测量一钢球的直径 d 共 8 次，测量结果为 d_i=8.434、8.428、8.421、8.429、8.418、8.417、8.430、8.422(单位：mm)，计算实验的标准不确定度.

解　直径 d 的算术平均值为

$$\bar{d}=\frac{1}{8}\sum_{i=1}^{8}d_i=8.425\,(\text{mm})$$

其标准差为

$$\sigma=\sqrt{\frac{1}{8-1}\sum_{i=1}^{8}\left(d_i-\bar{d}\right)^2}=0.0062\,(\text{mm})$$

其相对误差为

$$E(d)=\frac{\sigma}{\overline{d}}=\frac{0.0062}{8.425}=0.00074$$

由式(1-3-20)，d 的 A 类标准不确定度为

$$U_{\mathrm{A}}(d)=\left[\frac{1}{n\times(n-1)}\sum_{i=1}^{8}V_i^2\right]^{1/2}=\left[\frac{1}{8\times 7}\sum_{i=1}^{8}\left(d_i-\overline{d}\right)^2\right]^{1/2}=0.0022\ (\mathrm{mm})$$

根据国家标准《外径千分尺》GB/T 1216—2018，测量范围为 0～25 mm 的外径螺旋测微器的示值误差为 4 μm，在不知误差的概率分布的情形下，由式(1-3-21)计算 d 的 B 类标准不确定度为

$$U_{\mathrm{B}}\left(d\right)=0.004/\sqrt{3}=0.0023\ (\mathrm{mm})$$

$U_{\mathrm{A}}\left(d\right)$ 和 $U_{\mathrm{B}}\left(d\right)$ 这两个分量是互相独立、不相关的，计算 A 类和 B 类不确定度分量总贡献时，应根据式(1-3-22)将两个不确定度分量按“方和根”的方法合成. 这个实验结果的标准不确定度应为

$$U(d)=\sqrt{U_{\mathrm{A}}^2(d)+U_{\mathrm{B}}^2(d)}=\sqrt{2.2^2+2.3^2}\times10^{-3}=3.2\times10^{-3}\approx3\times10^{-3}\ (\mathrm{mm})$$

实验结果可表示为

d=(8.425±0.003) mm=8.425(3) mm，相对误差为 0.00074

这种表示说明，钢球的直径在[8.422 mm，8.428 mm]的概率约为 68%.

1.3.5 间接测量的误差计算

所谓间接测量的误差计算，就是要确定直接测量误差是怎样影响间接测量的(称为“误差传递”)，从而得出间接测量误差的计算公式.

间接测量误差计算有三种任务：①由直接测量误差来计算间接测量误差；②在对间接测量误差的大小(范围)预先提出要求的情况下，确定各直接测量的误差范围，从而确定测量值的取值范围；③确定最有利的测量条件.

1. 误差传递的一般公式

设间接测量值 N 与直接测量值 $A, B, \cdots, Z$ 之间的函数关系是

$$N(A,B,C,\cdots,Z)=f(A,B,C,\cdots,Z)$$

式中，$A,B,C,\cdots,Z$ 是相互独立的. $\overline{A},\overline{B},\overline{C},\cdots,\overline{Z}$ 为每一直接测量值的算术平均值，每一直接测量的误差分别为 $\Delta A,\Delta B,\Delta C,\cdots,\Delta Z$，那么间接测量值 N 的最可信赖值为

$$\overline{N}=f(\overline{A},\overline{B},\overline{C},\cdots,\overline{Z}) \tag{1-3-24}$$

同样，间接测量值的结果也可表达为 $\overline{N}+\Delta N$，则

$$\overline{N}+\Delta N=f(\overline{A}+\Delta A,\overline{B}+\Delta B,\overline{C}+\Delta C,\cdots,\overline{Z}+\Delta Z) \tag{1-3-25}$$

由于误差相对于测量值来说是小量，因此可以将式(1-3-24)右边在 $\overline{A},\overline{B},\overline{C},\cdots,\overline{Z}$ 附近作泰勒级数展开，且忽略二级以上的无穷小量，则得

$$\begin{aligned}&f(\overline{A}+\Delta A,\overline{B}+\Delta B,\overline{C}+\Delta C,\cdots,\overline{Z}+\Delta Z)\\&\approx f(\overline{A},\overline{B},\overline{C},\cdots,\overline{Z})+\frac{\partial f}{\partial A}\Delta A+\frac{\partial f}{\partial B}\Delta B+\cdots+\frac{\partial f}{\partial Z}\Delta Z\end{aligned} \tag{1-3-26}$$

比较式(1-3-25)和式(1-3-26)，并结合式(1-3-24)可得

$$\Delta N=\frac{\partial f}{\partial A}\Delta A+\frac{\partial f}{\partial B}\Delta B+\cdots+\frac{\partial f}{\partial Z}\Delta Z \tag{1-3-27}$$

式中，第一项为直接测量值 A 的误差对间接测量值 N 的误差的贡献，第二项为直接测量值 B 的误差对间接测量值 N 的误差的贡献……

根据误差理论可知：

(1) 间接测量的平均绝对误差

$$\overline{\Delta N}=\left|\frac{\partial f}{\partial A}\overline{\Delta A}\right|+\left|\frac{\partial f}{\partial B}\overline{\Delta B}\right|+\cdots+\left|\frac{\partial f}{\partial Z}\overline{\Delta Z}\right| \tag{1-3-28}$$

(2) 间接测量的均方根误差

$$\sigma_N=\sqrt{\left(\frac{\partial f}{\partial A}\right)^2\Delta A^2+\left(\frac{\partial f}{\partial B}\right)^2\Delta B^2+\cdots+\left(\frac{\partial f}{\partial Z}\right)^2\Delta Z^2} \tag{1-3-29}$$

(3) 间接测量的相对误差

$$\begin{aligned}E_N=\frac{\sigma_N}{\overline{N}}&=\frac{\sqrt{\left(\frac{\partial f}{\partial A}\right)^2\Delta A^2+\left(\frac{\partial f}{\partial B}\right)^2\Delta B^2+\cdots+\left(\frac{\partial f}{\partial Z}\right)^2\Delta Z^2}}{\overline{N}}\\&=\sqrt{\left(\frac{\partial f}{\partial A}\right)^2\left(\frac{\Delta A}{\overline{N}}\right)^2+\left(\frac{\partial f}{\partial B}\right)^2\left(\frac{\Delta B}{\overline{N}}\right)^2+\cdots+\left(\frac{\partial f}{\partial Z}\right)^2\left(\frac{\Delta Z}{\overline{N}}\right)^2}\end{aligned} \tag{1-3-30}$$

2. 不确定度传递的基本公式

根据不确定度的定义和上述讨论，不确定度的传递原则和误差的传递原则完全相似. 直接测量的不确定度也必然会通过与误差传递相似的公式，影响间接测量的结果.

彼此独立的直接测量量 $A,B,\cdots,Z$，其不确定度分别为 $U_A,U_B,\cdots,U_Z$. 类比误差传递公式和不确定度合成的原则，容易知道间接测量不确定度 U_N 为

$$U_N=\sqrt{\left(\frac{\partial f}{\partial A}\right)^2{U_A}^2+\left(\frac{\partial f}{\partial B}\right)^2{U_B}^2+\cdots+\left(\frac{\partial f}{\partial Z}\right)^2{U_Z}^2} \tag{1-3-31}$$

间接测量的相对不确定度 $E_N(U)$ 为

$$E_N(U)=\frac{U_N}{\overline{N}}=\sqrt{\left(\frac{\partial f}{\partial A}\right)^2\left(\frac{U_A}{\overline{N}}\right)^2+\left(\frac{\partial f}{\partial B}\right)^2\left(\frac{U_B}{\overline{N}}\right)^2+\cdots+\left(\frac{\partial f}{\partial Z}\right)^2\left(\frac{U_Z}{\overline{N}}\right)^2} \tag{1-3-32}$$

对于以乘除或指数运算为主的函数关系，为运算方便，相对不确定度有时也可表示为

$$E_N(U)=\sqrt{\left(\frac{\partial \ln f}{\partial A}\right)^2{U_A}^2+\left(\frac{\partial \ln f}{\partial B}\right)^2{U_B}^2+\cdots+\left(\frac{\partial \ln f}{\partial Z}\right)^2{U_Z}^2} \tag{1-3-33}$$

式(1-3-32)与式(1-3-33)是等价的. 表 1-3-3 中给出了一些常用函数不确定度的传递公式. 事实上，将不确定度替换成均方根误差，表 1-3-3 中的公式同样适用.

表 1-3-3 常用函数不确定度的传递公式

函数的表达式	传递合成公式
$N = ax \pm by$	$E_N(U)=\dfrac{\sqrt{a^2U_x^2+b^2U_y^2}}{\overline{N}}$
$N = axy$	$E_N(U)=\sqrt{\left(\dfrac{U_x}{\overline{x}}\right)^2+\left(\dfrac{U_y}{\overline{y}}\right)^2}$
$N = a\dfrac{x}{y}$	$E_N(U)=\sqrt{\left(\dfrac{U_x}{\overline{x}}\right)^2+\left(\dfrac{U_y}{\overline{y}}\right)^2}$
$N = a\dfrac{x^k y^m}{z^n}$	$E_N(U)=\sqrt{k^2\left(\dfrac{U_x}{\overline{x}}\right)^2+m^2\left(\dfrac{U_y}{\overline{y}}\right)^2+n^2\left(\dfrac{U_z}{\overline{z}}\right)^2}$
$N = a\sqrt[k]{x}$	$E_N(U)=\dfrac{1}{k}\dfrac{U_x}{\overline{x}}$
$N = \sin x$	$E_N(U)=\dfrac{\lvert\cos\overline{x}\rvert U_x}{\sin\overline{x}}$
$N = \ln x$	$E_N(U)=\dfrac{U_x}{(\ln\overline{x})\overline{x}}$

需要说明的是，有时我们遇到的问题是间接测量值的不确定度已经确定，需要计算每个直接测量值的不确定度. 例如，如果要求测量某物体体积时相对不确定度不能超过 0.5%，那么我们应该选取相对不确定度是多少的仪器去对这个物体进行测量？这时我们的原则是将间接测量结果的总不确定度均分到各个直接被测量中去，使得各直接被测量的不确定度对总不确定度的贡献相等，这就是所谓的不确定度均分原则.

3. 间接测量误差计算的举例说明

下面用两个例子来说明间接测量误差计算的方法.

例 1-3-2 圆球的体积$V=\dfrac{4}{3}\pi R^3$. 今测得球的半径 $R=\overline{R}\pm U_R=(5.012\pm 0.005)\ \mathrm{cm}$，求球的体积$\overline{V}$，不确定度 U，相对误差 $E_N(U)$，并写出 V 的正确表达式.

解 球的体积$\overline{V}$为

$$\overline{V}=(4/3)\pi\overline{R}^3=(4/3)\pi\times 5.012^3=527.11038\ (\mathrm{cm}^3)$$

相对误差 $E_N(U)$ 为

$$E_N(U)=\sqrt{\left(\frac{\partial V}{\partial R}\right)^2\left(\frac{U_R}{\overline{V}}\right)^2}=\sqrt{\left(4\pi R^2\big|_{R=\overline{R}}\right)^2\left(\frac{U_R}{\overline{V}}\right)^2}=3\frac{U_R}{\overline{R}}=0.00299\approx 0.30\%$$

不确定度 U 为

$$U=\overline{V}E_N(U)=527.11038\times 0.00299=1.57\approx 2\ (\mathrm{cm}^3)$$

V 测量结果的正确表达式为

$$V=\overline{V}\pm U=(527\pm 2)\ (\mathrm{cm}^3)$$

$$E_N(U)=0.30\%$$

注意：①在写测量结果时，应先确定绝对不确定度的位数，因为不确定度中各数均是“欠准”的，所以不确定度只保留一位非 0 数字，多余的可按只进不舍处理；其次确定近真值的位数，它的最后一位有效数字与误差的非 0 数字对齐. ②球的半径相对不确定度约为 0.1%，而体积的相对误差为 0.30%；间接测量的不确定度比直接测量的不确定度大了 3 倍. 由此可见，间接测量值与直接测量值的函数关系中若有高次幂项存在，那么误差会增加几倍. 当然，此时直接测量值应尽量测量得精确些.

例 1-3-3　测量某个圆柱体的体积 V，需先测得其直径 D 和高度 h. 粗测得 D 约为 5.00 mm，h 约为 30.00 mm，若要求测量结果的相对不确定度 $E=\dfrac{U(V)}{\overline{V}}\leqslant 0.5\%$，应该怎样选择仪器？

解　按照圆柱体的体积公式

$$V=\frac{\pi}{4}D^2h$$

由式(1-3-32)可知，其体积平均值为 $\overline{V}=589.05\ \text{mm}^3$，其相对不确定度为

$$E_V=\frac{U(V)}{\overline{V}}=\sqrt{\left(2\frac{U(D)}{\overline{D}}\right)^2+\left(\frac{U(h)}{\overline{h}}\right)^2}$$

根据不确定度均分原则

$$2\frac{U(D)}{\overline{D}}=\frac{U(h)}{\overline{h}}=\frac{1}{\sqrt{2}}\frac{U(V)}{\overline{V}}$$

由于 $E_V=\dfrac{U(V)}{\overline{V}}\leqslant 0.5\%$，因此

$$2\frac{U(D)}{\overline{D}}=\frac{U(h)}{\overline{h}}\leqslant\frac{0.5\%}{\sqrt{2}}$$

代入 D 和 h 的估计值可得

$$U(D)=0.009\ \text{mm},\quad U(h)=0.1\ \text{mm}$$

由于 $U(D)$、$U(h)$ 为 B 类不确定度，因此测量直径和高度所采用仪器的误差 σ_D、σ_h 分别为

$$\sigma_D\leqslant U(D)\times\sqrt{3}=0.0155\ \text{mm},\quad \sigma_h\leqslant U(h)\times\sqrt{3}=0.173\ \text{mm}$$

量程为 25 mm 的螺旋测微器分度值为 0.01 mm，仪器的极限误差为 0.004 mm；量程为 125 mm 的游标卡尺，仪器的极限误差为 0.02 mm. 因此，对该物体进行测量时应选用两种精度不同的测量仪器，即测量直径时选用螺旋测微器，而测量高度时选用游标卡尺. 然而，实际实验中，使用两种不同的测量工具对同一物体进行测量，显得既不经济也不方便. 因此，我们有必要计算一下，若都用游标卡尺进行测量，其不确定度是否符合要求.

若都用游标卡尺进行测量，则

$$U(D)=U(h)=\frac{\sigma_{\text{游标卡尺}}}{\sqrt{3}}=0.012\ \text{mm}$$

$$E_V=\frac{U(V)}{\overline{V}}=\sqrt{\left(2\frac{U(D)}{\overline{D}}\right)^2+\left(\frac{U(h)}{\overline{h}}\right)^2}\approx 0.48\%<0.5\%$$

其精度满足测量要求. 可见，对于题目中要求的相对不确定度，高度 h、直径 D 可同时选用游

标卡尺来测量.

1.3.6 有效数字及其运算规则

1. 有效数字的概念

在实验中数字有两类：一类是用来计“数目”的. 例如，我们在某一测量中，对某量测了 10 次，这个“10”就是数目，不包含有估计的成分. 这些数不带有近似性和不确定性，在运算中不考虑它们的位数，运算结果的取位也与它们无关. 另一类是用来表示测量结果的，它由精确读出的“准确数字”和估计读得的“可疑数字”两部分组成. 所以，用仪器测得的“准确数字”与“可疑数字”对测量结果而言，都是有效的，称为“有效数字”. 例如，图 1-3-1 中，米尺测量的结果为 4.25 cm，有效数字是三位，4.2 是准确数字，尾位“5”是可疑数字，这一位数字虽然是可疑的，但它在一定程度上反映了客观实际，因此也是有效的.

但需要注意以下两点：

(1) 有效数字是指数据中能有效地表示大小的任一个数(包括 0)，而与单位有关的、只表示小数点位置的 0 不能算是有效数字. 例如，有以下五个数据：123 cm、0.00123 km、12.03 cm、12.30 cm、12.00 cm，其中第二个数 0.00123 km 中的三个“0”表示小数点的位置，当把单位由 km 变成 cm 时，这三个“0”自动消失；后面三个数据的“0”均是有效的，不因单位变换而消失. 可以概括地说，数据中的“0”如出现在第一非“0”数字之前(左)，则此“0”不是有效数字；如出现在第一个非“0”数字之后(右)，则此“0”均是有效数字.

(2) 在实际测量中，对于数值很大或很小的数据，往往使用科学记数法来表示. 科学记数法的标准形式是用 10 的方幂来表示其数量级的. 前面的数字是测得的有效数字，并只保留一位数在小数点的前面. 例如，$L=2.306\times10^3\ \text{m}$，$m_e=9.109\times10^{-28}\ \text{g}$ 等. 上述的 L 和 m_e 有效数字均为 4 位. 一般地，有效数字越多，则表示相对误差越小. 如果将 $L=2.306\times10^3\ \text{m}$ 写成 $L=230600\ \text{cm}$，那么有效数字就由 4 位变成 6 位，精度提高了 100 倍，这是不实际的夸大记录，实验中应避免此类错误.

2. 有效数字的运算规则

1) 有效数字运算的总原则

(1) 舍入只被用于最后结果. 因此，对参与运算的数和中间结果都不做修约，只在最后结果表示再修约.

(2) 在近似计算中，准确数字之间进行的运算，得到的仍是准确数字；只要有可疑数字参与的运算得到的仍为可疑数字.

(3) 运算结果的最末一位是可疑数字. 也就是说，可疑数字只能保留一位.

(4) 运算中，确定了可疑位后，去掉其余尾数时，按“四舍六入五凑偶”的规则进行取舍. 即被修约的数字小于等于 4，舍去；大于等于 6，进位；等于 5 时，要看 5 前面的数字，若是奇数则进位，若是偶数则舍去，若 5 的后面还有不为“0”的任何数，则此时无论 5 的前面是奇数还是偶数，均应进位. 如把下列数字修成三位有效数字：14.26331≈14.3，14.3426≈14.3，14.15≈14.2，14.250 0≈14.2.

(5) 对于不确定度，一般来说，它都只保留一位有效数字，应按“只进不舍”原则来处理；

而相对误差一般可取两位有效数字，余者按“四舍六入五凑偶”的规则进行取舍.

2) 加减法运算

为了在运算中清楚地识别可疑数字，我们在可疑数字下面加一横线. 例如，

$$\begin{array}{r} 32.1\underline{2} \\ +\ 2.26\underline{3} \\ \hline 34.3\underline{83} \end{array}$$

在运算结果 $34.3\underline{83}$ 中，后两位均为可疑数字，根据有效数字运算的原则，只保留一位可疑数字，因此运算结果可记为 $34.3\underline{8}$. 同样，减法运算，例如，

$$\begin{array}{r} 32.1\underline{2} \\ -\ 2.26\underline{3} \\ \hline 29.8\underline{57} \end{array}$$

此结果也存在两位可疑数字，根据只保留一位可疑数字及“四舍六入五凑偶”原则，最终结果应记为 29.86.

3) 乘除运算

$$\begin{array}{r} 31.\underline{2} \\ \times\ 0.2\underline{3} \\ \hline \underline{936} \\ 62\underline{4} \\ \hline 7\underline{176} \end{array}$$

根据同样的原则，此结果可记为 7.2. 由上述几个例子可知，四则运算中以有效数字最少的数为标准. 最后结果中的有效数字位数与运算前各数字中有效数字位数最少的一个相同.

4) 其他运算

严格地说，进行除四则运算以外的函数运算时，应根据误差传递公式来计算. 一般情况下的原则是：

有效数字在乘方和开方时，运算结果的有效数字位数与其底的有效数字的位数相同.

对数函数运算后，结果中尾数的有效数字位数与真数有效数字位数相同.

指数函数运算后，结果中有效数字的位数与指数小数点后的有效数字位数相同.

三角函数的有效数字位数与有效数字的位数相同.

需要说明的是，上述的运算规则都是相当粗略的. 多数情况下，为了防止运算带来的误差，中间运算结果应多取至少一位有效数字，但最后结果中仍保留一位有效数字.

1.3.7 处理实验数据的一些常用方法

科学实验的目的是找出事物的内在规律，或检验某种理论的正确性，并作为以后实践工作的依据，因此对实验测量收集到的大量数据进行正确处理显得尤为重要. 数据处理是指对实验数据进行记录、整理、计算、分析、拟合等，从而获得实验结果和寻找物理量变化规律或经验公式. 这是物理实验的重要组成部分.

需要强调的是：为了正确处理数据，由仪器测量直接读出、未经处理的原始数据应全面正确地记录下来，不能随意涂改. 如发现数据有错，应把错误数据划掉，并把正确的数据记

在它的附近. 原始数据应实事求是记录，离开实验室就不得再涂改.

本书主要介绍列表法、图示法、逐差法和线性拟合法.

1. 列表法

列表法就是在记录或处理数据时，将测量数据和有关的计算结果按照一定规律分类、分行、分列地列成表格. 这是一种最基本、最常用的数据处理方法. 列表法的优点是：①简单易做；②数据易于参考比较；③形式紧凑；④同一表格内可以同时表示几个变量间的变化关系而不混乱. 列表时要注意：

(1) 表格的设计要有利于记录、运算和检查.

(2) 表格的每行(或列)第一格应标明此行(或列)所代表的物理量的符号、单位等. 表格中的单位应一致.

(3) 表格中的直接测量值应按有效数字规则填写清楚. 中间过程的计算值可比直接测量值多保留一位有效数字.

2. 图示法

图示法(也称作图法、图解法)是把一系列数据之间的关系用图线的形式直观地表示出来.

1) 图示法的作用和优点

物理实验中，大量数据相互间的关系可能并不直观，仅仅通过观察这些数据，难以把握它们之间蕴含的科学内涵，通过作图能帮助人们有效地观察和理解这些数据间的关联.

图示法的优点是：

(1) 形象、直观，能很清楚地揭示物理量间的变化规律；

(2) 容易发现测量中的错误，并根据图线对实验中的误差进行分析；

(3) 可以用外推法推知无测量点处的情况和变化趋势；

(4) 可以从图形中得出许多有用的参数，如函数的极值(极大、极小、斜率、截距)等.

2) 作图的基本规则

(1) 根据函数关系选择适当的坐标纸(如直角坐标纸、单对数坐标纸、双对数坐标纸、极坐标纸等)和比例，画出坐标轴，标明物理量符号、单位和刻度值，并注明测试条件.

(2) 坐标的原点不一定是变量的零点，可根据测试范围加以选择. 一般可用低于实验数据最小值的某一整数作为起点，用高于实验数据最大值的某一整数作为终点，以使图形尽量充满整个坐标纸. 坐标分度的选择要适当，一般要使数据中准确数字的最后一位与坐标最小分度相当. 纵横坐标比例要恰当，以使图线居中.

(3) 描点和连线. 根据测量数据，用“×”清楚地标出各实验点在坐标中相应的位置. 在一张坐标纸上画多条实验曲线时，每条曲线应用不同的标记，如“+”“×”“·”“△”等符号标出，以免混淆. 连线时，要根据实际情况，将数据点连成光滑曲线、直线或折线. 由于误差的存在，很多时候直线或曲线并不能通过所有的数据点，而应使数据点均匀地分布在曲线(直线)的两侧，且尽量贴近曲线. 个别偏离过大的点要重新审核，属过失误差的应剔除.

(4) 标明图注. 即作好实验图线后，应在图纸下方或空白的明显位置处写明图的名称、作者和作图日期，有时还要附上简单的说明，如实验条件、图线特征等，使读者一目了然. 作图时，一般将纵轴代表的物理量写在前面，将横轴代表的物理量写在后面，中间用“-”连接.

(5) 最后将图纸贴在实验报告的适当位置，便于教师批阅.

3) 图解法求线性方程

在物理实验中，作出实验图线以后，可以由图线求出经验公式. 图解法就是根据实验数据作好的图线，用解析法找出相应的函数形式. 实验中经常遇到的图线是直线、抛物线、双曲线、指数曲线、对数曲线. 特别是当图线是直线时，采用此方法更方便.

由实验图线建立经验公式的一般步骤：

(1) 根据解析几何知识判断图线的类型；

(2) 由图线的类型判断公式的可能特点；

(3) 由于曲线方程难以判断，因此常利用对数或倒数等坐标系，把原曲线改为直线；

(4) 确定常数，建立起经验公式，并用实验数据来检验所得公式的准确程度.

用直线图解法求直线方程的方法一般有以下两种：

(1) 斜率截距法.

如果作出的实验图线是一条直线，则经验公式应为直线方程

$$y=kx+b \tag{1-3-34}$$

要建立此方程，必须求出常数 k 和 b.

在图线上选取两点 $P_1(x_1, y_1)$和 $P_2(x_2, y_2)$，需要注意的是，P_1 和 P_2 一般不使用原始数据点，而应从图线上直接读取. 所取的两点应尽量彼此分开一些，以减小误差. 由解析几何可知，上述直线方程中，k 为直线的斜率，b 为直线的截距. 可以根据两点的坐标求出 k，为

$$k=\frac{y_2-y_1}{x_2-x_1} \tag{1-3-35}$$

其截距 b 为 $x=0$ 时的 y 值；若原实验中所绘制的图形并未给出 $x=0$ 段直线，将直线用虚线延长交 y 轴，则可量出截距. 也可以由下式：

$$b=\frac{x_2y_1-x_1y_2}{x_2-x_1} \tag{1-3-36}$$

求出截距，将求出的斜率和截距的数值代入方程中就可以得到经验公式.

(2) 曲线改直法.

在许多情况下，物理量间的函数关系是非线性的. 但我们可通过适当的坐标变换将非线性的函数关系转化成线性关系，并在作图中用直线表示，这种方法叫做曲线改直法. 作这样的变换不仅是由于直线容易描绘，更重要的是直线的斜率和截距所包含的物理内涵往往是我们所需要的. 例如，

① $y=ax^b$，式中 a、b 为常量，可变换成 $\ln y=b\ln x+\ln a$，$\ln y$ 为 $\ln x$ 的线性函数，斜率为 b，截距为 $\ln a$.

② $y=ab^x$，式中 a、b 为常量，可变换成 $\ln y=(\ln b)x+\ln a$，$\ln y$ 为 x 的线性函数，斜率为 $\ln b$，截距为 $\ln a$.

③ $PV=C$，式中 C 为常量，要变换成 $P=C(1/V)$，P 是 $1/V$ 的线性函数，斜率为 C.

④ $y^2=2px$，式中 p 为常量，$y=\pm\sqrt{2p}\,x^{1/2}$，y 是 $x^{1/2}$ 的线性函数，斜率为 $\pm\sqrt{2p}$.

⑤ $y=x/(a+bx)$，式中 a、b 为常量，可变换成 $1/y=a(1/x)+b$，$1/y$ 为 $1/x$ 的线性函数，斜率为 a，截距为 b.

⑥ $s=v_0t+at^2/2$，式中 v_0、a 为常量，可变换成 $s/t=(a/2)t+v_0$，s/t 为 t 的线性函数，斜率为 $a/2$，截距为 v_0.

例如，在恒定温度下，一定质量气体的压强 p 随容积 V 而变，作 p-V 图，为一双曲线，如图 1-3-8 所示. 若横坐标由 V 转换成$\frac{1}{V}$，则 p-$\frac{1}{V}$ 图为一直线，如图 1-3-9 所示. 由图可知，$p=C\frac{1}{V}$，其中 C 为斜率，即 p 与 V 的乘积为一常数 C，这就是玻意耳定律.

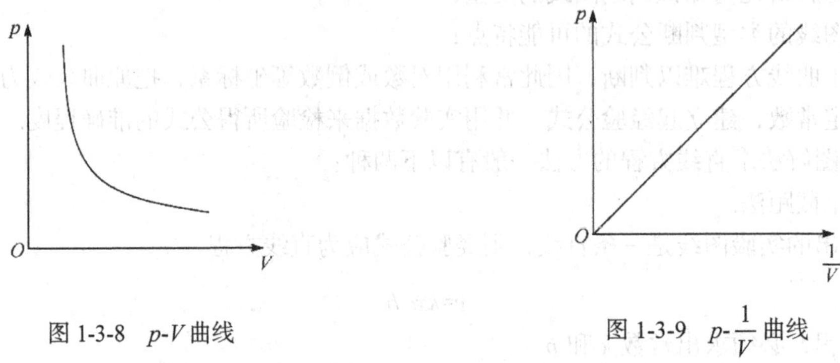

图 1-3-8　p-V 曲线　　　　图 1-3-9　p-$\frac{1}{V}$ 曲线

又例如，单摆的周期 T 随摆长 L 而变，绘出 T-L 实验曲线为抛物线型，如图 1-3-10 所示. 若将横坐标由 T 转换成T^2，则图线为直线型，如图 1-3-11 所示. 由图可知，T^2 与 L 的关系为$T^2=kL$，其中 k 为斜率. 经计算可知$k=\frac{T^2}{L}=\frac{4\pi^2}{g}$，于是可写出单摆的周期公式：$T=2\pi\sqrt{\frac{L}{g}}$.

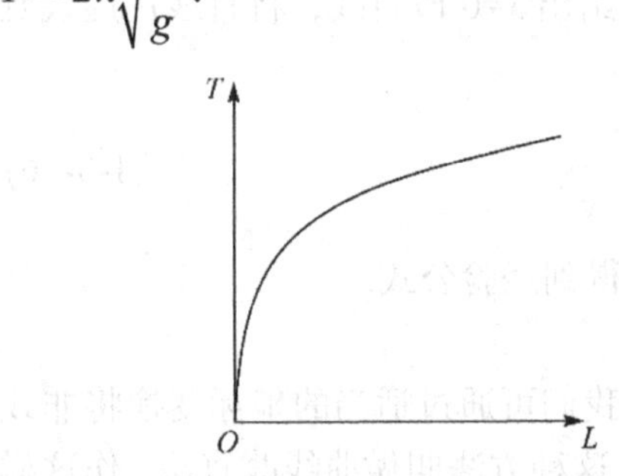

图 1-3-10　T-L 曲线

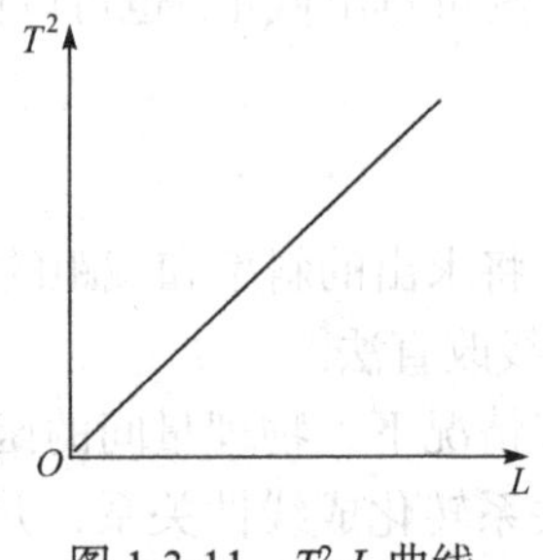

图 1-3-11　T^2-L 曲线

3. *逐差法*

逐差法是物理实验中常用到的数据处理方法之一. 通常情况下，逐差法就是把实验测得的数据平分成高低两组，将对应项相减得到差值，然后利用差值进行相应运算的方法. 逐差法应用的前提是自变量等间距变化，且与因变量之间的函数关系为线性，如下式所示：

$$y=\sum_i a_i x_i \tag{1-3-37}$$

例如，一空载长为 x_0 的弹簧，逐次在其下端加挂质量为 m 的砝码，测出对应的长度 $x_1,x_2,\cdots,x_5$，求每加一单位质量的砝码的伸长量.

若用通常求平均值的办法，Δy 为每加一单位质量的砝码的伸长量，则有

$$\Delta y = \frac{1}{5}\left[\frac{x_1 - x_0}{m} + \frac{x_2 - x_1}{m} + \cdots + \frac{x_5 - x_4}{m}\right] = \frac{1}{5m}(x_5 - x_0)$$

这种处理方法只有 x_0 、x_5 两个数据起作用，中间值全部抵消，没有充分利用整个数据组，丢失了大量信息，是不合理的.

若利用逐差法，可将测量数据按顺序对半分成两组，即 $[x_0, x_1, x_2]$ 与 $[x_3, x_4, x_5]$，使两组对应项相减，求平均可得

$$\overline{\Delta x} = \frac{1}{3}\left[\frac{x_3 - x_0}{3} + \frac{x_4 - x_1}{3} + \frac{x_5 - x_2}{3}\right]$$

则每增加一单位质量的砝码的伸长量为

$$\Delta y = \frac{\overline{\Delta x}}{m} = \frac{1}{9m}[(x_3 + x_4 + x_5) - (x_0 + x_1 + x_2)]$$

这种处理方法尽量利用所有测量量，而又不减少结果的有效数字位数，达到了多次测量减小误差的目的.

4. 线性拟合法(最小二乘法)

作图法虽然在数据处理中是一个很便利的方法，但在图线的绘制上往往会引入附加误差，尤其是在根据图线确定常数时，这种误差有时很明显. 为了克服这一缺点，通常采用更严格的数学解析的方法，从一组数据点中找出一条最佳的拟合曲线，这种方法称为线性拟合(方程回归). 其中最常用到的线性拟合方法就是最小二乘法.

最小二乘法是指，根据已知一组实验点 (x_i, y_i) $(i = 1, 2, \cdots, n)$，选取一个近似函数 $\varphi(x)$，使得 $\sum_{i=1}^{n}\left[\varphi(x_i) - y_i\right]^2$ 最小. 这种求近似函数的方法称为曲线拟合的最小二乘法，函数 $\varphi(x)$ 称为这组数据的最小二乘函数.

下面简单介绍最小二乘法在实验数据处理中的应用. 假设两个物理量 x 与 y 之间满足线性关系：

$$y = a + bx \tag{1-3-38}$$

式中，a 和 b 为我们期待得到的物理常量. 而直接测量得到了两组物理量，分别为$(x_1, x_2, \cdots, x_n)$和$(y_1, y_2, \cdots, y_n)$，其中 x_i 与 y_i 为相互对应的物理量. 由最小二乘法的定义可知，常量 a、b 应使得式(1-3-39)中 S 取极小值.

$$S(a,b) = \sum_{i=1}^{n}\left[y_i - (a + bx_i)\right]^2 \tag{1-3-39}$$

根据极小值的求法，令 S 对 a 和 b 的偏导数为零，即可解出满足上式的 a、b 值.

$$\begin{cases} \dfrac{\partial S}{\partial a} = \dfrac{\partial \sum_{i=1}^{n}\left[y_i - (a + bx_i)\right]^2}{\partial a} = -2\sum_{i=1}^{n}(y_i - a - bx_i) = 0 \\ \dfrac{\partial S}{\partial b} = \dfrac{\partial \sum_{i=1}^{n}\left[y_i - (a + bx_i)\right]^2}{\partial b} = -2\sum_{i=1}^{n}(y_i - a - bx_i)x_i = 0 \end{cases} \tag{1-3-40}$$

即

$$\begin{cases} na+\left(\sum_{i=1}^{n}x_i\right)b-\sum_{i=1}^{n}y_i=0 \\ \left(\sum_{i=1}^{n}x_i\right)a+\left(\sum_{i=1}^{n}x_i^2\right)b-\sum_{i=1}^{n}x_iy_i=0 \end{cases} \tag{1-3-41}$$

式(1-3-41)中的两个式子，实际上就是关于 a 和 b 的二元一次方程组，其解为

$$\begin{cases} a=\dfrac{\sum_{i=1}^{n}x_iy_i\sum_{i=1}^{n}x_i-\sum_{i=1}^{n}y_i\sum_{i=1}^{n}x_i^2}{\left(\sum_{i=1}^{n}x_i\right)^2-n\sum_{i=1}^{n}x_i^2} \\ b=\dfrac{\sum_{i=1}^{n}x_i\sum_{i=1}^{n}y_i-n\sum_{i=1}^{n}x_iy_i}{\left(\sum_{i=1}^{n}x_i\right)^2-n\sum_{i=1}^{n}x_i^2} \end{cases} \tag{1-3-42}$$

引入算术平均值：$\overline{x}=\frac{1}{n}\sum_{i=1}^{n}x_i$，$\overline{y}=\frac{1}{n}\sum_{i=1}^{n}y_i$，$\overline{xy}=\frac{1}{n}\sum_{i=1}^{n}x_iy_i$，$\overline{x^2}=\frac{1}{n}\sum_{i=1}^{n}x_i^2$，代入式(1-3-42)可得

$$\begin{cases} a=\dfrac{\overline{xy}\cdot\overline{x}-\overline{y}\cdot\overline{x^2}}{\left(\overline{x}\right)^2-\overline{x^2}} \\ b=\dfrac{\overline{x}\cdot\overline{y}-\overline{xy}}{\left(\overline{x}\right)^2-\overline{x^2}} \end{cases} \tag{1-3-43}$$

由式(1-3-42)或式(1-3-43)计算得出 a 和 b，将其代入直线方程 $y=a+bx$，就得到了由数据组 (x_i,y_i) 所能够拟合出的最佳直线方程.

上面介绍了用最小二乘法求经验公式中的常数 a 和 b 的方法，是一种直线拟合法. 它在科学实验中的运用很广泛，特别是有了计算器后，计算工作量大大减小，计算精度也能得到保证，因此它是既有用又很方便的方法. 用这种方法计算的常数值 a 和 b 是“最佳的”，但并不是没有误差，它们的误差估算比较复杂. 一般来说，一列测量值的 $S(a,b)$ 大(即实验点对直线的偏离大)，那么由这列数据求出的 a、b 值的误差也大，由此定出的经验公式可靠程度就低；如果一列测量值的 $S(a,b)$ 小(即实验点对直线的偏离小)，那么由这列数据求出的 a、b 值的误差就小，由此定出的经验公式可靠程度就高. 直线拟合中的误差估计问题比较复杂，可参阅其他资料，本书不作介绍.

为了检查实验数据的函数关系与得到的拟合直线的符合程度，数学上引进了线性相关系数 r 来进行判断. r 定义为

$$r=\frac{l_{xy}}{\sqrt{l_{xx}\cdot l_{yy}}} \tag{1-3-44}$$

式中

$$
\begin{cases}
l_{xy}=\sum_{i=1}^{n}x_iy_i-\frac{1}{n}\sum_{i=1}^{n}x_i\sum_{i=1}^{n}y_i=n\left(\overline{xy}-\overline{x}\cdot\overline{y}\right)\\
l_{xx}=\sum_{i=1}^{n}{x_i}^2-\frac{1}{n}\sum_{i=1}^{n}x_i\sum_{i=1}^{n}x_i=n\left(\overline{x^2}-\overline{x}^2\right)\\
l_{yy}=\sum_{i=1}^{n}{y_i}^2-\frac{1}{n}\sum_{i=1}^{n}y_i\sum_{i=1}^{n}y_i=n\left(\overline{y^2}-\overline{y}^2\right)
\end{cases}
\tag{1-3-45}
$$

则 r 可表示为

$$
r=\frac{\overline{xy}-\overline{x}\cdot\overline{y}}{\sqrt{\left(\overline{x^2}-\overline{x}^2\right)\cdot\left(\overline{y^2}-\overline{y}^2\right)}}
\tag{1-3-46}
$$

可以证明，r 的取值范围为 $-1\leqslant r\leqslant 1$，即 $|r|\leqslant 1$. 如果 $|r|$ 接近于 1，则说明各实验点均在一条直线上；反之，$|r|$ 接近于 0，则说明各实验点都远离这条直线，实验数据很分散，无线性关系. 因此，从相关系数的这一特性可以判断实验数据是否符合线性关系.

值得注意的是，由于某些曲线的函数可以通过数学变换改写为直线，例如，对函数 $y=a\mathrm{e}^{-bx}$ 取对数，得 $\ln y=\ln a-bx$，$\ln y$ 与 x 的函数关系就变成直线型了. 因此，最小二乘法有时也适用于某些曲线参数的拟合.

1.3.8 有关实验课的若干规定

上好物理实验课，除了要了解物理知识和误差理论以外，还需要了解实验的一般规则.

1. 实验预习

物理实验在很大程度上要求学生独立工作，如果事先没有做好周密的计划，上课时会忙乱，那么，就不能取得良好的实验效果. 因此在实验之前，必须很好地预习实验内容，并完成预习报告. 在物理实验中，内容的排列顺序不完全按照讲课的顺序进行，所以，在开始预习时可能会感到困难. 为了提高效率，在预习时只要把实验所遇的问题大致弄懂就行，如实验的基本原理、仪器的使用方法、实验步骤和注意事项等. 那些目前还不能证明的公式，复杂仪器的内部结构等是不可能即刻就能弄懂的，预习时不强求钻研. 预习报告不需过于详细，或者写一些与实验无关的东西，应该使预习报告成为自己进行工作的有利助手而不是累赘. 实验预习报告应该在上实验课前完成. 实验预习成绩是实验成绩的一部分.

2. 实验室守则

学生在进行实验时必须遵守学生实验守则，具体如下：

(1) 学生在实验课前必须认真预习实验指导书规定的有关内容，熟悉仪器设备的操作规程及注意事项，熟悉有关安全常识.

(2) 实验前认真检查个人专用仪器、用具是否齐备完好. 如有缺损，应及时向实验教师或实验技术人员报告.

(3) 学生应独立完成实验准备及实验过程的全部工作. 要爱护仪器、工具，节约药品、材料，实验后要按原样摆放整齐.

(4) 学生应按规定格式真实记录原始数据的结果，按时完成实验报告.

(5) 实验进行中不得脱离岗位，必须离开时，需经实验指导教师同意.

(6) 发生事故，要保持镇定，迅速切断电源、气源等，听从指导教师或实验技术人员的指导，不要惊慌失措.

(7) 损坏、丢失实验室的设备器材，应立即报告实验教师或实验技术人员. 属违反操作规程导致设备损坏的，照章赔偿.

(8) 禁止在实验室做与实验无关的活动. 每次实验后，将室内打扫干净，按照要求关好水、电、气、门、窗等.

3. 实验报告的内容与格式

实验报告的书写是一项重要的基本技能训练. 它不仅是对每次实验的总结，更重要的是它可以初步培养和训练学生的逻辑归纳能力、综合分析能力和文字表达能力，是科学论文写作的基础. 因此，参加实验的每位学生，均应及时认真地书写实验报告. 实验报告一般包括两个部分：一是原始数据记录，二是实验报告正文.

对于原始数据记录，需要事先设计好记录数据所需的表格. 在实验过程中，应将由仪器测量直接读出、未经处理的原始数据全面正确地记录下来，不能随意涂改. 如发现数据有错，应把错误数据划掉，并把正确的数据记在它的附近，且注明修改原因. 原始数据应据实记录，离开实验室后，就不得再涂改.

对于实验报告正文，应包含如下的格式和内容.

(1) 实验名称：应与实验内容相符.

(2) 实验者信息：应包括实验者的专业、班级、姓名、学号；同组者姓名；实验日期等.

(3) 实验目的：不同的实验有不同的训练目的，应按实验前对实验的要求并结合自己在实验过程的体会来写.

(4) 实验仪器：应全面详细地描述实验中所用到的仪器和材料，包括仪器和材料的具体名称、规格型号、主要技术参数等信息.

(5) 实验原理：简要写出必要的理论和公式推导过程，画出为阐述原理而必要的原理图或实验装置示意图.

(6) 实验步骤：应如实记录实际实验中的操作步骤，特别是关键性的步骤和注意事项.

(7) 实验数据处理及误差计算：严格根据实验中测量所得的数据，利用误差与数据处理的相关知识，得到最终结果，并对结果进行合理的分析讨论. 实验结果应与实验目的相互呼应.

(8) 问题讨论：根据自己的理解，解答实验老师所布置的相关问题.

总之，实验报告应整洁简明、条理清晰、字迹端正. 如报告有错误，应遵循指导教师的意见进行修改.

习　题

1. 按有效数字运算法则计算下列各式.

(1) $255.47+5.6+0.06546$；

(2) $90.55-8.1-31.218$；

(3) $91.2\times1.45\div1.0$；

(4) $(100.25-100.23)\div100$；

(5) $\pi\times2.001^2\times2.0$；

(6) $\dfrac{50.00\times(18.30-16.3)}{(103-3.0)(1.00+0.001)}$.

2. 将下式中错误或不当之处改正过来.

(1) L=115 cm=1150 mm；

(2) α=(1.71×10^{-5}±6.31×10^{-7}) kg.

3. 将下列测定值写成科学记数法.

(1) x=(17000±0.1×10^4) km；

(2) T=(0.001730±0.00005) s.

4. 用一级螺旋测微器测量一个小球的直径，测得数据如下：

d_i(mm):10.000，9.998，10.003，10.002，9.997，10.001，9.998，9.999，10.004，9.997. 计算直径的算术平均值、标准误差、相对误差以及正确表达测量结果.

5. 测一单摆的周期(单位为 s)，每次连续测 50 个周期的时间为：100.6，100.9，100.8，101.2，100.4，100.2，求其算术平均值、平均绝对误差、相对误差和结果的标准形式.

6. 求下列各式的误差传递公式.

(1) $N=A+B-C$；　(2) $N=\dfrac{BC}{A}$；

(3) $\rho=\dfrac{4m}{\pi D^2L}$；　(4) $\rho=\dfrac{m}{M_0-M+m}\rho_0$ (设 $\Delta M_0=0,\Delta\rho_0=0$).

7. 一个圆柱体，测得其直径为 $d=(10.987\pm0.006)$ mm，高度为 $h=(4.526\pm0.005)$ cm，质量为 $m=(149.106\pm0.006)$ g，计算该圆柱体的密度、标准误差、相对误差，正确表达测量结果.

8. 已知一质点做匀加速直线运动，在不同时刻测得质点的运动速度如下：

时间 t/s	1.00	2.50	4.00	5.50	7.00	8.50	10.00
速度 v/(cm/s)	26.33	28.62	30.70	33.10	35.35	37.28	39.99

作 v-t 图，并由图中求出：

(1) 初速度 v_0；(2) 加速度 a；(3) 在时刻 t=6.25 s 时质点的运动速度.

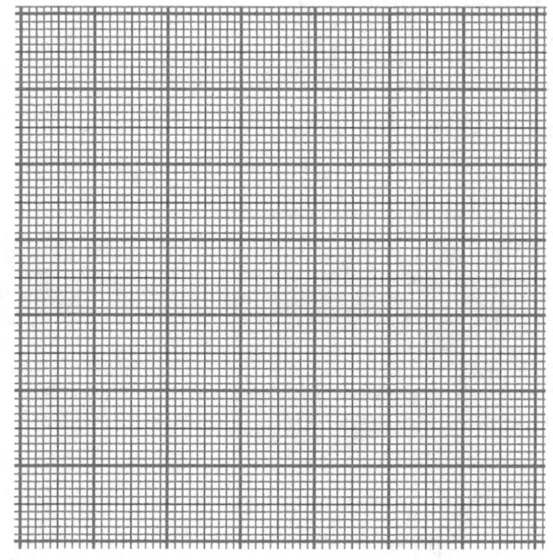

9. 已知某铜棒的电阻与温度关系为 $R_t = R_0 + \alpha \cdot t$．实验测得 7 组数据如下：

t/℃	19.1	25.1	30.1	36.0	40.0	45.1	50.1
R_t/Ω	76.30	77.80	79.75	80.80	82.35	83.90	85.10

试用最小二乘法求出参量 R_0、α，确定它们的误差.

第 2 章　基础性实验

力学基本测量

力学基本测量实验

2.1　力学基本测量

力学基本测量就是对力学的基本物理量如长度、质量、时间的测量. 由于测量对象和测量的要求不同，测量时所用的仪器、方法也各不相同. 因此，在实验中选择正确的基本测量仪器，恰当地运用测量方法，就成为实验成功的首要问题.

物理实验中测量长度的常用仪器有：米尺，最小分度值为 1 mm；游标卡尺，最小分度值为 0.1～0.01 mm；螺旋测微器，最小分度值为 0.01 mm；测距显微镜(比长仪)，最小刻度为 0.01 mm 等. 若测量微小长度可采用光学仪器，如迈克耳孙干涉仪，则可准确测量 0.0001 mm 的长度. 所谓仪器的精度就是指仪器的最小分度值. 仪器的精度越高，仪器的允许误差越小. 量程是指仪器的测量范围，以上仪器的量程各不相同. 量程和精度标志着这些仪器的规格.

学习使用这些仪器，要注意掌握它们的构造特点、规格性能、读数原理、使用方法以及维护知识等，并在实验中恰当地选择使用.

2.1.1　实验一 长度的测量

【实验目的】

(1) 了解游标卡尺、螺旋测微器的构造和原理，并掌握其正确使用方法；

(2) 练习读数和记录数据；

(3) 练习有效数字的运算，正确地表示测量结果和测量误差.

【实验仪器】

游标卡尺、螺旋测微器、待测物体(有圆孔的圆柱体、球体).

【实验原理】

1. 游标卡尺

游标卡尺是常用的长度测量仪器. 它由一个主尺和一个附尺组成，如图 2-1-1 所示. 主尺上固定有钳口 A 和刀口 A′；附尺上固定有钳口 B 、刀口 B′ 和尾尺 C，附尺可以在主尺上滑动，故称其为游标. 当钳口 A 和 B 靠拢时，A′ 和 B′ 对齐，C 和主尺亦正好对齐. 游标的零线刚好与主尺上的零线对齐. 测物体的外部尺寸时，将待测物体轻轻夹在外量爪之间. 测物体的内直径时，用内量爪伸入物体内部. 测物体的深度时，可用尾尺. 游标卡尺用来测量物体的长、宽、高、深以及圆环的内外直径等. 一般实验用的游标卡尺最多可测量十几厘米的长度.

游标的安装是为了提高读数的精确度，常用的游标分度有 10 分度(精度为 0.1 mm)、20 分度(0.05 mm)、30 分度(多用于测量角度)和 50 分度(0.02 mm)等，它们的原理和读数方法大致相同.

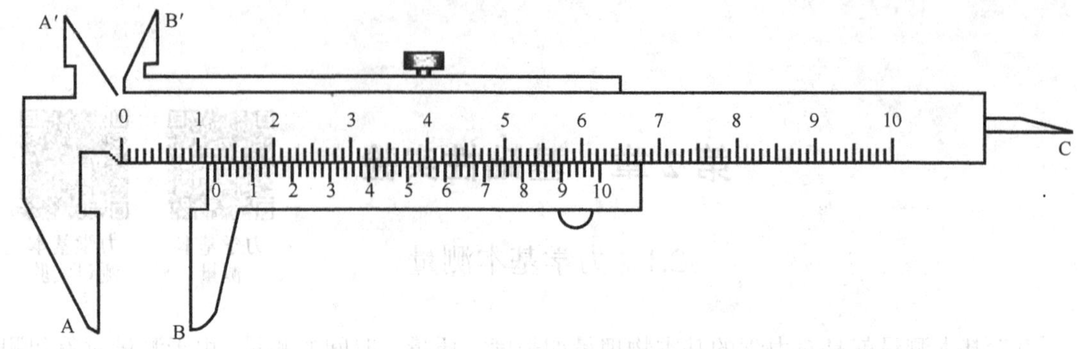

图 2-1-1　游标卡尺

现以 10 分度的游标为例说明其原理. 如果主尺上最小刻度的长度用 a 来表示，游标上一个分度的长度用 b 来表示，游标上的分度数用 n 来表示(通常是使游标上 n 个分度的长度与主尺上$(n-1)$个最小刻度的总长度相等，即 $nb=(n-1)a$)，那么，每个游标分度的实际长度为

$$b=\frac{n-1}{n}a$$

这样主尺最小刻度与游标一个分度之差为

$$a-b=a-\frac{(n-1)a}{n}=\frac{a}{n}$$

这就是游标的精度值. 如图 2-1-2 所示，a=1 mm，n=10，则

$$a-b=\frac{a}{n}=\frac{1}{10}\text{ mm}=0.1\text{ mm}$$

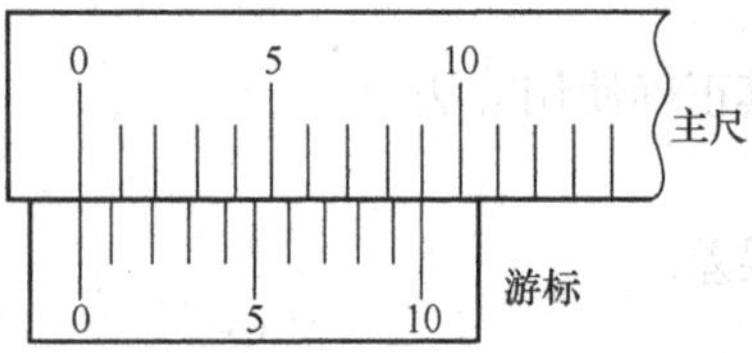

图 2-1-2　10 分度游标

可见 10 分度游标的精确度为 0.1 mm，仪器读数的一般规律是读数的最后一位应该是读数误差所在的一位.

在测量时，游标零线离开主尺零线的距离即为所测之长度. 毫米的整数部分直接从游标零线左边的主尺上读得，毫米以下的小数部分从游标上读得. 如果游标是第 x 条分度线与主尺上某一刻度线对齐，那么游标零线与主尺上左边的相邻刻度线间的距离(即毫米以下小数部分)为

$$\Delta x=Ka-Kb=K\frac{a}{n}$$

根据上面的关系，对于任何一种游标，只要弄清主尺最小刻度的长度 a 与游标的分度数 n，就可以直接利用游标来读数.

例如，有一种游标卡尺，虽然游标上 20 个分度长与主尺上 19 mm 长度相等，它的精度仍可用 $\frac{a}{n}=\frac{1}{20}=0.05\,(\text{mm})$ 计算出. 按游标的刻度原理，游标上 40 个分度应与主尺上 39 mm 长相等，其精度为 $\frac{a}{n}=\frac{1}{40}=0.025\,(\text{mm})$. 此卡尺是将游标上每个分度长扩大 1 倍，将 40 个分度数减成 20 个分度数，其精度便从 0.025 mm 降低为 0.05 mm，但毫米以下的小数仍可用 $\Delta x=K\frac{a}{n}=K\times 0.05\text{ mm}$ 读出.

现以 50 分度的游标卡尺为例介绍游标卡尺的读数方法. 如图 2-1-3 所示，主尺上最小刻

度 a=1 mm，游标上分度数 n=50，那么游标上一个分度与主尺上最小刻度之差为 $\frac{a}{n}=\frac{1}{50}\text{mm}=0.02\text{ mm}$. 测长度时，如果游标上零分度线对在主尺上，如图 2-1-4 所示位置时，毫米以上的整数部分 y 可以从主尺上直接读出，图中 y=6.00 mm；毫米以下的小数部分从游标上读出的办法是仔细寻找游标上哪一根分度线与主尺上的刻度线对得最齐，然后数出对齐的分度是第几条，如图 2-1-4 所示是第 6 条，即 K=6，则 $\Delta x=K\frac{a}{n}=6\times0.02\text{ mm}=0.12\text{ mm}$，所测长度 $L=y+\Delta x$=6.00+0.12=6.12 mm. 为了读数方便，游标上已将与 K=5，10，15，…相应的 Δx=0.10 mm，0.20 mm，0.30 mm，…的十分位上的数标出. 假如对齐的分度线是游标上数字 3 后面的第 4 条线，则立即可读出 Δx=0.38 mm，不必再去数游标上对齐线以左所有的分度数. 50 分度的游标读数结果写到 0.01 mm 这一位即可.

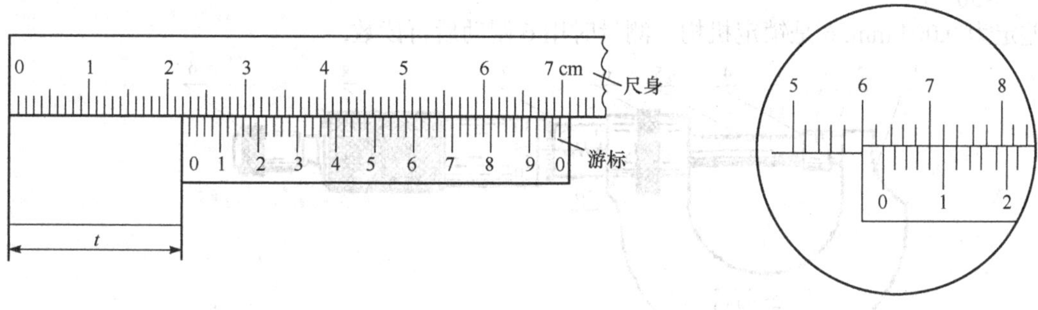

图 2-1-3　50 分度游标　　图 2-1-4　游标卡尺读数

游标卡尺是精密的量具，使用时应注意：①测量时将物体轻轻卡在钳口之间，不要用力过大，不要弄伤刀口和钳口. 锁紧固定螺丝后再读数，以免游标滑动影响读数的正确性. ②使用前要检查起点读数. 起点读数就是当钳口刚好靠拢时，游标的零分度线与主尺上零刻度线的符合程度. 如果刚好对齐，起点读数 S=0.00 mm，如图 2-1-5(a)所示. 如果没有对齐，当游标上零分度线落在主尺零刻度线左边时，如图 2-1-5(b)所示，起点读数 S 记为负数；落在右边时，如图 2-1-5(c)所示，起点读数 S 记为正数. 则测量时卡尺上的读数减去起点读数，即 $L=y+\Delta x-S$，即得所测结果. 其修正公式为：测量结果=测量读数−起点读数(0)，这样可以消除仪器的系统误差. ③使用完毕将其放回盒内，防止潮湿生锈.

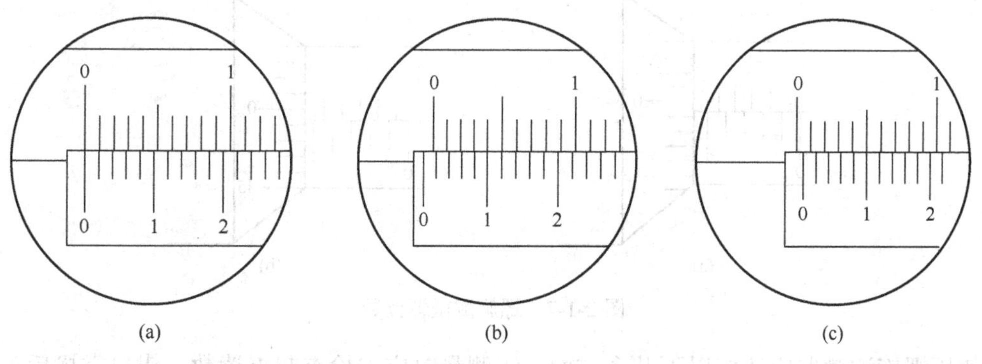

图 2-1-5　游标卡尺起始读数

2. 螺旋测微器

螺旋测微器又叫千分尺，它是比游标卡尺更为精密的测量长度的仪器. 其精度为 0.01 mm，实验室用的千分尺量程为 25 mm. 常用于测量细丝直径、薄片厚度等微小长度. 螺旋测微器是根据螺旋推进的原理设计的，其构造如图 2-1-6 所示. 它有一个弓形架 1，架的两端有固定钳口 2 和活动钳口 4，3 是待测物体，5 是测量轴，即螺杆，7 是一个固定的内管，上面有一横线(称为准线). 横线上下的最小分度都是 1 mm，但彼此错开 0.5 mm. 套筒 8 是套在内管上的，它和测量轴即螺杆是固定连接的. 转动尾端的棘轮 9，可以使螺杆前进或后退，从而使钳口 2、4 靠拢或离开. 套筒每旋转一周，螺杆就沿轴线方向移动一个螺距的长度，常用的螺旋测微器的螺距为 0.5 mm. 在套筒 8 的周围边缘上刻有 50 个等分刻度，套筒旋转一个刻度，螺杆就前进或后退 $\frac{0.5}{50} = 0.01\,(\text{mm})$，因此，螺旋测微器能精确地读到 0.01 mm，可估读到 0.001 mm. 仪器误差定为 0.004 mm. 6 是锁定机构，测量时用 6 制动后再读数.

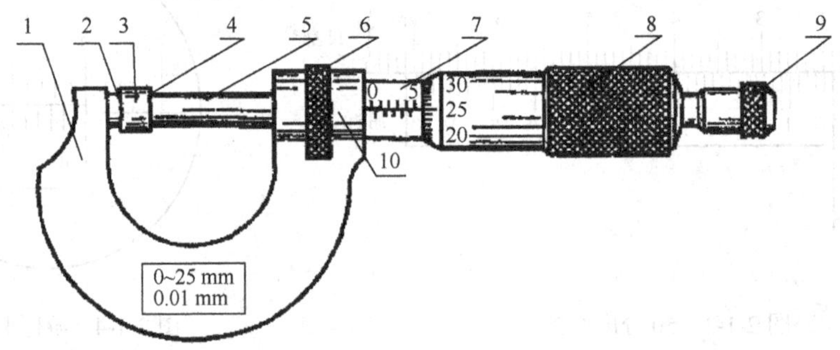

图 2-1-6 螺旋测微器

读数方法：当钳口 2 和 4 刚刚靠拢时，套筒边缘与准线上的零刻度线重合，并且套筒上的零刻度线与准线对齐. 旋转棘轮 9 带动套筒 8 同时旋转，把待测物体夹在 2 和 4 之间，从套筒边缘所对着的准线上的分度可以读出 0.5 mm 以上的读数 y，从准线对着的套筒边缘分度读出 0.5 以下的读数 Δx，则测量值 $L = y + \Delta x$. 如图 2-1-7(a)所示，在主尺上读得 y=5.500 mm，在套筒上读得 Δx=0.492 mm，结果 L=5.992 mm. 如图 2-1-7(b)所示，读数应为 5.492 mm. 两者差别就在于套筒边缘的位置不同，前者超过标准线上 0.5 mm 的刻度线.

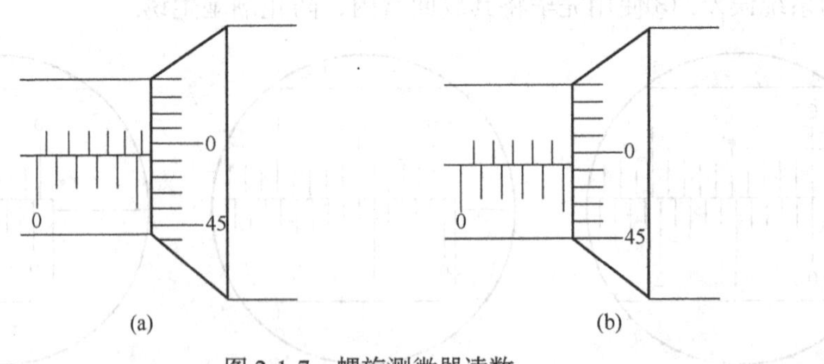

图 2-1-7 螺旋测微器读数

使用螺旋测微器应注意以下几个方面：①测量时应先检查起点读数，钳口靠拢后若套筒上的零刻度线正好与准线对齐，起点 S=0.000 mm，如图 2-1-8(a)所示. 若套筒上的零线在准线 C 的上端，则起点读数 S 记作负数，如图 2-1-8(b)所示. 若套筒零线在准线 C 的下端，则起点

读数 S 记作正数，如图 2-1-8(c)所示．那么测量结果 $L=y+\Delta x-S$．这样便可消除仪器的系统误差．②测量时不要用手直接旋转套筒 8，以免改变起点读数．应轻轻旋转棘轮 9，当听到“喀喀”声响时就停止旋转，这表示钳口 2 和 4 已与被测物体正常接触．再用力旋转 9 就会挤坏内部的螺纹．③仪器用毕后，应使钳口 2 和 4 间留一小空隙，以免热膨胀时钳口过分压紧而损坏螺纹．

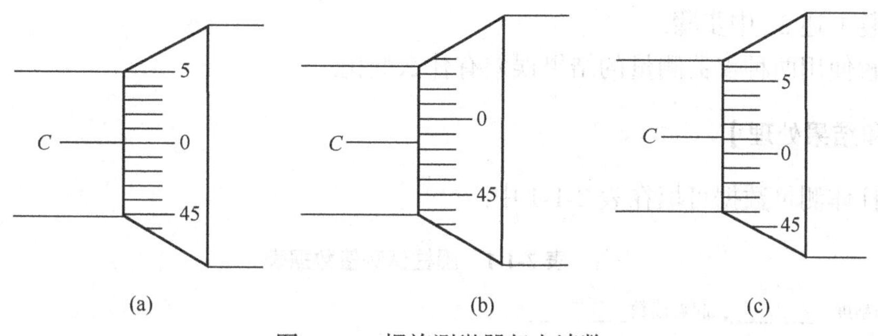

图 2-1-8　螺旋测微器起点读数

在进行测量前要选择适当的测量仪器，选择仪器的时候要结合各量的实际测量误差进行分析．例如，待测圆柱体的直径 $D\approx 2.00\,\text{cm}$，高度 $L\approx 7.00\,\text{cm}$，如果要求 $\dfrac{\Delta V}{V}\leqslant 0.50\%$，应如何选择仪器？

根据 $V=\dfrac{\pi}{4}D^2L$，则 $\dfrac{\Delta V}{V}=2\dfrac{\Delta D}{D}+\dfrac{\Delta L}{L}<0.50\%$，根据误差分配的等分原则，可取 $\dfrac{2\Delta D}{D}<0.25\%$，$\dfrac{\Delta L}{L}<0.25\%$．

假若都选用米尺测量，米尺测量误差 $\varDelta_{\text{mi}}\approx 0.05\,\text{cm}$，则 $2\dfrac{\Delta D}{D}=2\times\dfrac{0.05}{2.00}=\dfrac{5}{100}>0.25\%$．这一项已超过要求，所以不能选用米尺．

假若都选用游标卡尺测量，游标卡尺测量误差 $\varDelta_{\text{you}}\approx 0.002\,\text{cm}$，则 $2\dfrac{\Delta D}{D}=2\times\dfrac{0.002}{2.00}=\dfrac{0.2}{100}<0.25\%$，$\dfrac{\Delta L}{L}=\dfrac{0.002}{7.00}\approx\dfrac{3}{10000}<0.25\%$，此项可忽略不计，故选用游标卡尺．

【实验内容】

1. 用游标卡尺测量有圆孔的圆柱体的体积

(1) 弄清游标卡尺的精度和量程．

(2) 检查卡尺的起点读数，学会正确使用和操作．

(3) 用卡尺测量圆柱体的直径和高度、圆孔的内径和深度，要求在不同位置各测量 5 次．

(4) 将测量数据填在表格中，计算绝对误差和相对误差或者计算标准偏差，写出最后结果．

(5) 用上述结果计算圆柱体的体积及其误差．

2. 用螺旋测微器测量球体的体积

(1) 记录仪器的精度，检查起点读数．

(2) 测球体直径，分别在不同位置重复测量 5 次.
(3) 将测量数据记入表格中，计算绝对误差和相对误差或者计算标准偏差，写出最后结果.
(4) 用上述结果计算球体体积及其误差.

3. 用游标卡尺测量同一球体的体积

(1) 重复上述 2. 中步骤.
(2) 比较使用两种仪器测量的结果误差有什么变化.

【数据和结果处理】

(1) 圆柱体测量数据可填在表 2-1-1 中.

表 2-1-1　圆柱体测量数据表

游标卡尺的精度________，起点读数________.

项目	数据					平均值
	1	2	3	4	5	
外径 D/cm						
ΔD/cm						
内径 d/cm						
Δd/cm						
高度 L/cm						
ΔL/cm						
深度 h/cm						
Δh/cm						

外径　$E=\dfrac{\Delta D}{D}\times 100\%=$________，　$\overline{D}\pm\Delta D=$________

或者　$E=\dfrac{\sigma_D}{D}\times 100\%=$________，　$\overline{D}\pm\sigma_D=$________

内径 d、高度 L 和深度 h 的数据由实验者自己做相应的计算.

圆柱的体积　$V=V_1-V_2=\dfrac{\pi}{4}D^2L-\dfrac{\pi}{4}d^2h=$________

用算术平均误差计算

$$E_1=\frac{\Delta V_1}{V_1}=\left(\frac{2\Delta D}{D}+\frac{\Delta L}{L}\right)\times 100\%=\_\_\_\_\_\_$$

$$\Delta V_1=E_1V_1=\_\_\_\_\_\_$$

$$E_2=\frac{\Delta V_2}{V_2}=\left(\frac{2\Delta d}{d}+\frac{\Delta h}{h}\right)\times 100\%=\_\_\_\_\_\_$$

$$\Delta V_2=E_2V_2=\_\_\_\_\_\_$$

$$\Delta V=\Delta V_1+\Delta V_2=\_\_\_\_\_\_\_\_\_\_,\quad E=\frac{\Delta V}{V}\times 100\%=\_\_\_\_\_\_\_\_\_\_$$

或者使用标准偏差

$$E_{\sigma V}=\frac{\sigma_{V_1}}{V_1}=\sqrt{\left(\frac{2\sigma_D}{D}\right)^2+\left(\frac{\sigma_L}{L}\right)^2}\times 100\%=\_\_\_\_\_\_\_\_\_\_$$

$$\sigma_{V_1}=E_{\sigma V}\cdot V_1=\_\_\_\_\_\_\_\_\_\_,\quad V_1\pm\sigma_{V_1}=\_\_\_\_\_\_\_\_\_\_$$

(2) 将球体测量数据填入表 2-1-2.

表 2-1-2　球体测量数据表

螺旋测微器的精度________，起点读数________.

直径	次数					平均值
	1	2	3	4	5	
d/cm						
Δd/cm						

直径　$$E=\frac{\Delta d}{d}\times 100\%=\_\_\_\_\_\_\_\_\_\_,\quad d\pm\Delta d=\_\_\_\_\_\_\_\_\_\_$$

或者　$$E=\frac{\sigma_d}{d}\times 100\%=\_\_\_\_\_\_\_\_\_\_,\quad d\pm\sigma_d=\_\_\_\_\_\_\_\_\_\_$$

体积　$$V=\frac{4}{3}\pi\left(\frac{d}{2}\right)^3=\_\_\_\_\_\_\_\_\_\_,\quad E=\frac{\Delta V}{V}=\frac{3\Delta d}{d}\times 100\%=\_\_\_\_\_\_\_\_\_\_$$

$$\Delta V=EV=\_\_\_\_\_\_\_\_\_\_,\quad V\pm\Delta V=\_\_\_\_\_\_\_\_\_\_$$

或者　$$E_V=\frac{\sigma_V}{V}=\sqrt{\left(\frac{3\sigma_V}{d}\right)^2}\times 100\%=\_\_\_\_\_\_\_\_\_\_$$

$$\sigma_V=E_V=\_\_\_\_\_\_\_\_\_\_,\quad V\pm\sigma_V=\_\_\_\_\_\_\_\_\_\_$$

【预习思考题】

(1) 有两种游标卡尺，主尺上分度的长度分别为 0.5 mm、1.0 mm. 游标上分别有 50 个分度、20 个分度，该游标卡尺的精确度分别是多少？

(2) 有一种 20 个分度的游标卡尺，主尺上一个分度为 1.0 mm，游标刻度总长对应主尺上 39 mm 长. 该游标卡尺的精确度为多少？

(3) 螺旋测微器检查起点读数时，套筒边缘上的零刻度线在准线 C 的上端，距离准线 5 个分度，起点读数记为多少？零刻度线在准线 C 的下端 2.3 个分度，起点读数记为多少？

【讨论问题】

(1) 一个游标卡尺的零点示数如图 2-1-5(b)所示. 当测量某物体的长度读数为 7.0 mm 时，其实际长度为多少？

(2) 一个螺旋测微器的零点示数如图 2-1-8(b)所示. 用其测量某一物体的长度读数为 6.723 mm，物体的实际长度是多少？

(3) 有一块长约 15 cm、宽约 4 cm、厚约 0.2 cm 的铁板，应选用哪种仪器进行测量才能使其体积的测量结果保持 4 位有效数字？

假如某一球体直径 d 测量 10 次的结果如下：0.5570 cm、0.5580 cm、0.5550 cm、0.5560 cm、0.5590 cm、0.5500 cm、0.5540 cm、0.5560 cm、0.5570 cm、0.5570 cm. 其平均直径为 $\overline{d}=\frac{1}{10}\sum_{i=1}^{10}d_i=0.5559(\text{cm})$

$$\sigma_d=\frac{\sigma}{\sqrt{n}}=\sqrt{\frac{\sum_{i=1}^{10}\left(d_i-\overline{d}\right)^2}{10(10-1)}}=\underline{\qquad\qquad}$$

$$\sqrt{(0.0006)^2+(0.0016)^2+(0.0014)^2+\cdots+(0.0006)^2+(0.0006)^2}=\underline{\qquad\qquad}$$

$$0.000476\approx0.0005\ (\text{cm})$$

由于偶然误差本身就是一个估计值，所以其结果一般只取一位或两位数字，为简单起见，这里只取一位.

$$E_d=\frac{\sigma_d}{\overline{d}}=0.0005/0.5559\approx0.00089=0.089\%$$

$$\overline{d}\pm\sigma_d=(0.5559+0.0005)\ (\text{cm})$$

计算体积

$$V=\frac{4}{3}\pi\left(\frac{\overline{d}}{2}\right)^2=\frac{4}{3}\pi\left(\frac{0.5559}{2}\right)^2=0.3234\,(\text{cm}^3)$$

$$E_V=\frac{\sigma_V}{V}=\sqrt{\left(\frac{3\sigma_d}{d}\right)^2}=\sqrt{\left(\frac{3\times0.0005}{0.5559}\right)^2}=0.0027\approx0.27\%$$

$$\sigma_V=E_V\cdot V=0.00087\,(\text{cm}^3)$$

$$V\pm\sigma_V=(0.3234\pm0.00087)\,(\text{cm}^3)$$

根据误差宁大勿小的原则，绝对误差只进不舍.

2.1.2 实验二 物体密度的测定

1. 形状规则物体密度的测定

【实验目的】

(1) 掌握物理天平的构造和使用方法；

(2) 学习测定形状规则密度的一种方法；

(3) 练习数据处理的方法.

【实验仪器】

物理天平、待测物体(圆柱体、球体).

【实验原理】

密度是物质的基本特性之一，它是指单位体积内所含物质的质量. 若物体的质量为 m，体积为 V，则其密度为

$$\rho=\frac{m}{V}$$

只要测得 m 和 V，就可求出密度 ρ.

形状规则的物体，其体积 V 可以用长度测量的结果算得，而质量 m 则需用天平测量. 实验中常用的物理天平是根据等臂杠杆的原理制成的. 它的外形如图 2-1-9 所示，主要由横梁 A，托盘 P、P′ 和支柱 H 三部分组成. 横梁上有三个刀口，两端的刀口 b 和 b′ 悬挂两个托盘，中间的主刀口 a 安装在可以升降的支柱 H 上. 横梁的下部固定有指针 J，立柱上装有刻度标尺 S. 根据指针在标尺上的位置可以判断天平是否平衡. 横梁的上边还装有可滑动的游码 D，借助于游码在横梁上的位置可读出所配备的最小砝码以下的质量数.

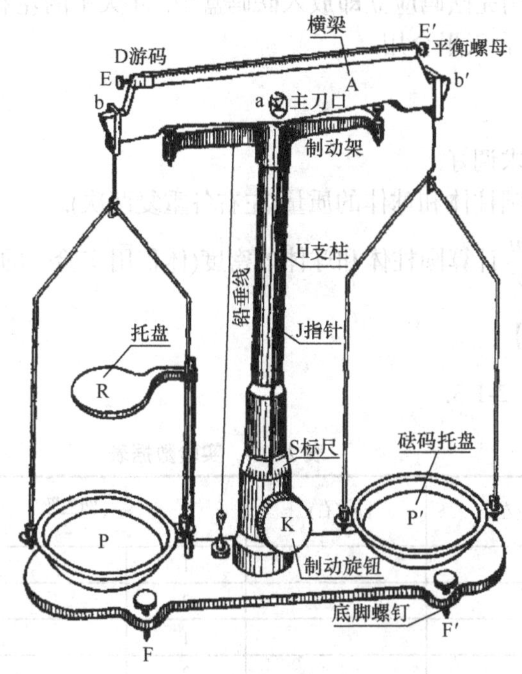

图 2-1-9　物理天平

不同的天平有不同的最大称量和感量. 所谓最大称量就是天平允许称量的最大质量(即极限负载). 所谓感量就是天平能准确称出的最小质量. 也可以这样说，当两托盘上的质量相等时，指针位于标记尺的零点，若使指针从此位置偏转一个最小分格，则两托盘上的质量差就是天平的感量. 如果天平处于平衡位置，在其中一个托盘中加单位质量后指针所偏转的分格数，就称为天平的灵敏度，由此可见，灵敏度是感量的倒数. 它们是天平精确度的标志.

物理天平的调节和称量：

(1) 调节支柱铅直. 其方法是调节底座上的两个底脚螺钉 F 和 F′使挂在支柱上的线锤摆尖与底座上的锤尖对准(若底座上带有水准器，可调节 F 和 F′，使水准器气泡居中).

(2) 调节零点. 先把游码 D 移至左端零点处，然后旋转制动旋钮 K 将横梁缓慢升起，观察指针在标尺中央“0”线左右摆动的情况. 若两边摆动格数几乎相等，则天平平衡；若不相等，将横梁放下(以免磨损刀口)，调节横梁上的平衡螺丝 E 和E′，然后再支起横梁，直至左右摆动格数相等.

(3) 称衡. 将被称物体放在左盘中央，砝码放在右盘中央，然后升起天平横梁，若不平衡，将横梁放下，适当增减砝码或向右移动游码，直至天平平衡，则物体的质量为右盘砝码与游码读数之和.

一般物理天平两臂往往并不严格对称，所以放在左右两盘称得的质量也不相等. 为了消除这方面的系统误差，常采用复称法，即将物体和砝码互易位置，再次称出物体质量，取两次质量的平均值 $m=\sqrt{m_1 m_2}$ ，或者 $m=\dfrac{m_1+m_2}{2}$ 为待测物体质量(见本节【附录】).

使用物理天平时注意：①天平的负载量不应超过天平的最大称量. ②取放物体、增减砝码及调节螺丝时，必须在天平止动时进行，而且动作要轻，以免损坏刀口. ③砝码应用镊子夹取，而不能用手拿. 用完砝码应立即放入砝码盒中. ④天平的左右零件都是固定使用的，不得互换，更不能和另一台天平合用.

【实验内容】

(1) 先将天平按要求调好.

(2) 用复称法称出圆柱体和球体的质量(左右各重复两次).

(3) 利用公式 $\rho=\dfrac{m}{V}$ 计算圆柱体和球体的密度(体积用实验一的计算结果).

【数据和结果处理】

将实验数据填入表 2-1-3.

表 2-1-3 实验数据表

物体	次数	m_1(左)	m_2(右)	$m=\dfrac{m_1+m_2}{2}$		平均值	Δm
圆柱体	1			1			
	2			2			
球体	1			1			
	2			2			

$$E_m=\frac{\Delta m}{m}\times 100\%=\_\_\_\_\_\_\_\_,\quad m+\Delta m=\_\_\_\_\_\_\_\_,\quad \rho=\frac{m}{V}=\_\_\_\_\_\_\_\_,$$

$$E_\rho=\frac{\Delta\rho}{\rho}=\left(\frac{\Delta m}{m}+\frac{\Delta V}{V}\right)\times 100\%=\_\_\_\_\_\_\_\_,\quad \Delta\rho=\rho\cdot E_\rho=\_\_\_\_\_\_\_\_,\quad \rho\pm\Delta\rho=\_\_\_\_\_\_\_\_.$$

或者

$$E_\rho=\frac{\sigma_\rho}{\rho}=\sqrt{\left(\frac{\sigma_m}{m}\right)^2+\left(\frac{\sigma_V}{V}\right)^2}\times 100\%=\_\_\_\_\_\_\_\_$$

$$\sigma_\rho=E_\rho\cdot\rho=\_\_\_\_\_\_\_\_,\qquad \rho\pm\Delta\rho=\_\_\_\_\_\_\_\_$$

2. 用流体静力称衡法测定形状不规则物体的密度

【实验目的】

(1) 掌握流体静力称衡法测量密度的原理和方法；

(2) 学习用流体静力称衡法测定形状不规则物体和液体的密度.

【实验仪器】

物理天平、形状不规则的铝块、酒精、玻璃烧杯、温度计.

【实验原理】

1) 测形状不规则固体的密度

假如测得待测物体在空气中的重量为W_1，当空气的浮力忽略不计时，

$$W_1 = \rho g V$$

式中，ρ 为待测物体的密度；g 为当地的重力加速度；V 为物体的体积. 如果将待测物体浸入水中，测得物体在水中的重量为W_2. 根据阿基米德定律，浸在液体里的物体受到向上的浮力，浮力的大小等于物体排开液体的重量，则该物体所受浮力为

$$W_1 - W_2 = \rho_0 g V \tag{2-1-1}$$

式中，ρ_0 为水在特定温度下的密度(查相关表格可知). 以上两式相比有

$$\frac{\rho}{\rho_0} = \frac{W_1}{W_1 - W_2}$$

即

$$\rho = \frac{W_1}{W_1 - W_2}\rho_0 \tag{2-1-2a}$$

利用天平称衡时，上式可写为

$$\rho = \frac{m_1}{m_1 - m_2}\rho_0 \tag{2-1-2b}$$

式中，m_1 和 m_2 分别为空气中和水中称衡时砝码的质量.

如果待测物体的密度小于水的密度，先在空气中测得物体重量W_1，然后用如图 2-1-10 所示的方法将待测物体下端拴上一个重物，将重物浸入水中测得物体连同重物的重量为W_2，再将物体连同重物一起浸入水中，测得它们共同的重量为W_3，物体所受浮力为$W_2 - W_3 = \rho_0 g V$. 则有

$$\frac{\rho}{\rho_0} = \frac{W_1}{W_2 - W_3}$$

即

$$\rho = \frac{W_1}{W_2 - W_3}\rho_0 \tag{2-1-3a}$$

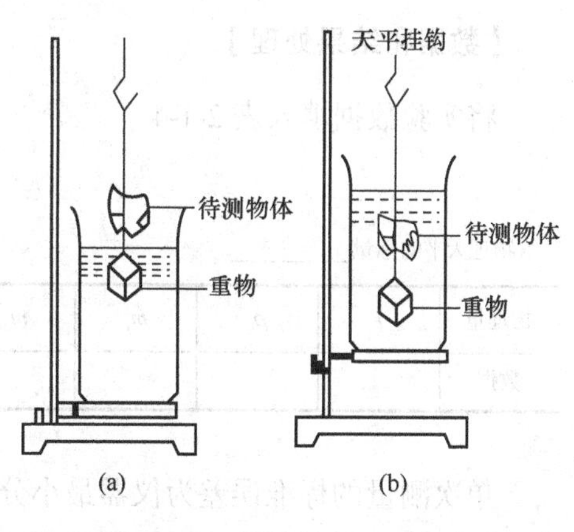

图 2-1-10　待测物体的密度小于水的密度

利用天平称衡时，上式可写为

$$\rho = \frac{m_1}{m_2 - m_3}\rho_0 \tag{2-1-3b}$$

式中，m_1 为空气中称衡时砝码的质量；m_2 和 m_3 分别为待测物体拴挂重物后，待测物体没有浸入和全部浸入水中称衡时砝码的质量.

2) 测液体的密度

假若待测液体的密度为ρ'，可将上述物体再浸入此待测液体中，然后测出此液体中的重量W_3，则物体在待测液体中所受浮力为$W_1-W_3=\rho' gV$．物体在水中所受的浮力为$W_1-W_2=\rho_0 gV$，所以有比例式

$$\frac{\rho'}{\rho_0}=\frac{W_1-W_3}{W_1-W_2}$$

即

$$\rho'=\frac{W_1-W_3}{W_1-W_2}\rho_0 \tag{2-1-4a}$$

利用天平称衡时，上式可写为

$$\rho'=\frac{m_1-m_3}{m_1-m_2}\rho_0 \tag{2-1-4b}$$

式中，m_1、m_2和m_3分别为在空气中、水中和待测液体中称衡时砝码的质量.

【实验内容】

(1) 调整好物理天平，称量出悬挂在空气中的铝块质量为m_1，即天平平衡时砝码的质量.

(2) 将盛水的杯子放在托盘上，把用细线挂着的铝块全部浸入水中，并用玻璃棒去除附在铝块表面的气泡. 记下铝块在水中平衡时砝码的质量m_2.

(3) 测出水温t，并查相关表格得出在此温度下水的密度ρ_0.

(4) 将水换成酒精，将铝块全部浸入酒精中，记下铝块在酒精里天平平衡时砝码的质量m_3.

(5) 将m_1、m_2、m_3、ρ_0代入式(2-1-2b)中计算出铝块的密度ρ.

(6) 将m_1、m_2、m_3、ρ_0代入式(2-1-4b)中计算出酒精的密度ρ'.

【数据和结果处理】

将实验数据填入表 2-1-4.

表 2-1-4　实验数据表

物理天平的感量＿＿＿＿＿.

物理量	t	ρ_0	m_1	m_2	m_3	ρ	ρ'	σ_{m_1}	σ_{m_2}	σ_{m_3}
数据										

单次测量的标准误差为仪器最小分度的$1/\sqrt{3}$倍，故可分别求得σ_{m_1}、σ_{m_2}、σ_{m_3}. 因为ρ_0的数据是由表中查出的，所以误差可略去不计.

σ_ρ的计算方法[以式(2-1-2b)为例]如下.

(1) 取对数，求全微分.

对公式$\rho=\dfrac{m_1}{m_1-m_2}\rho_0$两边取对数

$$\ln\rho=\ln m_1-\ln(m_1-m_2)+\ln\rho_0$$

求全微分

$$\frac{\mathrm{d}\rho}{\rho}=\frac{\mathrm{d}m_1}{m_1}-\frac{\mathrm{d}(m_1-m_2)}{m_1-m_2}+\frac{1}{\rho_0}\mathrm{d}\rho_0$$

(2) 合并同一变量系数. (取绝对值相加，将微分号换成误差符号即可得 $\Delta\rho/\rho$)

$$\frac{\Delta\rho}{\rho}=\left|\frac{-m_2}{m_1(m_1-m_2)}\Delta m_1\right|+\left|\frac{\Delta m_2}{m_1-m_2}\right|+\left|\frac{1}{\rho_0}\right|\Delta\rho_0$$

(3) 微分号变为标准误差号，平方后相加再开方得

$$E_\rho=\frac{\sigma_\rho}{\rho}=\sqrt{\frac{(-m_2)^2}{m_1^{\,2}(m_1-m_2)^2}\sigma_{m_1}^2+\frac{1}{(m_1-m_2)^2}\sigma_{m_2}^2+\frac{1}{\rho_0^{\,2}}\sigma_{\rho_0}^2}$$

因为 ρ_0 由查表可得出，故 $\frac{1}{\rho_0^{\,2}}\sigma_{\rho_0}^2$ 可忽略不计.

$$\sigma_\rho=\frac{\sigma_\rho}{\rho}\rho=\rho\sqrt{\frac{(-m_2)^2}{m_1^{\,2}(m_1-m_2)^2}\sigma_{m_1}^2+\frac{1}{(m_1-m_2)^2}\sigma_{m_2}^2}$$

$\sigma_{\rho'}$ 由实验者自己推出，并计算出结果.

$$\rho\pm\sigma_\rho=\_\_\_\_\_\_\_\_$$

$$\rho'\pm\sigma_{\rho'}=\_\_\_\_\_\_\_\_$$

3. 用密度瓶测定小块固体的密度

【实验目的】

(1) 学习一种测定小块固体密度的方法；
(2) 学习测定液体密度的另一种办法.

【实验仪器】

物理天平、密度瓶、待测小玻璃球若干、温度计、待测液体.

【实验原理】

密度瓶可以有多种不同的形状. 图 2-1-11 所示是最简单的一种密度瓶. 为了保证瓶中的容积固定，瓶塞是用一个中间有毛细管的磨口玻璃做成的. 当瓶内装满液体后，用塞子塞紧瓶口，多余的液体就会从毛细管中溢出来，这样瓶内盛有的液体就是固定的.

用密度法测定不溶于水的小块固体的密度 ρ_0 时，可依次称出小块固体的质量 M_2，盛满纯水后密度瓶和纯水的质量为 M_1，以及盛满纯水的瓶内投入小块固体后的质量为 M_3. 显然，被小块固体排出密度瓶的水的质量是 $M_1+M_2-M_3$，排出水的体积就是小块固体的体积. 所以小块固体的密度为

$$\rho=\frac{M_2}{M_1+M_2-M_3}\rho_0 \tag{2-1-5}$$

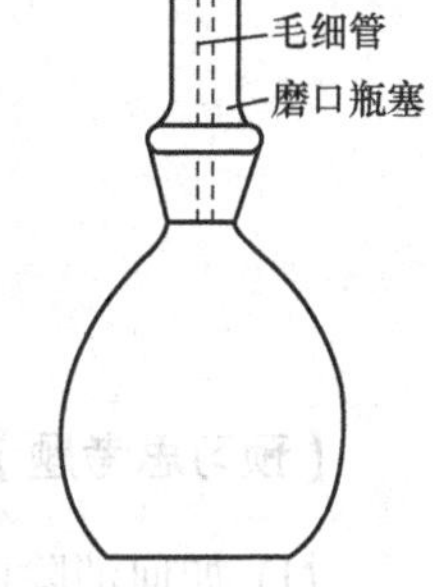

图 2-1-11　密度瓶

式中，ρ_0 是纯水在实验温度下的密度，可从相关表中查出.

用密度法还可以测出某液体的密度 ρ'. 方法：先称出密度瓶的质量 M_0，然后将纯水注满密度瓶，称出纯水和密度瓶的总质量 M_1，最后将与室温相同的待测液体注满密度瓶，再称出该液体和密度瓶的总质量 M_4. 于是，同体积的水和待测液体的质量分别为 M_1-M_0 和 M_4-M_0，则待测液体的密度为

$$\rho'=\frac{M_4-M_0}{M_1-M_0}\rho_0 \tag{2-1-6}$$

【实验内容】

1) 用密度瓶法测小玻璃球的密度

(1) 调整好物理天平，称出干净的小玻璃球的质量 M_2.

(2) 将密度瓶注满纯水，并用细铜丝伸入瓶内轻轻搅动以去除附着在瓶壁上的气泡. 塞紧塞子，擦去溢到瓶外的水，称出密度瓶和纯水的总质量 M_1.

(3) 将小玻璃球投入盛有纯水的密度瓶内，用同样方法排除小气泡. 塞紧塞子，擦干水，称出其总质量 M_3.

(4) 由式(2-1-5)计算出小玻璃球的密度 ρ.

2) 用密度瓶法测液体的密度

(1) 洗净、烘干密度瓶，称出其质量 M_0.

(2) 称出密度瓶盛满纯水后的总质量 M_1.

(3) 倒出纯水，烘干密度瓶后，盛满待测液体，称出其总质量 M_4.

(4) 由式(2-1-6)计算出待测液体的密度 ρ'.

【数据和结果处理】

将实验数据填入表 2-1-5.

表 2-1-5 实验数据表

物理天平的感量________，纯水的温度 t________.

物理量	M_0	M_1	M_2	M_3	M_4	ρ_0	ρ	ρ'
数据								

写出实验结果：

$$E_\rho=\frac{\sigma_0}{\rho}=\underline{\qquad\qquad},\quad \rho\pm\sigma_0=\underline{\qquad\qquad}$$

$$E_{\rho'}=\frac{\sigma_{\rho'}}{\rho'}=\underline{\qquad\qquad},\quad \rho'\pm\sigma_{\rho'}=\underline{\qquad\qquad}$$

【预习思考题】

(1) 如何消除由物理天平的两臂不相等所引起的系统误差?

(2) 物理天平有几个刀口？应如何保护它?

(3) 物理天平的使用注意事项有哪几项？

【讨论问题】

(1) 在"用流体静力称衡法测定形状不规则物体的密度"中把不规则铝块吊起来的线，是用棉线、尼龙线还是铜线？是用粗线还是细线？试定性地说明.

(2) 若求一批用同一物质做成的体积相等的微小球粒的直径，采用本实验所述的哪一种方法可以得到比较准确的结果呢？

(3) 假如待测固体能溶于水，但不溶于某种液体，现欲用密度瓶法测定该固体的密度，试写出测量的大致步骤.

【附录】

复称法——用于对天平两臂不等长的修正

设物体的实际质量为 m，天平的左臂长为 L_1，右臂长为 L_2. 当物体在左、砝码在右时，有

$$mgL_1 = m_1gL_2 \tag{2-1-7}$$

物体与砝码互易位置后，则有

$$mgL_2 = m_2gL_1 \tag{2-1-8}$$

式(2-1-7)×式(2-1-8)得

$$m^2L_1L_2 = m_1L_1m_2L_2 \tag{2-1-9}$$

所以

$$m = \sqrt{m_1m_2} \tag{2-1-10}$$

如果两臂之长相差很小，则 m_1 与 m_2 之差也很小，若以 x 代表 m_1， $x+\Delta x$ 代表 m_2，则 Δx 很小时，可得

$$m = \sqrt{m_1m_2} = \sqrt{x(x+\Delta x)} = x\sqrt{1+\frac{\Delta x}{x}}$$

按二项式展开 $\left(1+\frac{\Delta x}{x}\right)^{\frac{1}{2}}$ 得

$$\left(1+\frac{\Delta x}{x}\right)^{\frac{1}{2}} = 1+\frac{\Delta x}{2x}-\frac{1}{8}\left(\frac{\Delta x}{2x}\right)^2+\cdots$$

略去 Δx^2 及以上的项，代入式(2-1-10)得

$$m = x\left(1+\frac{\Delta x}{2x}\right) = \frac{2x+\Delta x}{2} = \frac{x+(x+\Delta x)}{2}$$

则

$$m = \frac{m_1+m_2}{2}$$

2.2 用拉伸法测量金属丝的弹性模量

【实验目的】

(1) 学会用拉伸法测钢丝的弹性模量；
(2) 学会用光杠杆测量微小长度增量的方法；
(3) 掌握望远镜的调节技术；
(4) 练习基本测量仪器的选用，学习用逐差法处理实验数据的方法.

【实验仪器】

弹性模量仪(图 2-2-1)、游标卡尺、螺旋测微器、米尺和砝码一套.

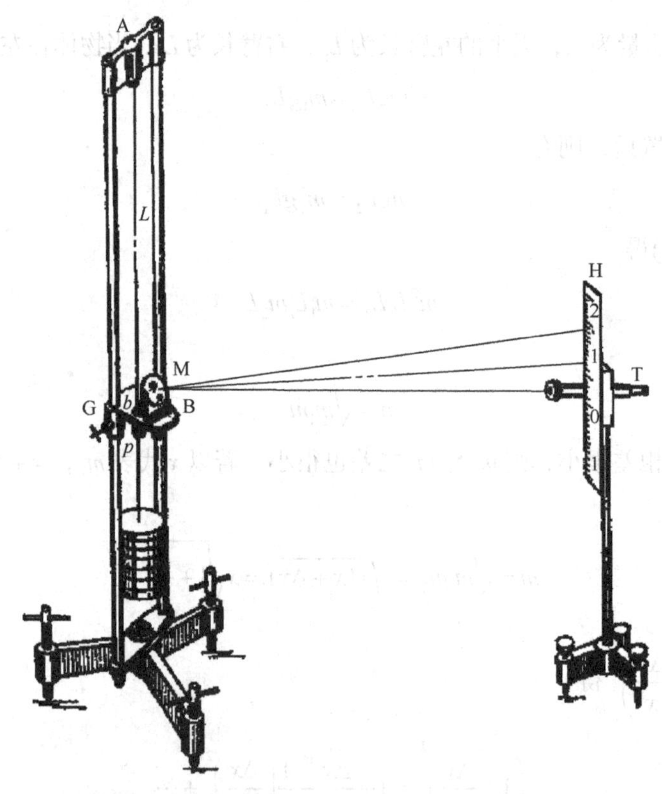

图 2-2-1 用光杠杆测弹性模量的装置

【实验原理】

弹性模量是描述固体材料抵抗形变能力的重要物理量. 它与物体所受外力的大小和物体的形状无关，只决定于材料的性质. 所以弹性模量是表征固体性质的一个物理量，是选定机械构件材料的重要依据之一，是工程技术中常用的参数.

设有一棒状物体，其长为 L，截面积为 S. 当有一力 F 沿着棒的长度方向作用到棒上时，棒的伸长(或缩短)量为 ΔL，则单位面积上的作用力 F/S 称为应力，相对伸长量 $\Delta L/L$ 称为应变.

对工程上常用的材料，如碳钢、合金钢等材料的拉压实验证明，在弹性限度内，应力与应变成正比. 比例系数为

$$Y=\frac{F/S}{\Delta L/L}=\frac{F\cdot L}{S\cdot\Delta L} \tag{2-2-1}$$

称为弹性模量. 其单位为 N/m^2.

本实验采用拉伸法测量钢丝的弹性模量. 由式(2-2-1)可知，只要测出待测钢丝的原长 L、横截面积 S、外加拉力 F 和绝对伸长 ΔL，即可求出弹性模量 Y. 其中 L、S 和 F 均可用一般方法测得，唯有绝对伸长量 ΔL 是一个微小增量，用一般工具不易测准，而它对 Y 值的影响又很大，因此精确地测定 ΔL 值就是本实验要解决的关键问题. ΔL 可采用光杆杠测定.

光杠杆是一种利用光学原理把微小位移放大的测量装置，如图 2-2-2 所示. 它由一个可绕水平轴转动的平面镜和三脚支架构成. 要测量微小伸长量 ΔL，可先将光杠杆的前足 a、b 放在固定平台 B 的槽中，后足 c 放在滑动头 p 上(图 2-2-1)，并且使镜面基本上垂直于平台. 在平面镜 M 前面的适当位置(1.000～1.200 m)处放置标尺 H 和望远镜 T，使望远镜和平面镜等高，镜面处于垂直平台的状态. 然后调节望远镜的焦距，使之能清晰地看到十字叉丝和叉丝所对准的标尺上的读数，且无视差(见本实验【附录 1】). 在砝码钩上置 1 kg 的砝码，这时从望远镜中读出叉丝对准标尺上的读数 n_1，再增加 1 kg 砝码，此时叉丝对准标尺上的读数 n_2. 由于增加了砝码，即钢丝受到了拉力，钢丝伸长了 ΔL，光杠杆的后足 c 随之下降了 ΔL，则若以 c 到 a、b 连线的垂直线 cd(即光杠杆常数 K)为半径，也相应转过了 θ，$\theta\approx\Delta L/K$，镜面 M 也就跟着转动 θ 到达 M′ 的位置，镜面两个位置法线间的夹角也是 θ，如图 2-2-3 所示. 令两次入射到镜面的光线 n_1 和 n_2 间的夹角为 β，则由图可知，设标尺 H 到镜面 M 的距离为 D，光杠杆常数为 K，由于实际情况下 β 角很小，故有

$$\Delta n=n_2-n_1\approx D\cdot\tan\beta\approx D\cdot\beta=D\cdot 2\theta$$

所以

$$\theta=\frac{\Delta n}{2D}$$

又 $\Delta L\approx K\cdot\theta$，所以

$$\Delta L\approx K\cdot\frac{\Delta n}{2D}$$

因为 $D\gg K$，所以 $\Delta n\gg\Delta L$，这就是说用光学方法把 ΔL 放大了 $\dfrac{2D}{K}$ 倍，这便是用光杠杆法测量微小伸长量的原理. 将上述结果代入式(2-2-1)，便得

$$Y=\frac{L}{S}\frac{F}{\Delta L}=\frac{L}{S}\cdot\frac{2D}{K}\cdot\frac{F}{\Delta n} \tag{2-2-2}$$

此式成立的条件是：外力 F 不能超过细丝的弹性限度，θ 要很小. 将 $S=\pi\left(\dfrac{d}{2}\right)^2$ 代入式(2-2-2)得

$$Y=\frac{8DLF}{\pi Kd^2\Delta n} \tag{2-2-3}$$

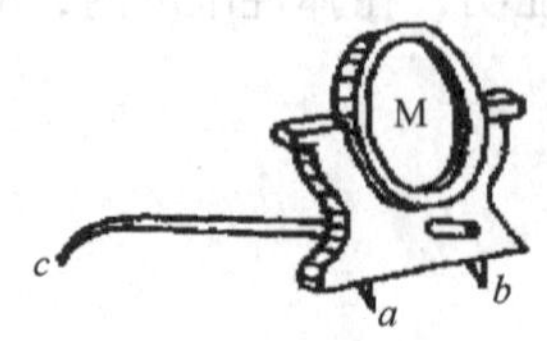

图 2-2-2 光杠杆

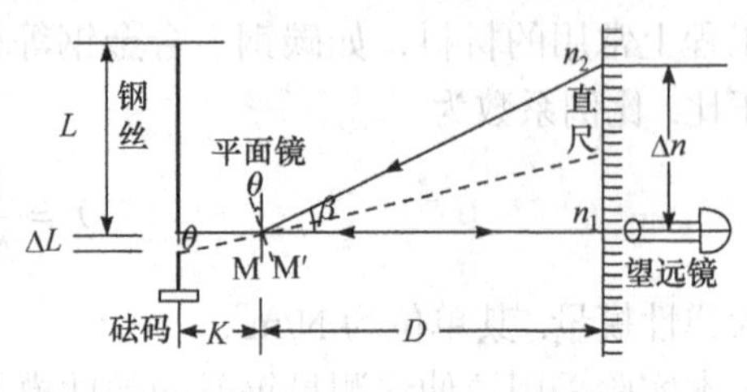

图 2-2-3 光放大原理图

【实验内容】

(1) 将仪器按图 2-2-1 安装好，借助水准器调节弹性模量仪支架底部的三个螺丝，使平台达到水平. 将 1 kg 的砝码钩挂在钢丝下端的金属环上，使钢丝拉直.

(2) 选择适当的测量工具，分别测量钢丝的长度 L、直径 d(从不同的部位测 5 次).

(3) 调好光杠杆和望远镜标尺系统，使之能清楚地看到标尺的像和十字叉丝的像，且无视差(见本实验【附录 1】)，光学系统调节后不可再动.

(4) 每次增加一个砝码，在望远镜中观察标尺的像，并依次记下相应标尺的刻度 n_i'(以十字叉丝为准读数)，直至加到 6 kg(或 0.320 kg×6).

(5) 按相反顺序每次取下 1 个砝码，直至取完，并记下每次相应标尺的读数 n_i'' .

(6) 将光杠杆的三个脚放在白纸上压出三个脚的痕迹，量出光杠杆常数 K，再测光杠杆镜面到标尺间的距离 D.

选择测量工具的原则是使各被测量的有效数字位数或相对误差基本接近. 本实验中距离 D 和钢丝的长度 L 可用米尺测量，光杠杆常数 K 需选用游标卡尺测量，钢丝的直径 d 很小，需选用螺旋测微器测量，而钢丝的绝对伸长量更小，必须采用更精密的光学放大系统来测量，只有这样才能使上述各量最少保持三位有效数字，且使综合量 Y 的误差 ΔY 比较小.

【数据和结果处理】

本实验中的各量均要求按此测量，然后求其平均值. 建议按表 2-2-1 和表 2-2-2 进行测量和记录数据.

关于数据处理，下面介绍两种方法，实验者可选其中一种.

表 2-2-1 数据处理表 (单位：cm)

项目	次数					平均值	绝对误差
	1	2	3	4	5		
钢丝长度 L							
钢丝直径 d							
距离 D							
光杠杆常数 K							

表 2-2-2　数据处理表

拉力 F/kg	望远镜中标尺读数 n_i				$\Delta F=F_{t+3}-F_t$	
	加砝码	减砝码	平均值	Δn	$\overline{\Delta n}$	$\overline{\Delta(\Delta n)}$
F_1	n_1'	n_1''	n_1	$\Delta n_1=n_4-n_1$		
F_2	n_2'	n_2''	n_2			
F_3	n_3'	n_3''	n_3	$\Delta n_2=n_5-n_2$		
F_4	n_4'	n_4''	n_4			
F_5	n_5'	n_5''	n_5	$\Delta n_3=n_6-n_3$		
F_6	n_6'	n_6''	n_6			

1. 逐差法(见本实验【附录 2】)

为了显示多次测量的优越性，使差值 Δn 较大些，误差较小些，需将测得的数据分成两组. 一组是 n_1、n_2、n_3；另一组是 n_4、n_5、n_6. 取相应项的差值，即 $\Delta n_1=n_4-n_1$，$\Delta n_2=n_5-n_2$，$\Delta n_3=n_6-n_3$，然后求其平均值 $\overline{\Delta n}$ 或 $\overline{\Delta(\Delta n)}$，将它所对应的外力差 $\Delta F=3.00\ \text{kg}$ 或 $0.320\ \text{kg}\times 3$ 代替式(2-2-3)中 F，便可求出 Y 值.

2. 作图法

在要求不太严格的情况下可用作图法作出 F_i-n_j 的图形(理论上应为一条直线)，求出其斜率 $\dfrac{\Delta F}{\Delta n}$，然后代入式(2-2-2)(式中用 F 代替 ΔF)便可求出 Y 值. 计算出

$$E_Y=\frac{\Delta Y}{Y}=\frac{\Delta D}{D}+\frac{\Delta L}{L}+\frac{\Delta K}{K}+\frac{2\Delta d}{d}+\frac{\overline{\Delta(\Delta n)}}{\overline{\Delta n}}=\underline{\qquad\qquad}$$

$$\Delta Y=E_Y\cdot Y=\underline{\qquad\qquad}$$

$$Y+\Delta Y=\underline{\qquad\qquad}$$

【预习思考题】

(1) 本实验中钢丝的绝对伸长量用什么方法测得？为什么？

(2) 什么叫视差？如何消除视差？

(3) 什么叫逐差法？什么情况下采用逐差法处理数据？

(4) 本实验仪器调好后，在望远镜中看到的第一个数 n 在标尺的最上端或最下端附近时对实验有没有影响？

【讨论问题】

(1) 实验中你是怎样选择仪器的？依据是什么？

(2) 分析各直接测定量中四个量的测量误差哪个对测量结果的影响最大？

(3) 材料相同，长度和粗细不同的两根钢丝，它们的弹性模量是否相同？为什么？

【附录 1】

视差、望远镜的调节

(1) 视差：所谓视差就是由观察者的运动(即从不同角度去观察)而引起的目的物的表观运动，如图 2-2-4 所示. 当观察者眼睛在位置 1 时，看到目的物 A 和物 B 在一条直线上，显得重合了. 如果观察者的眼睛向左移动到位置 2,看到的目的物 A 相对于目的物 B 好像是运动到了左边；假如观察者的眼睛向右移动到位置 3，看到的目的物 A 相对于目的物 B 好像是移动到了右边. 这就是视差. 假如目的物 A 沿 AB 连线向 B 靠近，那么当眼睛向左或向右移动时，A 相对于 B 的表观位移就变得小了. 当 A 与 B 重合时，表观位移就完全消失，这时就叫无视差. 假如 A 是一个像，B 是叉丝，那么无视差就表明像与叉丝完全重合.

(2) 望远镜的调节：望远镜的构造如图 2-2-5 所示. 它是由物镜 O、目镜 E(单透镜或透镜组构成)和叉丝 C 组成的.

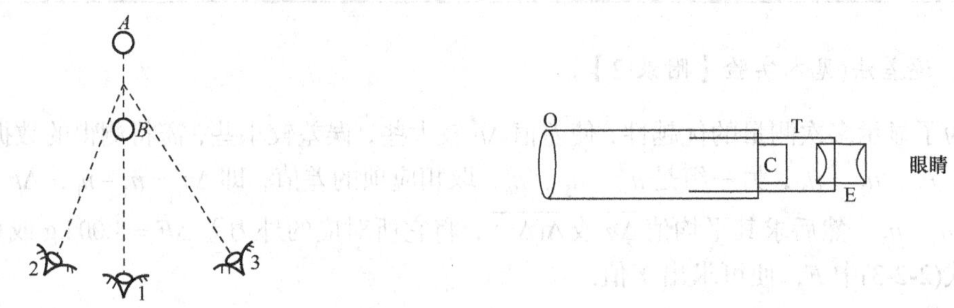

图 2-2-4　眼睛视差　　　　图 2-2-5　望远镜的构造

使用时先调目镜 E，使之从目镜中能清晰地看到叉丝 C 的像. 然后伸缩镜筒 T，直到从目镜中看到远处的目的物的像落在叉丝所在的平面上，且无视差.

【附录 2】

逐差法(又叫差数平均值法)

逐差法是一种处理实验数据的方法. 当测量某一连续变化的物理量时，为了减小其测量误差，需进行多次测量. 如本实验测定钢丝的伸长量，连续地在砝码钩上加 1 kg 的砝码，相继读出每加一次砝码后标尺的读数 n_1，n_2，…，n_6，若求每相邻两次读数之差，则应为 (n_2-n_1)，(n_3-n_2)，…，(n_6-n_5)，差值的平均值为

$$\overline{\Delta n}=\frac{(n_2-n_1)+(n_3-n_2)+\cdots+(n_6-n_5)}{5}=\frac{n_6-n_1}{5}$$

上式结果表明，平均值只与首末两个读数有关，中间测量值全部被抵消掉. 这就失去了多次测量的意义，因此不应采用这种方法求平均值. 通常把连续测量的数据从中间分成两组，如本实验将 n_1、n_2、n_3 分为一组，将 n_4、n_5、n_6 分为另一组，然后取两组中对应项的差值，再求其平均值

$$\overline{\Delta n}=\frac{(n_4-n_1)+(n_5-n_2)+(n_6-n_3)}{3}$$

这种取平均值的方法称为逐差法.

2.3　弦线上的驻波研究

在自然界中，广泛地存在着振动现象，振动在介质中传播就形成波，波的传播有两种形式：纵波和横波. 驻波是一种波的干涉，比如乐器中的管、弦、膜、板的共振干涉都是驻波振动. 弦振动实验则是研究振动和波的形成、传播和干涉现象的出现以及驻波的形状和与有关物理量的关系，并进行测量.

【实验目的】

(1) 了解均匀弦振动的传播规律，加深对振动与波的干涉概念的认识；

(2) 观察固定均匀弦振动共振干涉形成驻波时的波形，加深对干涉的特殊形式——驻波的认识；

(3) 了解固定弦振动固有频率与弦线的线密度ρ、弦长L和弦的张力T的关系，并进行测量.

【实验仪器】

实验装置如图 2-3-1 所示. ①、⑥香蕉插头座(接弦线)；②频率显示；③电源开关；④频率调节旋钮；⑤磁钢；⑦砝码盘；⑧米尺；⑨弦线；⑩滑轮及托架；A、B 两劈尖滑块(铜块).

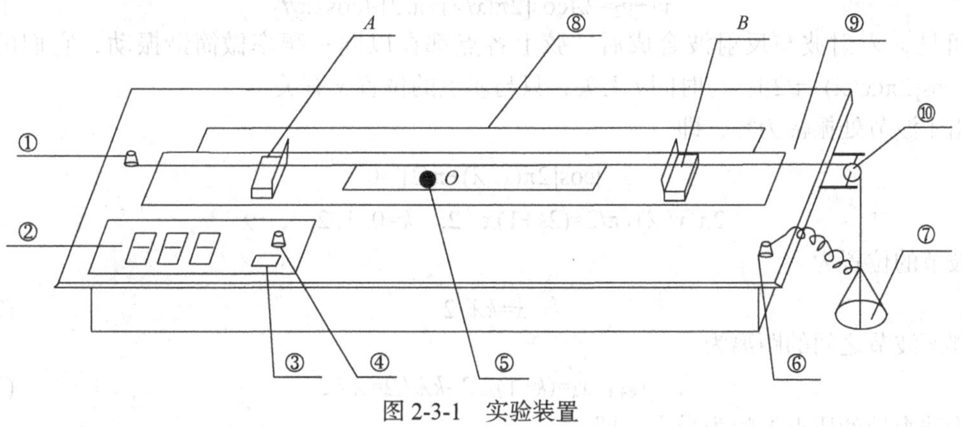

图 2-3-1　实验装置

【实验原理】

如图 2-3-1 所示，实验时在①和⑥间接上弦线(细铜丝)，使弦线绕过定滑轮⑩接上砝码盘并接通正弦信号源. 在磁场中，通有电流的弦线就会受到磁场力(称为安培力)的作用，若细铜丝上通有正弦交变电流，则它在磁场中所受的与电流垂直的安培力也随着正弦变化，移动两劈尖(铜块)即改变弦长，当固定弦长是半波长倍数时，弦线上便会形成驻波. 移动磁钢的位置，使弦振动调整到最佳状态(弦振动面与磁场方向完全垂直)，使弦线形成明显的驻波. 此时我们认为磁钢所在处对应的弦“O”为振源，振动向两边传播，铜块在A、B两处反射后又沿各自相反的方向传播，最终形成稳定的驻波.

为了研究问题的方便，认为波动是从A点发出的，沿弦线朝B端方向传播，称为入射波，再由B端反射沿弦线朝A端传播，称为反射波. 入射波与反射波在同一条弦线上沿相反方向传播时将相互干涉，移动劈尖B到适合位置，弦线上的波就形成驻波. 这时，弦线上的波被分成几段，形成波节和波腹. 驻波形式如图 2-3-2 所示.

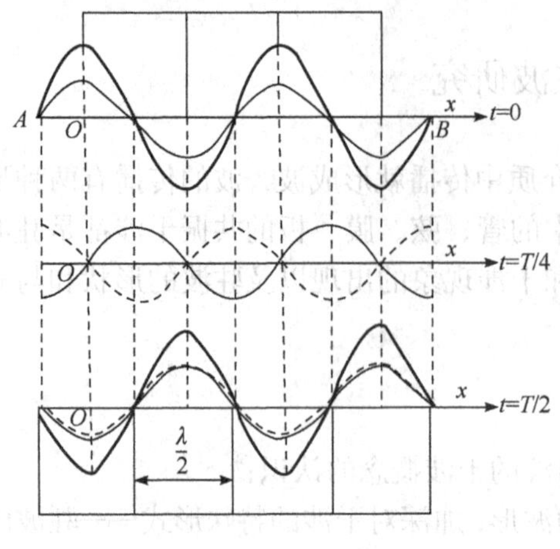

图 2-3-2 驻波形式

设图中的两列波是沿 x 轴方向相向传播的振幅相等、频率相同、振动方向一致的简谐波. 向右传播的用细实线表示，向左传播的用细虚线表示，它们的合成驻波用粗实线表示. 由图可见，两个波腹间的距离都等于半个波长，这可从波动方程推导出来.

下面用简谐波表达式对驻波进行定量描述. 设沿 x 轴正方向传播的波为入射波，沿 x 轴负方向传播的波为反射波，取它们振动相位始终相同的点作坐标原点“O”，且在 x=0 处，振动质点向上达最大位移时开始计时，则它们的波动方程分别为

$$y_1=A\cos 2\pi(ft-x/\lambda)$$

$$y_2=A\cos[2\pi(ft+x/\lambda)+\pi]$$

式中，A 为简谐波的振幅；f 为频率；λ为波长；x 为弦线上质点的坐标位置. 两波叠加后的合成波为驻波，其方程为

$$y_1+y_2=2A\cos[2\pi(x/\lambda)+\pi/2]A\cos 2\pi ft \tag{2-3-1}$$

由此可见，入射波与反射波合成后，弦上各点都在以同一频率做简谐振动，它们的振幅为$|2A\cos[2\pi(x/\lambda)+\pi/2]|$，与时间 t 无关，只与质点的位置 x 有关.

由于波节处振幅为零，即

$$|\cos[2\pi(x/\lambda)+\pi/2]|=0$$

$$2\pi(x/\lambda)+\pi/2=(2k+1)\pi/2,\quad k=0, 1, 2, 3, \cdots$$

可得波节的位置为

$$x=k\lambda/2 \tag{2-3-2}$$

而相邻两波节之间的距离为

$$x_{k+1}-x_k=(k+1)\lambda/2-k\lambda/2=\lambda/2 \tag{2-3-3}$$

又因为波腹处的质点振幅为最大，即

$$|\cos[2\pi(x/\lambda)+\pi/2]|=1$$

$$2\pi(x/\lambda)+\pi/2=k\pi,\quad k=0, 1, 2, 3, \cdots$$

可得波腹的位置为

$$x=(2k-1)\lambda/4 \tag{2-3-4}$$

这样相邻的波腹间的距离也是半个波长. 因此，在驻波实验中，只要测得相邻两波节或相邻两波腹间的距离，就能确定该波的波长.

在本实验中，由于固定弦的两端是由劈尖支撑的，故两端点称为波节. 所以，只有当弦线的两个固定端之间的距离(弦长)等于半波长的整数倍时，才能形成驻波，这就是均匀弦振动产生驻波的条件，其数学表达式为

$$L=n\lambda/2,\quad n=1, 2, 3, \cdots$$

由此可得沿弦线传播的横波波长为

$$\lambda=2L/n \tag{2-3-5}$$

式中，n 为弦线上驻波的段数，即半波数.

根据波速、频率及波长的普遍关系式 $V=\lambda f$，将式(2-3-5)代入可得弦线上横波的传播速度为

$$V=2Lf/n \tag{2-3-6}$$

另一方面，根据波动理论，弦线上横波的传播速度为

$$V=(T/\rho)^{1/2} \tag{2-3-7}$$

式中，T 为弦线中的张力；ρ为弦线单位长度的质量，即线密度.

再由式(2-3-6)和式(2-3-7)可得

$$f=(T/\rho)^{1/2}(n/2L)$$

得

$$T=\rho\,/\,(n/2Lf)^2$$

即

$$\rho=T(n/2Lf)^2,\quad n=1, 2, 3, \cdots \tag{2-3-8}$$

由式(2-3-8)可知，当给定 T、ρ、L，频率 f 只有满足以上关系，且积储相应能量时才能在弦线上有驻波形成.

【实验内容】

(1) 测定弦线的线密度.

选取频率 f=100 Hz，张力 T 由 40 g 砝码挂在弦线一端的砝码盘⑦上产生. 调节劈尖 A、B 之间的距离，使弦线上依次出现单段、两段及三段驻波，并记录相应的弦长 L_i，由式(2-3-8)算出$\rho_i(i=1, 2, 3,\cdots)$，求平均值ρ.

(2) 在频率一定的条件下，改变弦的张力 T 大小，测量弦线上横波的传播速度 V.

选取频率 f=75 Hz，张力 T 由砝码挂在弦线的一端产生. 以 10 g 砝码为起点逐渐增加直到 60 g 为止. 在各张力的作用下调节弦长 L，使弦上出现 n=1、n=2 个驻波段. 记录相应的 f、n、L 值，由式(2-3-7)计算弦线上横波速度的测量值 V.

(3) 在张力 T 一定的条件下，改变频率 f 分别为 50 Hz、75 Hz、100 Hz、125 Hz、150 Hz，调节弦长 L，仍使弦上出现 n=1、n=2 个驻波段. 记录相应的 f、n、L 值，由式(2-3-6)或式(2-3-7)计算弦上横波速度的测量值 V.

【数据记录及处理】

(1) 测定弦线的线密度(表 2-3-1).

表 2-3-1　测定数据表

砝码盘的质量 m=10 g.

	f=100 Hz，$T=(40+m)\times10^{-3}\times9.8$ N		
驻波段数 n	1	2	3
弦线长 L/m			
线密度$\rho_i=T(n/2Lf)^2$/(kg/m)			
平均线密度ρ/(kg/m)			

(2) f 一定，改变张力 T，测定弦线上横波的传播速度 V 和弦线的线密度 ρ(表 2-3-2).

表 2-3-2 测定数据表

砝码盘的质量 m=10 g.

	f = 75 Hz									
$T/(\times10^{-3}\times9.8\ \text{N})$	10+m		20+m		30+m		40+m		50+m	
驻波段数 n	1	2	1	2	1	2	1	2	1	2
弦线长 L/m										
传播速度 $V_i = (2Lf/n)$/(m/s)										
平均传播速度 V/(m/s)										
V^2										

因为 $T=\rho V^2$，所以作 T-V^2 图，拟合直线，由直线斜率 $K=\Delta T/\Delta(V^2)=\rho$，求出弦线线密度.

(3) 张力 T 一定，改变频率 f，测量弦上横波速度 V(砝码盘的质量 m=10 g，表 2-3-3).

表 2-3-3 测定数据表

	$T = (10+m)\times10^{-3}\times9.8$ N									
频率 f / Hz	50		75		100		125		150	
驻波段数 n	1	2	1	2	1	2	1	2	1	2
弦线长 L/m										
横波速度 V_i/(m/s)										
平均横波速度 V/(m/s)										
弦线线密度 $\rho = T/V^2$										

【注意事项】

(1) 改变挂在弦线一端的砝码后，要使砝码稳定后再测量.

(2) 在移动劈尖调整驻波时，磁铁中心不能处于波节位置，且等驻波稳定后，再记录数据.

【预习思考题】

(1) 在本实验中，什么是驻波？均匀弦振动产生驻波的条件是什么？

(2) 来自两个波源的两列波，沿同一直线做相向行进时能否形成驻波？为什么？

2.4 转动惯量的测定

三线摆

三线摆实验

【实验目的】

(1) 了解本实验设计思想和解决具体测量问题的方法；

(2) 学习用三线扭摆(简称三线摆)测定物体的转动惯量；

(3) 学习正确测量时间的方法.

【实验原理】

1. 转动惯量的实验测量方法

转动惯量(moment of inertia)是刚体在转动中惯性大小的量度. 它与刚体的总质量、形状和转轴的位置有关. 对于形状较简单的刚体，可以通过数学方法计算出它绕特定轴的转动惯量. 但是，对于形状较复杂的刚体，用数学方法计算它的转动惯量非常困难，因而多用实验方法测定. 因此，学习刚体转动惯量的测定方法具有重要的实际意义.

转动惯量相当于物体在平动中的质量. 一个物体的质量是唯一的，但对不同的转轴却有不同的转动惯量，所以转动惯量是对一定的转轴而言的. 不同物体放在一起时，质量可以相加. 但不同物体只有对同一转轴的转动惯量才可以相加，即对同一转轴而言转动惯量才具有叠加性.

本实验用三线摆测量圆环对中心轴的转动惯量，其总体考虑就是根据转动惯量的叠加性：先测出下盘的转动惯量 I_0，再把圆环放在下盘上，测出二者对同一转轴总的转动惯量 I_1，则圆环的转动惯量就是

$$I = I_1 - I_0 \tag{2-4-1}$$

而测量 I_0 和 I_1 的公式可根据机械能守恒定律导出. 设下盘的质量为 m_0，使之绕通过盘心的竖直轴转动，由于重力和悬线拉力的共同作用，下盘在转动的同时其水平高度还会发生周期性变化，形成一个振动，设振动上升的最大高度为 h_m，在振动过程中动能 E_k 和重力势能 E_p 相互转化，则下盘在最高点时

$$E_\mathrm{p} = m_0 g h_\mathrm{m}, \quad E_\mathrm{k} = 0$$

当下盘回到平衡位置即最低点时

$$E_\mathrm{k} = \frac{1}{2} I_0 \omega_\mathrm{m}^2, \quad E_\mathrm{p} = 0$$

式中，I_0 是下盘对通过盘心竖直轴 OO' 的转动惯量；ω_m 是下盘通过平衡位置时的角速度，也是振动过程中角速度的最大值. 振动过程中空气阻力可以忽略不计，根据机械能守恒定律，则有

$$\frac{1}{2} I_0 \omega_\mathrm{m}^2 = m_0 g h_\mathrm{m} \tag{2-4-2}$$

式中，m_0 可用天平测得，如果再测得 ω_m 和 h_m 就可求出 I_0，但这两个量都难以直接测量，本实验通过数学技巧，把它们转化为可以直接测量的量，导出了间接测量 I_0 的公式.

最大角速度 ω_m 可用如下方法求得. 下盘转角 θ 很小时的振动可看成简谐振动，令初相为 0，则振动的角位移为

$$\theta = \theta_\mathrm{m} \sin \frac{2\pi}{T_0} t$$

振动的角速度为

$$\omega = \frac{\mathrm{d}\theta}{\mathrm{d}t} = \frac{2\pi\theta_\mathrm{m}}{T_0} \cos \frac{2\pi}{T_0} t$$

最大角速度为

$$\omega_m = \frac{2\pi}{T_0}\theta_m \tag{2-4-3}$$

式中，T_0 是下盘振动的周期，可用停表测量；θ_m 是最大角位移，即下盘上升至最大高度时自平衡位置转过的角度，可在求出 h_m 后在式(2-4-2)中消去.

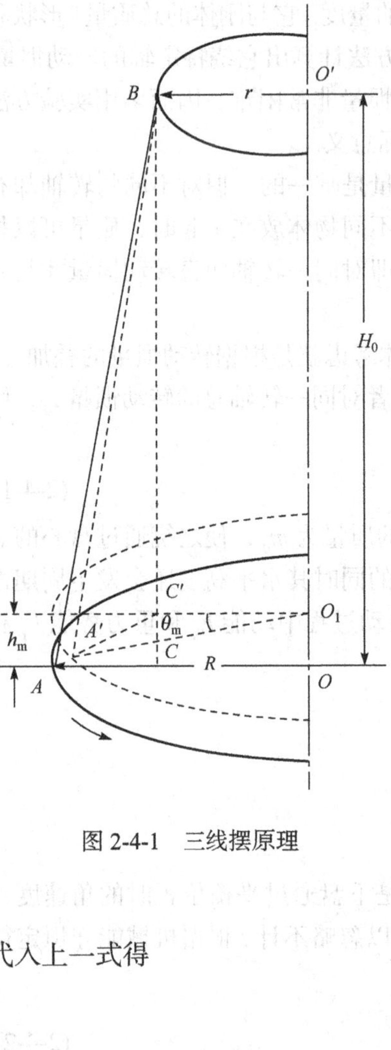

最大高度 h_m 的求法. 图 2-4-1 画出了下盘和一条悬线 AB(长为 L)的平衡位置(用实线表示)和最高位置(用虚线表示). 在平衡位置时上下两盘相距为 H_0；当下盘上升至最高位置 h_m 时，盘心由 O 升至 O_1，悬点由 A 变到 A'，上盘悬点 B 在下盘上的投影由 C 变到 C'，下盘产生的最大角位移为 θ_m. 图中 R 和 r 分别表示上、下两盘的有效半径(由各自的盘心到悬点的距离). 由图 2-4-1 可见，

$$h_m = \overline{OO_1} = \overline{BC} - \overline{BC'} = \frac{\overline{BC}^2 - \overline{BC'}^2}{\overline{BC} + \overline{BC'}}$$

$$\overline{BC}^2 = \overline{AB}^2 - \overline{AC}^2 = L^2 - (R-r)^2$$

$$\overline{BC'}^2 = \overline{A'B}^2 - \overline{A'C'}^2 = L^2 - (R^2 + r^2 - 2Rr\cos\theta_m)$$

$$\overline{BC} + \overline{BC'} = 2H_0 - h_m$$

图 2-4-1　三线摆原理

把上面后三式代入第一式得

$$h_m = \frac{2Rr(1-\cos\theta_m)}{2H_0 - h_m} = \frac{4Rr\sin^2\left(\frac{\theta_m}{2}\right)}{2H_0 - h_m}$$

当摆角 θ_m 很小时(一般应满足 $\theta_m < 5°$，即 $\theta_m < 0.09\,\text{rad}$)，

$$\sin\frac{\theta_m}{2} \approx \frac{\theta_m}{2}\text{rad}, \quad 2H_0 - h_m \approx 2H_0$$

代入上一式得

$$h_m = \frac{Rr\theta_m^2}{2H_0} \tag{2-4-4}$$

把式(2-4-3)、式(2-4-4)代入式(2-4-2)可得

$$\frac{1}{2}I_0\left(\frac{2\pi}{T_0}\theta_m\right)^2 = m_0 g\frac{Rr}{2H_0}\theta_m^2$$

解得

$$I_0 = \frac{m_0 gRr}{4\pi^2 H_0}T_0^{\ 2} \tag{2-4-5}$$

则 I_0 的测量已转化为质量、长度和时间的测量. 这就是我们要导出的下盘对于竖直轴 OO' 的转动惯量的数学模型. 式中，R、r 为上下盘的有效半径；H_0 为上下盘之间的距离.

预测质量为 m 的待测物体对于 OO' 轴的转动惯量，只需将该物体置于圆盘上，由式(2-4-5)

即可得到该物体和下圆盘共同对于 OO' 轴的转动惯量的数学模型为

$$I_1=\frac{(m+m_0)gRr}{4\pi^2 H_1}T_1^2 \tag{2-4-6}$$

式中，T_1 为待测物体和下盘共同的振动周期，因悬线所受张力而略有伸长，上下两盘间的距离变为 H_1，由式(2-4-5)、式(2-4-6)求出 I_0 和 I_1，代入式(2-4-1)即可求得圆环对其中心轴 OO' 的转动惯量 I.

大学物理中，一般都给出几何形状简单、密度均匀的物体对不同轴的转动惯量. 下面是与本实验有关的两个公式.

圆盘

$$I=\frac{1}{8}m_0 d^2 \tag{2-4-7}$$

转轴通过中心并与圆盘面垂直，其中 d 为直径.

圆环

$$I=\frac{1}{8}m(d^2+D^2) \tag{2-4-8}$$

转轴沿几何轴，其中 d、D 是圆环的内、外直径.

2. 不确定度分析

本次分析主要说明两个问题：一是输入量的不确定度对本实验的影响及其减小的办法；二是系统效应对本实验的影响及其减小的办法.

(1) 本实验各输入量的数字范围如下：

$m_0 \approx (1000.00 \pm 0.20)$ g　　(用天平测一次)

$m \approx (1000.00 \pm 0.20)$ g　　(用天平测一次)

$R \approx (6.5000 \pm 0.0020)$ cm　　(用卡尺测一次)

$r \approx (4.0000 \pm 0.0020)$ cm　　(用卡尺测一次)

$H_0 \approx H_1 \approx (55.000 \pm 0.020)$ cm　　(用米尺各测一次)

$T_0 \approx T_1 \approx (1.50 \pm 0.10)$ s　　(用停表各测一次)

由上述测量值可知，除 T_0 和 T_1 外，有效数字的位数都不小于四位，而唯独 T_0 和 T_1 的有效数字仅三位. 再考虑到在转动惯量的数学模型中 T_0 和 T_1 的指数为 2，则 T_0 和 T_1 的相对不确定度的灵敏系数也是 2，这使得 T_0 和 T_1 的不确定度对结果的影响更大一些. 因此，如何减少 T_0 和 T_1 的不确定度就成了本实验的关键问题之一. 由一般函数 $\varphi = Kx$ (K 为常数)的不确定度传播律 $u(\varphi)=|K|u(\varphi)$ 可知，在测量某个小量时，可以利用测量它的许多倍来减小其测量的不确定度. 本实验的扭摆在振动过程中 T_0 和 T_1 基本上是恒定的，这样就使我们能够测量连续振动多次的时间. 设连续振动 50 次的时间为 t，则

$$T=\frac{1}{50}t,\quad u(T)=\frac{1}{50}u(t),\quad \frac{u(T)}{T}=\frac{u(t)}{t}$$

如果

$$t=(75.00\pm 0.10)\ \text{s}$$

则

$$T=(1.5000\pm 0.0020)\ \text{s}$$

由此可见，随着t的有效数字增加，T的不确定度也大大减小. 而且在式(2-4-5)、式(2-4-6)和导出的不确定度传播律中，以$\frac{t_0}{50}$和$\frac{t_1}{50}$代替T_0和T_1，以$\frac{u(t)}{t}$代替$\frac{u(T)}{T}$可免去求T_0和T_1的计算，因此有

$$I_0=\frac{m_0gRr}{4\pi^2H_0}\left(\frac{t_0}{50}\right)^2 \tag{2-4-9}$$

$$I_1=\frac{m_1gRr}{4\pi^2H_1}\left(\frac{t_1}{50}\right)^2 \tag{2-4-10}$$

$$u_r(I_0)=\sqrt{2^2u_r^2(t_0)+u_r^2(H_0)}$$

$$u(I_0)=I_0\cdot u_r(I_0) \tag{2-4-11}$$

$$u_r(I_1)=\sqrt{u_r^2(m_1)+2^2u_r^2(t_1)+u_r^2(H_1)}$$

$$u(I_1)=I_1\cdot u_r(I_1) \tag{2-4-12}$$

由式(2-4-1) $I=I_1-I_0$，可得圆环转动惯量I的不确定度为

$$u(I)=\sqrt{u^2(I_1)+u^2(I_0)} \tag{2-4-13}$$

式中，$u(I_1)$和$u(I_0)$分别是I_1和I_0的不确定度，可由式(2-4-11)和式(2-4-12)分别求得.

(2) 本实验的测量是在扭摆角度不太大 (不超过 5°)的条件下导出的，因此在实验中要遵守这一条件，以免增大系统效应的影响. 如果在推导公式时，近似地令

$$\sin\frac{\theta_m}{2}\approx\frac{\theta_m}{2}$$

引入相对系统误差，其大小为

$$2\left(\frac{\theta_m}{2}-\sin\frac{\theta_m}{2}\right)\Big/\sin\frac{\theta_m}{2}$$

当θ_m取 5°时，其值为+0.064%；当θ_m取 10°时，其值为+0.24%. 系统误差为正值，其影响使测量值偏大. 为了保证θ_m不超过 5°，即$\theta_m<0.09\text{ rad}$，可把θ_m乘以下盘的几何半径R来确定下盘边缘上任一点的振幅$R\theta_m$，实验操作时使振幅不超过此值.

此外，本实验是测量圆环绕其中心几何轴的转动惯量，如果圆环在下盘上放置不正，以至于圆环的几何轴与实际转轴不重合，也会引入系统误差. 若两轴线相距为a，则可以证明系统误差为$+ma^2$，使测量值偏大. 还有，如测t时，由于粗心大意，把测 50 个周期测成 49 个周期，按$t=50T$计算会使测量值偏小.

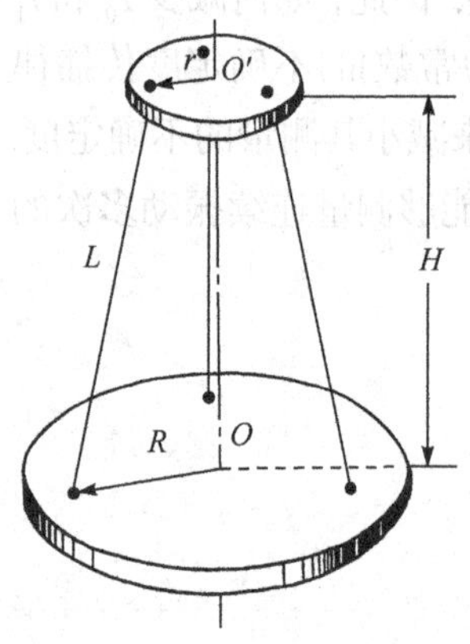

图 2-4-2　三线摆

【实验仪器】

1. 三线摆

三线摆也叫三线悬盘，装置如图 2-4-2 所示，是一个用三条等长的悬线挂起来的匀质圆盘，实验时被测物体就放在悬盘上面. 悬线的上端也接在一个小圆盘上，两个圆盘上的悬点都与各自的盘心等距离且间隔相同，即三条线所受的盘重的负荷也应该相同. 上

盘安装在固定支架的横梁上，可绕中心轴转动，略微转动上盘，就可使下盘绕通过两盘中心的竖直轴做扭转振动而成为一个扭摆. 在振动的同时，下盘的重心也随之沿竖直轴上升或下降，圆盘的动能与势能发生相互转换. 为了保证下盘绕几何轴转动，必须将上下盘面都调到水平状态.

(1) 先把水准仪放在上圆盘上，调底座螺旋，使水准仪气泡居中.

(2) 上盘调好后，再把水准仪放在下盘上，收放三条悬线的长度，使水准仪气泡居中.

注意调整方法：一般所有需要调整水平状态的仪器均在底座上设有三个调节螺旋(或一个固定，两个可调)，它们的连线或为正三角形或为等腰三角形. 当调节一个底脚螺旋时，仪器将以另两个脚的连接线为轴做转动，这一特点将是正确快速调整的依据，切忌盲目地调节.

2. 秒表(stop watch)

本实验所用秒表为 PC2001 电子秒表，如图 2-4-3 所示. 由于此表的读数精度较高，在本实验中其仪器误差与其他测量仪器相比较小，故略去不予考虑. 下面对照图 2-4-3 简单介绍一下此表的使用方法.

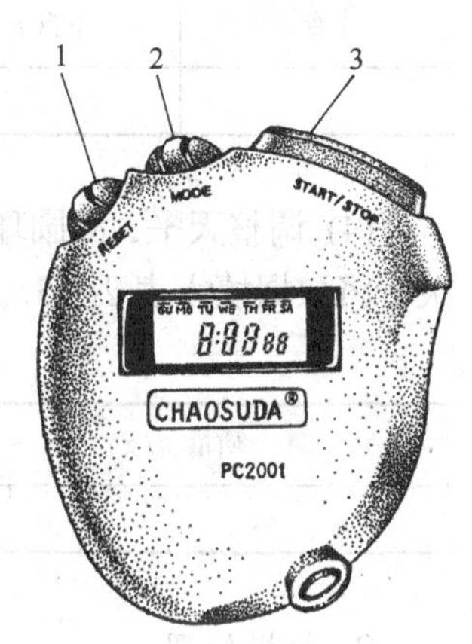

图 2-4-3　秒表

(1) 秒表计时前的调整.

按 2 键直至秒表显示(以 SU、FR、SA 三个指示同时闪烁为准)，如果秒表显示不为 0，按 3 键停止计时，按 1 键复位到 0. 此时，秒表处于待计时状态.

(2) 计时. 秒表处于待计时状态，按 3 键开始计时，再按 3 键停止计时，按 1 键复位到 0.

(3) 读数方法. 停止计时后，如秒表显示为 1：15 62，则记为 75.62 s.

3. 物理天平、卡尺、钢板尺、水准仪(level)、待测物是金属圆环

【实验内容】

1. 用三线摆测圆环对其中心轴的转动惯量

(1) 让下盘处于静止状态，轻轻旋转上盘 3°～5°，随即回到原位(要防止悬线与横梁接触)，使下盘做简谐振动，测出下盘振动 50 次的时间 t_0. 测量时，先在下盘的侧面确定一条竖直准线，称为读数准线. 再在底座上与读数准线振动的平衡位置相对应处确定另一条固定准线，称为参考准线. 当下盘振动时，以读数准线通过参考准线时正对准的瞬间作为计数时刻. 在测量时，口中报数“5、4、3、2、1、0”，在报“0”的时刻起动停表，数到 50 时，止动停表，记录示值. 共测 5 次，将数据填入表 2-4-1. 然后使下盘停止，用钢板尺测出上下两盘间的距离 H_0，将数据填入表 2-4-2，测量时从下盘的上表面量到上盘的下表面.

(2) 把待测圆环轻轻放在下盘上(由下盘的三个小圆孔定位，使圆环的中心轴与下盘转轴 OO' 重合)，静止后，再旋动上盘使下盘做振动，转角 3°～5°，测出下盘加圆环共同振动 50 次的时间 t_1，共测 5 次，将数据填入表 2-4-1. 然后使下盘停止，测出上下两盘间的距离 H_1，将数据填入表 2-4-2，测量时仍从下盘的上表面量到上盘的下表面.

(3) 上下盘的有效半径 r 和 R 及下盘的质量 m_0 由实验室给出，记入表 2-4-2.

表 2-4-1　扭摆振动的周期

测量顺序	1	2	3	4	5	$\bar{t}$
下盘 t_0 / s						
下盘加圆环 t_1 / s						

表 2-4-2　扭摆的数据

有效半径/ cm		上下盘距离/ cm		质量/ g	
上盘 r	下盘 R	空盘 H_0	加圆环 H_1	下盘 m_0	下盘加圆环 m_1

(4) 调整天平，测圆环的质量 m；用卡尺测量圆环的内径 d 和外径 D．m、d、D 均测 1 次，将数据填入表 2-4-3.

表 2-4-3　圆环的数据

质量 m / g	内径 d / cm	外径 D / cm

2. 数据处理

(1) 由式(2-4-9)、式(2-4-11)计算下盘的转动惯量 I_0、绝对不确定度 $u\,(I_0)$，再计算相对不确定度 $\dfrac{u\,(I_0)}{I_0}$.

(2) 由式(2-4-10)、式(2-4-12)计算下盘加圆环的转动惯量 I_1、绝对不确定度 $u\,(I_1)$，再计算相对不确定度 $\dfrac{u\,(I_1)}{I_1}$.

(3) 由式(2-4-1)和式(2-4-13)求出圆环的转动惯量 I、绝对不确定度 $u\,(I)$，再计算相对不确定度 $\dfrac{u\,(I)}{I}$.

(4) 表示实验结果.

(5) 由式(2-4-8)计算圆环转动惯量理论值 I'，把 I' 和 I 比较，求比较误差.

$$\frac{I-I'}{I'}\times 100\% \tag{2-4-14}$$

【预习思考题】

(1) 一个特定的刚体，其转动惯量是否为一个确定的量值?

(2) 试说明通过测量连续 50 次振动的时间求出的周期为什么比测一次振动时间所得周期的测量不确定度小?

(3) 测三线摆振动周期，在下盘转到最大角位移时，起动停表有什么不好?

(4) 加上被测物后三线摆的振动周期是否一定比空盘的周期小?

(5) 测圆环对其几何轴的转动惯量时，如果圆环的几何轴偏离三线摆的转轴，则测量结果是偏大还是偏小?

(6) 把 $\sin\theta$ 和 $\cos\theta$ 用级数展开(级数中的 θ 以 rad 为单位)

$$\sin\theta=\theta-\frac{\theta^3}{3!}+\frac{\theta^5}{5!}-\frac{\theta^7}{7!}+\cdots,\qquad \cos\theta=1-\frac{\theta^2}{2!}+\frac{\theta^4}{4!}-\frac{\theta^6}{6!}+\cdots$$

求 $\theta=5°$ 时取 $\sin\theta=\theta$ 、$\cos\theta=1$ 会产生多大的相对误差.

2.5　测量金属的比热容

【实验目的】

(1) 学会用铜-康铜热电偶测量物体的温度；

(2) 掌握用冷却法测定金属的比热容，并测量铁和铝在不同温度下的比热容.

【实验原理】

单位质量的物质，其温度升高或降低 1 K(1 ℃)所需的热量，叫做该物质的比热容. 它是温度的函数. 一般情况下，金属的比热容随温度升高而增加，在低温时增加较快，在高温时增加较慢. 根据牛顿冷却定律，用冷却法测定金属的比热容是量热学常用方法之一.

将质量为 M_1 的金属样品加热后，放到较低温度的介质(如室温的空气)中，样品将会逐渐冷却. 其单位时间的热量损失($\Delta Q/\Delta t$)与温度下降的速率成正比，于是得到下面关系式：

$$\frac{\Delta Q}{\Delta t}=C_1M_1\frac{\Delta\theta_1}{\Delta t}\tag{2-5-1}$$

式中，C_1 为该金属样品在温度 θ_1 时的比热容；$\frac{\Delta\theta_1}{\Delta t}$ 为金属样品在 θ_1 时的温度下降速率. 根据冷却定律有

$$\frac{\Delta Q}{\Delta t}=a_1S_1(\theta_1-\theta_0)^m\tag{2-5-2}$$

式中，a_1 为热交换系数；S_1 为该样品外表面的面积；m 为常数；θ_1 为金属样品的温度；θ_0 为周围介质的温度. 由式(2-5-1)和式(2-5-2)，可得

$$C_1M_1\frac{\Delta\theta_1}{\Delta t}=a_1S_1(\theta_1-\theta_0)^m\tag{2-5-3}$$

同理，对质量为 M_2，比热容为 C_2 的另一种金属样品，可有同样的表达式

$$C_2M_2\frac{\Delta\theta_2}{\Delta t}=a_2S_2(\theta_2-\theta_0)^m\tag{2-5-4}$$

由式(2-5-3)和式(2-5-4)，可得

$$\frac{C_2M_2\dfrac{\Delta\theta_2}{\Delta t}}{C_1M_1\dfrac{\Delta\theta_1}{\Delta t}}=\frac{a_2S_2(\theta_2-\theta_0)^m}{a_1S_1(\theta_1-\theta_0)^m}$$

所以

$$C_2 = C_1 \frac{M_1 \frac{\Delta\theta_1}{\Delta t} a_2 S_2 (\theta_2 - \theta_0)^m}{M_2 \frac{\Delta\theta_2}{\Delta t} a_1 S_1 (\theta_1 - \theta_0)^m}$$

如果两样品的形状尺寸都相同，即 $S_1=S_2$；两样品的表面状况也相同(如涂层、色泽等)，而周围介质(空气)的性质当然也不变，则有 $a_1=a_2$. 于是当周围介质温度不变(即室温 θ_0 恒定而样品又处于相同温度 $\theta_1=\theta_2=\theta$)时，上式可以简化为

$$C_2 = C_1 \frac{M_1 \left(\frac{\Delta\theta}{\Delta t}\right)_1}{M_2 \left(\frac{\Delta\theta}{\Delta t}\right)_2} \tag{2-5-5}$$

如果已知标准金属样品的比热容 C_1，质量 M_1，待测样品的质量 M_2 及两样品在温度 θ 时的冷却速率之比，就可以求出待测的金属材料的比热容 C_2.

已知铜在 100 ℃时比热容为 $C_{Cu} = 0.0940$ cal /(g · K).

【实验仪器】

FD-JSBR 型冷却法金属比热容测量仪(图 2-5-1)、铜铁铝实验样品、盛有冰水混合物的保温杯、镊子、秒表.

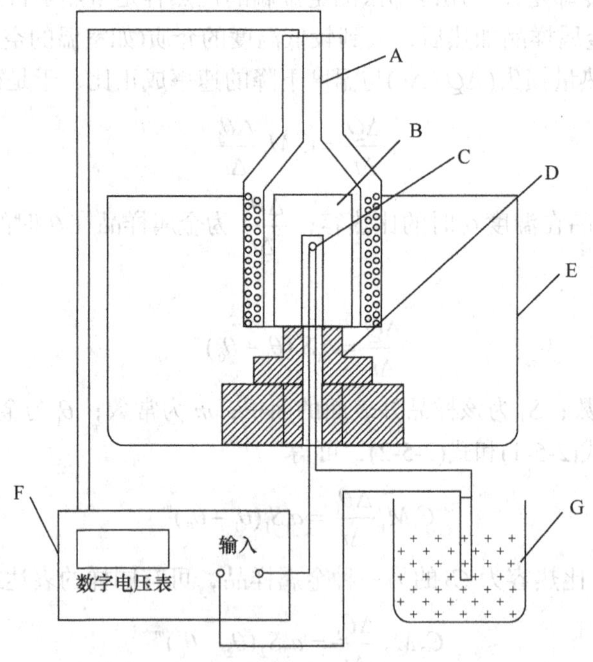

图 2-5-1 FD-JSBR 型冷却法金属比热容测量仪

FD-JSBR 型冷却法金属比热容测量仪由加热仪和测试仪组成. 加热仪的热源 A 是由 75 W 电烙铁改制而成的，利用底盘支撑固定并通过调节手轮自由升降；实验样品 B 是直径 5 mm、长 30 mm 的小圆柱，其底部钻一深孔，便于安放热电偶，放置在有较大容量的防风容器 E 中，即样品室内的热电偶支架 D 上；测温铜-康铜热电偶 C(其热电势约为 0.042 mV/℃)放置于被测

样品 B 内的小孔中. 当加热装置 A 向下移动到底后，可对被测样品 B 进行加热；样品需要降温时，则将加热装置 A 上移. 装置内设有自动控制限温装置，防止因长期不切断加热电源而引起温度不断升高.

热电偶的冷端置于冰水混合物 G 中,带有测量偏差的一端接到三位半数字电压表 F 的“输入”端. 热电势差的二次仪表由高灵敏、高精度、低漂移的放大器加上满量程为 20 mV 的三位半数字电压表组成.

【实验内容】

(1) 打开电源，利用辅助导线将电压表“红”“黑”短路，进行调零；

(2) 选取长度、直径、表面光洁度尽可能相同的三种金属样品(铜、铁、铝)，根据 $M_{Cu}>M_{Fe}>M_{Al}$ 这一特点，把它们区别开来；

(3) 放好样品，注意加热筒口需盖上盖子. 热电偶热端的铜导线与数字表的正端相连，冷端铜导线与数字表的负端相连，并将冷端置于冰水混合物中. 打开“加热”，当数字电压表读数为某一定值 150 ℃时(此时电压表显示约 6.7 mV)，切断“加热”电源移去电炉，样品继续安放在与外界基本隔绝的金属圆筒内自然冷却(筒口需盖上盖子)，记录样品的冷却速率. 具体做法是：当温度降到接近 102 ℃(对应 4.37 mV)时开始记录，测量样品由 4.37 mV 下降到 98 ℃(4.20 mV)所需要时间 Δt_0 (因为数字电压表上的值显示数字是跳跃性的，所以只能取附近的)，从而计算 $\left(\dfrac{\Delta E}{\Delta t}\right)_{E=4.28\text{ mV}}$. 按铁、铜、铝的次序，分别测量其温度下降速度，每一样品重复测量 5 次. 因为各样品的温度下降范围相同($\Delta\theta = 102℃ - 98℃ = 4℃$)，所以式(2-5-5)可以简化为

$$C_2 = C_1 \frac{M_1(\Delta t)_2}{M_2(\Delta t)_1} \tag{2-5-6}$$

【数据处理】

(1) 列表记录数据.

样本的质量：

$M_{Cu} =$ ________ g， $M_{Fe} =$ ________ g， $M_{Al} =$ ________ g.

(各样本环境相同 $a_{Cu} = a_{Fe} = a_{Al}$ ，尺寸相同 $S_{Cu} = S_{Fe} = S_{Al}$)

样品从 102 ℃(4.37 mV)下降到 98 ℃(4.18 mV)所需要时间 Δt 见表 2-5-1.

表 2-5-1　冷却时间表

样品	次数					$\overline{\Delta t}$
	1	2	3	4	5	
Fe						
Al						
Cu						

Cu 的冷却规律，见表 2-5-2.

表 2-5-2 Cu 的冷却规律表

电压/mV									
时间/s	0	10	20	30	40	50	60	70	80
温度/℃									
电压/mV									
时间/s	90	100	110	120	130	140	150	160	170
温度/℃									

(2) 将数据代入式(2-5-6)，计算铁和铝在 100 ℃时的比热容 C_{Fe}、C_{Al}，并计算百分误差.

(3) 分析误差产生的原因.

【注意事项】

(1) 仪器的加热指示灯亮，表示正在加热；如果连接线未连好或加热温度过高(超过 200 ℃)导致自动保护，指示灯不亮. 升到指定温度后，应切断加热电源.

(2) 测量降温时间时，按“计时”或“暂停”按钮应迅速、准确，以减小人为计时误差.

(3) 加热装置向下移动时，动作要慢，应注意要使被测样品垂直放置，以使加热装置能完全套入被测样品.

【预习思考题】

(1) 为什么实验应该在防风筒(即样品室)中进行?

(2) 若冰水混合物中的冰块融化，会对实验结论(比热容)造成什么影响?

【分析讨论题】

(1) 可否利用本实验中的方法测量金属在任意温度时的比热容?

(2) 本实验中如何测量金属在某一温度下的冷却速率? 你还能想出其他办法吗? 试说明.

2.6 金属线胀系数的测量

金属线胀系数的测量

【实验目的】

(1) 测定固体在一定温度区域内的平均线胀系数;

(2) 了解控温和测温的基本知识;

(3) 用最小二乘法处理实验数据.

金属线胀系数的测量实验

【实验仪器】

实验主机、加热器、待测样品棒等(图 2-6-1).

【实验原理】

材料的线胀系数 α 的定义是，在压强保持不变的条件下，温度升高 1 ℃所引起的物体长度的相对变化，即

$$\alpha = \frac{1}{L}\left(\frac{\partial L}{\partial \theta}\right)_P \tag{2-6-1}$$

图 2-6-1　仪器的外观

在温度升高时，一般固体由于原子的热运动加剧而发生膨胀，设 L_0 为物体在初始温度 θ_0 下的长度，则在某个温度 θ_1 时物体的长度为

$$L_T = L_0[1+\alpha(\theta_1-\theta_0)] \tag{2-6-2}$$

在温度变化不大时，α 是一个常数，可以将式(2-6-1)写为

$$\alpha = \frac{L_T - L_0}{L_0(\theta_1-\theta_0)} = \frac{\delta L}{L_0}\frac{1}{(\theta_1-\theta_0)} \tag{2-6-3}$$

α 是一个很小的量，表 2-6-1 中列出了几种常见固体材料的 α 值.

表 2-6-1　几种材料的线胀系数

材料	铜、铁、铝	普通玻璃、陶瓷	殷钢	熔凝石英
α数量级	$\sim 10^{-5}$ ℃$^{-1}$	$\sim 10^{-6}$ ℃$^{-1}$	$<2\times 10^{-6}$ ℃$^{-1}$	10^{-7} ℃$^{-1}$

当温度变化较大时，α 与 $\Delta\theta$ 有关，可用 $\Delta\theta$ 的多项式来描述

$$\alpha = a + b\Delta\theta + c\Delta\theta^2 + \cdots$$

式中，a、b、c 为常数.

在实际测量中，由于 $\Delta\theta$ 相对比较小，一般地，忽略二次方及以上的小量. 只要测得材料在温度 θ_1 至 θ_2 之间的伸长量 δL_{21}，就可以得到在该温度段的平均线胀系数 $\bar{\alpha}$

$$\bar{\alpha} \approx \frac{L_2 - L_1}{L_1(\theta_2-\theta_1)} = \frac{\delta L_{21}}{L_1(\theta_2-\theta_1)} \tag{2-6-4}$$

式中，L_1 和 L_2 为物体分别在温度 θ_1 和 θ_2 下的长度；$\delta L_{21} = L_2 - L_1$ 是长度为 L_1 的物体在温度从 θ_1 升至 θ_2 的伸长量. 实验中需要直接测量的物理量是 δL_{21}、L_1、θ_1 和 θ_2.

为了使 $\bar{\alpha}$ 的测量结果比较精确，不仅要对 δL_{21}、θ_1 和 θ_2 进行测量，还要扩大到对 δL_{i1} 和相应的 θ_i 的测量. 将式(2-6-4)改写为以下形式.

$$\delta L_{i1} = \bar{\alpha} L_1(\theta_i - \theta_1), \quad i = 1,2,\cdots \tag{2-6-5}$$

实验中可以等间隔改变加热温度(如改变量为 10 ℃)，从而测量对应的一系列 δL_{i1}. 将所得数据采用最小二乘法进行直线拟合处理，从直线的斜率可得一定温度范围内的平均线胀系数 $\bar{\alpha}$.

【实验内容】

(1) 接通电加热器与温控仪输入输出接口和温度传感器的航空插头.

(2) 旋松千分表固定架螺栓，转动固定架至使被测样品(Φ8 mm×400 mm 金属棒)能插入特厚壁紫铜管内，再插入传热较差的不锈钢短棒，用力压紧后转动固定架，在安装千分表架时注意被测物体与千分表测量头保持在同一直线.

(3) 将千分表安装在固定架上，并且扭紧螺栓，不使千分表转动，再向前移动固定架，使千分表读数值在 0.2～0.3 mm 处，固定架给予固定. 然后稍用力压一下千分表测量端，使它能与绝热体有良好的接触，再转动千分表圆盘使读数为零.

(4) 接通温控仪的电源，设定需加热的值，一般可分别增加温度为 20 ℃、30 ℃、40 ℃、50 ℃，按确定键开始加热.

(5) 当显示值上升到大于设定值时，电脑自动控制到设定值，正常情况下在±0.30 ℃波动 1～2 次，可以记录 $\Delta\theta$ 和 ΔL，通过公式 $\alpha = \Delta L / L \cdot \Delta\theta$ 计算线胀系数并观测其线性情况.

(6) 换不同的金属棒样品，分别测量并计算各自的线胀系数，与公认值比较，求出其百分误差.

【数据记录及处理】

铁棒和铜棒金属线胀系数数据见表 2-6-2 和表 2-6-3.

表 2-6-2　铁棒金属线胀系数数据表

θ	50 ℃	55 ℃	60 ℃	65 ℃	70 ℃	75 ℃	80 ℃
L_i							
δL_{i1}							

表 2-6-3　铜棒金属线胀系数数据表

θ	50 ℃	55 ℃	60 ℃	65 ℃	70 ℃	75 ℃	80 ℃
L_i							
δL_{i1}							

【注意事项】

(1) 不能用千分表去测量表面粗糙的毛坯工件或者凹凸变化量很大的工件，以防过早损坏表的零件，使用中应避免量杆过多地做无效运动，以防加快传动件的磨损；

(2) 测量时，量杆的移动不宜过大，更不可超过它的量程终止端，绝对不可敲打表的任何部位，以防损坏表的零件；

(3) 不要无故拆卸千分表内零件，不能将千分表浸放在冷却液或其他液体内使用；

(4) 千分表在使用后，要擦净装盒，不能任意涂擦油类，以防黏上灰尘影响其灵活性.

【预习思考题】

(1) 该实验的误差来源主要有哪些?

(2) 如何利用逐差法来处理数据?

(3) 利用千分表读数时应注意哪些问题，如何消除误差?

(4) 试举出几个在日常生活和工程技术中应用线胀系数的实例.

(5) 若实验中加热时间过长，仪器支架受热膨胀，对实验结果有何影响?

【附录】

FD-LEA-B 型线胀系数测定仪

1. 概述

FD-LEA-B 型线胀系数测定仪是固体线胀系数的一种精密测定仪，固体线胀系数测量已被列入高等专科院校的物理实验教学大纲中. 本仪器对各种固体的热胀冷缩特性可做出定量检测，并可对金属的线胀系数做精确测量.

本仪器的恒温控制由高精度数字温度传感器与单片电脑组成，炉内有特厚良导体纯铜管作导热，在达到炉内温度热平衡时，炉内温度不均匀性≤±0.3 ℃，读数分辨率为 0.1 ℃，加热温度控制范围为室温至 80.0 ℃.

2. 仪器简介

(1) 仪器结构如图 2-6-2 所示，它由恒温炉、恒温控制器、千分表、待测样品等组成.

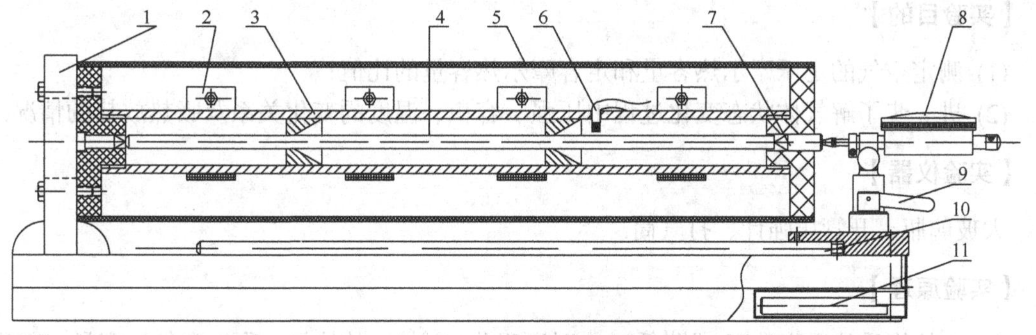

图 2-6-2　内部结构示意图

1. 大理石托架；2. 加热圈；3. 导热均匀管；4. 测试样品；5. 隔热罩；6. 温度传感器；7. 隔热棒；8. 千分表；9. 扳手；10. 待测样品；11. 套筒

(2) 仪器使用方法：

① 被测物体为Φ8 mm×400 mm 的圆棒；

② 整体要求平稳，因伸长量极小，故实验时应避免振动；

③ 千分表安装需适当固定(以表头无转动为准)且与被测物体有良好的接触(读数在 0.2～0.3 mm 处较为适宜，然后再转动表壳校零)；

④ 被测物体与千分表探头需保持在同一直线.

3. 技术指标

(1) 温度控制分辨率：0.1 ℃；

(2) 样品加热炉内空间温度达到平衡时，温度不均匀性≤±0.3 ℃；

(3) 温度控制范围：室温至 80 ℃；

(4) 伸长量测量精度：0.001 mm，最大测量范围为 0.000～1.000 mm；

(5) 被测金属样品为Φ8 mm×400 mm 的圆棒；

(6) 温控仪使用环境和外型尺寸：

① 输入电源：220(1+10%) V，50～60 Hz；

② 湿度：85%；

③ 温度：0～40.0 ℃；

④ 外型尺寸：315 mm×250 mm×140 mm；

⑤ 仪器重量：约 3 kg；

(7) 电加热恒温箱外型尺寸：560 mm×120 mm×20 mm.

2.7　空气的比热容比的测量

本节介绍两种测量空气比热容比的方法，实验一介绍了利用绝热膨胀来测量空气比热容比的方法，该方法设计巧妙，仪器简单，但精度不太高. 实验二则采用了振动法来测量，原理较为复杂，但设备自动化程度高，结果精度也不错. 读者可在实验时酌情选择.

2.7.1　实验一 绝热膨胀法测量空气比热容比

【实验目的】

(1) 测定空气的定压摩尔热容量和定容摩尔热容量的比值；

(2) 进一步了解气体状态变化过程中压强、容积、温度的变化关系及吸热放热的情况.

【实验仪器】

大玻璃瓶、开管压强计、打气筒.

【实验原理】

1 mol 的物质其温度升高(或降低)1 K 时所吸收(或放出)的热量，称为摩尔热容量. 对于一定量的气体来讲，随着变化过程的不同，摩尔热容量的数值也不相同. 因此，同一种气体在不同的过程中有不同的摩尔热容量. 常用的有定压摩尔热容量和定容摩尔热容量，分别以 C_P 和 C_V表示. 根据热力学第一定律，在等容过程中气体吸收的热量全部用来增加内能；而在等压过程中，气体吸收的热量只有一部分是用来增加内能的，另一部分转化为气体反抗外力做的功. 所以气体升高一定的温度，在等压过程中吸收的热量要比等容过程中多，因此气体的定压摩尔热容量 C_P 较定容摩尔热容量 C_V大. 对于理想气体，它们之间的关系由迈耶(Meyer)公式表示

$$C_p = C_V + R$$

式中，R 为气体普适常量. 实际上经常用到的是 C_p 与 C_V 比值，通常用 γ 表示，称为比热容比或比热比值，即

$$\gamma = \frac{C_p}{C_V}$$

对于理想气体，γ 只决定气体分子的自由度，与气体的性质和温度无关. 在中等温度(0～200 ℃)时，真实气体的 γ 实验值和理论值很接近，对于空气来说 γ =1.40.

常见的测定 γ 值的方法有绝热膨胀法、振动法、EDA 方法、声速法等，其中以绝热膨胀法最为简便易操作。此方法是基于理想气体的绝热自由膨胀过程演化而来的，最早是由盖 · 吕萨克在 1807 年完成的，直到 1845 年焦耳又精确地重新做了这个实验，并系统地进行了归纳与总结。

由绝热过程的方程式得

$$p_1 V_1^\gamma = p V_2^\gamma$$

$$\frac{p_1}{p} = \left(\frac{V_2}{V_1}\right)^\gamma \tag{2-7-1}$$

此后，使空气在等容条件下吸热，温度又回升到起始温度 T，压强也升高到 p_2 而达到稳定. 因为这时空气的温度和起始时相同，对于每单位质量的空气来说，应服从玻意耳(Boyle)定律，即

$$\frac{p_1}{p_2} = \frac{V_2}{V_1} \tag{2-7-2}$$

由式(2-7-1)和式(2-7-2)可得

$$\frac{p_1}{p} = \left(\frac{p_1}{p_2}\right)^\gamma$$

等式两边取对数

$$\gamma = \frac{\ln\dfrac{p_1}{p}}{\ln\dfrac{p_1}{p_2}} \tag{2-7-3}$$

若测得 p、p_1、p_2，即可从式(2-7-3)中求出 γ .

本实验所用的主要仪器是一个大玻璃瓶，装置如图 2-7-1 所示. 瓶的上端盖有一玻璃片 A(玻璃片与瓶口之间用凡士林黏合，在瓶内气压略高于瓶外大气压时也不会漏气)把瓶口密闭，转动活门 C 使打气筒 B 和玻璃瓶连通，由打气筒打入空气至瓶内气压略高于瓶外大气压，随即关闭活门 C，这时气温将略高于室温 T，但稍等片刻后，由于气体的散热，温度将降至室温 T 而达到平衡态，瓶内空气有稳定的压强 p_1，p_1 和大气压之差可由压强计两液面的高度之差 h_1 算出

$$p_1 = p + h_1$$
$$p_1 - p = h_1 \tag{2-7-4}$$

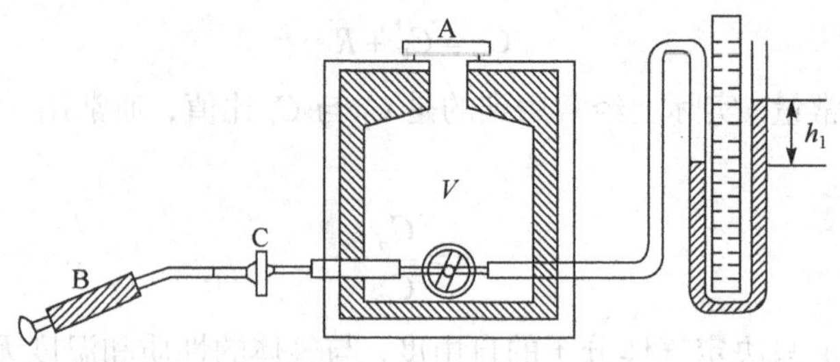

图 2-7-1　测量空气比热容比

这时瓶内每单位质量空气的状态为(p_1，V_1，T). 然后，迅速翻开瓶口上的玻璃片，让空气膨胀一瞬间，立即将玻璃片盖回，这一过程历时很短(在 0.5 s 左右)，瓶内空气来不及和外界交换热量，故这一过程可以认为是接近于绝热的，在玻璃片盖回的瞬时，瓶内每单位质量空气的状态为(p，T'，V_2). 此后瓶内空气在等容的条件下缓慢地从瓶外吸收热量，温度将回升到室温 T，压力也将增大而达到平衡状态. 这一过程需时较久(5～10 min). 这时瓶内每单位质量空气的状态为(p_2，T，V_2)，压强 p_2 可由压强计两液面的高度差 h_2 求出

$$p_2=p+h_2 \tag{2-7-5}$$

把式(2-7-4)和式(2-7-5)代入式(2-7-3)得

$$\gamma=\frac{\ln\dfrac{p+h_1}{p}}{\ln\dfrac{p+h_1}{p+h_2}}=\frac{\ln\left(1+\dfrac{h_1}{p}\right)}{\ln\left(1+\dfrac{h_1}{p}\right)-\ln\left(1+\dfrac{h_2}{p}\right)}$$

采用近似计算法，当 $\dfrac{h_1}{p}<<1$ 时，有

$$\ln\left(1+\frac{h_1}{p}\right)\approx\frac{h_1}{p}$$

同理

$$\ln\left(1+\frac{h_2}{p}\right)\approx\frac{h_2}{p}$$

故

$$\gamma=\frac{\dfrac{h_1}{p}}{\dfrac{h_1}{p}-\dfrac{h_2}{p}}=\frac{h_1}{h_1-h_2} \tag{2-7-6}$$

所以，只需测出 h_1 和 h_2 的值，即可求出 γ.

【实验内容】

(1) 把玻璃片 A 用凡士林黏合在瓶口上，并压紧，注意使瓶口四周密闭以防漏气.

(2) 转动活门 C，使打气筒和玻璃瓶接通，用打气筒缓慢打入空气(动手不宜过急，以免压强计内的液体溢出)，使压强计两液面的高度差为 10～20 cm，关闭活门 C，等候压强计的液面稳定下来，这是瓶内空气散热的过程，需 3～5 min(或液面始终不稳，则表明有漏气的现象，应检查各封口). 记下稳定时两液面的高度差 h_1.

(3) 迅速翻开玻璃片 A，使空气膨胀一瞬间(不到 1 s)，立即盖回，为了使这一过程接近于绝热，操作要特别敏捷. 然后等候空气从外界吸热，温度回升，这是定容吸热过程，需 5～10 min. 待压强计液面稳定后，记下其高度差 h_2.

(4) 重做上述步骤(2)和(3)，共 5 次.

注意：本实验虽操作简单，但要使结果正确很不容易，宜先试练数次，再做正式记录.

【数据和结果处理】

将实验所需数据记录于表 2-7-1 中。

表 2-7-1　实验数据记录表

	R_1	R_2	$h_1 = R_1 - R_2$	R_1'	R_2'	$h_2 = R_1' - R_2'$	$\gamma = \frac{h_1}{h_1 - h_2}$
1							
2							
3							
4							
5							

平均值 $\overline{\gamma}$ __________；$E = \frac{|\overline{\gamma} - \gamma_0|}{\gamma_0} \times 100\% =$ __________.

【注意事项】

(1) 在实验过程中，不能有漏气现象，玻璃片应压紧.

(2) 打气要慢，防止液体溢出.

(3) 不要用手摸大玻璃瓶.

【预习思考题】

(1) 式(2-7-6)是怎样推导出来的？

(2) 实验中应注意哪些问题？

【讨论问题】

(1) h_1 大或 h_1 小对于测量 γ 来说哪个好些？为什么？实际情况又是怎样的？

(2) 试由实验中绝热膨胀过程的时间长短来讨论所测 γ 值偏大或偏小的原因.

【附录】

本实验中空气状态的变化过程可见图 2-7-2.

(1) 打气后，压强和温度稳定时，为状态 Ⅰ(p_1, V_1, T).

(2) 迅速放气的过程为绝热过程(Ⅰ～Ⅱ)，最后

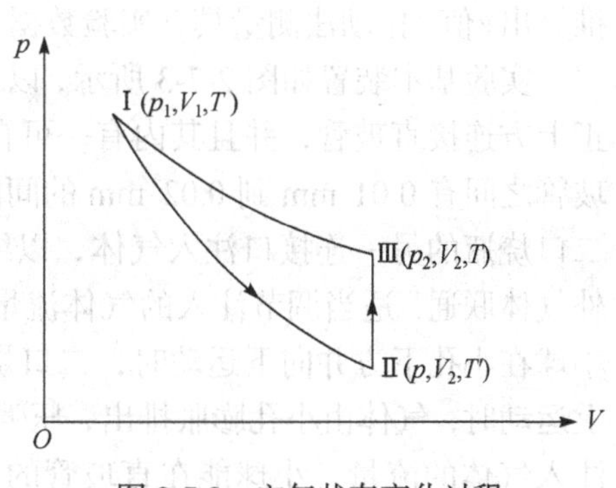

图 2-7-2　空气状态变化过程

到状态Ⅱ(p, V_2, T').

(3) 等容吸热过程(Ⅱ～Ⅲ)温度和压力回升，最后达到状态Ⅲ(p_2, V_2, T).

因状态Ⅰ、Ⅱ在同一绝热线上，可以应用绝热方程

$$p_1V_1^{\gamma} = pV_2^{\gamma}$$

状态Ⅰ、Ⅲ在同一条等温线上，可以应用玻意耳定律

$$p_1V_1 = p_2V_2$$

应当指出的是，在绝热膨胀过程中，瓶内空气的总质量发生变化，故在整个讨论中我们都只取瓶内的一单位质量空气来研究(单位质量空气的体积通常称为比容)，故满足状态变化过程中质量不变的条件.

2.7.2 实验二 振动法测量气体比热容比

【实验目的】

(1) 了解振动法测量气体比热容比的原理；

(2) 掌握智能计数计时器的使用方法；

(3) 计算气体的比热容比及其不确定度.

【实验仪器】

ZKY-BRRB 气体比热容比测定仪、物理天平、螺旋测微器.

【实验原理】

气体比热容比γ是气体定压比热容 C_P 与定容比热容 C_V 的比值，又称为气体的绝热系数，在热学过程特别是绝热过程中是一个很重要的参量. 在描述理想气体的绝热过程时，γ是联系各状态参量(p、V 和 T)的关键参数.

气体的比热容比除了在理想气体的绝热过程中起重要作用之外，它在热力学理论及工程技术的实际应用中也有着重要的作用，例如，热机的效率、声波在气体中的传播特性都与之相关.

气体比热容比的传统测量方法是热力学方法(绝热膨胀法)，其优点是原理简单，而且有助于加深对热力学过程中状态变化的了解，但是实验者的操作技术水平对测量数据影响很大，实验结果误差较大. 本实验采用振动法来测量，即通过测定物体在特定容器中的振动周期来推算出γ值. 振动法测量具有实验数据一致性好、波动范围小等优点.

实验基本装置如图 2-7-3 所示，以二口烧瓶内的气体作为研究的热力学系统，在二口烧瓶正上方连接直玻管，并且其内有一可自由上下活动的小球，由于制造精度的限制，小球和直玻管之间有 0.01 mm 到 0.02 mm 的间隙. 为了弥补从这个小间隙泄漏的气体，通过持续地从二口烧瓶的另一连接口注入气体，以维持瓶内压强. 在直玻管上开有一小孔，可使直玻管内外气体联通. 适当调节注入的气体流量，可以使小球在直玻管内在竖直方向上来回振动：当小球在小孔下方并向下运动时，二口烧瓶中的气体被压缩，压强增加；而当小球经过小孔向上运动时，气体由小孔膨胀排出，压强减小，小球又落下. 以后重复上述过程. 只要适当控制注入气体的流量，小球能在直玻管的小孔上下做简谐振动，振动周期可利用光电计时装置来测得.

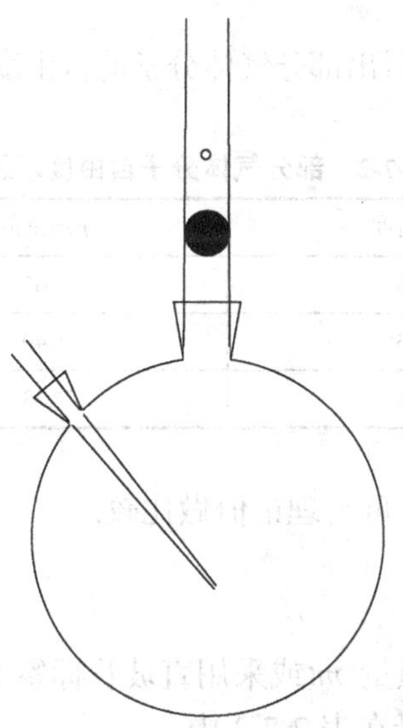

图 2-7-3　气体比热容比测量基本装置

小球质量为 m，半径为 r，当瓶内压强 p 满足下面条件时小球处于力平衡状态

$$p = p_b + \frac{mg}{\pi r^2} \tag{2-7-7}$$

式中，p_b 为大气压强. 若小球偏离平衡位置一个较小距离 x，容器内的压强变化Δp，则小球的运动方程为

$$m\frac{d^2x}{dt^2} = \pi r^2 \Delta p \tag{2-7-8}$$

因为小球振动过程相当快，所以可以看作绝热过程，绝热方程为

$$pV^\gamma = C \tag{2-7-9}$$

C 为常数. 将式(2-7-3)求导数得出

$$\Delta p = -\frac{p\gamma \Delta V}{V} \tag{2-7-10}$$

式中，$\Delta V=\pi r^2 \Delta x$，$\Delta x$ 为任意位置与平衡位置的距离. 记平衡位置为坐标原点，则

$$\Delta V = \pi r^2 x \tag{2-7-11}$$

将式(2-7-4)和式(2-7-5)代入式(2-7-2)得

$$\frac{d^2x}{dt^2} + \frac{\pi^2 r^4 p\gamma}{mV}x = 0 \tag{2-7-12}$$

此式即为熟知的简谐振动方程，它的解为

$$\omega = \sqrt{\frac{\pi^2 r^4 p\gamma}{mV}} = \frac{2\pi}{T} \tag{2-7-13}$$

$$\gamma = \frac{4mV}{T^2 pr^4} = \frac{64mV}{T^2 pd^4} \tag{2-7-14}$$

式中各量均可方便测得(d 为小球直径)，因而可算出γ值. 由气体运动论可以知道，γ值与气体分子的自由度数有关，对单原子气体(如氩)只有三个平动自由度；双原子气体(如氢)除上述 3 个平动自由度外还有 2 个转动自由度；对多原子气体，则具有 3 个转动自由度. 比热容比γ与自

由度 i 的关系为 $\gamma=\frac{i+2}{i}$. 理论上得出部分气体分子的自由度及理论的γ值，如表 2-7-2 所示。

表 2-7-2　部分气体分子自由度以及γ理论值

气体类型	自由度 i	γ理论值	举例
单原子气体	3	1.67	Ar，He
双原子气体	5	1.40	N_2，H_2，O_2
多原子气体	6	1.33	SO_2，CH_4

给定气体类型，计算出γ值，可与理论值做比较.

【实验内容与步骤】

(1) 用天平称量备用小球的质量 m(或采用直玻管标签上的参考值). 用螺旋测微器多次测量备用小球的直径 d，将数据记录在表 2-7-3 中.

表 2-7-3　小球直径数据记录表

螺旋测微器零差 d_0=_____mm.

序号 i	1	2	3	4	5	6	平均值
直径视值 $d_{视I}$/mm							

(2) 按图 2-7-3 连接好仪器，调节光电门高度，使其与直玻管上的小孔等高. 调节实验架，使直玻管沿竖直方向.

(3) 确保气管、缓冲瓶、二口烧瓶无漏气. 给智能计数计时器和气泵通电预热 10 min 后，气泵气量调至最大，然后旋转节流阀组件旋钮由小到大调节气量，直到观察到小球以小孔为中心做等幅振动. 光电门上的指示灯，应随着每次振动而有规律地闪烁.

(4) 将智能计数计时器设置为“多脉冲”模式，待准备好后，按确定键，开始测量.

(5) 待测量完成，将数据向前翻一页，可以查看 99 次挡光脉冲的时间，将数据记录在表 2-7-4 中.

表 2-7-4　测量小球通过光电门 N 次的总时间

挡光次数 N=99 次.

测量序号 i	1	2	3	4	5	平均值
测量时间 t/s						
小球振荡周期 $T=(2t/N)$/s						

(6) 重复步骤(4)和(5)，计算算术平均值.

(7) 用大气压强计测量大气压强 p_b 或查询当地气象局查看大气压强值. 气体体积见二口烧瓶标签上的参考值.

(8) 实验完成后将气泵气量调至最小，关闭电源，实验结束.

【数据记录及处理】

计算空气的比热容比. 根据公式计算可得(注：式中，p 为容器内的压强，比大气压强

大 $4mg/\pi d^2$)

$$\gamma=\frac{64mV}{T^2pd^4}=\frac{16N^2mV}{t^2pd^4}=\_\_\_\_\_\_\_\_,\quad \omega_\gamma=\frac{\gamma-\gamma_0}{\gamma_0}\times100\%=\_\_\_\_\_\_\_\_.$$

计算不确定度

$$u_{Ad}=\sqrt{\frac{\sum_{i=1}^{n}\left(d_i-\bar{d}\right)^2}{n(n-1)}}=\_\_\_\_\_\_\_\_$$

$$u_{Bd}=\frac{\Delta_{千}}{\sqrt{3}}=\_\_\_\_\_\_\_\_$$

$$u_d=\sqrt{u_{Ad}^2+u_{Bd}^2}=\_\_\_\_\_\_\_\_$$

$$u_{At}=\sqrt{\frac{\sum_{i=1}^{n}\left(t_i-\bar{t}\right)^2}{n(n-1)}}=\_\_\_\_\_\_\_\_$$

$$u_{Bt}=\frac{\Delta_t}{\sqrt{3}}=\_\_\_\_\_\_\_\_$$

$$u_t=\sqrt{u_{At}^2+u_{Bt}^2}=\_\_\_\_\_\_\_\_$$

$$u_m=u_{Bm}=\frac{\Delta_m}{\sqrt{3}}=\_\_\_\_\_\_\_\_$$

$$u_V=u_{BV}=\frac{\Delta_V}{\sqrt{3}}=\_\_\_\_\_\_\_\_$$

$$u_p=u_{Bp}=\frac{\Delta_p}{\sqrt{3}}=\_\_\_\_\_\_\_\_$$

综上，比热容比的不确定度为

$$u_\gamma=\gamma\sqrt{\left(\frac{u_m}{m}\right)^2+\left(\frac{u_V}{V}\right)^2+\left(2\frac{u_t}{t}\right)^2+\left(\frac{u_p}{p}\right)^2+\left(4\frac{u_d}{d}\right)^2}=\_\_\_\_\_\_\_\_$$

此次计算的空气比热容比为________________.

【注意事项】

(1) 产品应贮存在干燥、通风、无腐蚀性气体、无强日晒、无强电磁场的室内.

(2) 请勿自行拆卸智能计数计时器.

(3) 无特殊情况请勿取出直玻管中的小球.

(4) 气泵工作时请勿堵塞气泵进气口和出气孔.

(5) 光电门发射和接收端面应保持清洁.

(6) 玻璃件请小心轻放.

【预习思考题】

(1) 本实验中的误差来源有哪些?

(2) 空气比热容比的理论值和实验值差距大的原因有哪些?

【附录】

ZKY-BRRB 气体比热容比测定仪

仪器如图 2-7-4 所示.

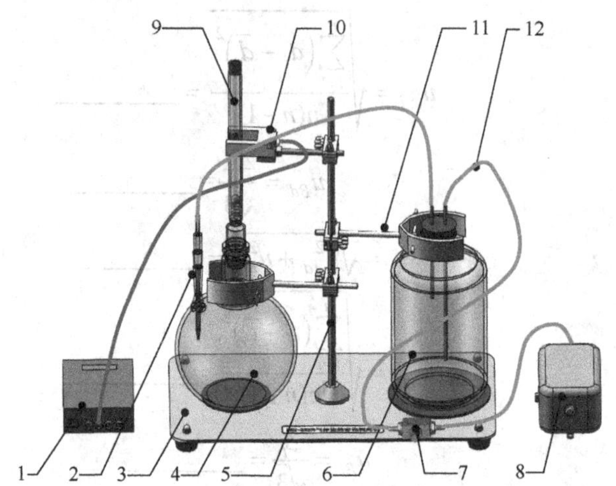

图 2-7-4　ZKY-BRRB 气体比热容比测定仪示意图

1. 智能计数计时器；2. 滴管；3. 底板部件；4. 二口烧瓶；5. 立柱部件；6. 储气瓶；7. 节流阀组件；8. 气泵；9. 直玻管；10. 光电门部件；11. 夹持爪；12. 气管

(1) 智能计数计时器.

智能计数计时器简介：配备一个+12 V 稳压直流电源(图 2-7-4 中未画出)；122×32 点阵图形 LCD；三个操作按钮分别为模式选择/查询下翻按钮、项目选择/查询上翻按钮、确定/开始/停止按钮；四个信号源输入端，两个 4 孔输入端是一组，两个 3 孔输入端是另一组，4 孔的 A 通道同 3 孔的 A 通道同属同一通道，不管接哪个效果一样，同样 4 孔的 B 通道和 3 孔的 B 通道同属同一通道.

智能计数计时器的操作：通电开机后显示“智能计数计时器世纪中科”画面延时一段时间后，显示操作界面. 上行为测试模式名称和序号，例：“1 计时⇦”表示按模式选择/查询下翻按钮选择测试模式；下行为测试项目名称和序号，例：“1—1 单电门⇨”表示项目选择/查询上翻按钮选择测试项目.

选择好测试项目后，按确定键，LCD 将显示“选 A 通道测量⇔”，然后通过按模式选择/查询下翻按钮和项目选择/查询上翻按钮进行 A 或 B 通道的选择，选择好后再次按下确认键即可开始测量. 一般测量过程中将显示“测量中*****”，测量完成后自动显示测量值，若该项目有几组数据，可按查询下翻按钮或查询上翻按钮进行查询，再次按下确定键退回到项目选择界面. 如未测量完成就按下确定键，则测量停止，将根据已测量到的内容进行显示，再次按下确定键将退回到测量项目选择界面.

注意：有 A、B 两通道，每通道各有两个不同的插件(分别为光电门 4 芯和光电门 3 芯)，同一通道不同插件的关系是互斥的，禁止同时接插同一通道不同插件.

A、B 通道可以互换，如为单电门，使用 A 通道或 B 通道都可以，但是尽量避免同时插 A、B 两通道，以免互相干扰. 如为双电门，则产生前脉冲的光电门可接 A 通道也可接 B 通道，后脉冲的当然也可随便插在余下那通道.

如果光电门被遮挡时输出的信号端是高电平，则仪器是测脉冲的上升前沿间时间的. 如光电门被遮挡时输出的信号端是低电平，则仪器是测脉冲的上升后沿间时间的.

①模式种类及功能.

A. 计时

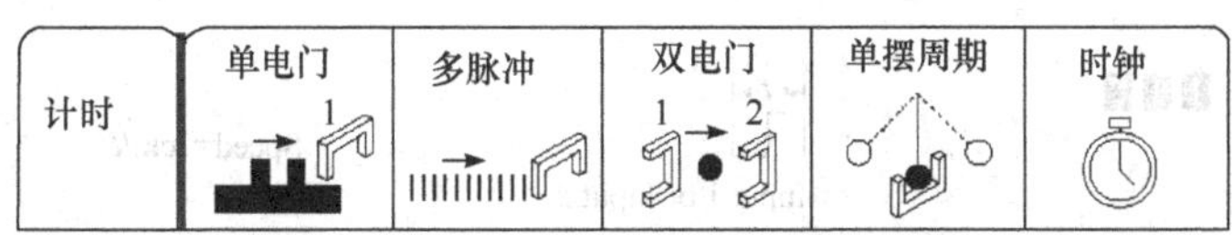

B. 平均速度

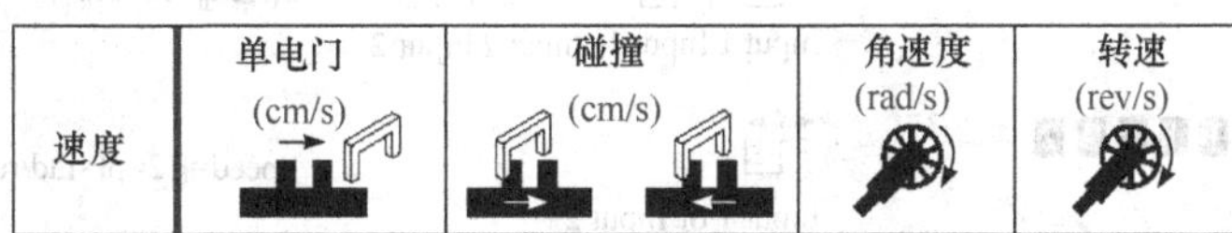

C. 加速度

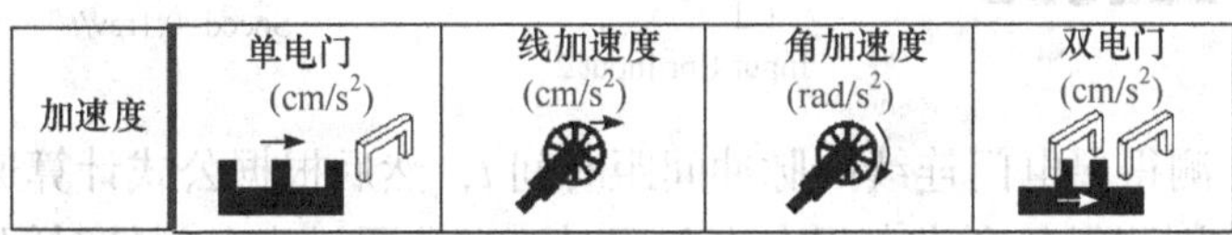

D. 计数

计数	30 s	60 s	5 min	手动

E. 自检

自检	光电门自检

② 测量信号输入.

A. 计时

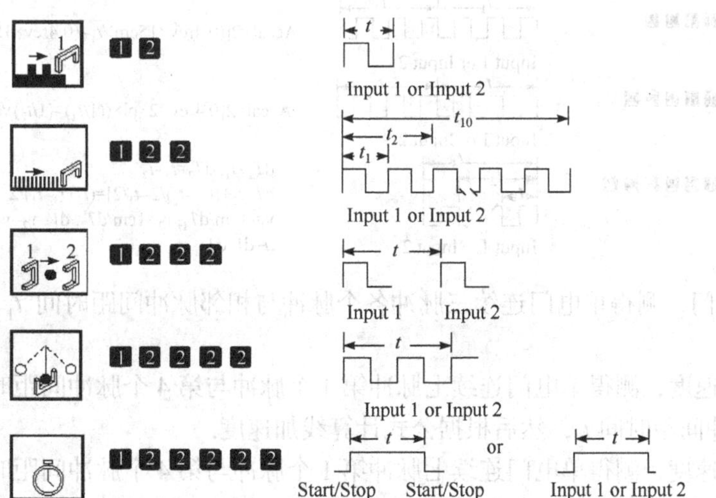

A—1 单电门，测试单电门连续两脉冲间距时间.

A－2 多脉冲，测量单电门连续脉冲间距时间，可测量 99 个脉冲间距时间.

A－3 双电门，测量两个电门各自发出单脉冲之间的间距时间.

A－4 单摆周期，测量单电门第 3 脉冲到第 1 脉冲的间隔时间.

A－5 时钟，类似跑表，按下确定则开始计时.

B. 速度

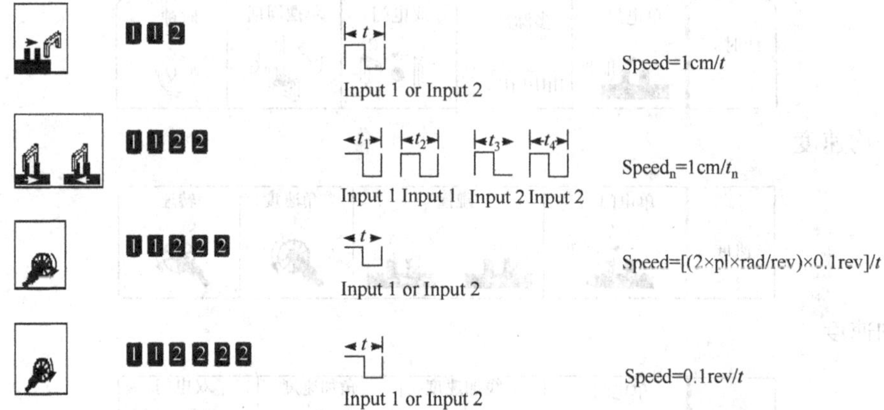

B－1 单电门，测得单电门连续两脉冲间距时间 t，然后根据公式计算速度.

B－2 碰撞，分别测得各个光电门在去和回时遮光片通过光电门的时间 t_1、t_2、t_3、t_4，然后根据公式计算速度.

B－3 角速度，测得圆盘两遮光片通过光电门产生的两个脉冲间时间 t，然后根据公式计算速度.

B－4 转速，测得圆盘两遮光片通过光电门产生的两个脉冲间时间 t，然后根据公式计算转速.

C. 加速度

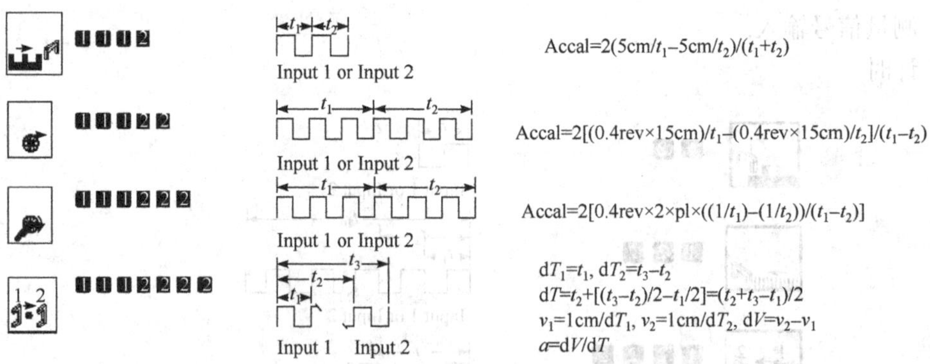

C－1 单电门，测得单电门连续三脉冲各个脉冲与相邻脉冲间距时间 t_1、t_2，然后根据公式计算加速度.

C－2 线加速度，测得单电门连续七脉冲第 1 个脉冲与第 4 个脉冲间距时间 t_1、第 7 个脉冲与第 4 个脉冲间距时间 t_2，然后根据公式计算线加速度.

C－3 角加速度，测得单电门连续七脉冲第 1 个脉冲与第 4 个脉冲间距时间 t_1、第 7 个脉冲与第 4 个脉冲间距时间 t_2，然后根据公式计算角加速度.

C－4 双电门，测得 A 通道第 2 脉冲与第 1 脉冲间距时间 t_1，B 通道第 1 脉冲与 A 通道第

1 脉冲间距时间 t_2，B 通道第 2 脉冲与 A 通道第 1 脉冲间距时间 t_3.

D. 计数

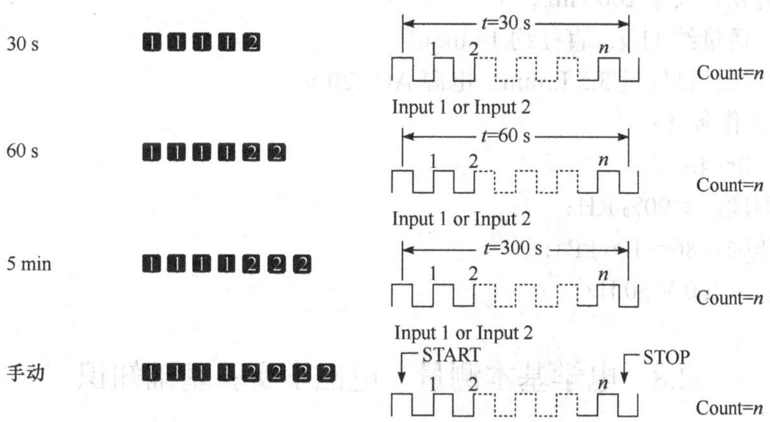

D−1　30 s，第 1 个脉冲开始计时，共计 30 s，记录累计脉冲个数.

D−2　60 s，第 1 个脉冲开始计时，共计 60 s，记录累计脉冲个数.

D−3　5 min，第 1 个脉冲开始计时，共计 5 min，记录累计脉冲个数.

D−4　手动第 1 个脉冲开始计时，手动按下确定键停止，记录累计脉冲个数.

E. 自检

自检　显示“高”　显示“低”　Input 1 and/or Input 2

检测信号输入端电平.特别注意：如某一通道无任何线缆连接将显示“高”. 自检时正确的方法应该是通过遮挡光电门来查看 LCD 显示通道是否有高低变化. 有变化则光电门正常，反之异常.

本实验中主要使用 A−2 多脉冲功能.

(2) 滴管：用于向二口烧瓶注入气体.

(3) 底板部件：用于承托相关物体.

(4) 二口烧瓶：容纳待测定的气体，气体体积见瓶口标签.

(5) 立柱部件：与底板部件配合使用，形成支架主体.

(6) 储气瓶：起缓冲减压作用，消除气源不均匀带来的误差.

(7) 节流阀组件：与气泵配合使用，用于精密调节气流量.

(8) 气泵：用于提供小气压气流，气流量可调，电源 AC 220 V.

(9) 直玻管：限制小球做一维上下振动，其内壁与小球之间的间隙在 0.01～0.02 mm. 直玻管下部有一弹簧，阻挡小球继续下落，并起到一定的缓冲作用. 直玻管以小孔为中心贴有对称透明标尺. 直玻管顶端有防止小球冲出或滑出直玻管的管帽. 小球质量可自行称量，也可见直玻管上标签.

(10) 光电门部件：配合智能计数计时器用于测量小球的振动时间和次数.

(11) 夹持爪：用于固定玻璃件.

(12) 气管：将气泵输出的气体经储气瓶导入二口烧瓶.

注意事项：

(1) 智能计数计时器：多脉冲模式下时间分辨率 0.0001 s，计数范围 1～99.

(2) 烧瓶容积：大于 2000 mL.

(3) 小球：质量约 11 g，直径约 14 mm.

(4) 可调气泵：排气量 3.5 L/min，电源 AC 220 V.

仪器正常工作条件：

(1) 温度：0～40 ℃；

(2) 相对湿度：≤90% RH；

(3) 大气压强：86～106 kPa；

(4) 电源：～220 V/50 Hz.

2.8 电学基本测量 电磁学实验基础知识

电磁测量是现代科学研究和生产技术中应用广泛的一种实验方法和实用技术，除了能直接测量电磁量外，还可以通过换能器把许多非电学量(如压力、温度、流量、变形量等)转变为电学量来进行测量. 电磁学实验的目的是学习电磁学常用的典型测量方法——模拟法、比较法、补偿法、放大法等；学会正确使用电磁学仪器、仪表及操作技能；培养看电路图、正确连接线路及分析判断实验故障的能力；通过实验加深对电磁学理论知识的认识.

下面对有关常用电磁学仪器的使用及电路连接的一般程序做简要介绍.

2.8.1 常用电学仪器简介

1. 电源

1) 交流电源(符号为 ～)

我们常用的交流电源为 50 Hz、220 V 的单相交流电，如需要用不同电压，则可用变压(调压)器变压.

2) 直流电源

(1) 直流稳压电源(符号为 —). 一般将 220 V 交流电，经降压、整流、稳压后，改变为稳定的直流电压. 直流稳压电源一般是可调的，转动调节旋钮即可得到所需电压.

(2) 各种电池(符号为 ⊣|⊢). 如干电池、蓄电池、标准电池等.

使用电源时应注意输出电压大小是否合适，额定电流是否满足要求，正负极不能接错，严防短路.

2. 电表

1) 指针式检流计

它的特征是零点在刻度盘中央，便于检查电路中不同方向的微小电流，检流计的参量有：

(1) 量程. 偏转最大格数时所通过的电流强度.

(2) 检流计常数. 偏转一小格时所通过的电流值，常用检流计常数约为 10^{-5} A/格，常数值越小，检流计越灵敏.

(3) 内电阻. 内电阻是检流计两接线端之间的电阻，一般为 100 Ω左右.

2) 直流电流表

它是用来测量电路中直流电流大小的仪器，有安培表、毫安表、微安表，其主要规格如下：

(1) 量程. 量程是指允许通过的最大电流值，一般来说电流表面板上的满刻度值就是该表的量程，也有多量程的电流表.

(2) 内电阻. 电流表两接线柱间的电阻称为内电阻或内阻. 一般安培表的内阻在 0.1 Ω以下，毫安表在 100～200 Ω，微安表在 1000～20000 Ω的范围内.

3) 直流电压表

用来测量电路中两点之间电压大小的仪器，有伏特表、毫伏表，其主要规格如下：

(1) 量程. 量程是能承受的最大电压值，一般是电压表面板上满刻度的电压值.

(2) 内电阻. 内电阻是电压表两接线柱间的电阻，同一电压表不同量程的内阻各不相同，但各量程的每伏欧姆数是相同的，所以统一由 $x(\Omega/\mathrm{V})$ 表示，计算各量程的内阻可用如下公式

$$内阻=量程\times每伏欧姆数$$

4) 电表的基本误差与准确等级

电表测量时可能引起的最大绝对误差，称为电表的基本误差，电表的级别按下式计算：

$$级别\%=\frac{电表的最大绝对误差}{量程}\times 100\%$$

根据我国的标准，电表分为 0.1、0.2、0.5、1.0、1.5、2.5、5.0 等 7 级，是以相对误差的百分数作为级别的. 因此，知道了电表的级别，选定了量程，则其最大绝对误差=级别%×量程. 为了减小误差，应选择合适的级别与量程，并使电表的测量示值尽可能在 2/3 量程附近. 常见仪表盘符号的意义见表 2-8-1.

表 2-8-1　仪表盘符号意义

符号	含义	符号	含义
—	直流	(V)	伏特表
～	交流	(Ω)	欧姆表
≂	直流和交流	0.5　(0.5)	电表准确度等级，共 7 级
⋂	磁电系仪表	[II]　[II]	防外磁(电)场Ⅱ级，共 4 级
⥮	电磁系仪表	△B	防潮 B 级，共有 A、B、C 三级
(↑)　(G)	检流计	↯2 kV	击穿电压 2 kV
(μA)	微安表(10^{-6} A)	☆1	绝缘实验加 1 kV
(mA)	毫安表(10^{-3} A)	⊥　|	标度尺位置为垂直
(A)	安培表(A)	⌒　→	标度尺位置为水平
(mV)	毫伏表(10^{-3} V)	↔	调零点

5) 电表使用时的注意事项

(1) 零位调整. 使用前，首先检查指针是否与零刻线重合，否则应调整表盖上的机械零位

调节器，使指针准确指零.

(2) 电表极性. 在直流电路中，要注意电表的极性，电表正极“+”接在电流流入端，负极“–”接在电流流出端. 在电路中，电流表应串联，电压表应并联.

(3) 量程选择. 首先要粗略估计待测值的大小，然后选择量程，勿使测量值超过量程，以免损坏仪器，但也不能选择过大量程，导致测量精确度下降.

(4) 视差问题. 为了减少视差，必须在视线垂直刻度表面后才能读数，高级的电表在刻度标尺旁边也附有镜面，当指针与镜中的像重合时，所对准的刻度才是正确的读数.

(5) 读数的有效数字问题. 对于单量程电表，读出刻度的估计部分后，连同前边的可靠部分就组成了有效数字. 对于多量程电表，由于表面刻度可能只是1或2种刻度，所以要进行换算. 换算系数=量程/表面刻度格数，测量值=换算系数×指针所示格数. 例如，安培表满刻度为50格，量程为15 mA，指针示数为42.7格，则其测量值为

$$I=\frac{15}{50}\times 42.7=12.81\,(\text{mA})$$

(此时注意15/50=0.3是作为常数处理的).

3. 电阻器

常用的电阻器有电阻箱、滑线变阻器和固定电阻.

1) 电阻箱

电阻箱是将一系列相当准确的电阻，按照一定的要求连接起来并装在箱内. 电阻箱有旋转式和插头式两种. 现介绍常用ZX21型旋转电阻箱，其面板如图2-8-1所示，其内部线路如图2-8-2所示. 其电阻值随旋钮的位置不同而变，如图2-8-1所示的位置，其值为87654.3 Ω，即(8×10000+7×1000+6×100+5×10+4×l+3×0.1). 4个接线柱下方分别标有0、0.9 Ω、9.9 Ω、99999.9 Ω的字样，它表示0接线柱与该接线柱之间可调电阻的范围，ZX21型电阻箱的技术指标如下介绍.

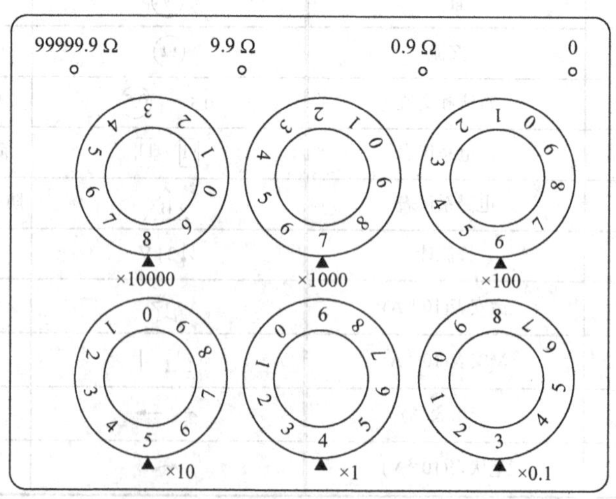

图2-8-1　ZX21型旋转电阻箱面板图

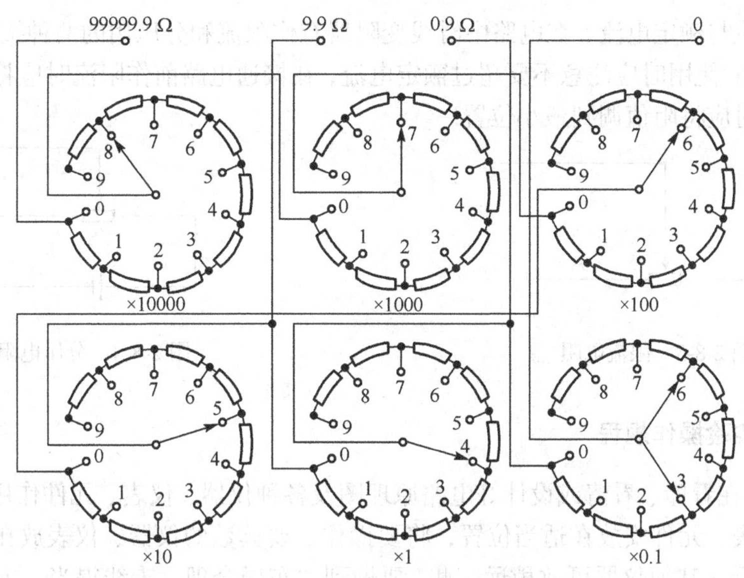

图 2-8-2　内部线路示意图

(1) 调整范围：0～99999.9 Ω.

(2) 零电阻：当指示读数为零时，实际存在的接触电阻<0.03 Ω.

(3) 额定功率：电阻箱每挡允许通过的电流是不同的，其值可由电阻箱的额定功率 P 求得，即 $I=\sqrt{P/R}$，I 为额定电流，P 为额定功率，R 为电阻箱各挡指示的电阻值. 电阻越大的挡，额定电流越小. ZX21 型电阻箱的额定功率 $P=0.25$ W.

(4) 级别：电阻箱根据其误差大小一般分为 0.02、0.05、0.1、0.2 等级别，其级别表示电阻示值的相对误差百分数. ZX21 型电阻箱一般为 0.1 级，如其读数为 5643.0 Ω，则其误差为 5643.0×0.1%≈5.6 Ω(或 6 Ω)，这与电表误差计算方法不同.

(5) 基本误差(示值误差)：电阻箱的基本误差是由级别误差与接触电阻造成的. 其相对误差为

$$E=\frac{\Delta R}{R}=\left(a+b\frac{M}{R}\right)\%$$

式中，E 为相对误差；ΔR 为绝对误差；R 为电阻箱示值电阻；M 为实际使用(电流经过的)旋钮数；a 为电阻箱级别；b 为由接触电阻造成的级别变动系数，对于级别为 0.02、0.05、0.1、0.2 的电阻箱，其对应的 b 值分别为 0.05、0.1、0.2、0.5.

例如，ZX21 型电阻箱，a=0.1，b=0.2，R=5643.0，M=5，则

$$E=\frac{\Delta R}{R}=\left(0.1+0.2\times\frac{5}{5643}\right)\%\approx 0.1002\%\approx 0.10\%$$

所以在 R 值较大时，由接触电阻造成的误差可以不计；但在阻值较小时，则不能忽略. 因此在测量低值电阻时，应尽量减少实际使用旋钮数 M，以减少误差.

在使用电阻箱时，应注意各旋钮是否灵活，接触是否稳定可靠，电流强度不能超过额定值等.

2) 滑线变阻器

滑线变阻器是由一根直径均匀的电阻丝密绕在绝缘圆筒(一般用瓷筒)上组成的. 其规格

指标是总电阻值与额定电流，在电路中滑线变阻器有作限流和分压用的两种接法，如图 2-8-3 和图 2-8-4 所示. 使用时应注意不要超过额定电流，在接通电路前作限流时应将阻值调到最大位置，作分压时应将阻值调到最小位置.

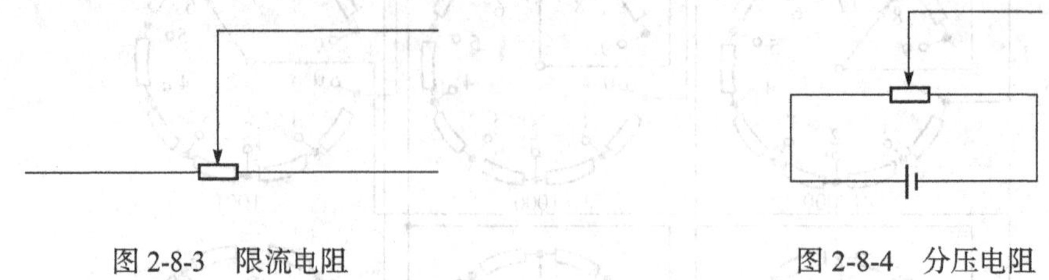

图 2-8-3　限流电阻　　　　图 2-8-4　分压电阻

2.8.2　电磁学实验操作规程

(1) 准备：在看懂、看清或设计好电路原理图及各种仪器、仪表、元件作用的基础上，将各种仪器、仪表、元件安放在适当位置，将要操作、要读数的仪器、仪表放在近处，以便随手可调直接可看，其他仪器可放稍远一些. 要做到“布局合理，走线得当，方便操作，易于观测，注意安全”.

(2) 接线：接线时“先接电路，后通电源”，一般由电源正极开始，接上开关(开关一定要断开)，按电流方向连接仪器、元件，直到电源负极. 比较复杂的电路，从电源开始，一个回路一个回路地连接，并注意在同一接线柱上的接片不要超过三个.

(3) 检查：按电路图认真检查连接导线及电源、电表的极性是否正确，仪表的量程是否满足要求，滑线变阻器滑动头位置及电阻箱的示值电阻是否得当，等等.

(4) 瞬时通电实验：检查无误后，接上电源开关(手不离开关)，接通电路，看各种仪表工作是否正常(如电表指针是否反向偏转或超过最大值等)，如有异常，立即断开开关，重新检查找出故障原因.

(5) 实验：瞬时通电正常后，按照实验内容要求进行操作、测试. 认真观察现象，记录数据，并初步分析数据是否合理齐全，避免“拆完电路，发现问题”的现象.

(6) 整理：在处理审查数据的过程中，断开开关，待确信数据可靠后(或经教师签字后)，拆掉电路. 拆线时应按“先断电源，后拆电路”的原则进行，然后将仪器整理好.

2.8.3　实验一　用伏安法测量未知电阻

【实验目的】

(1) 练习连接电路，学会几种常用电学仪器的使用方法；

(2) 通过作伏安曲线求电阻，验证欧姆定律.

【实验仪器】

直流电源、安培表、伏特表、滑线变阻器、待测电阻、单刀开关.

【实验原理】

根据欧姆定律，通过导体的电流强度 I 与导体两端的电势差 U_1-U_2 成正比而与电阻成反比，即

$$I=\frac{U_1-U_2}{R} \tag{2-8-1}$$

如改变U_1-U_2的值，则I也改变，因而可以画出(U_1-U_2)-I的关系曲线，这个曲线的斜率即为电阻R_x,R_x的值也可以直接用式(2-8-1)来计算.

【实验内容】

测量R_x的阻值.

(1) 按图 2-8-5(a)所示的线路接线，使滑线变阻器的电阻值滑向分压最小，经教师检查后才可以接通电源.

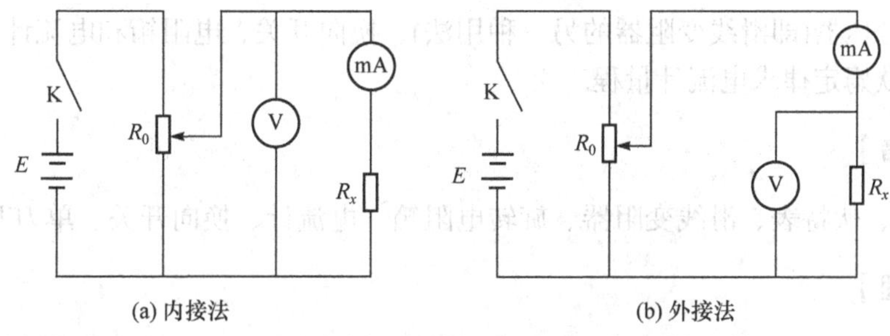

图 2-8-5　伏安法测电阻

(2) 调节滑线变阻器R_0，由伏特表得出 9 个以上不同的值(即U_1-U_2值)，并相应地记下安培表的值(即I值).

(3) 按图 2-8-5(b)所示线路接线，重复(2)步骤，记下U_1-U_2与I的对应值.

【数据和结果处理】

(1) R_x数据记录可参见表 2-8-2、表 2-8-3.

表 2-8-2　电流表内接测量数据表

	1	2	3	4	5	6	7	8	9
(U_1-U_2)/V									
I/mA									

表 2-8-3　电流表外接测量数据表

	1	2	3	4	5	6	7	8	9
(U_1-U_2)/V									
I/mA									

(2) 以U_1-U_2为纵坐标，以I为横坐标作出伏安曲线(两条)，由斜率求得R_x(两个).

(3) 记下电表的级别和所用量程，计算由电表的精确度所造成的R_x的相对误差和绝对误差.

【预习思考题】

(1) 连接电路的一般程序是什么？

(2) 在电路图中使用安培表和伏特表时要注意什么问题?

(3) 按图 2-8-5 电路所测得的 R_x 值，在理论上是否准确?

【讨论问题】

设安培表的内阻为 R_g，伏特表的内阻为 R_v，则在上述两种电路中测量 R_x 时，试分析产生的系统误差及其修正公式，进而讨论在什么情况下这个误差可以忽略?

2.8.4　实验二　测电流计的量程

【实验目的】

(1) 练习分压器(即滑线变阻器的另一种用法)、换向开关、电阻箱和电流计的用法;

(2) 应用欧姆定律求电流计量程.

【实验仪器】

直流电源、伏特表、滑线变阻器、旋转电阻箱、电流计、换向开关、单刀开关.

【实验原理】

电流计量程是指它的指针向左(或向右)偏转到最大的格数(30 格)时通过的电流 I_g，见图 2-8-6. 由欧姆定律可知：如已知电流计的内阻 R_g，保持加在 R_2 和 R_g 两端的电势差 U 恒定，则当调节 R_2 使电流达到最大偏转时，有下列关系：

$$I_{g0} = \frac{U}{R_2 + R_g} \tag{2-8-2}$$

通过实验测定 U、R_2，则可由上式求得 I_{g0}.

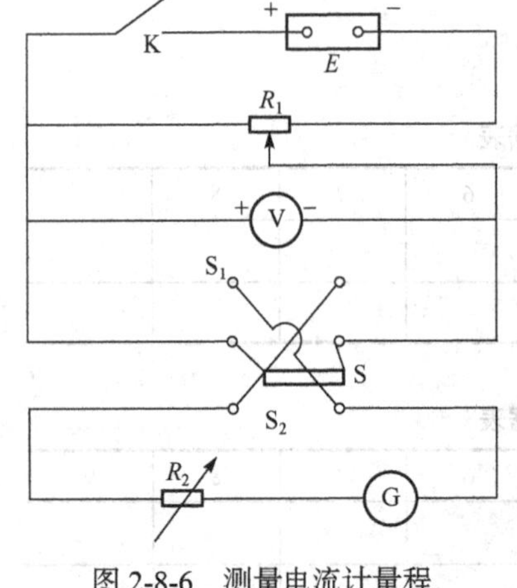

图 2-8-6　测量电流计量程

【实验内容】

(1) 按图 2-8-6 接好线路，令 R_2 为最大值(约 9000 Ω)，分压器 R_1 调在输出最小处，经教师检查后才能接通电源.

(2) 将换向开关 S 倒向 S_1 方向，调节分压器 R_1 使伏特表的读数为 1.00 V，逐步减小 R_2 值，使电流计的指针指在 30 格为止，记下这时的电阻值 R_2(保持伏特表的读数为 1.00 V).

(3) 把 R_2 重调至最大值，将换向开关 S 倒向 S_2 方向，逐步减小 R_2 值，使电流计的指针指在 30 格为止(反向)，记下这时的电阻值 R_2.

(4) 重复上述第(2)、(3)步骤，使左右两边各测出 3 次 R_2 的值.

【数据和结果处理】

(1) 数据记录.

U=1.00 V，R_g=__________(由实验室给出).

将实验数据填入表 2-8-4 中.

表 2-8-4　实验数据表

伏特表级别：________量程：________.

指针方向	项目	1	2	3	平均值
左	R_2				
	ΔR_2				
右	R_2				
	ΔR_2				

(2) 求量程.

由以下公式计算：

$$I_{g0}(\text{左})=\frac{U}{R_2(\text{左})+R_g}=\_\_\_\_\_\_\_\_\_\_(\text{A})$$

$$I_{g0}(\text{右})=\frac{U}{R_2(\text{右})+R_g}=\_\_\_\_\_\_\_\_\_\_(\text{A})$$

(3) 误差计算.

$$E=\frac{\Delta I_{g0}}{I_{g0}}=\frac{\Delta U}{U}+\frac{\Delta R_2}{R_2}=\_\_\_\_\_\_\_\_\_\_,\qquad \Delta U=\text{伏特表级别}\%\times\text{量程}=\_\_\_\_\_\_\_\_\_\_$$

$$\Delta I_{g0}=E\cdot I_{g0}=\_\_\_\_\_\_\_\_\_\_$$

$$I_{g0}(\text{右})=(\_\_\_\_\_\_\_\_\_\_\pm\_\_\_\_\_\_\_\_\_\_)(\text{A})$$

$$I_{g0}(\text{左})=(\_\_\_\_\_\_\_\_\_\_\pm\_\_\_\_\_\_\_\_\_\_)(\text{A})$$

【预习思考题】

(1) 滑线变阻器作分压用与作限流用在接法上有何不同？

(2) 换向开关在电路中如何起到换向作用？

(3) 调 R_2 时，伏特表的读数有无影响？怎么办？

【讨论问题】

在误差计算中 ΔU 用伏特表的级别和量程来计算，而 ΔR_2 没有考虑用电阻箱的基本误差来计算？为什么？

2.9　用模拟法测绘静电场

用模拟法测绘静电场

随着静电技术、高压技术及各种电子器件的广泛应用，都需要了解各电极或导体间的电场分布，用计算方法求解静电场的分布一般比较复杂而困难. 在精度要求不太高的情况下，广泛采用实验测量的方法，但是直接测量静电场需要复杂的设备，对测量技术的要求也很高，所以常采用模拟法来研究或测量静电场.

【实验目的】

(1) 学习用模拟法测定电场分布的原理和方法，了解模拟的概念和使用模拟法的条件；
(2) 测绘给定形状的电极间的电场分布；
(3) 加深对电场强度和电势概念的理解；
(4) 验证高斯定理.

【实验仪器】

电源、电阻器、灵敏电流针、电极板、导电纸、探针、放大器.

【实验原理】

1. 直接测量静电场的困难

带电体或电极周围或空间所产生的电场，可以用电场强度 $\boldsymbol{E}$ 或电势 U 来描述. 但由于电势 U 是标量，电场强度 $\boldsymbol{E}$ 是矢量，标量的测量和计算都比矢量方便，所以一般常用电势 U 来描述电场. 由于带电体的形状、位置、数目不同，在空间所产生的电场大多数很难用数学方法求出其电势分布，如用实验方法直接测定带电体周围的电场，亦是相当困难的. 因为一旦引入测试器件(如探针)，就会由于静电感应而产生感应电荷，影响原电荷的分布，再加上感应电荷所产生的电场叠加在原电场上，原电场发生变化；再则所用仪器必须采用静电式仪表，因电磁式仪表在静电场中不会有电流而无法应用，所以直接测量静电场中的电势是困难的. 因此，一般常用稳恒电流场来模拟静电场.

2. 用稳恒电流场模拟静电场

如果两种物理现象在一定条件下满足同一形式的数学规律，就可以用对其中一种物理现象的研究代替对另一种物理现象的研究，这种研究方法称为模拟法.

静电场与稳恒电流场相似的理论依据是：当空间不存在体分布的自由电荷时，各向同性的电介质中的静电场满足下列方程：

$$\oint\!\!\!\oint_S \boldsymbol{E}\cdot \mathrm{d}\boldsymbol{S}=0 \tag{2-9-1}$$

$$\oint_l \boldsymbol{E}\cdot \mathrm{d}\boldsymbol{l}=0 \tag{2-9-2}$$

式中，$\boldsymbol{E}$ 为静电场的电场强度矢量.

在各向同性的导电介质中的稳恒电流场的电荷分布与时间无关，于是电荷守恒定律满足下列方程：

$$\oint\!\!\!\oint_S \boldsymbol{j}\cdot \mathrm{d}\boldsymbol{S}=0 \tag{2-9-3}$$

$$\oint_l \boldsymbol{j}\cdot \mathrm{d}\boldsymbol{l}=0 \tag{2-9-4}$$

式中，$\boldsymbol{j}$ 为稳恒电流的电流密度矢量.

比较上述两组方程可知，各向同性的均匀介质中静电场的电场强度 $\boldsymbol{E}$ 和各向同性的导电介质中稳恒电流场的电流密度 $\boldsymbol{j}$ 所遵守的物理规律具有相同的数学表达形式. 在相似的场源分布和相似的边界条件下，它们的解的表达形式也相同. 在实验中用稳恒电流场来模拟静电场正是运用了这种形式上的相似性.

虽然相似，但不是等同，所以使用模拟法时必须注意到它的适用条件，即：①电流场中导电介质分布必须相当于静电场中的介质分布；②静电场中的带电导体的表面是等势面，则稳恒电流场中的导电体也应该是等势面，这就要求采用良好的导电体来制作导电电极，而且导电介质的电导率也不宜太大且要均匀；③测定导电介质中的电势时，必须保证探测电极支路中无电流通过.

2.9.1　实验一　用两直导线间的电流场模拟正负电荷的静电场

【实验原理】

如图 2-9-1 所示，a、b 是固定在导电纸上的两个小铜柱，给两者加上一定直流电源时，在导电纸上形成稳定分布的电流场，此电流场与同样电极的静电场相似，只要测得一系列等势面，就可得到两点电荷的模拟静电场的分布. 图中探针 d 固定在某一点上，移动探针 c 的位置直到电流指示为零，此时 c、d 两点等势，即在同一条等势线上. 依次移动 c 点可找出同一等势线上的若干点，将这些点连接成光滑曲线就是等势线. 改变 d 的位置，可找出不同的等势线，然后绘出其电场线.

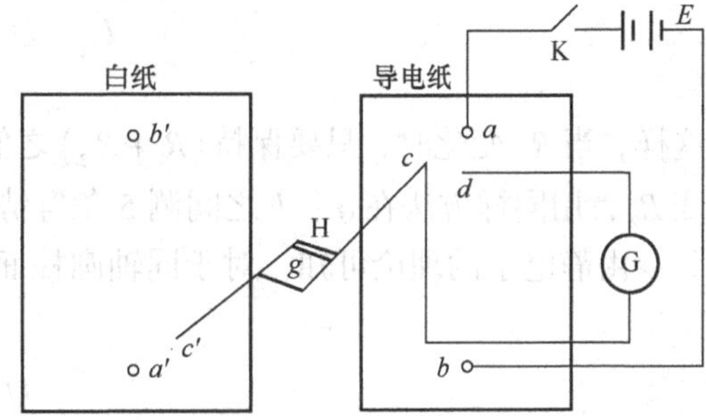

图 2-9-1　正负电荷电场的测量

【实验内容】

(1) 在 a、b 电极之间适当取 5 个等距离点，按图 2-9-1 接好电路，电源 E 不要超过 3 V，(先不要合开关). 图中 H 是以 g 为轴的机械放大器(作为描点的传递和放大用).

(2) 固定 g 轴在合适的位置不动，应用机械放大器的传递作用分别将导电纸上的 a 中心、b 中心及两者之间的几个等分点描在白纸上.

(3) 将探针 d 置于 a、b 连线上距 a 最近的等分点上，闭合开关，移动探针 c，在 a、b 连线的两侧各找出 4～5 个等势点，同时利用 H 把每个等势点的位置传递描到白纸上.

(4) 把探针 d 依次移到相邻的各等分点上，重复步骤(3).

(5) 拆除电路，取下白纸，在其上作出等势线和电场线.

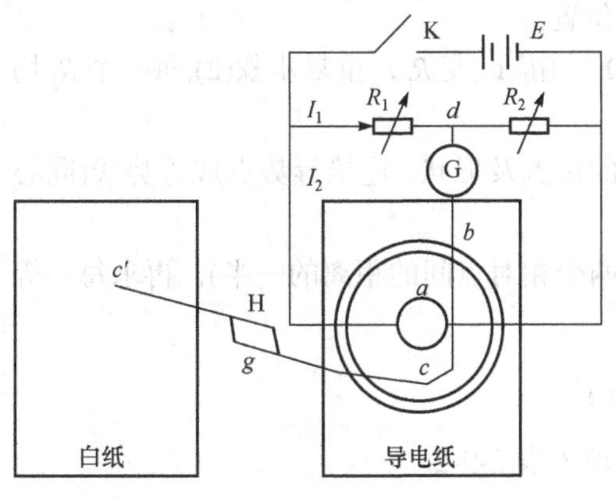

图 2-9-2　同轴圆柱的静电场测量

2.9.2　实验二　用同轴圆柱面的电流场模拟同轴圆柱体的静电场

【实验原理】

如图 2-9-2 所示，半径分别为 r_a 和 r_b 的同轴圆柱体 a、b 固定在导电纸上. 如果 a、b 带正、负静电荷，则两者之间的静电场强为 $E=\dfrac{\lambda}{2\pi\varepsilon r}=K\dfrac{1}{r}$，按辐射状分布，等势线是同心圆；如果 a、b 加上直流电源，则两者之间就有电流场 $E'=\rho j=\rho\dfrac{I}{S}=\rho\dfrac{I}{2\pi rt}$ (其中 ρ、t 是导电纸的电阻率和厚度)，可见具有相同的规律，故我们用稳恒电流场来模拟静电场.

在图 2-9-2 中，用可动探针 c 把 a、b 间分成两部分充当两臂(ac 间、cb 间)与 R_1、R_2(电阻箱)组成一电桥，给 ab 间供直流电源. 若取 b 点为零参考点，当电流计的示数为零时，电桥平衡，则有

$$U_a=I_1(R_1+R_2) \tag{2-9-5}$$

$$U_c=U_d=I_1R_2 \tag{2-9-6}$$

可得

$$U_c=U_d=U_a\frac{R_2}{R_1+R_2} \tag{2-9-7}$$

这样，当 R_2 变化时，只要保持 (R_1+R_2) 之值不变，对于每一个 R_2 值，可测出一条等势线. 改变 R_2，用同样方法在 a、b 之间测 5 条等势线.

由静电学的理论可知，对于同轴圆柱面均匀带电，有如下结论(证明见本实验【附录】)

$$\frac{U_c}{U_a}=\frac{\ln\dfrac{r_b}{r_c}}{\ln\dfrac{r_b}{r_a}} \tag{2-9-8}$$

我们是要将以式(2-9-7)为据的实验结果与以式(2-9-8)为据的理论推导结论相比较，来验证静电场的高斯定理.

【实验内容】

(1) 以 a 为对称中心在导电纸上预先作好 8 条对称辐射线记号. 利用 H 将 a 的中心描到白纸上.

(2) 按图 2-9-2 接好电路，电源电压用 2 V，开始时先取 $R_2=500\,\Omega$，并保持 $R_1+R_2=1000\,\Omega$ 不变，检查好电路后再闭合开关. 以 g 为轴移动探针 c，在 8 条辐射线上各找一等势点，每次当电流计指示为零时，按下 c' 针在白纸上记下相应位置.

(3) 依次取 $R_2=400\ \Omega$、$300\ \Omega$、$200\ \Omega$、$100\ \Omega$，相应改变 R_1，重复步骤(2)(每一个 R_2 均需找到 8 个等势点).

(4) 拆除电路，取下描点白纸，画上相应电极的位置及形状. 连接等势点成等势线(同心圆)，画出电场线.

(5) 在作出的每一等势线上量出 4 个 r_c (即每两个相对点间的距离的一半)，再求每一等势线的平均半径，填入表 2-9-1.

$$R_1+R_2=1000\ \Omega$$

(6) 计算出每一等势线的 $\ln r_c$ 值(r_c 用平均值)，填入表 2-9-2.

表 2-9-1 计算表 1

次数	R_2				
	500 Ω	400 Ω	300 Ω	200 Ω	100 Ω
1					
2					
3					
4					
平均					

表 2-9-2 计算表 2

R_2	500 Ω	400 Ω	300 Ω	200 Ω	100 Ω
$\frac{U_c}{U_a}=\frac{R_2}{R_1+R_2}$	0.5	0.4	0.3	0.2	0.1
r_c(平均)					
$\ln r_c$					

(7) 以U_c/U_a为纵坐标，以$\ln r_c$为横坐标，由表 2-9-2 中的数据描点作图，并与由式(2-9-8)得出的理论直线进行比较，分析实验结果的符合程度.

理论直线由两点决定，即

$$r_c = r_a,\quad \ln r_c = \ln r_a \text{时，} U_c/U_a = 1$$
$$r_c = r_b,\quad \ln r_c = \ln r_b \text{时，} U_c/U_b = 0$$

【注意事项】

(1) 导电纸必须保持平整、无缺陷或折叠痕迹，实验过程中手不要接触导电纸.

(2) 探针必须与纸面垂直，并保持接触良好，移动时用力不宜过大.

【预习思考题】

(1) 为什么要采用模拟法来测静电场?

(2) 使用模拟法测静电场的条件是什么?

(3) 寻找等势点时，探针应如何移动?

【讨论问题】

在实验时如将两极电压增加(或减少一半)，则所测得的等势线和电场线的形状是否会发生变化?

【附录】

如图 2-9-2 所示，a、b为同轴圆柱体，内、外圆柱体半径分别为r_a、r_b，两柱面间一点c的场强由高斯定理可知为

$$E = \frac{\lambda}{2\pi\varepsilon_0 r} \quad (\lambda\text{是沿轴向单位长度上的电荷})$$

$$U_c = \int_{r_c}^{r_b} \frac{\lambda}{2\pi\varepsilon_0 r} dr = \frac{\lambda}{2\pi\varepsilon_0} \ln\frac{r_b}{r_c} \tag{2-9-9}$$

$$U_a = \int_{r_a}^{r_b} \frac{\lambda}{2\pi\varepsilon_0 r} dr = \frac{\lambda}{2\pi\varepsilon_0} \ln\frac{r_b}{r_a} \tag{2-9-10}$$

将式(2-9-9)与式(2-9-10)相比，得

$$\frac{U_c}{U_a} = \frac{\ln\frac{r_b}{r_c}}{\ln\frac{r_b}{r_a}} \tag{2-9-11}$$

2.10　用惠斯通电桥测电阻

电桥是电学测量中最常用的一种仪器，它可以用来测量电阻、电容和电感，还可以测定输电线的损坏处. 电阻的测量是关于材料特性的研究和电学装置中最基本的工作之一，而且电阻这个电学量与其他非电学量(如变形、温度等)有直接关系，因而可以通过这些关系用电学方法来测定这些非电学量. 桥式电路是最基本的电路之一，由于它具有许多优点(如灵敏度和准确度都很高、灵活性大、使用方便等)而得到广泛的应用. 本实验所介绍的惠斯通(Wheatstone)电桥是其中最简单和最典型的一种.

【实验目的】

(1) 掌握惠斯通电桥的基本原理，初步了解一般桥式线路的特点；

(2) 学会用惠斯通电桥测电阻，熟悉电桥的结构，正确掌握电桥的使用方法和调整规律.

【实验仪器】

滑线式惠斯通电桥、箱式惠斯通电桥、检流计、滑线变阻器、电阻箱、待测电阻 R_{x1} 和 R_{x2}、电源、开关等.

【实验原理】

1. 桥式电路

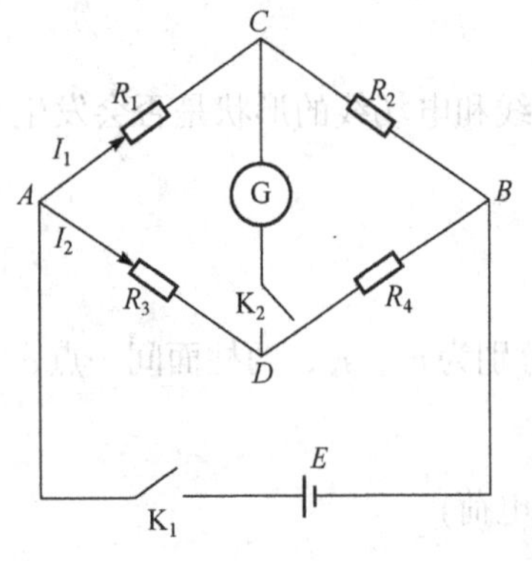

图 2-10-1　电桥电路

1) 电桥平衡

电桥的基本线路如图 2-10-1 所示，四个电阻 R_1、R_2、R_3、R_4 组成一个四边形 $ACBD$，每一边称为电桥的一个臂，在四边形的一根对角线 A、B 上接入电源 E，在另一对角线 C、D 上接入检流计. 所谓“桥”是指对角线 C、D 而言，它的作用就是把“桥”的两端点连接起来，从而将这两点的电势值直接进行比较. 当 CD 两点的电势相等时，称为电桥平衡. 检流计是为了检查电桥是否平衡而设的. 平衡时，检流计内没有电流通过，即

$$I_1(R_1 + R_2) = I_2(R_3 + R_4)$$

$$I_1R_1 = I_2R_3$$

两式联立，即可得到

$$R_3 = \frac{R_1}{R_2}R_4 \quad 或 \quad R_4 = \frac{R_2}{R_1}R_3 \tag{2-10-1}$$

式(2-10-1)是电桥平衡时 4 个电阻必须满足的关系式，亦是电桥平衡条件. 如已知其中三个电阻(如 R_1、R_2、R_4)，则可求出第 4 个电阻阻值(R_3)，这就是惠斯通电桥测电阻的原理.

2) 电桥灵敏度

式(2-10-1)是在电桥平衡的条件下推导出来的，而电桥是否平衡，实际上是根据检流计有无偏转来判断. 检流计的灵敏度总是有限的，一般检流计指针偏转 1 格所需的电流强度约为 10^{-6} A，当通过电流比 10^{-7} A 还要小时，指针的偏转小于 0.1 格，我们就很难觉察出来，认为电桥还是平衡的. 因此我们引入了电桥灵敏度的概念，当电桥平衡时，某一桥臂上的电阻 R 发生了微小的变化 ΔR，则检流计的指针偏转了 Δn 格，所以灵敏度为

$$S = \frac{\Delta n}{\frac{\Delta R}{R}} \tag{2-10-2}$$

S 越大，表示电桥越灵敏，带来的误差越小. 如 S=100 格=1 格/1%，表示 R 改变 1%时，检流计偏转 1 格. 通常我们可以觉察 1/10 的偏转，也就是说，该电桥平衡后，R 只要有 0.1%的改变，我们就可以觉察出来，这样由电桥灵敏度的限制所带来的误差必定小于 0.1%.

2. 滑线式惠斯通电桥

在图 2-10-1 所示的电路中，用一根截面和电阻率都均匀的电阻线代替 R_1 和 R_2，而在电阻线上安上一滑动接触点 D，如图 2-10-2 所示. 若电阻 R_4 为已知值并用 R_0 表示，而 R_3 为未知值，并用 R_x 表示. 当电桥达到平衡时，由式(2-10-1)可得

$$R_x = \frac{R_2}{R_1}R_0 \tag{2-10-3}$$

若 AD 之长为 L_1，DB 之长为 L_2，全长为 L，则

$$\frac{R_1}{R_2} = \frac{L_1}{L_2} = \frac{L_1}{L - L_1}$$

将上式代入式(2-10-3)得

$$R_x = \frac{L_1}{L - L_1}R_0 \tag{2-10-4}$$

实际线路图 2-10-2 比原理图只多了一个可变电阻 R，它用来保护检流计，防止达到平衡前被过大的电流烧坏. 分支点 A、B 接在两块铜板上，板面安着多个接线柱，这样可以避免两个接线片接在一起而引起的接触电阻的增加(当待测电阻很小，可以将接触电阻和导线电阻相比时，就不能用惠斯通电桥来测量). L 是米尺，k_g 是扣键，在米尺上可以滑动，当被掀下时，其与 AB 的接触点就是 D 点了. R_0 是一个电阻箱，作为标准电阻用.

3. 箱式惠斯通电桥

箱式惠斯通电桥种类较多，但其基本原理都相同. 现介绍 QJ24 型箱式直流电阻电桥，其线路原理图如图 2-10-3 所示，面板布置如图 2-10-4 所示.

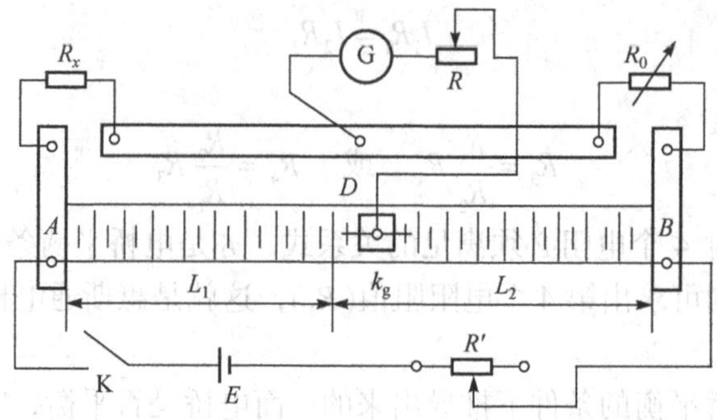

图 2-10-2　滑线电桥

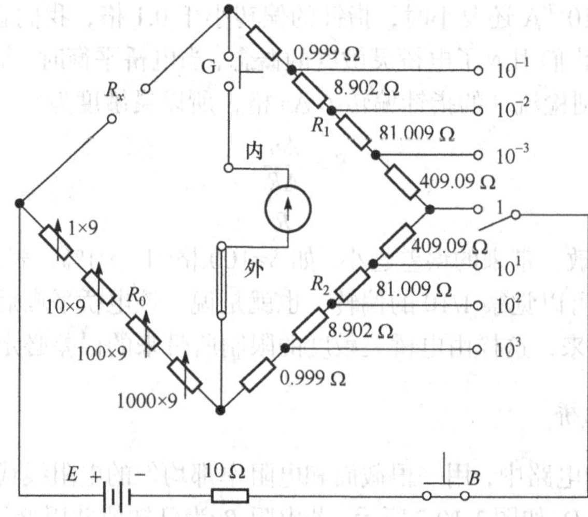

图 2-10-3　QJ24 型箱式直流电阻电桥线路原理图

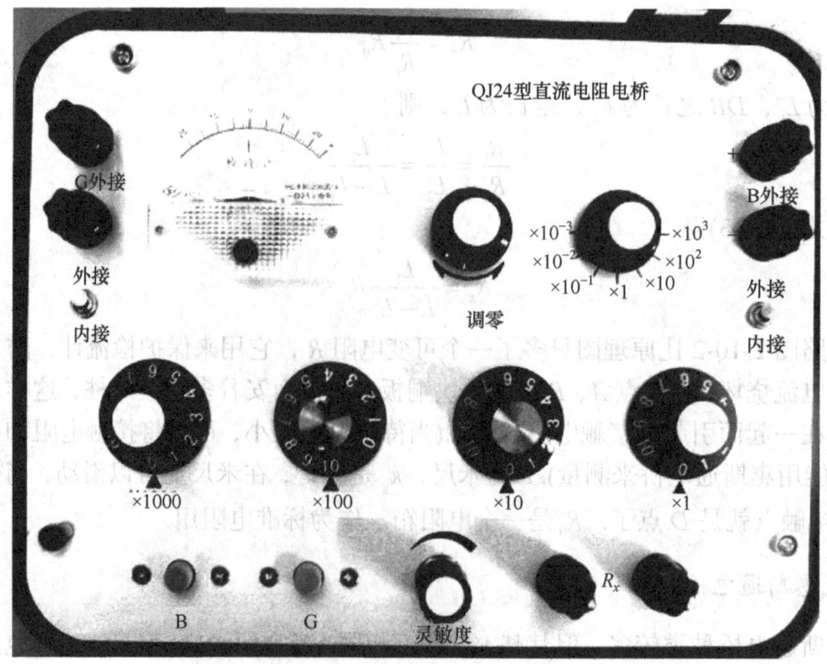

图 2-10-4　QJ24 型箱式直流电阻电桥面板布置图

图 2-10-3 中，R_0 是作为比较臂的标准电阻，由四个转盘组成，总电阻为 9999 Ω，比例臂 R_1、R_2 由 8 个定位电阻串联而成，倍率转盘可改变接线点 B 的位置，使比例系数 K 从 0.001 变成 1000，在不同的倍率挡，电阻的测量范围和准确度等级不同(表 2-10-1).

表 2-10-1　电阻的测量范围和准确度等级

量程倍率	有效量程	准确度等级		电源电压
		※	※※	
$\times 10^{-3}$	1～11.11 Ω	0.5	0.5	4.5 V
$\times 10^{-2}$	10～111.1 Ω	0.2	0.2	
$\times 10^{-1}$	100～1111 Ω	0.1	0.1	
$\times 1$	1～5 kΩ	0.1		
	5～11.11 kΩ	0.2		
$\times 10$	10～50 kΩ	0.1		9 V
	50～111.1 kΩ	1		
$\times 10^{2}$	100～500 kΩ	2	0.2	15 V
	500～1111 kΩ	5		
$\times 10^{3}$	1～11.11 MkΩ	5	0.5	

注：※用内附检流计测量时的准确度等级；※※用外接检流计测量时的准确度等级.

测量电阻时，将被测电阻 R_x 接在被测线路接线端上，由电路图 2-10-3 可知

$$R_x = \frac{R_1}{R_2} R_0 = KR_0 \tag{2-10-5}$$

QJ24 型电桥使用说明：

(1) 将仪器水平放置，打开仪器盖，检查、调试箱式电桥各旋钮是否灵活，接触是否良好.

(2) 若内外接指零仪转换开关扳向“外接”，则内附指零仪短路，电桥由外接指零仪接线端钮(G 外接)接入外接指零仪；若指零仪转换开关扳向“内接”，则内附指零仪接入电桥线路.

(3) 若内外接电源转换开关扳向“外接”，则可由外接电源接线端钮(B 外接)接入外接电源；若电源转换开关扳向“内接”，则电桥内附电源接入电桥线路.

(4) 若被测电阻小于 10 kΩ，可使用内附指零仪，内接电源进行测量. 测量前应先调节指示仪的零位. 当内附指零仪的灵敏度不够时，可外接高灵敏度的指零仪.

(5) 将被测电阻接到被测电阻接线端钮(R_x)上，估计被测电阻值并按表 2-10-1 调节到适当的量程倍率开关，按下指零仪按钮“G”，随后按下电源按钮“B”，并调节测量盘旋钮，使指零仪指针趋向于零位，电桥平衡，被测电阻值可由下式求得：被测电阻值=量程倍率×测量盘示值.

(6) 电桥不使用时，应放开“B”和“G”按钮，指零仪和电源转换开关扳向“外接”.

【实验内容】

1. 用滑线电桥测电阻 R_{x1}、R_{x2}

(1) 按图 2-10-2 接好线路，接 R_{x1} 和 R_0 时，都要用尽可能短的导线，R 的滑动头先要放在电阻最大的位置.

(2) 旋转电阻箱的旋钮，使 R_0 接近 R_{x1} 的估计值(在 R_{x1} 上标明)，扣键 k_g 放在正中位置. 接通电键，然后按下扣键 k_g，看检流计有无偏转；若有偏转，记住向哪一边偏转(有多大不必记录)，然后不要移动 k_g 而是改变 R_0 来寻找平衡，这是由于当 D 点在 AB 中点时，电桥最灵敏，而测量所得结果的百分误差最小(见本实验【附录】).

(3) 开始时 R_0 的改变可以大些，若 R_0 改变后，偏转在原方向更大，则表明 R_0 改变的方向(如增加)不对；若改变后，偏转在原方向变小了，则表明 R_0 改变的方向对，继续改变；若改变后，指针向另一边偏转，表明在原来的和现在的 R_0 数值之间一定有平衡点. 这样就可以逐渐缩小范围来求得近似平衡点.

(4) 逐次减小 R 再寻找近似平衡点，仍用上述方法(k_g 仍放在正中). R 是保护检流计的，它的减小(直到零)表示检流计灵敏度增加，到最后若已无法改变 R_0 而仍然有些不平衡时，稍微移动扣键 k_g 的位置，以达到最后的平衡.

(5) 记下这时(平衡时)D 点的位置(L_1)、电阻线的全长 L 和电阻箱读数 R_0，按式(2-10-4)计算出 R_{x1}.

(6) 为了消除各种不对称性(如导线电阻不均匀)引起的系统误差，把待测电阻和电阻箱位置对换一下，再进行一次测量. 最后结果取它们的平均值(记清每一次哪边是 L_1、L_2，不要搞错).

(7) 重复上面各步骤，测量另一待测电阻 R_{x2}.

2. 用滑线电桥测检流计内阻(选做)

电桥也能测量检流计本身的内阻，而并不需要增加什么仪表(如再用一个检流计)，用上面的几件仪器就足够了，只要把线路接法稍加改变. 如图 2-10-5 所示，把要测内阻的检流计接到桥臂上去，桥上只剩下扣键 k_g，变阻器 R 现在用作分压器 R'，开始时它的滑动接触点要放在电压最小的一端，当接通电源时，就有电流通过检流计 G(内阻为 R_g)，并使指针偏转，改变 R' 使检流计偏转一个适当的(约为最大标度的 1/2 即可)角度.

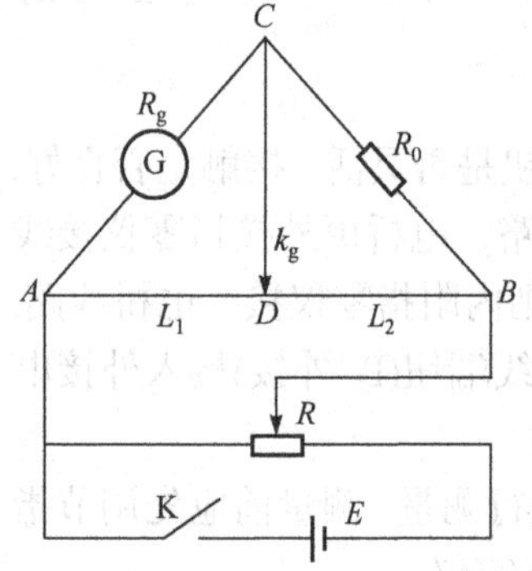

图 2-10-5 测检流计内阻

若按下扣键 k_g 后，检流计偏转角度毫无改变，则表示电桥平衡，这时就有

$$R_g = \frac{L_1}{L_2} R_0 = \frac{L_1}{L - L_1} R_0 \tag{2-10-6}$$

测量时仍然以 D 点在正中(近似的)而先改变 R_0 后改变扣键 k_g 来寻找平衡点为原则. R_0 起初可以取检流计内阻的估计值，详细步骤自己拟定.

3. 用箱式电桥测未知电阻

(1) 指零仪转换开关扳向“内接”，按下“G”按钮，旋转“调零”旋钮，使指零仪指针指零.

(2) 将待测电阻 R_{x1} 接在“R_x”两端，并按 R_{x1} 的估计值由表 2-10-1 选择适当的量程倍率.

(3) 顺序按下“B”和“G”按钮，观察指零仪指针偏转，并同时调节测量盘示值，使指零仪指针指在零位.

(4) 记下量程倍率 K 和测量盘示值 R_0，由 $R_x = KR_0$ 计算待测电阻.

(5) 对已调平衡电桥，将 R_0 值改变 ΔR_0，使指零仪指针偏转 1 分度(一格)，记下 R_0 和 ΔR_0 值，按式(2-10-2)计算电桥的灵敏度 S.

(6) 将 R_{x1} 换接成 R_{x2}，重复以上步骤.

(7) 将 R_{x1} 和 R_{x2} 串联、并联，重复以上步骤，测出其等效电阻.

【数据和结果处理】

1. 用滑线电桥测电阻

(1) 将实验数据记录于表 2-10-2 中.

表 2-10-2　滑线电桥测电阻数据表

L= ________.

	左			右			平均
	L_1	R_0	$R_x=\frac{L_1}{L-L_1}R_0$	L_1	R_0	$R_x=\frac{L-L_1}{L_1}R_0$	
R_{x1}							
R_{x2}							

(2) 误差计算. 待测电阻相对误差可按下式计算：

$$E_x = \frac{\Delta R_x}{R_x} = \frac{L\Delta L_1}{(L-L_1)L_1} + \frac{\Delta R_0}{R_0}$$

式中，$\frac{\Delta R_0}{R_0} = \left(0.1 + 0.5\frac{M}{R_0}\right)\%$ 是电阻箱的基本误差；ΔL_1 一般用标尺的最小分度值的一半，此处由于扣键较厚可用最小分度值 1 mm. 求出待测电阻 R_{x1}、R_{x2} 的绝对误差并表示出测量结果.

2. 测检流计内阻 R_g (R_g 放在哪边，哪边电阻丝的长度为 L_1)

将实验数据记录于表 2-10-3 中.

表 2-10-3　测检流计内阻数据表

	L_1	R_0	$R_g=\frac{L_1}{L-L_1}R_0$	$\overline{R_g}$
右				
左				

3. 用箱式电桥测电阻

(1) 将实验数据记录于表 2-10-4 中.

表 2-10-4 箱式电桥测电阻数据表

	K	R_0	$R_x = KR_0$
R_{x1}			
R_{x2}			
串联			
并联			

(2) 根据理论公式计算出 R_{x1}、R_{x2} 串联、并联后的等效电阻值，并与实验结果进行比较.

【注意事项】

(1) 测电阻时，通电时间不宜过长，以免电阻值随温度而变化.
(2) 用滑线电桥测电阻时，保护电阻开始时都应放在最大值处，以后逐步减小.
(3) 为了保护检流计，按钮“G”应快按快放.

【预习思考题】

(1) 什么叫比较法？在电桥测量中，哪两个物理量进行比较？此时条件是什么？
(2) 用电桥测电阻时，用近似平衡的办法是否可以？为什么？
(3) 如果桥臂 AC、BC 或 CD 有一根断了，实验将出现什么现象？为什么？
(4) 如被测电阻约 $20\,\Omega$，则箱式电桥的比例臂 K 应取什么值才能保证有 4 位有效数字？

【讨论问题】

(1) 当滑线电桥平衡后，将电源与检流计的位置互换，电桥是否仍保持平衡，为什么？
(2) 用滑线电桥测检流计内阻时，为什么可以在桥路上不再接检流计？说明理由.

【附录】

证明：当 D 点在滑线的中心时，测量电阻的相对误差最小.

因 R_x 的相对误差表达式 $E_x = \dfrac{\Delta R_x}{R_x} = \dfrac{L\Delta L_1}{(L-L_1)L_1} + \dfrac{\Delta R_0}{R_0}$，在 L、ΔL_1、$\dfrac{\Delta R_0}{R_0}$ 一定的情况下，对 E 求导，并令其导数为零，则 $\dfrac{\mathrm{d}}{\mathrm{d}L_1}\left[\dfrac{L\Delta L_1}{(L-L_1)L_1} + \dfrac{\Delta R_0}{R_0}\right] = L\Delta L_1 \dfrac{-(L-2L_1)}{(LL_1 - L_1^2)^2} = 0$，得 $L_1 = \dfrac{L}{2}$ 时，即当滑动点 D 所在处的长度为全长 L 的一半时，测得的电阻误差最小.

2.11 示波器的使用

示波器的使用

阴极射线(电子射线)示波器，简称示波器，主要由示波管及一套复杂的电子线路组成. 用示波器可以直接观察电压波形，并可测电压大小. 因此一切可以转换成电压的电学量(如电流、电功率、阻抗等)、非电学量(如温度、位移、速度、压力、光强、磁场、频率等)，以及它们随时间的变化过程均可用示波器来观测. 由于电子射线的惯性小，又能在荧光屏上显示出可见的图像，因此，示波器是一种用途广泛的现代化测量工具.

【实验目的】

(1) 了解示波器的基本原理和构造，学习使用示波器和低频信号发生器的基本方法；

(2) 用示波器测量交流电压的大小及交流电压的周期、频率；

(3) 通过用示波器观察李萨如图形，学会一种测量振动频率的方法，并巩固对互相垂直振动合成的理解.

【实验仪器】

GOS-620 型示波器、TFG2006V 型函数信号发生器.

【实验原理】

示波器由示波管及与其配合的电子线路所组成. 各种不同型号的示波器所用的电子线路均很复杂，现就其简单原理介绍如下，见图 2-11-1.

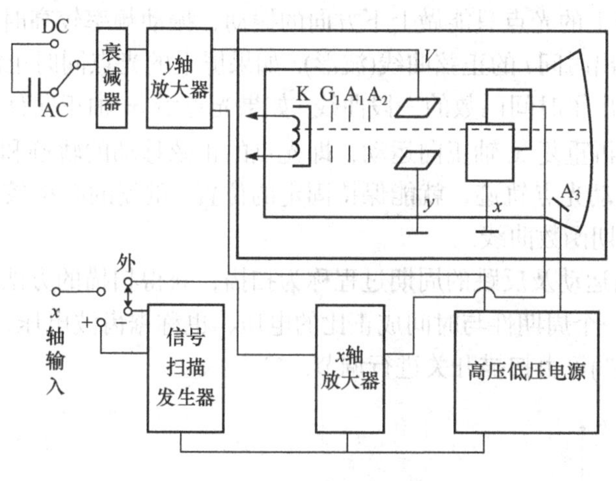

图 2-11-1　示波器原理图

1. 示波管

示波管的结构大致可分为三部分：电子枪、偏转板及荧光屏.

(1) 电子枪. 当加热电流通过灯丝加热阴极时，阴极表面金属氧化物涂层内的自由电子将获得较大的动能从金属表面逸出，在加速电场中被电场力作用而加速，穿过一极小的孔，形成一束速度很高(10^7 m/s)的电子射线，打在荧光屏上，在屏背上可看见一个亮点.

(2) 电子束的偏转. 电子束在射出枪口(最后一个加速场)后，前进的方向受到两对相互垂直的电场控制. 由于电场加速作用，通过两板之间的电子束方向发生偏转. 两板间的电压越大，屏上的光点位移也越大，两者是线性关系. 因此示波器能被用来作为测量电压的工具.

(3) 荧光屏. 示波管各电极都封装在高真空的玻璃壳内，正面屏内表面涂有荧光物质膜层，称为荧光屏，简称屏. 当有高速电子流打到屏上时，屏上涂覆的荧光物质就会发光.

2. 电压放大器

示波管本身的 x 及 y 轴偏转灵敏度不高，当加于偏转板的信号电压不大时，电子束不能发生足够的位移，不便观测. 这就要求预先把小信号电压不失真地加以放大再加到偏转板上. 为此设置了 x 及 y 轴的放大器，见图 2-11-1. 从“y 轴输入”与“地”两端接入被测电压 U_{yy}，经衰减器(即分压器)衰减后作用于 y 轴放大器，放大器放大 G 倍后加在 y_1-y_2 两块偏转板上，使屏上光点位移增大. 调节 y 轴衰减开关的不同挡位(即调整衰减倍数)，可改变荧光屏上光点的位移大小.

衰减器的作用是使过大的输入电压减小，以适应 y 轴放大器的要求(因放大器的放大倍数一定)，本仪器采用跳跃式开关，从 5 mV/格至 10 mV/格共分 11 挡(有些示波器分为 3 挡，另设有微调旋钮)衰减. x 轴放大器具有同样的作用.

3. 扫描与同步

要在屏上观测一个从 y 轴输入的周期性信号电压的波形，就必须使一个(或几个)周期内的信号电压随时间变化的细节稳定地出现在荧光屏上，以利观测. 例如，输入交流电压 $U_{yy}=U_{\mathrm{m}}\sin\omega t$，是时间的函数，它的正弦波形是大家熟知的. 但只把 U_{yy} 电压通过放大器加在 y 轴偏转板时，屏上的光点只能做上下方向的振动，振动频率较高时，在屏上看起来像是一条垂线，不能显示出时间 t 的正弦曲线(波形). 如果屏上的光点同时也能沿 x 轴正向运动，我们就能看到光点描出了时间函数的一段曲线. 如果光点沿 x 轴正向移动 U_{yy} 的一个周期后，迅速反跳回原始位置再重复 x 轴正向运动，即光点的正弦移动的轨迹和前一次重合，每一个周期都重复同样的运动光点轨迹，就能保持固定的位置. 重复的频率较高时，就可在屏上看到连续不动的一个周期函数曲线.

光点沿 x 轴正向运动及反跳的周期过程称为扫描，获得扫描的方法是由扫描信号发生器(锯齿波发生器)产生一个周期性与时间成正比的电压，也称锯齿波电压，见图 2-11-2. 锯齿波的周期(或频率 $f=1/T$)可由扫描开关进行调节.

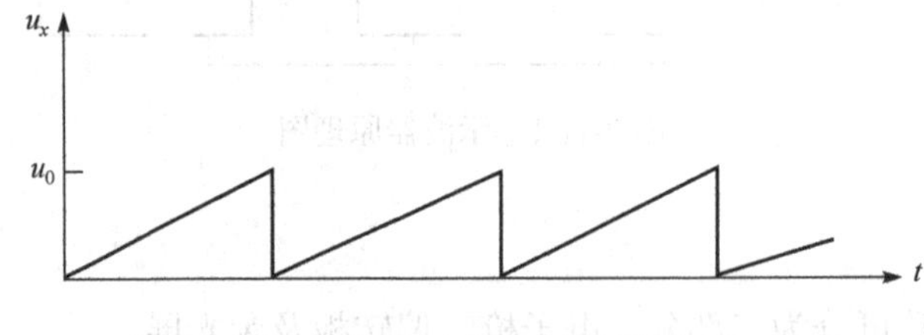

图 2-11-2　扫描电压波形图

若扫描电压与待测 y 信号电压周期完全相同，则荧屏上就显现出一个完整的正弦波形. 若扫描电压周期为 y 信号电压周期的 n 倍，屏上就出现 n 个完整的正弦波形. 由于锯齿波电压和 y 信号来自不同的振荡源，要使它们的周期做到准确相等，或正好是简单的整数比是困难的，尤其是在频率高时，从而造成图像不稳定. 克服的方法是：从经放大后的 y 信号中取出一部分作用于锯齿波发生器，使扫描频率准确等于 y 信号频率，或正好为简单的整数比，从而在荧光屏上得到稳定的波形. 调节整步电压的幅度，通过电子电路来迫使扫描电压频率与输入信号频率成整数比的调整过程，称为“整步”或“同步”.

4. 电源

电源分高压部分和低压部分，高压是供给示波管用的，低压供给放大器、扫描信号发生器及示波管的第二加速阴极等用.

5. 李萨如图的形成

如果在示波器 x 轴和 y 轴上输入的都是正弦电压，从荧光屏上看到的将是两个互相垂直的振动的合成，称为李萨如图形. 图 2-11-3 描绘了频率相差一倍的两个正弦信号合成的李萨如图形. 如果在李萨如图形的边缘上分别作一条水平切线和一条垂直切线，并读出与图形相切的点数，可以证明

$$\frac{f_y}{f_x}=\frac{\text{水平切线上切点数}\ (N_x)}{\text{垂直切线上的切点数}\ (N_y)} \tag{2-11-1}$$

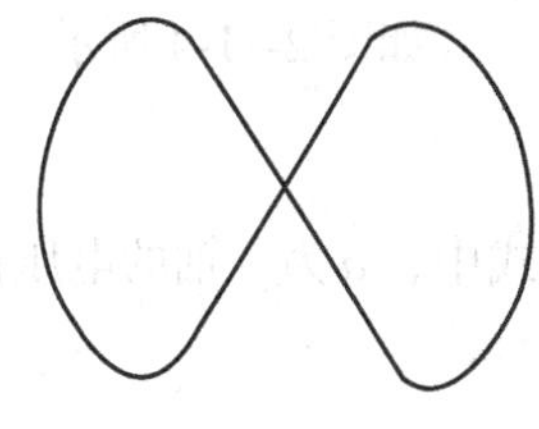

图 2-11-3 李萨如图

如果 f_y 或 f_x 中有一个是已知的，则由李萨如图形用公式(2-11-1)，就可以求出另一未知频率，这是测量振动频率的重要方法.

【实验内容】

1. 示波器的调整，测交流电压、周期和频率

示波器类型很多，但其原理和使用方法基本相同，本实验采用 GOS-620 型示波器，使用方法参看其使用说明书.

1) 调整示波器为正常工作状态

按表 2-11-1 的内容检查并调节示波器面板上各旋钮及按键的位置，并按“单一频道基本操作法”进行调整.

表 2-11-1 GOS-620 型示波器各旋钮及按键初始设定位置

项目		设定	项目		设定
POWER	6	OFF 状态	AC-GND-DC	10 18	GND
INTEN	2	中央位置	SOURCE	23	CH1
FOCUS	3	中央位置	SLOPE	26	凸起(+斜率)
VERT MODE	14	CH1	TRIG. ALT	27	凸起
ALT/CHOP	12	凸起(ALT)	TRIGGER MODE	25	AUTO
CH2 INV	16	凸起	TIME/DIV	29	0.5 ms/DIV
POSITION ↕	11 19	中央位置	SWP. VAR	30	顺时针到底 CAL 位置
VOLTS/DIV	7 22	0.5 V/DIV	◂ POSITION ▸	32	中央位置
VARIABLE	9 21	顺时针转到底 CAL 位置	×10 MAG	31	凸起

2) 接入待测信号

用同轴电缆将示波器与信号发生器连接起来，调节信号发生器输出一个正弦信号，并调节该正弦信号为合适的幅值和频率. 根据被测电压大小，调节示波器 VOLTS/DIV 旋钮于适当位置(VARIABLE 顺时针旋到底，这样 y 轴垂直偏转因数才是有效的)，使正弦波的幅度在荧光屏的范围内足够高. 若正弦波不稳定，则需要调节 TIME/DIV 旋钮，或调节 LEVEL 旋钮，使示波器显示出稳定的波形.

3) 测量交流电压

如图 2-11-4 所示，读出正弦波波峰到波谷之间的垂直距离 $\mathrm{d}y$，则电压峰-峰值为

$$U_{\text{p-p}} = a \cdot \mathrm{d}y$$

式中，a 为 y 轴的电压偏转因数(即 VOLTS/DIV 旋钮的值).

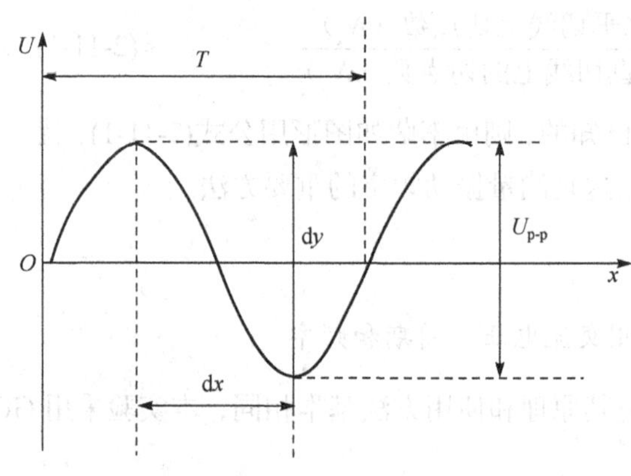

图 2-11-4　正弦波电压

4) 测量交流电的周期和频率

如图 2-11-4 所示，读出正弦波波峰到波谷之间的水平距离 $\mathrm{d}x$，则交流电的周期为

$$T = b \cdot 2\mathrm{d}x$$

式中，b 为扫描速度(扫描时间，即 TIME/DIV 旋钮的值). 而交流电的频率为

$$f = \frac{1}{T}$$

2. 用李萨如图形测频率

(1) 将信号发生器的一个输出端(如 A 端)接示波器的 CH1 通道输入端，信号发生器的另一输出端(如 B 端)接示波器的 CH2 通道输入端，并将示波器的扫描旋钮 TIME/DIV 置于 x-y 处.

(2) 调节信号发生器输出一正弦信号，调节幅度大小，使示波器荧光屏上的波形大小适中. 保持信号发生器的某一输出端的频率不变(如 B 端，$f_y = 50\,\text{Hz}$)，并作为已知频率，改变信号发生器另一输出端的频率(如 A 端，f_x)，直到荧光屏上得到不同的李萨如图形(表 2-11-4)，将相应的 f_y、f_x 实际值填入表中.

实际操作时，f_y ∶ f_x 不可能成标准的整数比，因此两个振动的周期差要发生缓慢变化，

图形不可能很稳定，只要调到变化最缓慢即可.

用式(2-11-1)算出 f_x' 的理论值并填入表 2-11-4 中，进而计算误差 Δf_x.

3. 用示波器观察晶体二极管的伏安特性曲线

晶体二极管的伏安特性可以用我们已学过的伏安法进行测定，但这种方法比较烦琐. 而利用示波器非线性扫描，不仅方法简单，而且能直接观察到二极管伏安特性的全貌，其测试电路如图 2-11-5，R_1 为一滑线变阻器，接成分压电路. D 为被测二极管，R_2 为一纯电阻. 扫描打到 x-y 处，将 D 上的电压通过 x 轴输入端加在 x 轴偏转板上，将 R_2 上的电压通过 y 轴输入端即 CHl 加在 y 轴偏转板上，这个电压实质上反映了通过二极管 D 的电流，这时荧光屏上显示出如图 2-11-6 所示的图形，从图形上可以看出晶体二极管的伏安特性曲线.

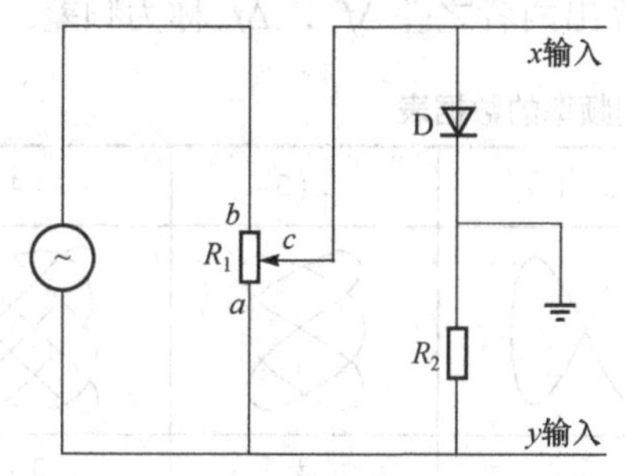

图 2-11-5　测量二极管特性曲线电路图

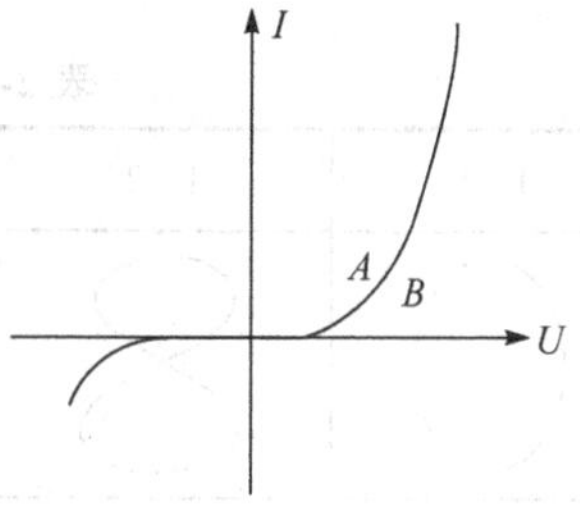

图 2-11-6　晶体二极管伏安特性曲线

(1) 按图 2-11-5 接好电路，电位器 R_1 作分压电阻用，在其两端加上 6 V 交流电压. 将 x 输入与 y 输入分别接到示波器 x 输入端与 y 输入端.

(2) 将电位器 R_1 上的 c 点逐步由 a 滑向 b，使输出电压(加在二极管 D 和输出电阻 R_2 上)逐渐增大，荧光屏上出现二极管的伏安特性曲线，如图 2-11-6 所示. 当特性曲线将出现击穿现象时，停止调节输出电压，否则将损坏二极管. 记录二极管伏安特性曲线的图形.

【数据和结果处理】

1. 测交流电压与周期频率

按表 2-11-2 和表 2-11-3 记录数据，并进行计算.

表 2-11-2　测量交流电压数据表

衰减倍率 a /(V/cm)	峰-谷间距 dy /cm		$U_{p-p}=a\cdot dy$ /V	有效值 $U=\frac{U_{p-p}}{2\sqrt{2}}$ /V
	1			
	2			
	3			
	平均			

表 2-11-3 测量交流电的周期和频率的数据表

扫描速率 b/(ms/cm)	dx/cm		$T=b\cdot 2dx$ / s	$f=\frac{1}{T}$/Hz
	1			
	2			
	3			
	平均			

2. 李萨如图形测频率

按表 2-11-4 的图形要求，保持 f_y 为 50 Hz 不变，调 f_x 得出相应图形时，将 f_x 的值填入表 2-11-4 中，按式(2-11-1)计算出 f_x' 的理论值，计算出两者之差 Δf_x，Δf_x 称为频差.

表 2-11-4 用李萨如图形测频率的数据表

$f_y:f_x$	1∶1	1∶2	1∶3	2∶1	2∶3	3∶4
李萨如图形						
N_x	1	1	1	2	2	3
N_y	1	2	3	1	3	4
f_y	50 Hz	50 Hz	50 Hz	50 Hz	50 Hz	50 Hz
f_x						
f_x'						
Δf_x						

3. 晶体二极管的伏安特性曲线

用方格纸画下示波器上所显示的伏安特性曲线图.

【注意事项】

(1) 示波器信号发生器调整时，必须明确各旋钮的作用及调整方法.

(2) 示波器的光点不要调得太亮，更不能较长时间停留在一点，避免造成荧光屏的损坏.

【预习思考题】

(1) 如果示波器良好，荧光屏上无亮点或亮线，可能是由哪些原因造成的，应如何调节？

(2) 示波器上的正弦波形不稳定，总是向左或向右移动，这是为什么？应如何调节？

(3) 在实验过程中，如果暂时不用示波器，是将示波器关机，还是将辉度调节到最暗？

【讨论问题】

(1) 示波器的扫描电压频率 f_x 远大于(或远小于) y 轴的输入电压频率 f_y 时，荧光屏上的图形将怎样变化？

(2) 当荧光屏上出现 n 个水平方向的正弦波时，则 $f_y : f_x$ 的比值是多少？

(3) 如何使李萨如图形稳定下来？

【附录】

MFG-2230M 系列多通道函数信号发生器使用说明

MFG-2260M/MFG-2230M前面板

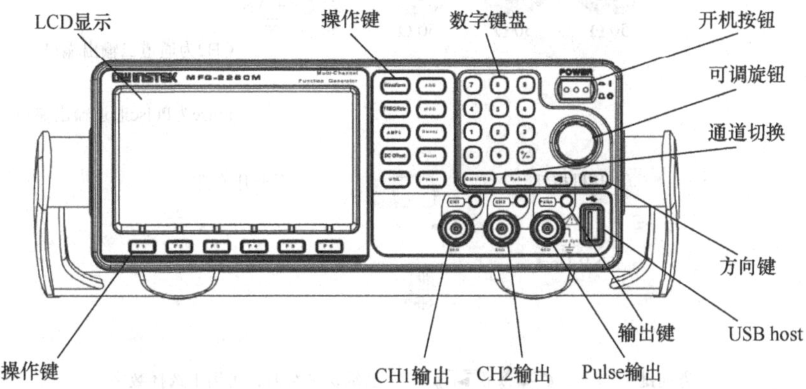

LCD 显示，480 × 272 分辨率.

功能键：F1～F6 位于 LCD 屏下侧，用于功能激活.

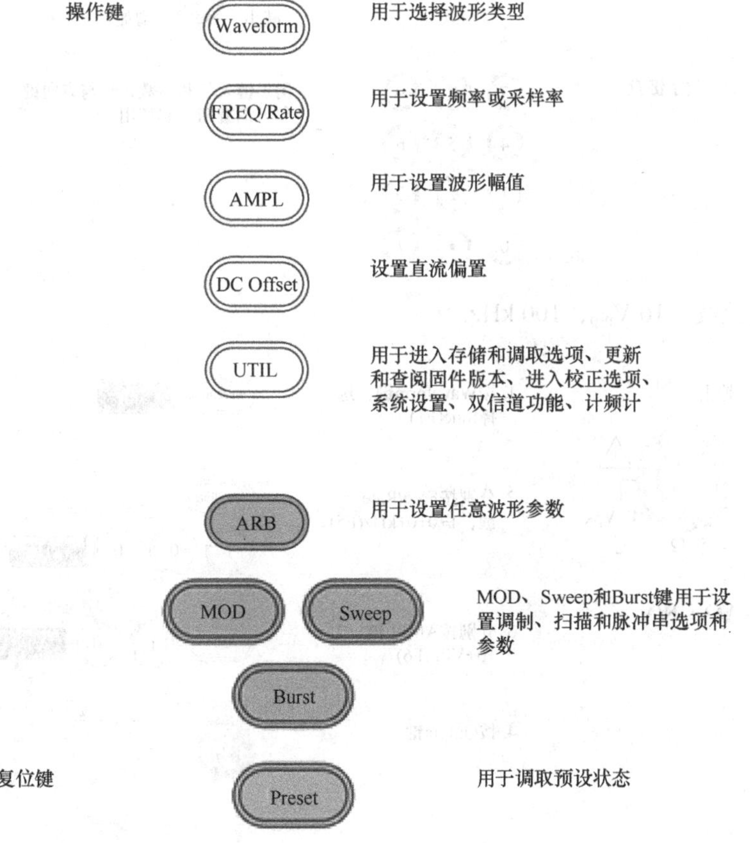

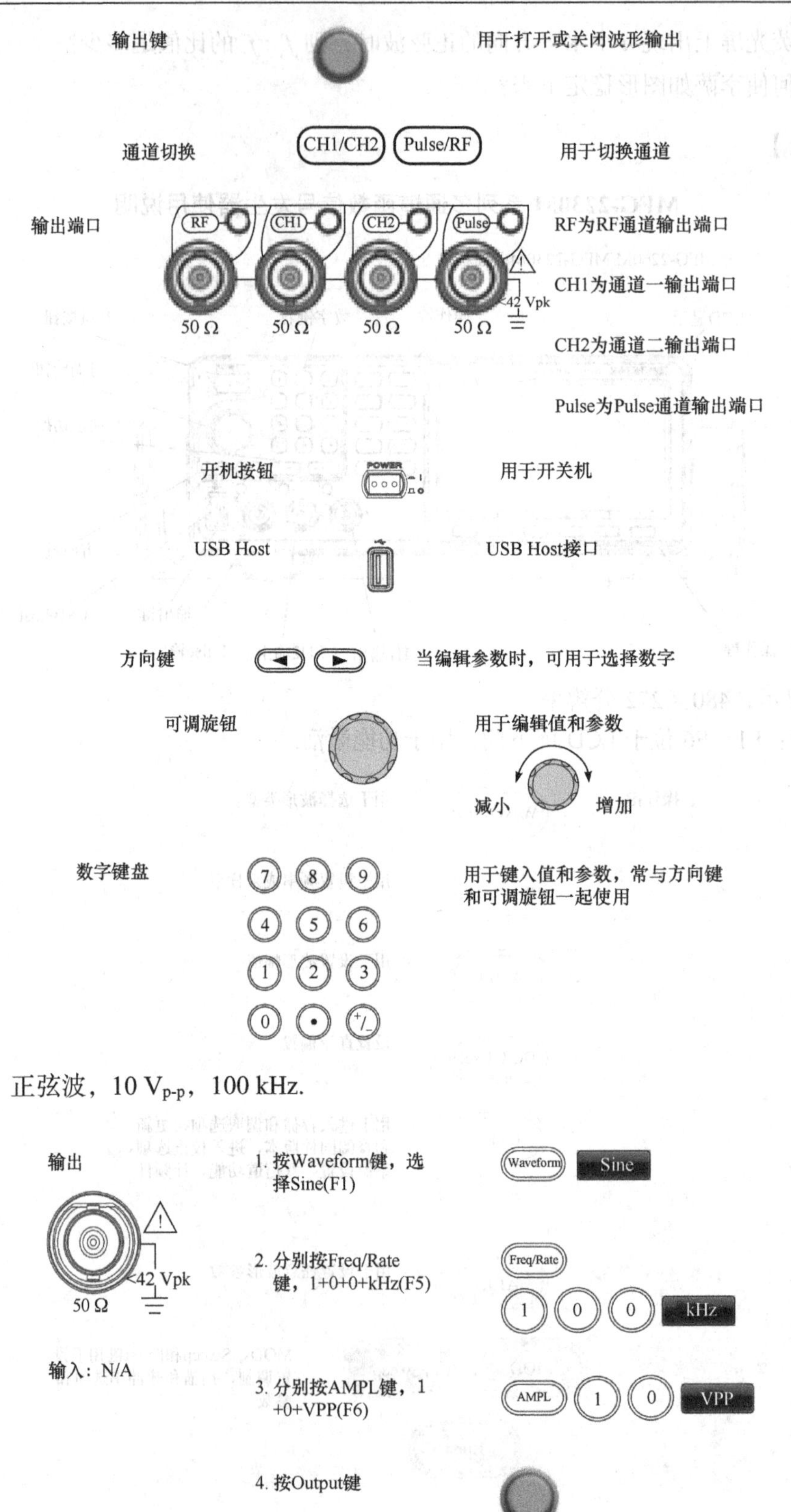
输出键
用于打开或关闭波形输出
通道切换
CH1/CH2
Pulse/RF
用于切换通道
输出端口
RF
CH1
CH2
Pulse
<42 Vpk
50 Ω
50 Ω
50 Ω
50 Ω
RF为RF通道输出端口
CH1为通道一输出端口
CH2为通道二输出端口
Pulse为Pulse通道输出端口
开机按钮
POWER
用于开关机
USB Host
USB Host接口
方向键
当编辑参数时，可用于选择数字
可调旋钮
用于编辑值和参数
减小
增加
数字键盘
7 8 9
4 5 6
1 2 3
0 · +/-
用于键入值和参数，常与方向键和可调旋钮一起使用
输出
<42 Vpk
50 Ω
输入：N/A
1. 按Waveform键，选择Sine(F1)
Waveform
Sine
2. 分别按Freq/Rate键，1+0+0+kHz(F5)
Freq/Rate
1 0 0
kHz
3. 分别按AMPL键，1+0+VPP(F6)
AMPL
1 0
VPP
4. 按Output键

例子：正弦波，10 V_{p-p}，100 kHz.

例子：FM 调制. 100 Hz 调制方波，1 kHz 正弦载波，100 Hz 频移，内部源.

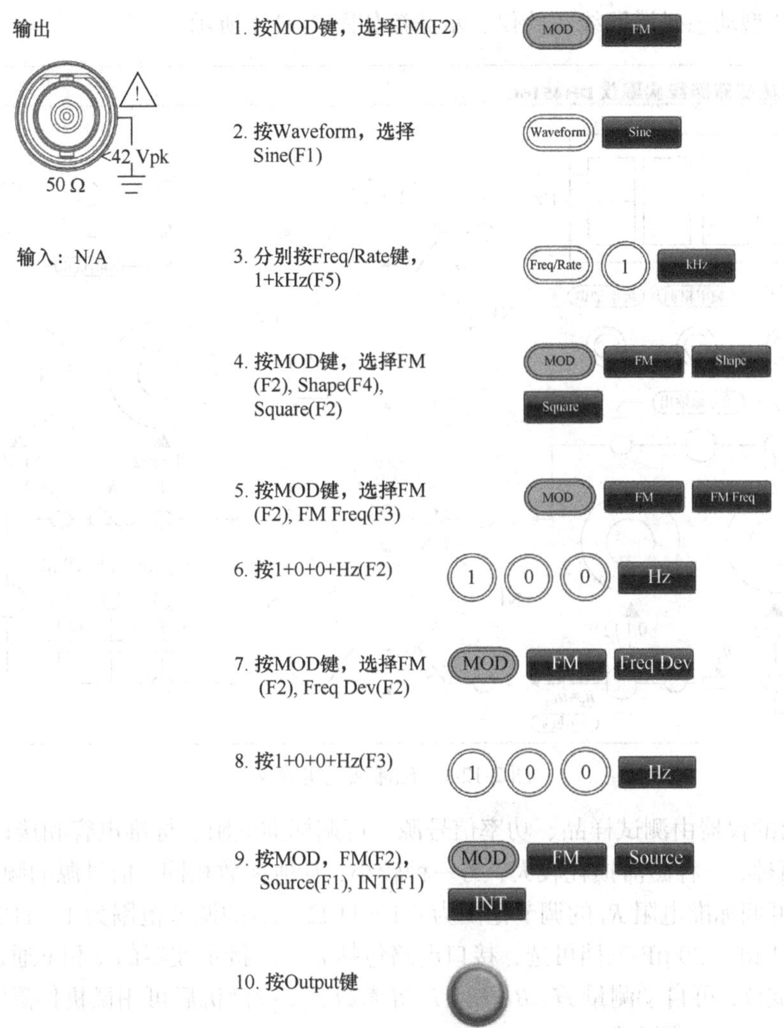

输出
<42 Vpk
50 Ω
输入：N/A
1. 按MOD键，选择FM(F2)
MOD
FM
2. 按Waveform，选择 Sine(F1)
Waveform
Sine
3. 分别按Freq/Rate键，1+kHz(F5)
Freq/Rate
1
kHz
4. 按MOD键，选择FM (F2), Shape(F4), Square(F2)
MOD
FM
Shape
Square
5. 按MOD键，选择FM (F2), FM Freq(F3)
MOD
FM
FM Freq
6. 按1+0+0+Hz(F2)
1
0
0
Hz
7. 按MOD键，选择FM (F2), Freq Dev(F2)
MOD
FM
Freq Dev
8. 按1+0+0+Hz(F3)
1
0
0
Hz
9. 按MOD，FM(F2)，Source(F1), INT(F1)
MOD
FM
Source
INT
10. 按Output键

2.12　用示波器观测铁磁材料的磁化曲线和磁滞回线

【实验目的】

(1) 掌握磁滞、磁滞回线和磁化曲线的概念，加深对铁磁材料的主要物理量：矫顽力、剩磁和磁导率的理解；

(2) 学会用示波法测绘基本磁化曲线和磁滞回线；

(3) 根据磁滞回线确定磁性材料的饱和磁感应强度 B_s、剩磁 B_r 和矫顽力 H_c 的数值；

(4) 研究不同频率下动态磁滞回线的区别，并确定某一频率下的磁感应强度 B_s、剩磁 B_r 和矫顽力 H_c 数值；

(5) 改变不同的磁性材料，比较磁滞回线形状的变化.

【实验仪器】

DH4516C 型动态磁滞回线实验仪、示波器如图 2-12-1 所示.

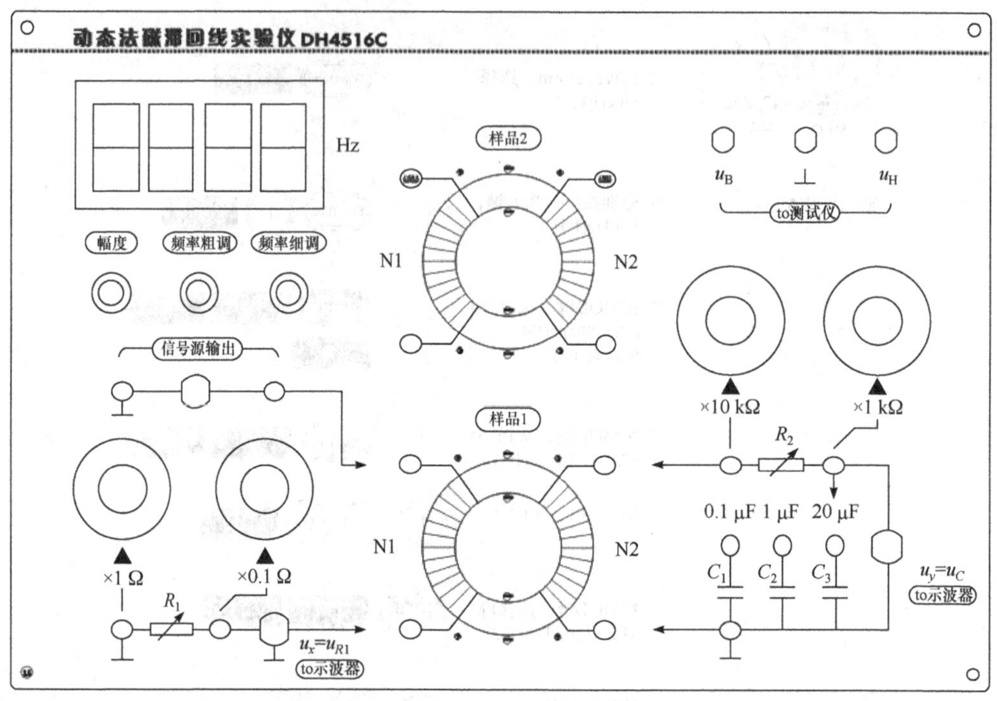

图 2-12-1　磁滞回线实验仪

实验使用的仪器由测试样品、功率信号源、可调标准电阻、标准电容和接口电路等组成. 测试样品有两种，一种磁滞损耗较大，另一种较小，其他参数相同；信号源的频率在 20～250 Hz 间可调；可调标准电阻 R_1 的调节范围为 0.1～11 Ω；R_2 的调节范围为 1～110 kΩ；标准电容有 0.1 μF、1 μF、20 μF 三挡可选；接口电路包括 u_x、u_y 接示波器的 x 和 y 通道；u_B、u_H 接 DH4516A 测试仪，可自动测量 H、B、H_c、B_r 等参数，连接微机后可用微机作磁滞回线曲线，并测量 H、B、H_c、B_r 等参数.

【实验原理】

磁性材料应用广泛，从常用的永久磁铁、变压器铁芯到录音、录像、计算机存储用的磁带、磁盘等都采用磁性材料. 磁滞回线和基本磁化曲线反映了磁性材料的主要特征. 通过实验研究这些性质不仅能掌握用示波器观察磁滞回线以及基本磁化曲线的基本测绘方法，而且能从理论和实际应用上加深对材料磁特性的认识.

铁磁材料分为硬磁和软磁两大类，其根本区别在于矫顽磁力 H_c 的大小不同. 硬磁材料的磁滞回线宽，剩磁和矫顽磁力大(达 120～20000 A/m 以上)，因而磁化后，其磁感应强度可长久保持，适宜做永久磁铁. 软磁材料的磁滞回线窄，矫顽磁力 H_c 一般小于 120 A/m，但其磁导率和饱和磁感应强度大，容易磁化和去磁，故广泛用于电机、电器和仪表制造等工业部门. 磁化曲线和磁带回线是铁磁材料的重要特性，也是设计电磁结构或仪表的重要依据之一.

本实验采用动态法测量磁滞回线. 需要说明的是用动态法测量的磁滞回线与静态磁滞回线是不同的，动态测量时除了磁滞损耗还有涡流损耗，因此动态磁滞回线的面积要比静态磁滞回线的面积大一些. 另外，涡流损耗还与交变磁场的频率有关，所以测量的电源频率不同，得到的 B-H 曲线是不同的，这可以在实验中清楚地从示波器上观察到.

1. *磁化曲线*

如果在由电流产生的磁场中放入铁磁物质，则磁场将明显增强，此时铁磁物质中的磁感应强度比单纯由电流产生的磁感应强度增大百倍，甚至在千倍以上. 铁磁物质内部的磁场强度 H 与磁感应强度 B 有如下的关系：

$$B=\mu H \tag{2-12-1}$$

对于铁磁物质而言，磁导率μ并非常数，而是随 H 的变化而改变的物理量，即$\mu=f(H)$，为非线性函数. 所以如图 2-12-2(a)所示，B 与 H 也是非线性关系.

铁磁材料的磁化过程为：其未被磁化时的状态称为去磁状态，这时若在铁磁材料上加一个由小到大的磁场，则铁磁材料内部的磁场强度 H 与磁感应强度 B 也随之变大，其 B-H 变化曲线如图 2-12-2(a)所示. 但当 H 增加到一定值(H_s)后，B 几乎不再随 H 的增加而增加，说明磁化已达饱和，从未磁化到饱和磁化的这段磁化曲线称为材料的起始磁化曲线. 如图 2-12-2(a)中的 OS 端曲线所示.

2. *磁滞回线*

当铁磁材料的磁化达到饱和之后，如果将磁场减少，则铁磁材料内部的 B 和 H 也随之减少，但其减少的过程并不沿着磁化时的 OS 段退回. 从图 2-12-2(b)可知当磁场撤消，H=0 时，磁感应强度仍然保持一定数值 $B=B_r$，称为剩磁(剩余磁感应强度).

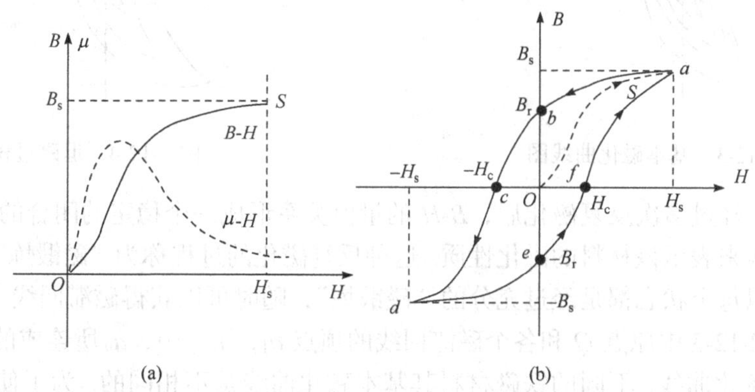

图 2-12-2　(a)磁化曲线和μ-H曲线；(b)起始磁化回线(虚曲线 OS)与磁滞回线(闭合曲线)示意图

若要使被磁化的铁磁材料的磁感应强度 B 减少到 0，必须加上一个反向磁场并逐步增大. 当铁磁材料内部反向磁场强度增加到 $H=H_c$ 时(图 2-12-2(b)上的 c 点)，磁感应强度 B 才是 0，达到退磁. 图 2-12-2(b)中的 bc 段曲线为退磁曲线，H_c 为矫顽磁力. 如图 2-12-2(b)所示，当 H 按 $O\to H_s\to O\to -H_c\to -H_s\to O\to H_c\to H_s$ 的顺序变化时，B 相应沿 $O\to B_s\to B_r\to O\to -B_s\to -B_r\to O\to B_s$ 的顺序变化. 图中的 Oa 段曲线称起始磁化曲线，所形成的封闭曲线 $abcdefa$ 称为磁滞回线. bc 曲线段称为退磁曲线. 由图 2-12-2(b)可知：

(1) 当 H=0 时，$B\neq 0$，这说明铁磁材料还残留一定值的磁感应强度 B_r，通常称 B_r 为铁磁物质的剩余感应强度(剩磁).

(2) 若要使铁磁材料完全退磁，即 B=0，必须加一个反向磁场 H_c. 这个反向磁场强度 H_c，称为该铁磁材料的矫顽磁力.

(3) B 的变化始终落后于 H 的变化，这种现象称为磁滞现象.

(4) H 上升与下降到同一数值时，铁磁材料内的 B 值并不相同，退磁化过程与铁磁材料过去的磁化经历有关.

(5) 当从初始状态 H=0，B=0 开始周期性地改变磁场强度的幅值时，在磁场由弱到强地单调增加过程中，可以得到面积由大到小的一簇磁滞回线，如图 2-12-3 所示. 其中最大面积的磁滞回线称为极限磁滞回线.

(6) 由于铁磁材料磁化过程的不可逆性及具有剩磁的特点，在测定磁化曲线和磁滞回线时，首先必须将铁磁材料预先退磁，以保证外加磁场 H=0，B=0；其次，磁化电流在实验过程中只允许单调增加或减少，不能时增时减. 在理论上，要消除剩磁 B_r，只需通一反向磁化电流，使外加磁场正好等于铁磁材料的矫顽磁力即可. 实际上，矫顽磁力的大小通常并不知道，因而无法确定退磁电流的大小. 我们从磁滞回线得到启示，如果使铁磁材料磁化达到磁饱和，然后不断改变磁化电流的方向，与此同时逐渐减少磁化电流，直到于零. 则该材料的磁化过程中就是一连串逐渐缩小而最终趋于原点的环状曲线，如图 2-12-4 所示. 当 H 减小到零时，B 亦同时降为零，达到完全退磁.

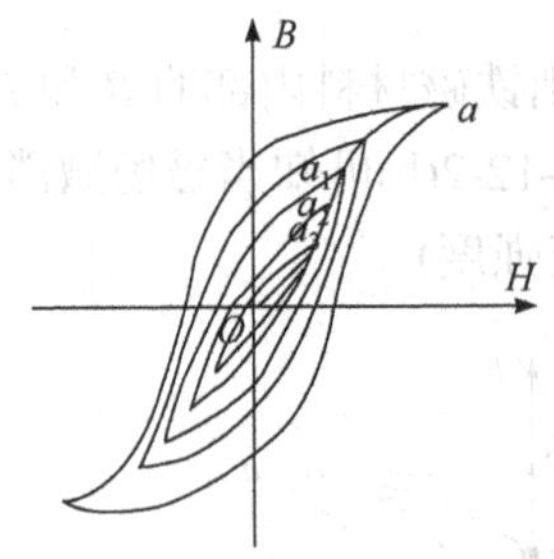

图 2-12-3　基本磁化曲线图

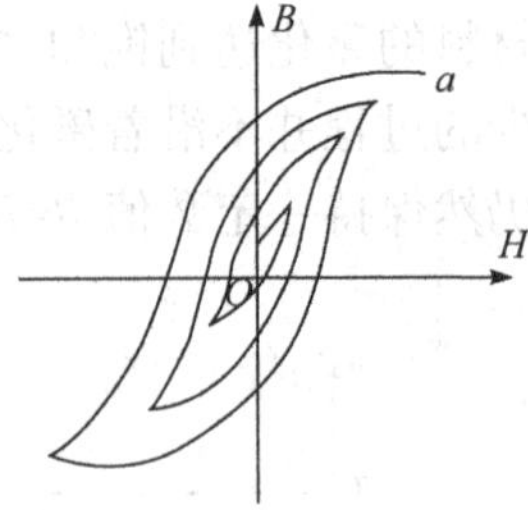

图 2-12-4　退磁过程

实验表明，经过多次反复磁化后，B-H 的量值关系形成一个稳定的闭合的"磁滞回线". 通常以这条曲线来表示该材料的磁化性质. 这种反复磁化的过程称为"磁锻炼". 本实验使用交变电流，所以每个状态都是经过充分的"磁锻炼"，随时可以获得磁滞回线.

我们把图 2-12-3 中原点 O 和各个磁滞回线的顶点 a_1，a_2，…，a_n 所连成的曲线，称为铁磁材料的基本磁化曲线. 不同的铁磁材料其基本磁化曲线是不相同的. 为了使样品的磁特性可以重复出现，也就是指所测得的基本磁化曲线都是由原始状态(H=0，B=0)开始，在测量前必须进行退磁，以消除样品中的剩余磁性.

在测量基本磁化曲线时，每个磁化状态都要经过充分的"磁锻炼". 否则，得到的 B-H 曲线即为开始介绍的起始磁化曲线，两者不可混淆.

3. 示波器显示 B-H 曲线的原理线路

示波器测量 B-H 曲线的实验线路如图 2-12-5 所示.

本实验研究的铁磁物质是一个环状式样(图 2-12-6). 在环状式样上绕有励磁线圈 N_1 匝和测量线圈 N_2 匝. 若在线圈 N_1 中通过磁化电流 i_1 时，此电流在式样内产生磁场，根据安培环路

定理 $HL=N_1i_1$，磁场强度 H 的大小为

$$H=\frac{N_1i_1}{L} \tag{2-12-2}$$

式中，L 为的环状式样的平均磁路长度(在图 2-12-6 中用虚线表示).

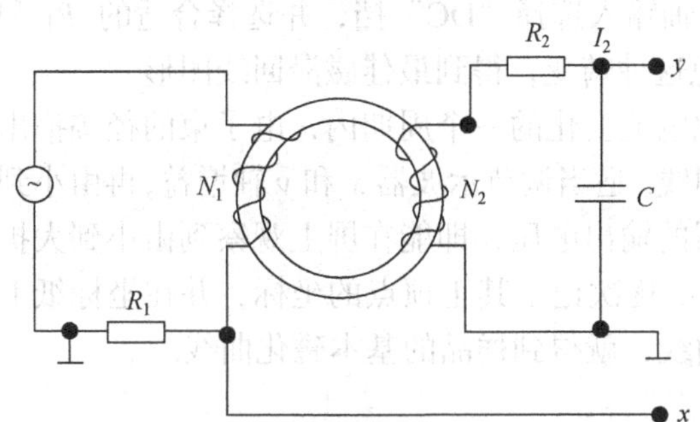

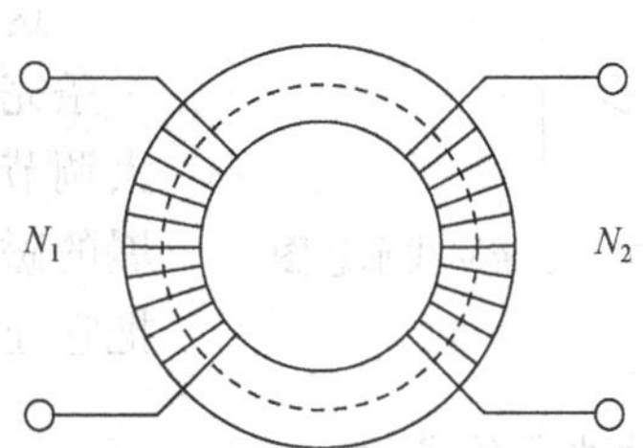

图 2-12-5 示波器测量 B-H 曲线的实验线路图

图 2-12-6 环状式样铁磁物质

由图 2-12-5 可知示波器 x 轴偏转板输入电压为

$$U_x=U_R=i_1R_1 \tag{2-12-3}$$

由式(2-12-2)和式(2-12-3)得

$$U_x=\frac{LR_1}{N_1}H \tag{2-12-4}$$

上式表明在交变磁场下，任一时刻电子束在 x 轴的偏转正比于磁场强度 H.

为了测量磁感应强度 B，在次级线圈 N_2 上串联一个电阻 R_2 与电容 C 构成一个回路，同时 R_2 与 C 又构成一个积分电路. 取电容 C 两端电压 U_C 至示波器 y 轴输入，若适当选择 R_2 和 C，使 $R_2 \gg 1/\omega C$，则

$$I_2=\frac{E_2}{\left[R_2{}^2+(1/\omega C)^2\right]^{\frac{1}{2}}}\approx\frac{E_2}{R_2} \tag{2-12-5}$$

式中，ω为电源的角频率；E_2 为次级线圈的感应电动势.

因交变的磁场 H 的样品中产生交变的磁感应强度 B，则

$$E_2=N_2\frac{\mathrm{d}Q}{\mathrm{d}t}=N_2S\frac{\mathrm{d}B}{\mathrm{d}t} \tag{2-12-6}$$

式中，$S=\left(\dfrac{D_2-D_1}{2}\right)h$ 为环状式样的截面积. 设磁环厚度为 h，则

$$U_y=U_C=\frac{Q}{C}=\frac{1}{C}\int I_2\mathrm{d}t=\frac{1}{CR_2}\int E_2\mathrm{d}t=\frac{N_2S}{CR_2}\int\mathrm{d}B=\frac{N_2S}{CR_2}B \tag{2-12-7}$$

式(2-12-7)表明接在示波器 y 轴输入的 U_y 正比于 B.

R_2、C 构成的电路在电子技术中称为积分电路，表示输出的电压 U_C 是感应电动势 E_2 对时间的积分. 为了如实地绘出磁滞回线，要求

$$R_2 \gg \frac{1}{2\pi fC} \tag{2-12-8}$$

在满足上述条件下，U_C 振幅很小，不能直接绘出大小适合的磁滞回线. 为此，需将 U_C

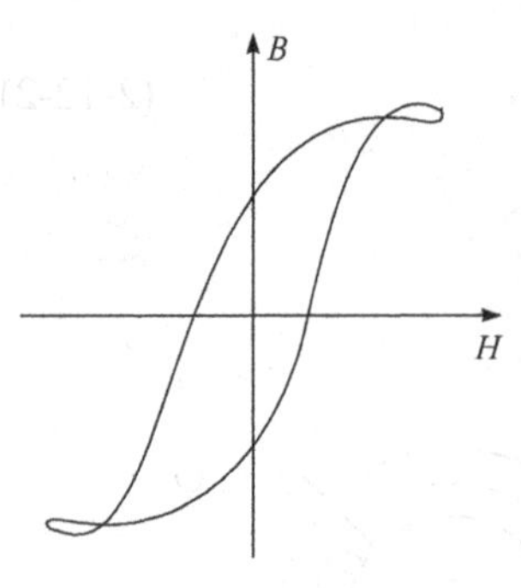

图 2-12-7　磁滞回线示意图

经过示波器y轴放大器增幅后输至y轴偏转板上. 这就要求在实验磁场的频率范围内，放大器的放大系数必须稳定，不会带来较大的相位畸变. 事实上示波器难以完全达到这个要求，因此在实验时经常会出现如图 2-12-7 所示的畸变. 观测时将 x 轴输入选择“AC”，y 轴输入选择“DC”挡，并选择合适的 R_1 和 R_2 的阻值，可避免这种畸变，得到最佳磁滞回线图形.

这样，在磁化电流变化的一个周期内，电子束的径迹描出一条完整的磁滞回线. 适当调节示波器 x 和 y 轴增益，再由小到大调节信号发生器的输出电压，即能在屏上观察到由小到大扩展的磁滞回线图形. 逐次记录其正顶点的坐标，并在坐标纸上把它连成光滑的曲线，就得到样品的基本磁化曲线.

4. 示波器的定标

从前面说明中可知，从示波器上可以显示出待测材料的动态磁滞回线，但为了定量研究磁化曲线和磁滞回线，必须对示波器进行定标. 即还须确定示波器的 x 轴的每格代表多少 H 值(A/m)，y 轴每格实际代表多少 B 值(T).

由式(2-12-4)、式(2-12-7)可以得知，在 U_x、U_y 可以准确测得且 R_1、R_2 和 C 都为已知的标准元件的情况下，就可以省去繁琐的定标工作. 下面就如何在这种情况下测量进行分析.

一般示波器都有已知的 x 轴和 y 轴的灵敏度，设 x 轴的灵敏度为 S_x(V/格)，y 轴的灵敏度为 S_y(V/格). 将 x 轴、y 轴的灵敏度旋钮顺时针打到底并锁定，则上述 S_x 和 S_y 均可从示波器的面板上直接读出，则

$$U_x=S_x x,\quad U_y=S_y y$$

式中，x、y 分别为测量时记录的坐标值(单位：格. 注意，指一大格，示波器一般有 8～10 大格). 可见通过示波器就可测得 U_x、U_y 值.

由于本实验使用的 R_1、R_2 和 C 都是阻抗值已知的标准元件，误差很小，其中的 R_1、R_2 为无感交流电阻，C 的介质损耗非常小.这样就可结合示波器测量出 H 值和 B 值的大小.

综合上述分析，本实验定量计算公式为

$$H=\frac{N_1 S_x}{LR_1}x \tag{2-12-9}$$

$$B=\frac{R_2 C S_y}{N_2 S}y \tag{2-12-10}$$

式中各量的单位为：R_1、R_2 为Ω；L 为 m；S 为 m^2；C 为 F；S_x、S_y 为 V/格；x、y 为格(分正负向读数)；H 为 A/m；B 为 T.

【实验内容】

实验前先熟悉实验的原理和仪器的构成. 使用仪器前先将信号源输出幅度调节旋钮逆时针到底(多圈电位器)，使输出信号为最小.

标有红色箭头的线表示接线的方向，样品的更换是通过换接接线来完成的.

注意：由于信号源、电阻 R_1 和电容 C 的一端已经与地相连，所以不能与其他接线端相连

接. 否则会短路信号源、U_R或U_C，从而无法正确做出实验.

2.12.1　实验一　显示和观察两种样品在 25 Hz、50 Hz、100 Hz、150 Hz 交流信号下的磁滞回线图形

(1) 按图 2-12-5 所示的原理线路接线.

A. 逆时针调节幅度调节旋钮到底，使信号输出最小.

B. 调示波器显示工作方式为 x-y 方式，即图示仪方式.

C. 示波器 x 输入为 AC 方式，测量采样电阻 R_1 的电压.

D. 示波器 y 输入为 DC 方式，测量积分电容的电压.

E. 选择样品 1 先进行实验.

F. 接通示波器和 DH4516C 型动态磁滞回线实验仪电源，适当调节示波器辉度，以免荧光屏中心受损.预热 10 min 后开始测量.

(2) 示波器光点调至显示屏中心，调节实验仪频率调节旋钮，频率显示窗显示 50.00 Hz.

(3) 单调增加磁化电流，即缓慢顺时针调节幅度调节旋钮，使示波器显示的磁滞回线上 B 值增加缓慢，达到饱和.改变示波器上 x、y 输入增益段开关并锁定增益电位器(一般为顺时针到底)，调节 R_1、R_2 的大小，使示波器显示出典型美观的磁滞回线图形.

(4) 单调减小磁化电流，即缓慢逆时针调节幅度调节旋钮，直到示波器最后显示为一点，位于显示屏的中心，即 x 和 y 轴线的交点，如不在中间，可调节示波器的 x 和 y 位移旋钮.

(5) 单调增加磁化电流，即缓慢顺时针调节幅度调节旋钮，使示波器显示的磁滞回线上 B 值增加缓慢，达到饱和，改变示波器上 x、y 输入增益波段开关和 R_1、R_2 的值，示波器显示典型美观的磁滞回线图形. 磁化电流在水平方向上的读数为(–5.00,+5.00)格.

(6) 逆时针调节(幅度调节旋钮到底)，使信号输出最小，调节实验仪频率调节旋钮，频率显示窗分别显示 25.00 Hz、50.00 Hz、100.0 Hz、150.0 Hz，重复上述 3～5 次的操作，比较磁滞回线形状的变化.表明磁滞回线形状与信号频率有关，频率越高磁滞回线包围面积越大，用于信号传输时磁滞损耗也大.

(7) 换实验样品 2，重复上述(2)～(6)步骤，观察 25.00 Hz、50.00 Hz、100.0 Hz、150.0 Hz 时的磁滞回线，并与样品 1 进行比较，有何异同.

2.12.2　实验二　测磁化曲线和动态磁滞回线，用样品 1 进行实验

(1) 在实验仪上接好实验线路，逆时针调节幅度调节旋钮到底，使信号输出最小. 将示波器光点调至显示屏中心，调节实验仪频率调节旋钮，频率显示窗显示 50.00 Hz.

(2) 退磁.

A. 单调增加磁化电流，即缓慢顺时针调节幅度调节旋钮，使示波器显示的磁滞回线上 B 值增加变得缓慢，达到饱和. 改变示波器上 x、y 输入增益段开关和 R_1、R_2 的值，示波器显示典型美观的磁滞回线图形. 磁化电流在水平方向上的读数为(–5.00，+5.00)格，此后，保持示波器上 x、y 输入增益波段开关和 R_1、R_2 值固定不变并锁定增益电位器(一般为顺时针到底)，以便进行 H、B 的标定.

B. 单调减小磁化电流，即缓慢逆时针调节幅度调节旋钮，直到示波器最后显示为一点，

位于显示屏的中心，即 x 和 y 轴线的交点，如不在中间，可调节示波器的 x 和 y 位移旋钮.实验中可用示波器 x、y 输入的接地开关检查示波器的中心是否对准屏幕 x、y 坐标的交点.

(3) 磁化曲线(即测量大小不同的各个磁滞回线的顶点的连线).

单调增加磁化电流，即缓慢顺时针调节幅度调节旋钮，磁化电流在 x 方向读数为 0、0.20、0.40、0.60、0.80、1.00、1.50、2.00、2.50、3.00、4.00、5.00，单位为格，记录磁滞回线顶点在 y 方向上读数并填入表 2-12-1，单位为格，磁化电流在 x 方向上的读数为(−5.00，+5.00)格时，示波器显示典型美观的磁滞回线图形. 此后，保持示波器上 x、y 输入增益波段开关和 R_1、R_2 值固定不变并锁定增益电位器(一般为顺时针到底)，以便进行 H、B 的标定.

(4) 动态磁滞回线.

在磁化电流 x 方向上的读数为(−5.00，+5.00)格时，记录示波器显示的磁滞回线在 x 坐标为 5.0、4.0、3.0、2.0、1.0、0、−1.0、−2.0、−3.0、−4.0、−5.0 格时，相对应的 y 坐标，在 y 坐标为 4.0、3.0、2.0、1.0、0、−1.0、−2.0、−3.0、−4.0 格时相对应的 x 坐标，填入表 2-12-2. 显然，y 最大值对应饱和磁感应强度 B_s；

x=0，y 读数对应剩磁 B_r；y=0，x 读数对应矫顽力 H_c.

(5) 换一种实验样品进行上述实验.

(6) 改变磁化信号的频率，进行上述实验.

【数据记录】

表 2-12-1 磁化曲线数据表

序号	1	2	3	4	5	6	7	8	9	10	11	12
x/格	0	0.20	0.40	0.60	0.80	1.00	1.50	2.00	2.50	3.00	4.00	5.00
y/格												

表 2-12-2 动态磁滞回线数据表

x/格	y/格	y/格	x/格
5.0		4.0	
4.0		3.0	
3.0		2.0	
…	…	…	…

绘制磁化曲线.

由前所述 H、B 的计算公式为

$$H=\frac{N_1 S_x}{LR_1}x,\quad B=\frac{R_2 C S_y}{N_2 S}y$$

上式中，两种铁芯实验样品和实验装置参数如下：

L=0.130 m，S=1.24×10^{-4} m^2，N_1=100 匝，N_2=100 匝，R_1、R_2 值根据仪器面板上的选择值计算，C=1.0×10^{-6} F. 其中，L 为铁芯实验样品平均磁路长度；S 为铁芯实验样品截面积；N_1

为磁化线圈匝数；N_2为副线圈匝数；R_1为磁化电流采样电阻，单位为Ω；R_2为积分电阻，单位为Ω；C为积分电容，单位为 F；S_x为示波器 x 轴灵敏度，单位 V/格；S_y为示波器 y 轴灵敏度，单位 V/格. 所以得到一组实测的磁化曲线数据，整理填入表 2-12-3，其中 x 轴灵敏度为 0.1 V/格，y 轴灵敏度为 20 mV/格.

表 2-12-3　磁化曲线数据表

R_1=3 Ω, R_2 =60 kΩ.

序号	1	2	3	4	5	6	7	8	9	10	11	12
x/格	0	0.20	0. 40	0. 60	0. 80	1.00	1.50	2.00	2.50	3.00	4.00	5.00
H/(A/m)												
y/格												
B/mT												

将磁滞回线数据整理填入表 2-12-4 .

表 2-12-4　磁滞回线数据表

x/格	H/(A/m)	y/格	B/mT	x/格	H/(A/m)	y/格	B/mT
5.00				−5.00			
4.00				−4.00			
3.00				−3.00			
2.00				−2.00			
1.00				−1.00			
0				0			
−0.30				0.40			
−1. 90				1.90			
−2.00				2.00			
−2.40				2.25			
−2.60				2.50			
−2.65				2.62			
−2.70				2.67			
−2.95				2.95			
−3.00				3.00			
−4.00				4.00			
−5.00				5.00			

由表 2-12-3 作 B-H 磁化曲线，由表 2-12-4 作磁滞回线图 B-H.

【预习思考题】

(1) 什么叫磁滞回线，为什么示波器能显示铁磁材料的磁滞回线?

(2) 如何用示波器测出磁滞回线上某点的 H 和 B 的值?

(3) 如何用示波器测出基本磁化曲线?

(4) 举例说明软磁材料和硬磁材料的区别.

2.13　薄透镜焦距的测量

【实验目的】

(1) 了解薄透镜的成像规律;

(2) 掌握简单光路的分析和调整方法;

(3) 掌握测量薄透镜焦距的几种方法.

【实验仪器】

光具座、光源、凸透镜、凹透镜、物屏(箭形孔)、像屏等.

【实验原理】

1. 薄透镜的成像规律

透镜可分为凸透镜和凹透镜两类. 凸透镜具有使光线会聚的作用，就是说当一束平行于透镜主光轴的光线通过透镜后，将会聚于主光轴上，会聚点 F 称为该透镜的焦点，透镜光心 O 到焦点 F 的距离称为焦距 f(图 2-13-1(a)). 凹透镜具有使光线发散的作用，即一束平行于透镜主光轴的光线通过透镜后将散开，我们把发散光的延长线与主光轴的交点 F 称为该透镜的焦点，透镜光心 O 到焦点 F 的距离称为焦距 f(图 2-13-1(b)).

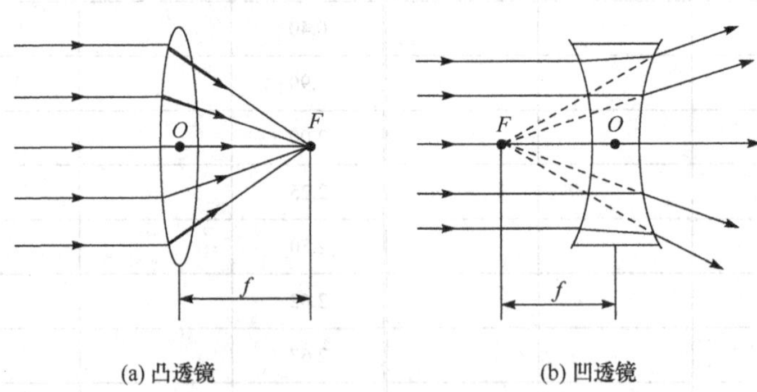

图 2-13-1　透镜的焦点和焦距

当透镜的厚度与其焦距相比为甚小时，这种透镜称为薄透镜.

在近轴光线的条件下，薄透镜(包括凸透镜和凹透镜)成像的规律可表示为

$$\frac{1}{u}+\frac{1}{v}=\frac{1}{f} \tag{2-13-1}$$

式中，u 为物距；v 为像距；f 为透镜的焦距；u、v 和 f 均从透镜光心 O 点算起. 对于实物，

物距 u 恒取正值；像距 v 的正负由像的实虚来确定，实像时 v 为正，虚像时 v 为负；凸透镜的焦距 f 取正值，凹透镜的焦距 f 取负值.

为了便于计算透镜的焦距 f，式(2-13-1)可改写为

$$f=\frac{uv}{u+v} \tag{2-13-2}$$

可见，只要测得物距 u 和像距 v，便可计算出透镜的焦距 f.

2. 凸透镜焦距的测量原理

1) 自准法(平面镜法)

如图 2-13-2 所示，当光点(物 AB)位于凸透镜的前焦平面上时，它发出的光线通过凸透镜后将成为一束平行光. 若用与主光轴垂直的平面镜将此平行光反射回去，反射光再次经过凸透镜后仍会聚于凸透镜的前焦平面上，且焦点将在光点相对于光轴的对称位置上，得到一个与原物大小相等而倒立的实像($A'B'$)，此关系称为自准原理. 此时，物到透镜的距离即为透镜的焦距.

2) 物距像距法

物体发出的光线经过凸透镜后成像于另一侧(图 2-13-3). 测出物距 u 和像距 v，代入式(2-13-2)即可计算出透镜的焦距.

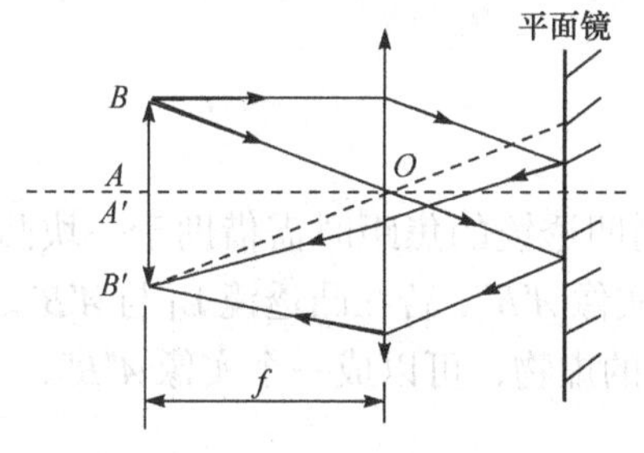

图 2-13-2　自准法光路图

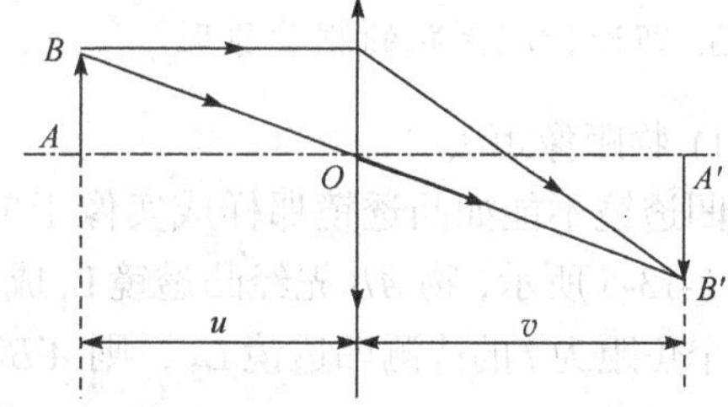

图 2-13-3　物距像距法光路图

3) 共轭法(二次成像法)

如图 2-13-4 所示，设物与像屏间的距离为 L(要求 $L>4f$)，并保持 L 不变. 移动透镜，当它在 O_1 处时，屏上将出现一个放大的清晰的像 $A'B'$；当它在 O_2 处时，屏上将出现一个缩小的清晰的像 $A''B''$.

根据透镜成像公式，有

$$\frac{1}{u_1}+\frac{1}{v_1}=\frac{1}{f} \tag{2-13-3}$$

$$\frac{1}{u_2}+\frac{1}{v_2}=\frac{1}{f} \tag{2-13-4}$$

由图可见

$$v_1=L-u_1,\quad v_2=L-u_2=L-(u_1+d)$$

则式(2-13-3)和式(2-13-4)可写成

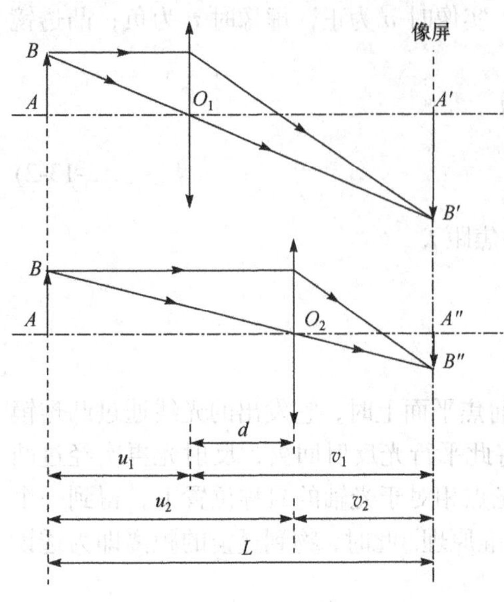

图 2-13-4　共轭法测凸透镜焦距

$$\frac{1}{u_1}+\frac{1}{L-u_1}=\frac{1}{f} \tag{2-13-5}$$

$$\frac{1}{u_1+d}+\frac{1}{L-(u_1+d)}=\frac{1}{f} \tag{2-13-6}$$

解得

$$u_1=\frac{L-d}{2} \tag{2-13-7}$$

将式(2-13-7)代入式(2-13-5)，解得

$$f=\frac{L^2-d^2}{4L} \tag{2-13-8}$$

可见，只要测出物与像屏间距 L 和透镜在两次成像之间移动的距离 d，就可计算出透镜焦距 f.

这种方法的优点是：把焦距的测量归结为对于可以精确测定的量 L 和 d 的测量，避免了在测量 u 和 v 时，由于估计透镜光心位置不准确所带来的误差(因为一般情况下，透镜的光心并不跟它的对称中心重合).

3. 凹透镜测焦距的测量原理

1) 物距像距法

凹透镜不能如凸透镜那样成实像于屏上，所以测凹透镜的焦距时需借助于一块凸透镜.如图 2-13-5 所示，物 AB 先经凸透镜 L_1 成一个缩小的实像 $A'B'$，若在凸透镜 L_1 与 $A'B'$ 之间放入一个焦距为 f 的待测凹透镜 L_2，则 $A'B'$ 就为凹透镜的虚物，可以成一个实像 $A''B''$.

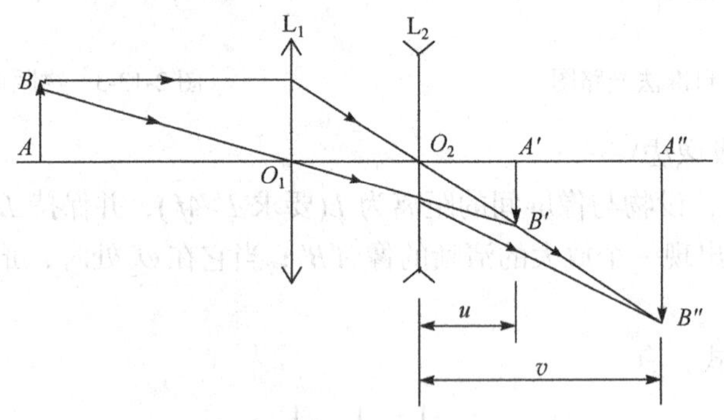

图 2-13-5　物距像距法测凹透镜的焦距

对于凹透镜，像距 v 和焦距 f 均为负值，由式(2-13-1)得

$$\frac{1}{u}-\frac{1}{v}=-\frac{1}{f}$$

或

$$f=\frac{uv}{u-v}$$

可见，只要测出物距 u 和像距 v，就可以计算出焦距 f.

2) 自准法

如图 2-13-6 所示，将物点 A 安放在凸透镜 L_1 的主光轴上，测出它的成像位置 F. 固定 L_1 后，在凸透镜 L_1 和像 F 之间插入待测的凹透镜 L_2 和一个平面反射镜 M，并使 L_2 与 L_1 的光心 O_1、O_2 在同一轴上. 移动 L_2，当由平面镜 M 反射的光线在物点 A 附近成一个清晰的像时，则从凹透镜射到平面镜上的光将是一束平行光，此时虚像点 F 就是凹透镜 L_2 的焦点. 测出此时 L_2 的位置，则间距 O_2F 即为该凹透镜的焦距.

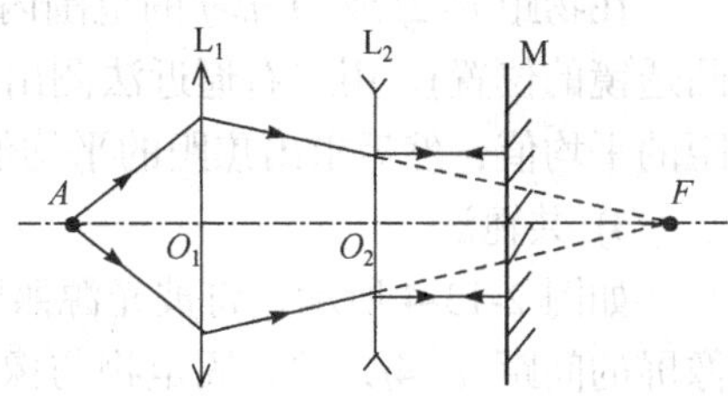

图 2-13-6 自准法测凹透镜的焦距

【实验内容】

1. 光学元件的等高共轴调节

由于薄透镜成像公式(2-13-1)只有在近轴光线的条件下才成立，因此必须使各光学元件调节到有共同的光轴(即各光学元件的光轴互相重合)，且光轴与光具座导轨平行，此过程称为等高共轴调节. 它是光路调整的基本技术，是光学实验必不可少的步骤之一，也是减小测量误差，确保实验成功的极为重要的关键之处，必须反复仔细地进行调整. 等高共轴调节一般分为两步.

(1) 粗调：把光源、物体、透镜、像屏等相应的夹具夹好置于光具座上(实验中的透镜皆夹在可调滑座上)，先将它们靠拢，调节其高低和左右，用眼睛观察，使镜面、屏面互相平行并与光具座导轨垂直，使光源、物屏上的箭形孔(作为物体)的中心、透镜中心、像屏中心大致在同一条与导轨平行的直线上.

(2) 细调：借助于其他仪器或应用光学的基本规律来调整. 在本实验中，可利用共轭法成像的特点和光路(图 2-13-4)进行调节. 如果物的中心偏离透镜的光轴，则左右移动透镜时两次成像所得的放大像和缩小像的中心将不重合. 如果放大像的中心高于缩小像的中心，说明物的位置偏低(或透镜偏高). 调节时，可以以缩小像中心为目标，调节透镜(或物)的上下位置，逐渐使放大像中心与缩小像中心完全重合，此时表明已达到等高共轴要求. 此步调节是使大像中心趋向小像中心，称为“大像追小像”.

2. 凸透镜焦距的测量

1) 自准法

用小灯照明箭头形状的物，将凸透镜和平面镜依次装在光具座的支架上. 固定物的位置，改变凸透镜到物的位置，使得在像屏面上得到一个清晰的大小相等、倒立的实像. 记录物的位置和凸透镜的位置，二者之差即为凸透镜的焦距.

在实际测量时，由于对成像清晰程度的判断难免有一定的误差，故常用左右逼近法读数. 先使透镜由左向右移动，当像刚清晰时停止，记下透镜位置的读数，再使透镜自右向左移动，在像刚清晰时又可记下透镜位置的读数，取这两次读数的平均值作为成像清晰时凸透镜的位置. 保持物的位置不变，重复以上测量步骤三次，把平均值作为测量结果(数据表格参看表 2-13-1).

2) 物距像距法

在物距 $u>2f$ 或 $2f>u>f$ 的范围内(最好取 $u\approx 2f$)，各取三个不同的 u 值(固定物和屏，改变凸透镜的位置)，用左右逼近法测出成像清晰时各元件的位置. 重复测量三次，计算物距和像距的平均值，然后求出焦距的平均值(数据表格参看表 2-13-2).

3) 共轭法

如图 2-13-4 所示，将被光源照明的箭形物、透镜和像屏装夹在光具座的支架上，取物与像屏的间距 $L>4f$，并且固定物与像屏的位置. 移动透镜，分别记录成放大像和缩小像时凸透镜的位置(用左右逼近法读数). 重复测量三次，由式(2-13-8)计算出凸透镜的焦距，并计算其平均值(数据表格参看表 2-13-3).

注意：L 不要取得太大. 否则，将使一个像缩得很小，以致难以确定凸透镜在哪一个位置上时成像最清晰.

3. 凹透镜焦距的测量

测量时需要用一凸透镜作辅助用具. 具体实验步骤，请参阅“凹透镜焦距的测量原理”一节自己拟定.

【数据和结果处理】

记录实验所需数据，并将部分数据填入表 2-13-1～表 2-13-3 中.

1. 凸透镜焦距的测量

1) 自准法

表 2-13-1　自准法数据表　　(单位：mm)

次数	物位置	凸透镜位置			焦距
		左→右	右→左	平均	
1					
2					
3					
平均值					

2) 物距像距法

表 2-13-2　物距像距法数据表　　(单位：mm)

次数	物位置	像位置	镜位置			物距 u	像距 v	焦距 f
			左→右	右→左	平均			
1								
2								
3								
平均值								

3) 共轭法

表 2-13-3　共轭法数据表

物位置________mm，像位置________mm，L=________mm.　　(单位：mm)

次数	镜位置 x_1			镜位置 x_2			镜位移 $d=\lvert x_2-x_1\rvert$
	左→右	右→左	平均	左→右	右→左	平均	
1							
2							
3							
平均值							

2. 凹透镜焦距的测量

根据实验内容，自己拟定数据表格，并记录实验数据.

【预习思考题】

(1) 各光学系统等高共轴调节的具体方法是什么？为什么要进行等高共轴调节？

(2) 如何减小因人眼判断成像清晰度不准而带来的测量误差？

(3) 用共轭法测凸透镜焦距 f 时，为什么要选取物与像屏的间距 L 大于 $4f$(4 倍焦距)？

【讨论问题】

(1) 测量透镜焦距时存在误差的主要原因有哪些？

(2) 直接用眼睛能看见实像吗？为什么常用毛玻璃屏(或白屏)观察实像？

2.14　分光计的调整与玻璃折射率的测定

【实验目的】

(1) 了解分光计的结构，掌握调节和使用分光计的方法；

(2) 使用最小偏向角法测定玻璃棱镜的折射率.

【实验仪器】

分光计、平面反射镜、玻璃三棱镜、钠光灯、照明小灯泡等.

分光计是主要的光学仪器之一，是精确地观察和测量光学角度的仪器. 光学实验中测角度的情况较多，如反射角、折射角、衍射角以及光谱线的偏向角等. 分光计和其他一些光学仪器(如摄谱仪、单色仪等)在结构上有很多相似处，是这类仪器的一种典型代表.

由于应用目的和实验要求的不同，分光计在结构和测量的精度方面可以相差很大. 实验室中常用的一种学生型分光计的外型结构如图 2-14-1 所示.

分光计由 5 个主要部分组成，即望远镜、载物平台、平行光管、读数圆盘和底座. 各部分均附有特定的调节螺旋，先简介如下.

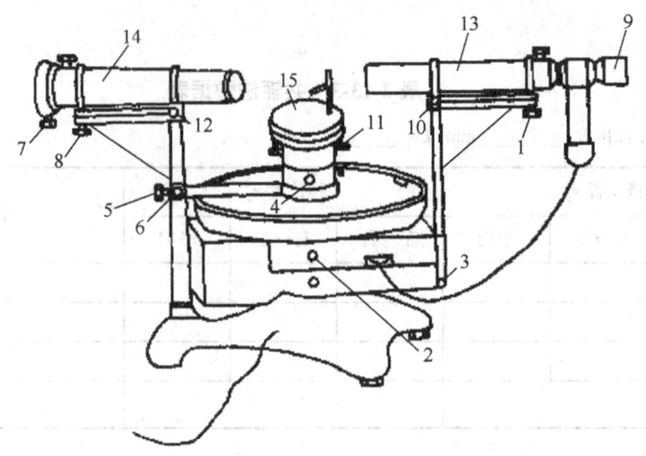

图 2-14-1　分光计结构图

1. 望远镜水平光轴调节螺旋；2. 度盘止动螺旋；3. 望远镜微调螺旋；4. 载物台锁紧螺旋；5. 游标盘止动螺旋；6. 游标盘微动螺旋；7. 狭缝宽调节螺旋；8. 平行光管光轴水平调节螺旋；9. 目镜调节螺旋；10. 望远镜光轴左右调节螺旋；11. 载物台调节螺旋；12. 平行光管左右调节螺旋；13. 望远镜筒；14. 平行光管；15. 载物平台

1. 望远镜

望远镜是用来观察和确定光线方向的. 它由复合的消色差物镜和目镜组成. 物镜装在镜筒的一端，目镜装在镜筒另一端的套筒中，套筒可在镜筒中前后移动，借以达到调焦的目的. 在目镜焦平面附近装有十字叉丝，具体结构与目镜中的视场如图 2-14-2(a)所示.

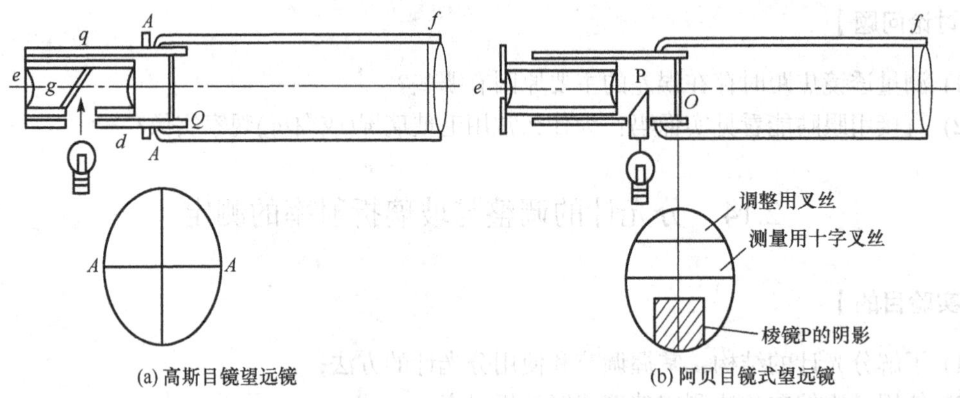

图 2-14-2　望远镜的结构图

目镜一般由两个平凸透镜共轴构成. 在目镜套筒的侧面开有圆窗孔，外装照明小灯，两透镜间装有一个与光轴成 45°角的平面玻璃片. 当光线从小孔射入时，经玻璃片反射后沿光轴前进而照亮叉丝. 改变目镜和十字叉丝之间的距离，能使目镜对十字叉丝聚焦清晰，这样装置的目镜称为高斯目镜.

分光计望远镜的目镜的另一种形式的结构和视场如图 2-14-2(b)所示，在目镜和叉丝之间装有反射小棱镜，绿色的照明光线经小棱镜反射后照亮叉丝的一小部分，由于小棱镜在场中挡掉了一部分光线，故呈现出它的阴影，这种装置的目镜称为阿贝目镜.

调节望远镜下方螺旋 1 可改变整个镜筒的倾斜度(图 2-14-1)；转动望远镜支架，能使望远镜绕轴旋转；旋紧螺旋 2，可使望远镜固定于任意方位，这时还可调节微调螺旋 3，使望远镜在小范围内转动.(注意：只有当螺旋 2 固定后，微调螺旋 3 才起作用.)

2. 载物平台

载物平台是一个用以放置棱镜、光栅等光学元件的平台，能绕通过平台中心的铅直轴(仪器主轴)转动和沿铅直轴升降，并可通过螺旋 4 固定在任一高度上，平台下有三个调节螺丝，用以改变平台对铅直轴的倾斜度.

望远镜和载物平台的相对方位可由刻度盘确定，该盘有内外两层，外盘和望远镜相连，能随望远镜一起转动，上有 0°～360°的圆刻度，最小刻度为 0.5°；内盘通过螺旋 4 可和载物平台相连，盘上相隔 180°处有两个对称的小游标. 其中各有 30 个分格，它和外盘上 29 个分格刻度相当，因此最小读数可达 1′. 读数方法按游标原理读取. 由于内盘是通过螺旋 4 和载物平台相连，所以只有旋紧了螺旋 4，内盘才和载物平台一起转动；如果旋松螺旋 4，则载物平台仍可绕铅直轴转动，但不带动内盘. 在调节和读数时，必须注意这一点，以免发生差错.

为了消除刻度盘刻划中心与其旋转中心(仪器主轴)之间的偏心差(见本实验【附录 1】)，记录读数时，必须读取两个游标所示刻度.

旋紧螺旋 5 可将内盘固定，这时仍可旋动微动螺旋 6，使之做微小转动. 但必须注意，当各固定旋丝旋紧后，不得再硬性转动各部件，以免损坏仪器.

3. 平行光管

平行光管又称准直管，是用来获得平行光束的. 它的一端装有一个复合的消色差准直物镜，另一端是一个套筒，套筒末端有一可变狭缝，缝宽可由螺旋 7 调节(或旋动套帽). 前后移动套筒，可改变狭缝和准直物镜间的距离. 当狭缝位于物镜的焦平面上时，从狭缝入射的光束经准直物镜后即称为平行光束. 平行光管的下方有螺旋 8，可改变平行光管的倾斜度. 整个平行光管是和分光计的底座固定在一起的，平行光管与望远镜之间的夹角可由刻度盘读出.

【实验内容】

2.14.1　实验一　分光计的调节

分光计是较精密的仪器，使用前必须按一定的步骤调节妥当，否则不能进行测量.

分光计观测系统由三个平面组成，如图 2-14-3 所示.

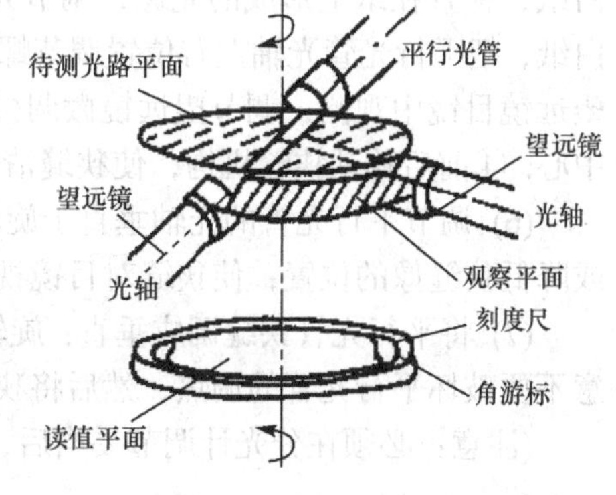

图 2-14-3　分光计观测系统三平面图

(1) 待测光路平面由平行光管产生的平行光和经待测光学元件折射(或反射)后的光路确定.

(2) 观察平面由望远镜绕分光计中心轴旋转构成，望远镜光轴必须垂直转轴，否则旋转结果是一个圆锥面.

(3) 读数平面由刻度盘和游标盘构成.

调节的目的是使上述三个平面达到互相平行，否则测量将引入误差.

为了达到使三个平面相互平行的目的，通常是以调节三个平面都垂直于分光计中心轴来实现的. 因读数平面垂直公共轴的问题已由仪器结构解决，余下的问题是调节望远镜光轴和待测光路垂直于中心转轴.

(1) 目镜的调焦: 目镜调焦的目的是使眼睛通过目镜能很清楚地看到目镜中分划板上的刻线. 调焦方法是先把目镜调节螺旋 9 旋出(图 2-14-1)，然后一边旋进一边从目镜中观察，直至分划板刻线成像清晰，再缓慢地旋出，至目镜中的像的清晰度将被破坏而未被破坏时为止.

(2) 望远镜的调焦: 望远镜的调焦目的是将目镜分划板上的十字线调整到物镜的焦平面上，也就是望远镜对无穷远调焦. 其方法是：①接上灯源. 即把从变压器出来的 6.3 V 电源插头插到底板的插座上，把目镜照明器上的插头插到转座的插座上. ②把望远镜光轴位置的调节螺旋 1、10 调到适合位置. ③在载物平台的中央放上光学平行平板. 其反射面对着望远镜物镜，且与望远镜光轴大致垂直. ④通过调节载物平台的调节螺旋 11 和转动载物平台，使望远镜的反射像和望远镜在一直线上. ⑤从目镜中观察，此时可以看到一亮斑，前后移动目镜，对望远镜进行调焦，使亮十字线成清晰像，然后，利用载物平台上的调平螺旋和载物平台微调机构，把这个亮十字线调节到与分划板上方的十字线重合，往复移动目镜，使亮十字和十字线无视差重合.

(3) 调整望远镜的光轴垂直并通过旋转主轴：①调整望远镜光轴上下位置调节螺旋 1，使反射回来的亮十字精确地成像在十字线上. ②把游标盘连同载物平台板旋转 180°时观察到的亮十字可能与十字线有一个垂直方向的位移，即亮十字可能偏高或偏低. ③调节载物平台调节螺旋，至位移减少一半. ④调整望远镜光轴上下位置调节螺旋 1，至垂直方向的位移完全消除. ⑤把游标盘连同载物平台、平行平板再转过 180°，检查其重合程度. 重复上述③和④至偏差得到完全校正.

(4) 将分划板十字线调成水平和垂直: 当载物平台连同光学平行平板相对于望远镜旋转时，观察亮十字是否水平地移动. 如果分划板的水平刻线与亮十字的移动方向不平行，就要转动目镜，使亮十字的移动方向与分划板的水平刻线平行. (注意：不要破坏望远镜的调焦，然后将目镜锁紧螺丝旋紧.)

(5) 平行光管的调焦:目的是把狭缝调整到物镜的焦平面上，也就是平行光管对无穷远调焦. ①去掉目镜照明器上的光源，打开狭缝，用漫射光照明狭缝. ②在平行光管物镜前放一张白纸，检查在纸上形成的光斑，调节光源的位置，使得在整个物镜孔径上照明均匀. ③除去白纸，把平行光管光轴左右位置调节螺旋 12 调到适中的位置，将望远镜管正对平行光管，从望远镜目镜中观测，调节望远镜微调机构和平行光管上下位置调节螺旋 8，使狭缝位于视场中心. ④前后移动狭缝机构，使狭缝清晰地成像在望远镜分划板平台上.

(6) 调节平行光管的光轴垂直于旋转主轴：调节平行光管光轴上下位置调节螺旋 8，升高或降低狭缝像的位置，使狭缝对目镜视场的中心对称.

(7) 将平行光管狭缝调成垂直：旋转狭缝机构，使狭缝与目镜分划板的垂直刻线平行，注意不要破坏平行光管的调焦，然后将狭缝装置锁紧螺丝旋紧.

(注意：必须在分光计调节妥当后，才可做实验二和实验三.)

2.14.2　实验二　测量三棱镜的顶角 A

(1) 取下平行板，放上待测棱镜. 为了便于调节，可将棱镜三边垂直于平台下三个螺丝的连线放置，如图 2-14-4 所示.

(2) 调好游标盘的位置，使游标在测量过程中不被平行光管或望远镜挡住，紧锁制动架和游标盘、载物台和游标盘的止动螺钉.

(3) 使望远镜对准 AB 面，锁紧转座与盘、制动架与底座的止动螺钉.

(4) 旋转制动架末端上的调节螺钉，对望远镜进行微调(旋转)，使亮十字与十字线完全重合，从两窗口读出 V_1、V_2 值，见图 2-14-5.

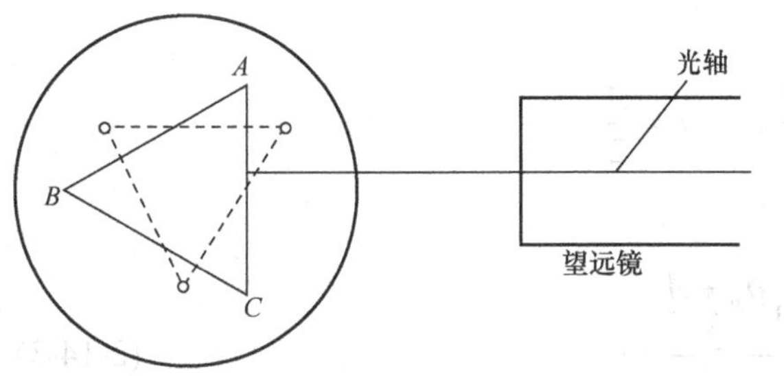

图 2-14-4　三棱镜的放置图

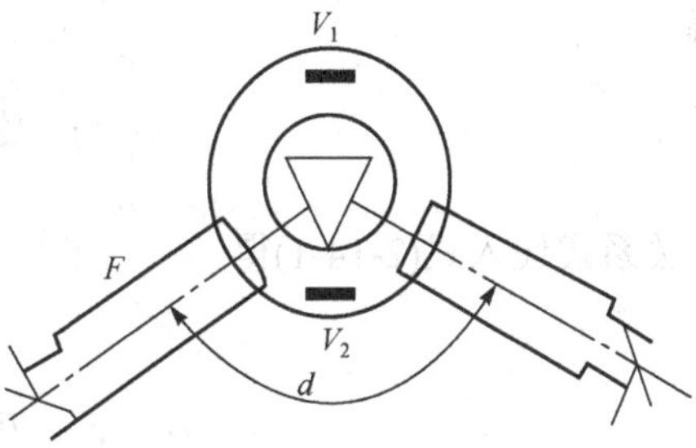

图 2-14-5　三棱镜顶角的测量

(5) 放松制动架与底座上的止动螺钉，旋转望远镜，使之对准 AC 面，锁紧制动架与底座上的止动螺钉.

(6) 重复上述步骤(4)读出 V_1'、V_2' 值.

(7) 根据以上关系可计算出顶角 A

$$\alpha=\frac{1}{2}\left[\left|V_1-V_1'\right|+\left|V_2-V_2'\right|\right]$$

$$A=180°-\alpha$$

稍微变动载物台的位置，重复测量多次，求出顶角的平均值.

(注意：在转动转台时，如某一游标经过 360°的刻线，则 α 角应由下式决定 $\alpha=\frac{1}{2}\left[360°-\left|V_1-V_1'\right|+\left|V_2-V_2'\right|\right]$，$V_1'$ 和 V_2' 为经过 360°刻线的那一游标的两次读数，以后每次读数都应注意这一点.)

2.14.3　实验三 测量最小偏向角

当光线通过两种透明介质的分界面时将改变传播方向，这种现象叫做光的折射，入射角 i 和折射角 r 的关系由分界面两边透明介质的性质决定，这两个角的正弦之比称为折射光介质对入射光介质的相对折射率.

$$n=\frac{\sin i}{\sin r} \tag{2-14-1}$$

因为不同波长的入射光有不同的折射率，通常所说的折射率是以钠光的 D 线(波长 $\lambda=5893\times10^{-10}\,\text{m}$)为标准而言的绝对折射率，即相对于真空(或空气)的折射率. 当光线以入射角 i_1 向三棱镜的一个磨光侧面投射后即以一个折射角 r_1 射入三棱镜内部，遇到另一磨光侧面时，又以入射角 r_2 和折射角 i_2 穿出三棱镜(图 2-14-6)，此时光线的方向和原入射线的方向偏离一角度 δ(δ 称为偏向角)，由图中几何关系可看出

$$\delta=(i_1-r_1)+(i_2-r_2)=(i_1+i_2)-(r_1+r_2)=(i_1+i_2)-A \tag{2-14-2}$$

式中，$A=r_1+r_2$为三角形的顶角；角i_2的大小除与i_1有关外，还与三棱镜介质的折射率n及其顶角A有关，因此偏向角δ也是这些有关量的函数. 可以证明，当三棱镜及光线的性质一定时(即A、n为常数时)，在$i_1=i_2=i$的条件下，偏向角为最小值(证明见本实验【附录2】)，称为最小偏向角，以δ_m表示. 这时光线是对称地通过三棱镜(图2-14-7)，$r_1=r_2=r$，于是由式(2-14-2)可得

$$i=\frac{\delta_m+A}{2},\qquad r=\frac{A}{2}$$

将此关系式代入式(2-14-1)得

$$n=\frac{\sin\dfrac{\delta_m+A}{2}}{\sin\dfrac{A}{2}} \tag{2-14-3}$$

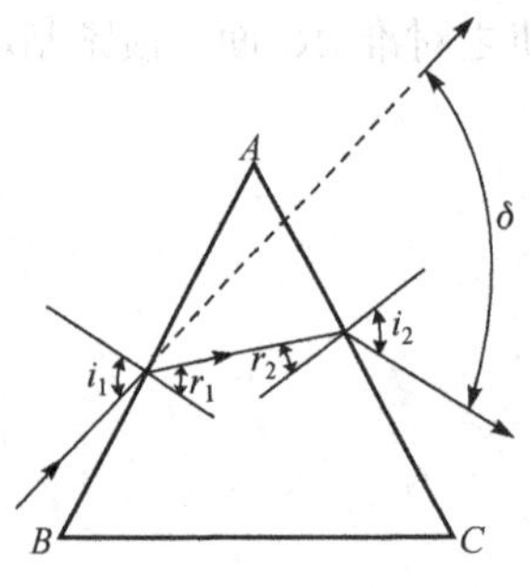

图 2-14-6　$i_1\neq i_2$ 光路图

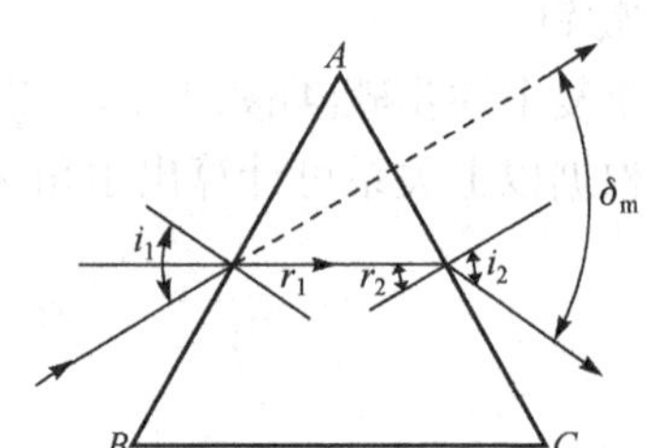

图 2-14-7　$i_1=i_2$ 光路图

若测得三棱镜的顶角(实验二中已测出)及最小偏向角δ_m，即可求出三棱镜介质的折射率n. 测量最小偏向角的步骤如下.

(1) 把钠光灯放在平行光管狭缝之前，并转动转台，使三棱镜转到图2-14-8实线所示的位置，先用眼睛观察钠光的谱线(即钠光照亮的狭缝经三棱镜折射后的谱线)，缓慢转动转台，使偏向角减小，当观察谱线的移动方向开始反转时，即达到最小偏向角，然后把望远镜转到Ⅰ位置. 从望远镜中精确地寻找谱线刚刚开始反转时的位置，确定后固定螺旋，用微动螺旋使叉丝的竖线与谱线重合，从窗口读出V_1和V_2.

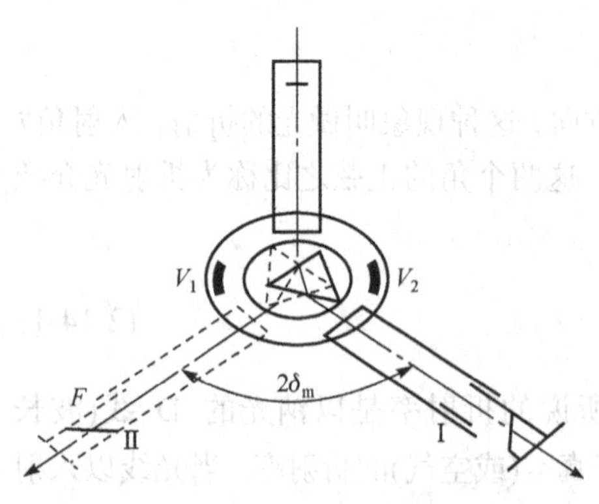

图 2-14-8　最小偏向角的测量

(2) 将三棱镜转到图2-14-8中虚线所示的位置，用眼睛观察钠光谱线，并用手缓慢转动三棱镜(注意不能转动转台)，找到最小偏向角的位置，将望远镜转到Ⅱ位置，精确地读出两边游标读数V_1'和V_2'.

(3) 按同样方法在位置Ⅰ和位置Ⅱ重做一次.

(4) 由下式计算出最小偏向角

$$\delta_m = \frac{1}{4}\left[|V_1 - V_1'| + |V_2 - V_2'|\right] = \_\_\_\_\_\_\_\_$$

【数据和结果处理】

1. 三棱镜的顶角

将实验二所测 V_1、V_2、V_1'、V_2' 填入表 2-14-1.

表 2-14-1　顶角数据表

次数	V_1	V_2	V_1'	V_2'	α	A	$\overline{A}$
1							
2							
3							

$$\alpha = \frac{1}{2}\left[|V_1 - V_1'| + |V_2 - V_2'|\right] = \_\_\_\_\_\_\_\_$$

或

$$\alpha = \frac{1}{2}\left[360° - |V_1 - V_1'| + |V_2 - V_2'|\right] = \_\_\_\_\_\_\_\_$$

$$A = 180° - \alpha$$

2. 最小偏向角 δ_m

将实验三所测 V_1、V_2、V_1'、V_2' 填入表 2-14-2.

表 2-14-2　偏向角数据表

次数	置位(Ⅰ)		位置(Ⅱ)		δ_m	$n = \dfrac{\sin\frac{\delta_m + A}{2}}{\sin\frac{A}{2}}$
	V_1	V_2	V_1'	V_2'		
1						
2						

平均 $\overline{n}$ =________.

【预习思考题】

(1) 分光计必须调节到什么程度才能进行测量?
(2) 为什么分光计要有两个游标刻度?
(3) 如何将三棱镜放置在载物平台上?为什么?

【讨论问题】

(1) 计算角度时若某一游标经过 0°刻线应如何处理?

(2) 总结调节分光计的体会.

【附录 1】

消除偏心差的原理

由于刻度盘中心与转盘中心并不一定重合，真正转过的角度同读出的角度之间会稍有差别，这个差别叫“偏心差”.

如图 2-14-9 所示，O 与 O'分别为刻度盘和转盘的中心. 转盘旋过的角度为φ, 但是在两个角游标上读出的角度分别为 φ_1 和 φ_2 .

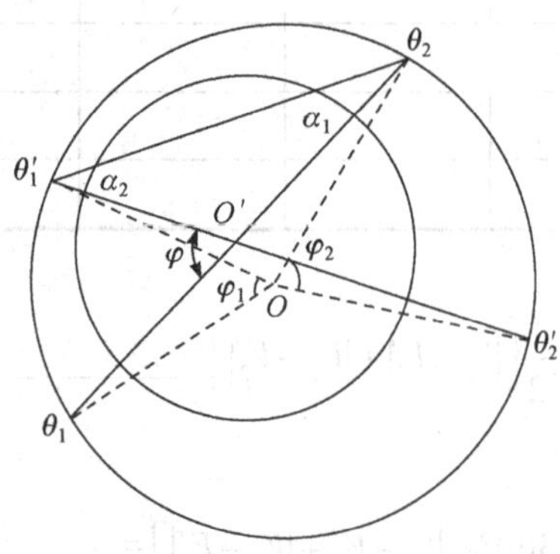

图 2-14-9　偏心差示意图

由几何原理可知

$$\alpha_1 = \frac{1}{2}\varphi_1$$

$$\alpha_2 = \frac{1}{2}\varphi_2$$

又因为

$$\varphi = \alpha_1 + \alpha_2$$

故

$$\varphi = \frac{1}{2}(\varphi_1 + \varphi_2) = \frac{1}{2}\left[\left|V_1 - V_1'\right| + \left|V_2 - V_2'\right|\right]$$

所以实验时取两个角游标读出的角度数值的平均值.

【附录 2】

求δ为最小值的条件

在前面阐述原理时已指出偏向角 δ 是 i_1、i_2、A 的函数，即

$$\delta = (i_1 + i_2) - A \tag{2-14-4}$$

式中，i_2是由 i_1、n 和 A 各量决定的. 因此，当 n、A 为常量时，δ的数值只与i_1有关，δ为最小的条件可由 $\frac{\mathrm{d}\delta}{\mathrm{d}i_1} = 0$ 求得. 由式(2-14-4)得

$$\frac{\mathrm{d}\delta}{\mathrm{d}i_1}=1+\frac{\mathrm{d}i_2}{\mathrm{d}i_1}=0 \tag{2-14-5}$$

利用以下关系：

$$\sin i_1 = n\sin r_1$$

$$\sin i_2 = n\sin r_2$$

$$r_1 + r_2 = A$$

可得

$$\begin{aligned}\frac{\mathrm{d}i_2}{\mathrm{d}i_1}&=\frac{\mathrm{d}i_2}{\mathrm{d}r_2}\cdot\frac{\mathrm{d}r_2}{\mathrm{d}r_1}\cdot\frac{\mathrm{d}r_1}{\mathrm{d}i_1}\\&=\sqrt{\frac{n^2\cos^2 r_2}{1-n^2\sin^2 r_2}}\times(-1)\times\sqrt{\frac{1-n^2\sin^2 r_1}{n^2\cos^2 r_2}}\\&=-\frac{\sqrt{\frac{1}{n^2}-\left(1-\frac{1}{n^2}\right)\tan^2 r_1}}{\sqrt{\frac{1}{n^2}-\left(1-\frac{1}{n^2}\right)\tan^2 r_2}}\end{aligned}$$

由式(2-14-5)得

$$\sqrt{\frac{1}{n^2}-\left(1-\frac{1}{n^2}\right)\tan^2 r_1}=\sqrt{\frac{1}{n^2}-\left(1-\frac{1}{n^2}\right)\tan^2 r_2}$$

故 δ 为最小值的条件是 $r_1 = r_2$，亦即 $i_1 = i_2$.

2.15　用牛顿环测量透镜的曲率半径

【实验目的】

牛顿环

(1) 观察牛顿环的干涉图样；

(2) 用已知波长测定透镜的曲率半径.

【实验仪器】

读数显微镜、钠光灯、平凸透镜、平面玻璃.

【实验原理】

利用透明薄膜上下表面对入射光的依次反射，入射光的振幅将分解成有一定光程差的几个部分，这是一种获得相干光的重要途径，被多种干涉仪所采用. 若两束反射光在相遇时的光程差取决于产生反射光的薄膜厚度，则同一干涉条纹所对应的薄膜厚度相同，这就是所谓的等厚干涉.

将一块曲率半径 R 较大的平凸透镜的凸面置于一光学平玻璃板上，在透镜凸面和平玻璃板间就形成一层空气薄膜，其厚度从中心接触点到边缘逐渐增加. 当以平行单色光垂直入射时，入射光将在此薄膜上下两表面反射，产生具有一定光程差的两束相干光. 显然，它们的干涉图样是以接触点为中心的一系列明暗交替的同心圆环——牛顿环. 其光路示意图见图 2-15-1.

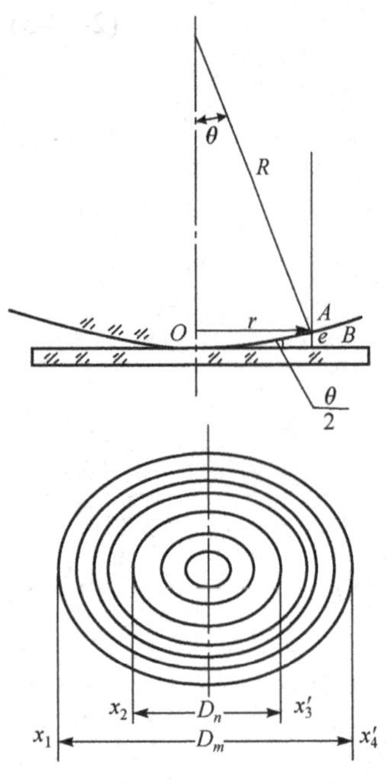

图 2-15-1　牛顿环及其形成光路示意图

由光路分析可知，与第 k 级条纹对应的两束相干光的光程差为

$$\delta_k = 2e_k + \frac{\lambda}{2} \tag{2-15-1}$$

式中，$\lambda/2$ 是由于光线由光疏介质进入到光密介质在反射时有一相位π的改变，引起的附加光程差. 由图 2-15-1 可知

$$R^2 = r^2 + (R-e)^2$$

化简后得到

$$r^2 = 2eR - e^2$$

如果空气薄膜厚度 e 远小于透镜的曲率半径，即 $e \ll R$，则可略去二级小量 e^2. 于是有

$$e = \frac{r^2}{2R} \tag{2-15-2}$$

将 e 值代入式(2-15-1)，得

$$\delta = \frac{r^2}{R} + \frac{\lambda}{2}$$

由干涉条件可知，当 $\delta = \frac{r^2}{R} + \frac{\lambda}{2} = (2k+1)\frac{\lambda}{2}$ 时干涉条纹为暗条纹. 于是得

$$r_k^2 = kR\lambda, \quad k = 0,1,2,\cdots \tag{2-15-3}$$

如果已知射入光的波长 λ，并测得第 k 级暗条纹的半径 r_k，则可由公式(2-15-3)计算出透镜的曲率半径 R.

观察牛顿环时将会发现，牛顿环中心不是一点，而是一个不甚清晰的暗或亮的光斑. 其原因是透镜和平玻璃接触时，由于接触压力引起形变，接触处为一圆面；又因为板面上可能有微小灰尘等存在，从而引起附加的光程差. 这都会给测量带来较大的系统误差.

我们可以通过取两个暗条纹半径的平方差来消除附加光程差带来的误差. 假设附加厚度为 a，则光程差为

$$\delta = 2(e \pm a) + \frac{\lambda}{2} = 2(k+1)\frac{\lambda}{2}$$

即

$$e = k \cdot \frac{\lambda}{2} \pm a$$

将式(2-15-2)代入上式，得

$$r^2 = kR\lambda \pm 2Ra$$

取第 m、n 级暗条纹，则对应的暗环半径为

$$r_m^2 = mR\lambda \pm 2Ra$$

$$r_n^2 = nR\lambda \pm 2Ra$$

将两式相减，得

$$r_m^2 - r_n^2 = (m-n)R\lambda$$

可见 $r_m^2 - r_n^2$ 与附加厚度 a 无关.

又因暗环圆心不易确定，故取暗环的直径替换，得

$$D_m^2 - D_n^2 = 4(m-n)R\lambda$$

因而，透镜的曲率半径为

$$R = \frac{D_m^2 - D_n^2}{4(m-n)\lambda} \tag{2-15-4}$$

【实验内容】

1. 调整测量装置

读数显微镜实验装置示意图如图 2-15-2 所示. 由于干涉条纹间隔很小，精确测量需用读数显微镜(图中所示的读数显微镜见本实验【附录】). 调整时应注意：

(1) 调节 45°玻璃片，使显微镜视场中亮度最大，这时基本上满足入射光垂直于透镜的要求.

(2) 因反射光干涉条纹产生在空气薄膜的上表面，显微镜应对上表面调焦才能找到清晰的干涉图像.

(3) 调焦时，显微镜筒应自下而上缓慢上升，直到看清楚干涉条纹时为止.

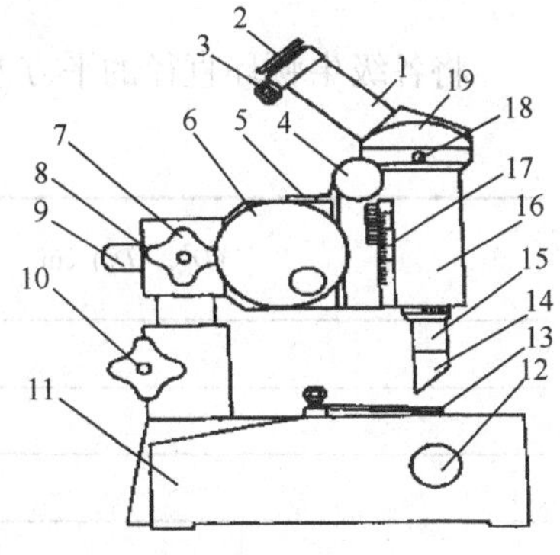

图 2-15-2　读数显微镜

1. 目镜接筒；2. 目镜；3. 锁紧螺钉；4. 调焦手轮；5. 标尺；6. 测微鼓轮；7. 锁紧手轮；8. 接头轴；9. 方轴；10. 锁紧手轮；11. 底座；12. 反光镜旋轮；13. 压片；14. 半反镜组；15. 物镜组；16. 镜筒；17. 刻尺；18. 锁紧螺钉；19. 棱镜室

2. 观察干涉条纹的分布特征

例如，各级条纹的粗细是否一致，条纹间隔有无变化，并做出解释. 观察牛顿环中心是亮斑还是暗斑？若是亮斑，如何解释呢？用擦镜纸仔细地将接触的两个表面擦干净，可使中心呈暗斑.

3. 测量牛顿环的直径

转动测微鼓轮，依次记下欲测的各级条纹在中心两侧的位置(级数适当取大一些，如 $k = 10$

左右)，求出各级牛顿环的直径．在每次测量时，注意鼓轮应沿一个方向转动，中途不可倒转(为什么？).

【数据和结果处理】

计算出各级牛顿环直径的平方值后，用逐差法处理所得数据，求出直径平方差的平均值 $D_m^2 - D_n^2$(如可取 $m-n=5$ 左右)，代入式(2-15-4)，由此公式推出的误差公式即得到透镜的曲率半径

$$R=\overline{R} \pm \Delta R$$

将牛顿环直径数据填入表 2-15-1.

表 2-15-1　牛顿环直径数据表

$\lambda = 5893\times10^{-8}$ cm.

环数	第一次测量		第二次测量		平均直径 D_k /cm
	左边	右边	左边	右边	

将各级牛顿环直径的平方差值填入表 2-15-2.

表 2-15-2　牛顿环直径平方差数据表

$(D_{k+5}^2 - D_k^2)$ /cm	$R=\dfrac{D_{k+5}^2 - D_k^2}{20\lambda}$ /cm

透镜的平均曲率半径 R=__________(cm);

平均绝对误差 ΔR =__________(cm);

相对误差 $E=\dfrac{\Delta R}{R}\times100\%$ =__________(%);

$R\pm\Delta R$ =__________(cm).

【预习思考题】

(1) 何谓牛顿环？用以测定透镜曲率半径的理论公式是什么？

(2) 实验中为什么要测量多组数据和分组处理所测数据？

【讨论问题】

(1) 试比较牛顿环与劈尖干涉条纹的异同点.

(2) 为什么说读数显微镜测量的是牛顿环的直径，而不是显微镜内牛顿环的放大像的直径？如果改变显微镜筒的放大倍数，是否会影响测量的结果？

(3) 由于环中心不易确定，因而实验中所测牛顿环直径实际为接近直径的各种弦长，请问对实验结果有无影响？为什么？

(4) 在此实验中，假如平玻璃板上有微小的凸起，则凸起处空气薄膜厚度减小，导致等厚干涉条纹发生畸变. 试问这时牛顿(暗)环将局部内凹还是局部外凸？为什么？(请画出条纹的形状).

【附录】

读数显微镜

一般显微镜只有放大物体的作用，不能测量物体的大小. 如果在显微镜的目镜中装上十字叉丝，并把镜筒固定在一个可以移动的拖板上，而拖板移动的距离由螺旋测微器或游标尺读出来，则这样改变的显微镜成为读数显微镜. 它主要用来精确测定微小的或不能用夹持量具测量的物体的尺寸，如毛细管内径、金属杆的线膨胀量、微小钢球的直径等. 测量的准确度一般为 0.01 mm.

1. 结构

主要部分为放大待测物体的显微镜和读数用的主尺及附尺. 附尺有两种形式：一种是游标尺的形式，另一种是螺旋测微器的形式. 其读数原理分别与游标尺和螺旋测微器的读数原理相同.

转动旋钮，即转动丝杆，能使套在丝杆上的螺母套管移动. 调节固定螺钉，可使装有显微镜的拖板脱开或者固定在螺母套管上. 脱开时，用于对准待测物体；固定时，用来测读数据.

显微镜由目镜、物镜和十字叉丝组成. 使用时，镜筒可以垂直于水平面，还可以将显微镜的基座旋转 90°，以端面作为底面，用来测量毛细管内液柱的上升高度等. 测量时，为使显微镜有明亮的视场，还附有照明器.

2. 使用方法

(1) 根据测量对象的具体情况，决定读数显微镜的安放位置. 把待测物体放在显微镜的物镜的正下方或正前方.

(2) 调节目镜，使十字叉丝成像清楚.

(3) 调节旋钮，可以改变镜筒跟物体的间距，以便在目镜中看到一个清晰的物像. 旋转目镜的镜筒，使十字叉丝和主尺的位置平行，另一条丝用来测定物体的位置.

(4) 旋动转钮或轻轻移动待测物体，使显微镜十字叉丝中的一条丝和待测物体的一条边相切，从主尺和附尺上读出与该位置对应的读数 x. 然后，保持待测物体的位置不变，转动旋钮，使显微镜的十字叉丝与待测物体的另一边相切，读出 x'. 于是待测物体的长度 L 为

$$L = |x - x'|$$

3. 注意事项

(1) 当眼睛注视目镜时，只准镜筒移离待测物体，以防止碰破显微镜物镜.

(2) 在整个测量过程中，十字叉丝的一条丝必须和主尺平行.

(3) 在多次测量(如 x 和 x' 的测量)中，旋钮只能向一方转动，不能时而正转，时而反转. 如果正向前行的拖板突然停下朝反向进行，则旋钮(丝杆)一定在空转(即转动丝杆而拖板不动)，转动几圈后才能重新推动拖板后退，这是因为丝杆和螺母套筒之间有间隙.

第 3 章　综合性实验

3.1　玻尔共振实验

【实验目的】

(1) 研究玻尔共振仪中弹性摆轮受迫振动的幅频特性和相频特性；

(2) 研究不同阻尼力矩对受迫振动的影响，观察共振现象；

(3) 学习用频闪法测定运动物体的某些量，如相位差；

(4) 通过本次实验，初步体会实验中所用玻尔共振仪测量受迫振动的振幅、频率以及相位差的方法，通过不断地学习和提高，进而在实验中提高自身的科学素养.

【实验装置】

玻尔共振仪由振动仪与电器控制箱两部分组成，部分结构如图 3-1-1 所示. 铜质摆轮 A 安装在机架转轴上，可绕转轴转动. 涡卷弹簧 B 的一端与摆轮相连，另一端与摇杆 M 相连. 自由振动时，摇杆不动，涡卷弹簧对摆轮施加与角位移成正比的弹性回复力矩. 在摆轮下方装有阻尼线圈 K，电流通过线圈会产生磁场，铜质摆轮在磁场中运动，会在摆轮中形成局部的涡电流，涡电流磁场与线圈磁场相互作用，形成与运动速度成正比的电磁阻尼力矩. 受迫振动时，电动机带动偏心轮及传动连杆 E 使摇杆摆动，通过涡卷弹簧传递给摆轮，产生受迫外力矩，强迫摆轮做受迫振动.

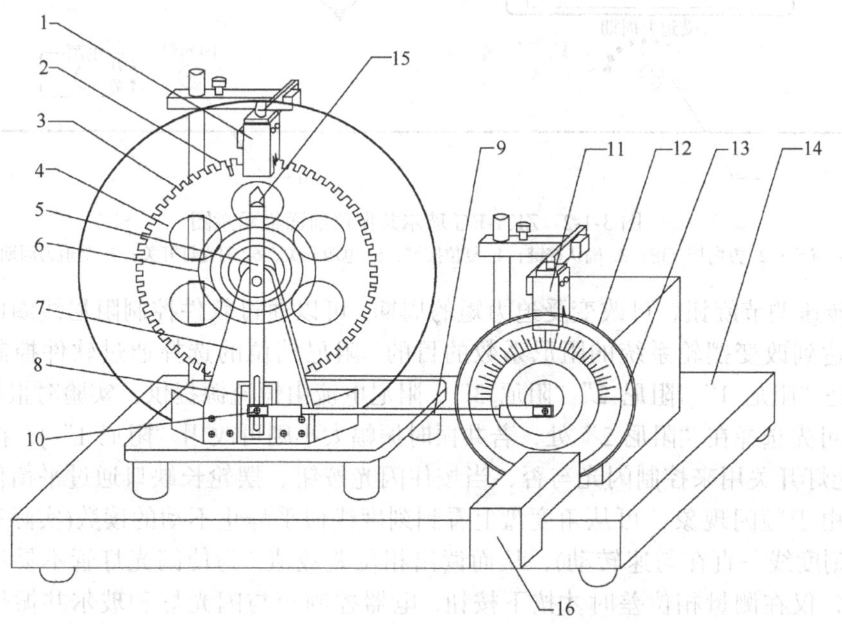

图 3-1-1　玻尔共振仪部分结构示意图

1. 光电门 H；2. 长凹槽 C；3. 短凹槽 D；4. 铜质摆轮 A；5. 摇杆 M；6. 涡卷弹簧 B；7. 支承架；8. 阻尼线圈 K；9. 连杆 E；10. 摇杆调节螺丝；11. 光电门 I；12. 角度盘 G；13. 有机玻璃转盘 F；14. 底座；15. 弹簧夹持螺钉 L；16. 闪光灯

在摆轮的圆周上每隔 2°开有许多凹槽，其中一个凹槽(用白漆线标志)比其他凹槽长许多. 摆轮正上方的光电门架 H 上装有两个光电门：一个对准长形凹槽，在一个振动周期中长形凹槽两次通过该光电门，光电测控箱由该光电门的开关时间来测量摆轮的周期，并予以显示；另一个对准短凹槽，由一个周期中通过该光电门的凹槽的个数，即可得出摆轮振幅，并予以显示. 光电门的测量精度为 2°.

电动机轴上装有固定的角度盘 G 和随电机一起转动的有机玻璃转盘 F，角度指针上方有挡光片. 调节控制箱上的十圈电机转速调节旋钮，可以精确改变加于电机上的电压，使电机的转速在实验范围(30～45 r/min)内连续可调，由于电路中采用特殊稳速装置、电动机采用惯性很小的带有测速发电机的特种电机，所以转速极为稳定. 在角度盘正上方装有光电门 I，有机玻璃转盘的转动使挡光片通过该光电门，光电检测箱记录光电门的开关时间，测量受迫力的周期.

受迫振动时，摆轮与外力矩的相位差是利用小型闪光灯来测量的. 置于角度盘下方的闪光灯受摆轮长形凹槽光电门的控制，每当摆轮上长形凹槽 C 通过平衡位置时，光电门 H 接收光，引起闪光，这一现象称为频闪现象. 在受迫振动达到稳定状态时，在闪光灯的照射下可以看到角度指针好像一直“停在”某一刻度处(实际上，角度指针一直在匀速转动). 所以，从角度盘上直接读出摇杆相位超前于摆轮相位的数值，其数值为相位差 φ.

玻尔共振仪电器控制箱的前面板和后面板分别如图 3-1-2 和图 3-1-3 所示.

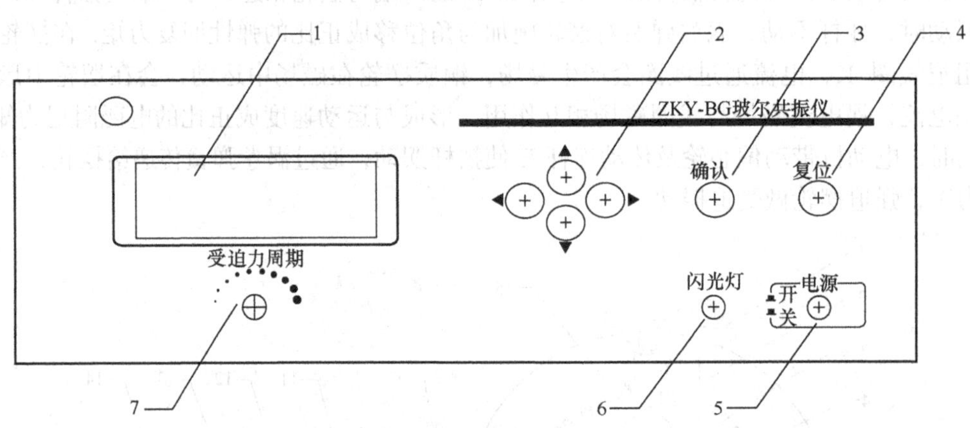

图 3-1-2　ZKY-BG 玻尔共振仪前面板示意图

1. 液晶显示屏幕；2. 方向控制键；3. 确认按键；4. 复位按键；5. 电源开关；6. 闪光灯开关；7. 受迫力周期调节电位器

电机转速调节旋钮，可改变受迫力矩的周期. 可以通过软件控制阻尼线圈内直流电流的大小，达到改变摆轮系统的阻尼系数的目的. 阻尼挡位的选择通过软件控制，共分 3 挡，分别是“阻尼 1”“阻尼 2”“阻尼 3”. 阻尼电流由恒流源提供，实验时根据不同情况进行选择(可先选择在“阻尼 2”处，若共振时振幅太小则可改用“阻尼 1”)，振幅在 150°左右. 闪光灯开关用来控制闪光与否，当按住闪光按钮、摆轮长缺口通过平衡位置时便产生闪光，由于频闪现象，可从角度盘上看到刻度线似乎静止不动的读数(实际有机玻璃转盘 F 上的刻度线一直在匀速转动)，从而读出相位差数值. 为使闪光灯管不易损坏，采用按钮开关，仅在测量相位差时才按下按钮. 电器控制箱与闪光灯和玻尔共振仪之间通过各种专业电缆相连接.

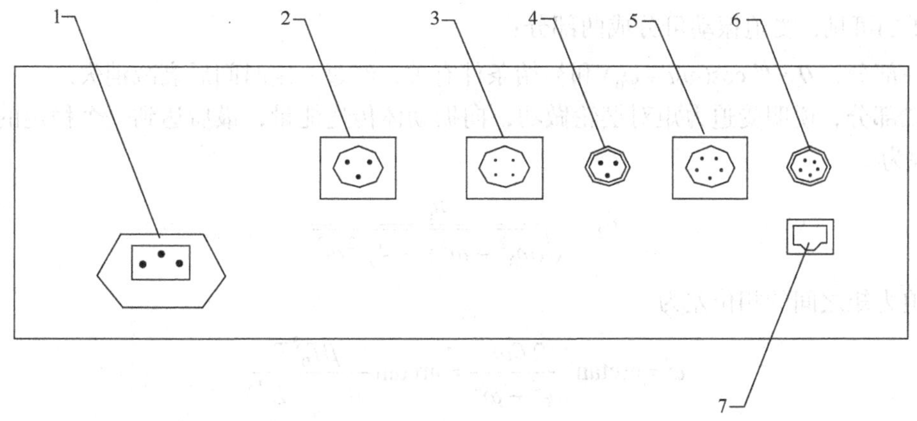

图 3-1-3　ZKY-BG 玻尔共振仪后面板示意图

1. 电源插座(带保险)；2. 闪光灯接口；3. 阻尼线圈；4. 电机接口；5. 振幅输入；6. 周期输入；7. 通信接口

【实验原理】

物体在周期性外力作用下发生的振动称为受迫振动，这种周期性外力称为驱动力或者受迫力. 如果受迫力是按简谐振动规律变化，那么稳定状态时的受迫振动也是简谐振动，此时，振幅保持恒定，振幅的大小与受迫力的频率和原振动系统无阻尼时的固有振动频率以及阻尼系数有关. 在受迫振动状态下，系统除了受到受迫力的作用外，同时还受到回复力和阻尼力的作用. 所以在稳定状态时物体的位移、速度变化与受迫力变化不是同相位的，存在一个相位差. 当受迫力频率与系统的固有频率相同产生共振时，振幅最大，相位差为 90°.

实验采用摆轮在弹性力矩作用下自由摆动，在电磁阻尼力矩作用下做受迫振动来研究受迫振动特性，可直观地显示机械振动中的一些物理现象.

当摆轮受到周期性受迫外力矩 $M = M_0 \cos \omega t$ 的作用，并在有空气阻尼和电磁阻尼的介质中运动时(阻尼力矩为 $-b\mathrm{d}\theta / \mathrm{d}t$)，其运动方程为

$$J\frac{\mathrm{d}^2\theta}{\mathrm{d}t^2} = -k\theta - b\frac{\mathrm{d}\theta}{\mathrm{d}t} + M_0 \cos \omega t \tag{3-1-1}$$

式中，J 为摆轮的转动惯量；$-k\theta$ 为弹性力矩；M_0 为受迫力矩的幅值；ω 为受迫力的角频率.

令

$$\omega_0{}^2 = \frac{k}{J},\quad 2\beta = \frac{b}{J},\quad m_0 = \frac{M_0}{J}$$

则式(3-1-1)变为

$$\frac{\mathrm{d}^2\theta}{\mathrm{d}t^2} + 2\beta\frac{\mathrm{d}\theta}{\mathrm{d}t} + \omega_0{}^2\theta = m_0 \cos \omega t \tag{3-1-2}$$

当 $m_0 \cos \omega t = 0$ 时，式(3-1-2)为阻尼振动方程. 当 $\beta = 0$，即在无阻尼情况时，式(3-1-2)变为简谐振动方程，系统的固有角频率为 ω_0. 式(3-1-2)的通解为

$$\theta = \theta_1 \mathrm{e}^{-\beta t} \cos(\omega_\mathrm{f} t + \varphi_0) + \theta_2 \cos(\omega t + \varphi) \tag{3-1-3}$$

由式(3-1-2)可见，受迫振动可分成两部分：

第一部分，$\theta_1 e^{-\beta t}\cos(\omega_f t+\varphi_0)$ 和初始条件有关，经过一定时间后衰减消失.

第二部分，说明受迫力矩对摆轮做功，向振动体传送能量，最后达到一个稳定的振动状态. 振幅为

$$\theta_2=\frac{m_0}{\sqrt{({\omega_0}^2-\omega^2)^2+4\beta^2\omega^2}} \tag{3-1-4}$$

它与受迫力矩之间的相位差为

$$\varphi=\arctan\frac{2\beta\omega}{{\omega_0}^2-\omega^2}=\arctan\frac{\beta {T_0}^2 T}{\pi(T^2-{T_0}^2)} \tag{3-1-5}$$

由式(3-1-4)和式(3-1-5)可以看出，振幅 θ_2 与相位差 φ 的数值取决于受迫力矩 M_0、受迫力角频率 ω 、系统的固有角频率 ω_0 和阻尼系数 β 四个因素，而与系统振动初始状态无关.

由 $\frac{\partial}{\partial\omega}[({\omega_0}^2-\omega^2)^2+4\beta^2\omega^2]=0$ 极值条件可得出，当受迫力的角频率 $\omega=\sqrt{{\omega_0}^2-2\beta^2}$ 时，产生共振，θ 有极大值. 若共振时角频率和振幅分别用 ω_r、θ_r 表示，则

$$\omega=\omega_r=\sqrt{{\omega_0}^2-2\beta^2} \tag{3-1-6}$$

将式(3-1-6)代入式(3-1-4)可得

$$\theta_r=\frac{m_0}{2\beta\sqrt{{\omega_0}^2-\beta^2}} \tag{3-1-7}$$

由式(3-1-6)和式(3-1-7)可以看出，阻尼系数 β 越小，共振时角频率越接近于系统固有角频率，振幅 θ_r 也越大. 图 3-1-4(a)和(b)给出在不同 β 时受迫振动的幅频特性和相频特性.

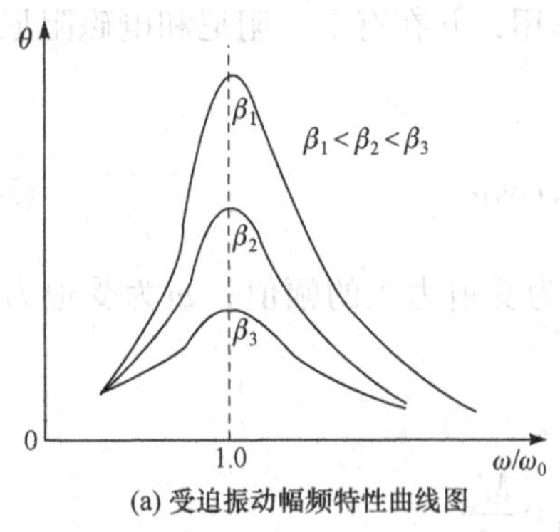

(a) 受迫振动幅频特性曲线图

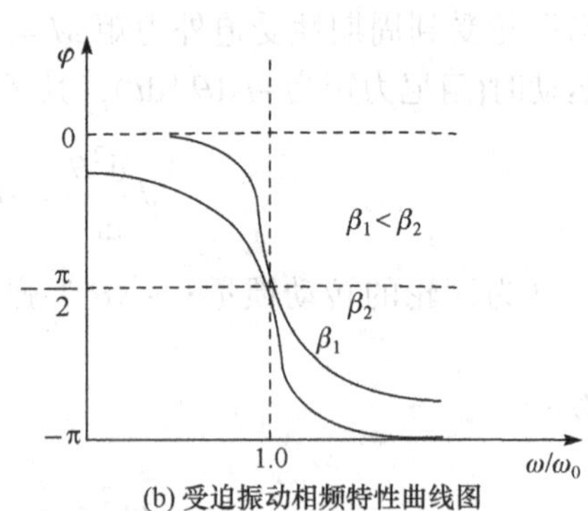

(b) 受迫振动相频特性曲线图

图 3-1-4　受迫振动幅频和相频特性

可见，β越小，θ_r 越大，θ_2 随ω偏离ω_0 而衰减得越快，幅频特性曲线越陡峭. 在峰值附近，$\omega\approx\omega_0$，$\omega_0^2-\omega^2\approx 2\omega_0(\omega_0-\omega)$，而式(3-1-4)可近似表达为

$$\theta_2\approx\frac{m}{2\omega_0\sqrt{(\omega_0-\omega)^2+\beta^2}} \tag{3-1-8}$$

由上式可见，当$|\omega_0-\omega|=\beta$ 时，振幅降为峰值的 $\frac{1}{\sqrt{2}}$，根据幅频特性曲线的相应点可确定β的值.

【实验内容与步骤】

1. 实验准备

按下电源开关后，屏幕上出现欢迎界面，其中 NO.0000X 为电器控制箱与电脑主机相连的编号. 过几秒钟后屏幕上显示如图 3-1-5 所示“按键说明”字样. 符号“◀”为向左移动；“▶”为向右移动；“▲”为向上移动；“▼”为向下移动. 下文中的符号不再重新介绍.

2. 选择实验方式

根据是否连接电脑选择联网模式或单机模式. 这两种方式下的操作完全相同，故不再重复介绍.

3. 自由振荡——测量摆轮振幅θ与自由振荡周期 T 的对应关系

自由振荡实验的目的是测量摆轮的振幅θ与自由振荡周期 T 的关系.

在图 3-1-5(a)状态按确定键，显示图 3-1-5(b)所示的实验类型，默认选中项为“自由振荡”，字体反白为选中，再按确定键，显示如图 3-1-5(c)所示.

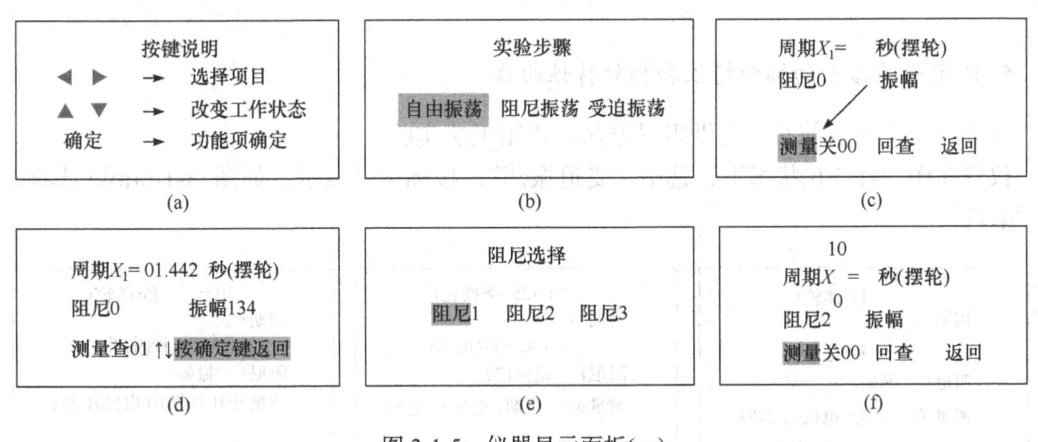

图 3-1-5　仪器显示面板(一)

用手转动摆轮 160°左右，放开手后按“▲”或“▼”键，测量状态由“关”变为“开”，控制箱开始记录实验数据，振幅的有效数值范围为：50°～160°(振幅小于 160°测量开，小于 50°测量自动关闭). 测量显示关时，数据已保存并发送主机.

查询实验数据，可按“◀”或“▶”键，选中“回查”，再按确定键如图 3-1-5(d)所示，表示第一次记录的振幅θ_0 =134°，对应的周期 T = 1.442 s，然后按“▲”或“▼”键查看所有记录的数据，该数据为每次测量振幅相对应的周期数值，回查完毕，按确定键，返回到图 3-1-5(c)状态. 此法可得到振幅θ与周期 T 的对应表，该对应表将在稍后的“幅频特性和相频特性”数据处理过程中使用. 由于此时阻尼很小，测出的周期非常接近摆轮的固有周期 T_0.

若进行多次测量可重复操作，自由振荡完成后，选中“返回”，按确定键回到前面图 3-1-5(b)进行其他实验.

因电器控制箱只记录每次摆轮周期变化时所对应的振幅值，因此有时转盘转过光电门几次，测量才记录一次(其间能看到振幅变化).

4. 测定阻尼系数β

在图 3-1-5(b)状态下，根据实验要求，按“▶”键，选中“阻尼振荡”，按确定键显示阻尼：如图 3-1-5(e). 阻尼分三个挡次，阻尼 1 最小，根据自己实验要求选择阻尼挡. 例如，选择阻尼 2 挡，按确定键显示：如图 3-1-5(f).

首先将有机玻璃转盘上的指针放在 0°位置，用手转动摆轮 160°左右，选取θ_0在 150°左右，按“▲”或“▼”键，测量由“关”变为“开”并记录数据，仪器记录十组数据后，测量自动关闭，此时振幅大小还在变化，但仪器已经停止记数.

阻尼振荡的回查同自由振荡类似，请参照上面操作. 若改变阻尼挡测量，重复阻尼 1 的操作步骤即可.

从液显窗口读出摆轮做阻尼振动时的振幅数值θ_1，θ_2，θ_3，…，θ_n，利用公式

$$\ln\frac{\theta_i}{\theta_{i+n}}=\ln\frac{\theta_1 e^{-\beta t}}{\theta_1 e^{-\beta(t+nT)}}=n\beta\overline{T} \tag{3-1-9}$$

求出β值. 式中，n 为阻尼振动的周期次数；θ_n 为第 n 次振动时的振幅；$\overline{T}$ 为阻尼振动周期的平均值. 此值可以测出 10 个摆轮振动周期值，然后取其平均值. 一般阻尼系数需测量 2～3 次.

5. 测定受迫振动的幅频特性和相频特性曲线

在进行受迫振荡前必须先做阻尼振荡，否则无法实验.

仪器在图 3-1-5(b)状态下，选中“受迫振荡”，按确定键显示：如图 3-1-6(a)默认状态选中“电机”.

周期×1 ＝ 秒(摆轮)
＝ 秒(电机)
阻尼1 振幅
测量关00周期1 电机关 返回

(a)

周期×1 =1.425 秒(摆轮)
= 1.425 秒(电机)
阻尼1 振幅122
测量关00 周期1 电机开 返回

(b)

周期× 10 = 秒(摆轮)
5 = 秒(电机)
阻尼1 振幅
测量开01 周期10 电机开 返回

(c)

图 3-1-6　仪器显示面板(二)

按“▲”或“▼”键，让电机启动. 此时保持周期为 1，待摆轮和电机的周期相同，特别是振幅已稳定，变化不大于 1，表明两者已经稳定了(图 3-1-6(b))，方可开始测量.

测量前应先选中“周期”，按“▲”或“▼”键把周期由 1(图 3-1-6(a))改为 10(图 3-1-6(c))(目的是减少误差，若不改周期，测量无法打开). 再选中“测量”，按下“▲”或“▼”键，测量打开并记录数据(图 3-1-6(c)).

一次测量完成，显示“测量关”后，读取摆轮的振幅值，并利用闪光灯测定受迫振动位移与受迫力间的相位差.

调节受迫力矩周期电位器，改变电机的转速，即改变受迫外力矩角频率ω，从而改变电机转动周期. 电机转速的改变可按照$\Delta\varphi$控制在 10°左右来定，可进行多次这样的测量.

每次改变了受迫力矩的周期，都需要等待系统稳定，约需 2 min，即返回到图 3-1-6(b)状态，等待摆轮和电机的周期相同，然后再进行测量.

在共振点附近由于曲线变化较大，因此测量数据相对密集些，此时电机转速极小变化会引起$\Delta\varphi$很大改变. 电机转速旋钮上的读数(如 5.50)是一参考数值，建议在不同ω时都记下此值，用来在需要重复测量时作为参考.

测量相位时应把闪光灯放在电动机转盘前下方，按下闪光灯按钮，根据频闪现象来测量，仔细观察相位位置.

受迫振荡测量完毕，按“◀”或“▶”键，选中“返回”，按确定键，重新回到图 3-1-5(b)状态.

6. 关机

在图 3-1-5(b)状态下，按住复位按钮保持不动，几秒钟后仪器自动复位，此时所做实验数据全部清除，然后按下电源按钮，结束实验.

【注意事项】

(1) 受迫振荡实验时，调节仪器面板受迫力周期旋钮(图 3-1-2 按钮“7”)，从而改变不同电机转动周期，该实验必须做 10 次以上，其中必须包括电机转动周期与自由振荡实验时的自由振荡周期相同的数值.

(2) 在做受迫振荡实验时，需待电机与摆轮的周期相同(末位数差异不大于 2)即系统稳定后，方可记录实验数据. 且每次改变受迫力矩的周期，都需要重新等待系统稳定.

(3) 因为闪光灯的高压电路及强光会干扰光电门采集数据，所以须待一次测量完成，显示测量关后，才可使用闪光灯读取相位差.

(4) 按住复位按钮保持不动，几秒钟后仪器自动复位，此时所做实验数据全部清除，然后按下电源按钮，结束实验.

【数据记录和处理】

1. 摆轮振幅θ与自由振荡周期 T 关系(表 3-1-1)

表 3-1-1 自由振荡振幅θ与周期 T 的关系

振幅θ	周期 T/s	振幅θ	周期 T/s	振幅θ	周期 T/s

2. 阻尼系数β的计算

利用式(3-1-9)对所测数据(表 3-1-1)按逐差法处理，求出β值

$$5\beta\overline{T}=\ln\frac{\theta_i}{\theta_{i+5}} \tag{3-1-10}$$

式中，i 为阻尼振动的周期次数；θ_i 为第 i 次振动时的振幅. 将数据填入表 3-1-2.

表 3-1-2 测定阻尼系数数据记录表

阻尼挡位：_____挡.

次数	振幅 θ_n /(°)	次数	振幅 θ_n /(°)	$\ln\dfrac{\theta_i}{\theta_{i+5}}$
1		6		
2		7		
3		8		
4		9		
5		10		
$\ln\dfrac{\theta_i}{\theta_{i+5}}$ 平均值				

$$10T=\_\_\_\_\_\_\_\text{s},\quad \overline{T}=\_\_\_\_\_\_\_\text{s}$$

3. 幅频特性和相频特性测量

(1) 将记录的实验数据填入表 3-1-3，并查询振幅θ与频率 T 的对应表，获取对应的 T 值，也填入表 3-1-3.

表 3-1-3 幅频特性和相频特性测量数据记录表

阻尼挡位：_____挡.

受迫力矩周期/s	相位差φ读取值/(°)	振幅θ测量值/(°)	查表 3-1-1 得出的与振幅θ对应的频率 T

(2) 利用表 3-1-3 记录的数据，将计算结果填入表 3-1-4.

表 3-1-4 幅频特性和相频特性测量数据记录表(选做)

受迫力矩周期/s	φ读取值/(°)	θ测量值/(°)	$\dfrac{\omega}{\omega_r}$	$\left(\dfrac{\theta}{\theta_r}\right)^2$	$\varphi=\arctan\dfrac{-\beta T_0^2 T}{\pi(T^2-T_0^2)}$

以ω/ω_r 为横轴，$(\theta/\theta_r)^2$(或θ)为纵轴，作出幅频特性$(\theta/\theta_r)^2$(或θ)-ω/ω_r 曲线；以ω/ω_r 为横轴，相位差φ为纵轴，作相频特性曲线.

在阻尼系数较小(满足$\beta^2 \propto \omega_0^2$)和共振位置附近($\omega=\omega_0$)，由于$\omega_0+\omega=2\omega_0$，从式(3-1-5)和式(3-1-8)可得

$$\left(\frac{\theta}{\theta_r}\right)^2=\frac{4\beta^2\omega_0^2}{4\omega_0^2(\omega-\omega_0)^2+4\beta^2\omega_0^2}=\frac{\beta^2}{(\omega-\omega_0)^2+\beta^2}$$

据此可由幅频特性曲线求β值.

当$\theta=\frac{1}{\sqrt{2}}\theta_r$，即$\left(\frac{\theta}{\theta_r}\right)^2=\frac{1}{2}$时，由上式可得

$$\omega-\omega_0=\pm\beta$$

此ω对应于图$\left(\frac{\theta}{\theta_r}\right)^2=\frac{1}{2}$处两个值$\omega_1$、$\omega_2$，由此可得

$$\beta=\frac{\omega_2-\omega_1}{2}$$

将此法与逐差法求得之β值作一比较并讨论.

【思考与讨论题】

(1) 受迫振动与简谐振动的联系和区别.

(2) 实验中是如何利用闪频原理来测量相位差的?

(3) 为什么实验时，选定阻尼电流后，要求阻尼系数和幅频特性以及相频特性的测定一起完成，而不能先测定不同电流时的β值，再测定相应阻尼电流时的幅频和相频特性?

【附录 1】

玻尔共振仪调整方法

玻尔共振仪各部分经校正，请勿随意拆装改动，电器控制箱与主机有专门电缆相接，不会混淆，在使用前请务必清楚各开关与旋钮功能.

经过运输或实验后，若发现仪器工作不正常，可进行调整，具体步骤如下：

(1) 将有机玻璃转盘上的指针放在“0”处.

(2) 松动连杆上锁紧螺母，然后转动连杆 E，使摇杆 M 处于垂直位置，然后再将锁紧螺母固定.

(3) 此时摆轮上一条长形槽口(用白漆线标志)应基本上与指针对齐，若发现明显偏差，可将摆轮后面三只固定螺丝略松动，用手握住涡卷弹簧 B 的内端固定处，另一手即可将摆轮转动，使白漆线对准尖头，然后再将三只螺丝旋紧. 一般情况下，只要不改变弹簧 B 的长度，此项调整极少进行.

(4) 若弹簧 B 与摇杆 M 相连接处的外端夹紧螺钉 L 放松，此时弹簧 B 外圈即可任意移动(可缩短、放长)，缩短距离不宜少于 6 cm. 在旋紧夹持螺钉时，务必保持弹簧处于垂直面内，否则将明显影响实验结果.

(5) 将光电门 H 中心对准摆轮上白漆线(即长狭缝)，并保持摆轮在光电门中间狭缝中自由摆动，此时可选择阻尼挡为“1”或“2”. 打开电机，此时摆轮将做受迫振动，待达到稳定状态时，打开闪光灯开关，此时将看到有机玻璃转盘上的指针在角度盘中有一似乎固定读数，两次读数值在调整良好时相差在 1°以内(在不大于 2°时实验即可进行)，若发现相差较大，则可调整光电门位置；若相差超过 5°以上，必须重复上述步骤，重新调整.

由于弹簧制作过程中的问题，在相位差测量过程中可能会出现有机玻璃转盘上的指针在角度盘上两端重合较好、中间较差，或中间较好、两端较差的现象.

【附录 2】

玻尔共振仪常见故障排除方法

表 3-1-5 为玻尔共振仪常见故障排查表.

表 3-1-5　玻尔共振仪常见故障排查表

故障现象	原因及处理办法
“受迫振荡”实验无法进行，一直无测量值显示	检查刻度盘上的光电门 I 指示灯是否闪烁. (1) 若此指示灯不亮，左右移动光电门，会看到指示灯亮，再将其调整到合适的不阻碍转盘运动的位置； (2) 指示灯长亮，不闪烁. 说明光电门 I 位置偏高，使有机玻璃转盘上的白线无法挡光，实验不能进行，调整光电门 I 的高度，直到合适位置即可； (3) 若以上情况都不是，则“周期输入”小五芯电缆有断点或有粘连，拆开接上断点或排除粘连即可
“受迫振荡”实验进行时，按住闪光灯，电机周期会变	可能有如下两个原因： (1) 闪光灯的强光会干扰光电门 H 及光电门 I 采集数据； (2) 闪光灯的高压电路会对数据采集造成干扰，因此必须待一次测量完成，显示“测量关”后，才可使用闪光灯读取相位差
幅频和相频特性曲线数据点非常密集	在做“受迫振荡”实验时，未调节受迫力矩周期电位器来改变电机的转速.每记录一组数据后，应该调节受迫力矩周期电位器来改变电机的转速，再进行测量
除 1、2 号集中器外，其他编号的集中器(如 3、4 号等)连接好后系统无法识别	系统默认的是 1、2 号集中器，如果是其他编号的集中器，则需要在软件界面“系统管理”/“连接装置管理”中添加，只有添加后才能被系统识别
“自由振荡”实验时无测量值显示	连接“振幅输入”的大五芯线内有断点或有粘连，拆开接上断点或排除粘连即可

3.2　霍尔效应及磁场强度的测量

霍尔效应

霍尔效应实验

【实验目的】

(1) 了解产生霍尔效应的物理过程及其霍尔效应测量磁场的原理；

(2) 测绘霍尔元件的 U_H-I_H 和 U_H-I_M 曲线，确定其线性关系；

(3) 学会测量霍尔元件灵敏度的方法；

(4) 学习消除测量中由于附加效应而产生误差的一种方法.

【实验仪器】

FD-HL-5 型霍尔效应实验仪.

霍尔效应实验仪由可调直流稳压电源(0～500 mA)、直流稳流电源(0～5 mA)、直流数字电压表、数字式特斯拉计、直流电阻(取样电阻)、电磁铁、霍尔元件(砷化镓霍尔元件)、双刀双向开关、导线等组成.

(1) 实验仪器结构如图 3-2-1 所示.

(2) 电源插头各引线对应的输入、输出端简介(图 3-2-2).

1 和 2 端为样品(砷化镓传感器)直流恒流源；

3 和 4 端为数字式特斯拉计探测所用电源；

5 和 6 端为数字式特斯拉计探测器输出电压端(接显示器).

(3) 砷化镓霍尔传感器引脚介绍(图 3-2-3).

1 和 3 脚为电源输入端；

2 和 4 脚为输出霍尔电势差.

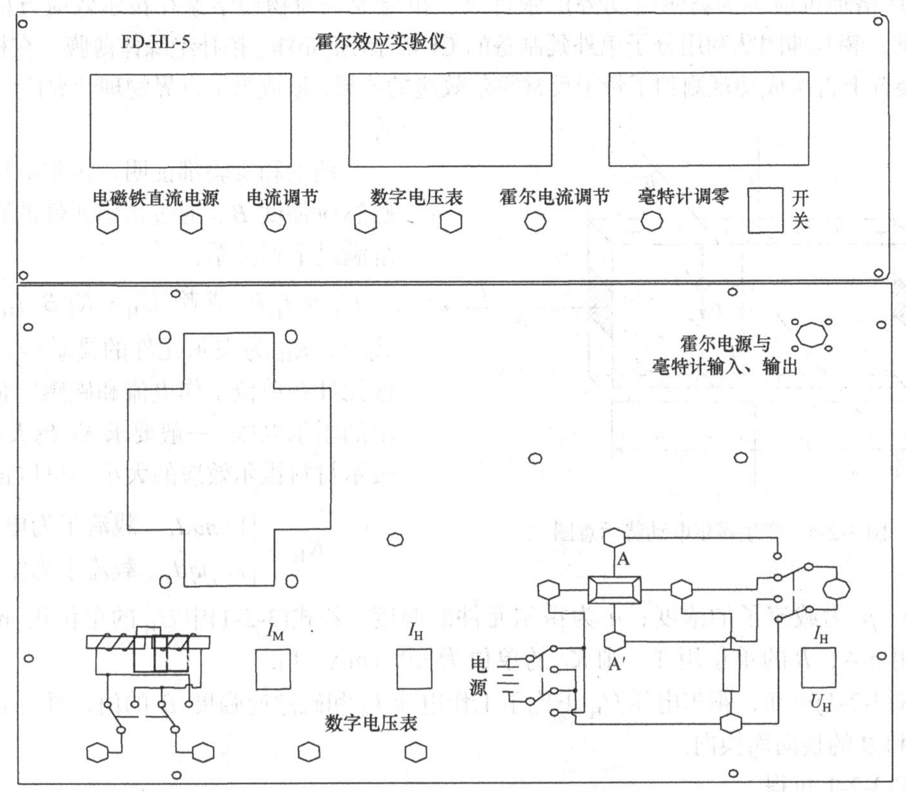

图 3-2-1　霍尔效应实验仪器面板

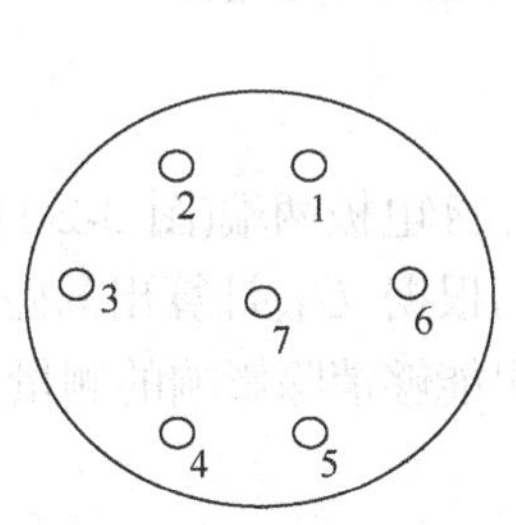

图 3-2-2　电源插头各引线对应的输入端

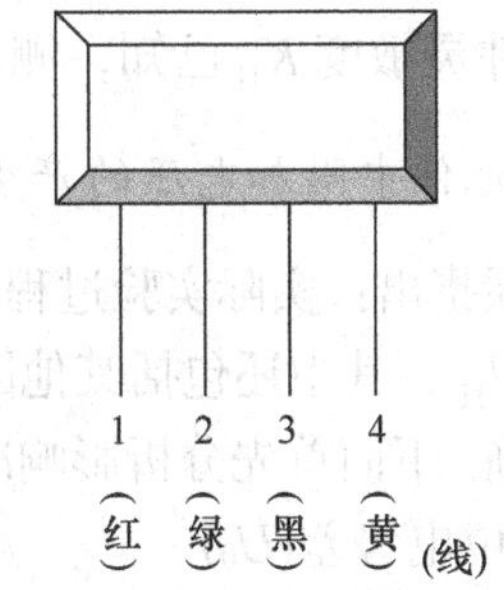

图 3-2-3　砷化镓霍尔传感器外型图

【实验原理】

1. 产生霍尔效应的基本原理

霍尔效应在科学技术的许多领域得到了广泛的应用，以此制成的元件称为霍尔元件. 它在测量磁场、电流强度及对各种物理量进行模拟(四则、乘方、开方等)运算等方面显示了独特的作用. 它的工作原理比较简单，当把一片状导体(或半导体)置于均匀磁场，并在此导体上通过电流，且磁场方向与电流方向垂直时，导体内的载流子因受洛伦兹力的作用而产生偏转. 在此导体的两侧(参见图 3-2-4 中 P、S 平面)，由于电荷积累而产生电场，其场强方向由 P 指向 S 面(假定载流子是电子). 这种现象就称为霍尔效应，与之相应的电势差就称为霍尔电压(严格地说应称为霍尔电动势). 张首晟、崔琦等华裔物理学家在霍尔效应方面做出了卓越贡献，薛其坤团队利用分子束外延制备的 Cr 掺杂$(Bi,Sb)Te_3$拓扑绝缘体薄膜，在极低温输运测量装置上首次成功观测到了量子反常霍尔效应的成果. 该成果被世界物理学界广泛认可和称赞.

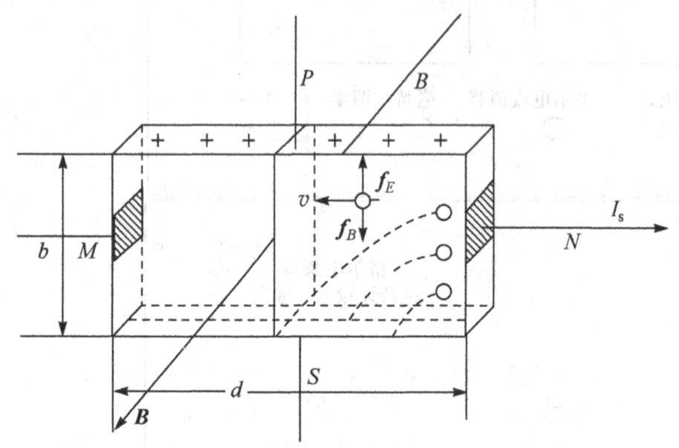

图 3-2-4　产生霍尔电动势示意图

理论和实验都证明，霍尔电压 U_H 与磁感应强度 $\boldsymbol{B}$、通过霍尔元件的霍尔电流 I_H 满足下列关系：

$$U_H \propto I_H B \quad 或者 \quad U_H = K_H B \cdot I_H \qquad (3\text{-}2\text{-}1)$$

式中，K_H 为霍尔元件的灵敏度，它表示该元件在单位工作电流和磁感应强度下输出的霍尔电压. 一般要求 K_H 越大越好. K_H 表示材料霍尔效应的大小，可以证明

$$K_H = \begin{cases} 1/nqd, & 载流子为电子 \\ 1/pqd, & 载流子为空穴 \end{cases}$$

式中，n、p 为载流子的浓度；d 为霍尔元件的厚度. 若式(3-2-1)中 U_H 的单位用 mV，I_H 的单位用 mA，B 的单位用 T，则 K_H 的单位为 mV/(mA · T).

由式(3-2-1)可知，霍尔电压 U_H 正比于工作电流 I_H 和磁感应强度 B 的值，并且它的方向随着 I_H 和 B 的换向而换向.

由式(3-2-1)可得

$$B = \frac{U_H}{K_H \cdot I_H} \qquad (3\text{-}2\text{-}2)$$

如果霍尔元件灵敏度 K_H 已知，测出 U_H 和 I_H，即可由式(3-2-2)求出 B 值.

2. 霍尔元件中附加电压的产生和消除

这里必须指出：实际实验过程中某次测量的霍尔元件 A、A'电极两端(图 3-2-1)的电压 $U_{AA'}$ 并非完全是 U_H，其中还包括其他因素带来的附加电压，因而根据 $U_{AA'}$计算出的磁感应强度 B 并不完全准确. 下面首先分析影响准确测量的原因，然后提出能够消除影响的测量方法.

1) 不等位电势差(U_0)

即使磁场为零的情况下，接通工作电流后，在霍尔电极 P、S 两点间也可能存在电势差，这是由于 P、S 两点不在同一等势线上，为此在制作霍尔元件时，应尽量使 P、S 两点处于同一等势线上，但一般产品元件很难做到这一点. 因此，霍尔元件或多或少都存在 P、S 电势不相等而造成的电势差 U_0. 显然，U_0 的产生只与工作电流 I_H 的方向有关，它只随 I_H 的换向而换向，而与 B 的方向无关.

2) 埃廷斯豪森效应(U_E)

1886 年埃廷斯豪森发现，霍尔元件中各载流子速度有大有小，假定载流子速度方向与电流方向相反，那么由霍尔效应可知，载流子(电子)在磁场作用下会偏向霍尔元件下部，如图 3-2-5 所示. 但因载流子速度不同，它们在磁场中受到的作用力也就不同. 显然，速度快的载流子

动能大，其偏转半径大；速度慢的载流子动能小，其偏转半径小. 结果导致元件内部温度分布不均匀，因此在元件内形成了温差电动势 U_E，方向由上指向下，这种现象称为埃廷斯豪森效应. 它与霍尔电压一起产生，难以分离. 不难看出，U_E 既随 B 也随 I_H 的换向而换向.

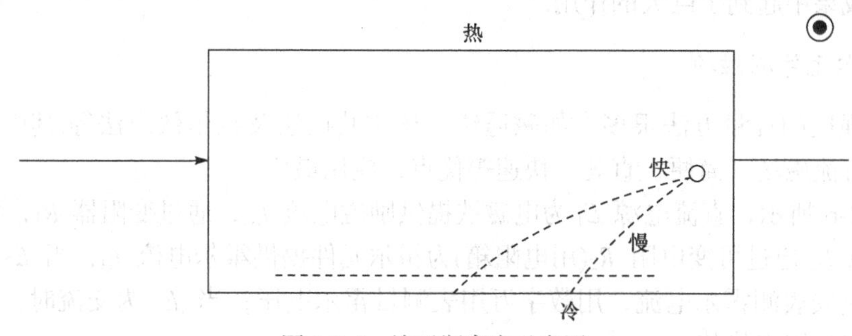

图 3-2-5　埃廷斯豪森示意图

3) 能斯特效应(U_N)

由于工作电流引线与霍尔元件的连接焊点处的电阻不同，通电后发热程度不同，霍尔元件左右两端间存在温度差，于是会产生热扩散电流. 在磁场的作用下，会在霍尔元件上下两端出现附加电压 U_N，这种现象叫能斯特效应. U_N 随 B 的换向而换向，而与 I_H 的换向无关.

4) 里吉-勒迪克效应(U_S)

上述热扩散电流各载流子速度不相同，在磁场作用下，类似埃廷斯豪森效应，又在霍尔元件上下两端产生附加温差电压 U_S，这种现象称为里吉-勒迪克效应. 由于 U_S 是由热扩散电流引起的，因此它也随 B 的换向而换向，而与 I_H 的换向无关.

综上所述，在确定的磁场 B 和工作电流 I_H 的条件下，实际测量的电压不仅包括霍尔电压 U_H，还包括 U_0、U_E、U_N 以及 U_S，是这 5 项电压的代数和. 例如，假设 B 和 I_H 的大小不变，方向如图 3-2-4 所示. 又设霍尔元件上下两端电压 U_0 为正，其右端面的温度比左端面温度高，测得上下两端间的电压为 U_1，则

$$U_1 = U_H + U_0 + U_E + U_N + U_S \tag{3-2-3a}$$

若 B 换向，I_H 不变，则测得霍尔元件上下两端的电压为

$$U_2 = -U_H + U_0 - U_E - U_N - U_S \tag{3-2-3b}$$

若 B 和 I_H 同时换向，则测得霍尔元件上下两端的电压为

$$U_3 = U_H - U_0 + U_E - U_N - U_S \tag{3-2-3c}$$

若 B 不变，I_H 换向，则测得霍尔元件上下两端的电压为

$$U_4 = -U_H - U_0 - U_E + U_N + U_S \tag{3-2-3d}$$

由式(3-2-3)的四个等式得到

$$U_1 - U_2 + U_3 - U_4 = 4(U_H + U_E)$$

即

$$U_H = \frac{1}{4}(U_1 - U_2 + U_3 - U_4) - U_E \tag{3-2-4}$$

考虑到温差电动势 U_E 一般比 U_H 小得多，在误差范围内可以忽略不计，因此霍尔电压为

$$U_H = \frac{1}{4}(U_1 - U_2 + U_3 - U_4) \tag{3-2-5a}$$

在实际使用时，上式也可写成

$$U_H = \frac{1}{4}(|U_1| + |U_2| + |U_3| + |U_4|) \tag{3-2-5b}$$

埃廷斯豪森、能斯特、里吉、勒迪克等四位科学家认真严谨的科研态度在发现这些微小的副效应的成果中起到了巨大的作用.

3. 用霍尔元件测磁场

磁感应强度的计量方法很多，如磁通法、核磁共振法及霍尔效应法等.其中霍尔效应法具有能测交直流磁场，简便、直观、快速等优点，应用最广.

如图 3-2-6 所示，直流电源 E_1 为电磁铁提供励磁电流 I_M，通过变阻器 R_1，可以调节 I_M 的大小. 电源 E_2 通过可变电阻 R_2(用电阻箱)为霍尔元件提供霍尔电流 I_H，当 E_2 电源为直流时，用直流毫安表测霍尔电流，用数字万用表测量霍尔电压；当 E_2 为交流时，毫安表和毫伏表都用数字万用表代替.

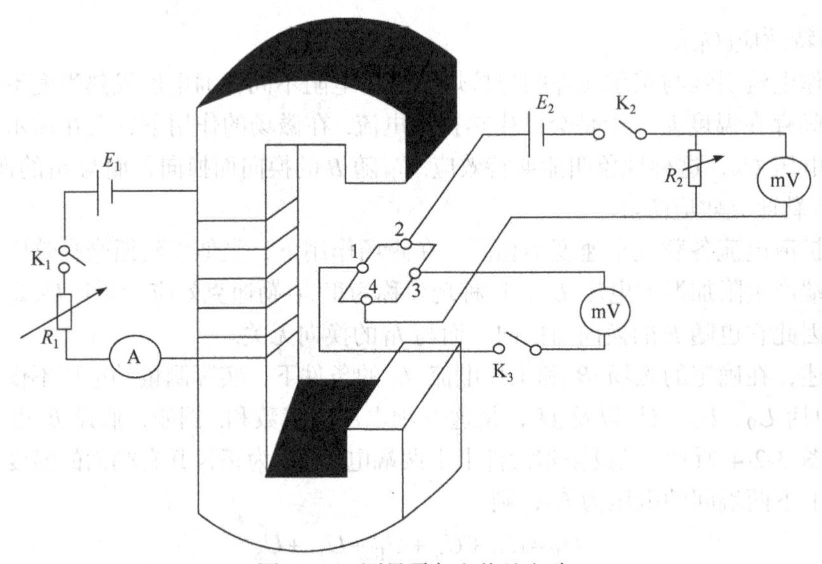

图 3-2-6　测量霍尔电势差电路

半导体材料有 n 型(电子型)和 p 型(空穴型)两种，前者载流子为电子，带负电；后者载流子为空穴，相当于带正电的粒子. 由图可以看出，若载流子为电子，则 1 点电势高于 3 点电势，$U_{H1\cdot3} > 0$；若载流子为空穴，则 1 点电势低于 3 点电势，$U_{H1\cdot3} < 0$. 如果知道载流子类型，则可以根据 U_H 的正负定出待测磁场的方向.

由于霍尔效应建立电场所需时间很短($10^{-12} \sim 10^{-14}$ s)，因此通过霍尔元件的电流用直流或交流都可以. 若霍尔电流 $I_H=I_0\sin\omega t$，则

$$U_H = I_H K_H B = I_0 K_H B\sin\omega t \tag{3-2-6}$$

所得的霍尔电压也是交变的. 在使用交流电情况下式(3-2-5a)和式(3-2-5b)仍可使用，只是式中的 U_H 应理解为有效值.

【实验内容与步骤】

1. 直流磁场情况下的霍尔效应与霍尔元件的灵敏度测量

(1) 测量霍尔电流 I_H 与霍尔电压 U_H 的关系.

按图 3-2-7 连接测试仪和实验仪之间相对应的测试连线.

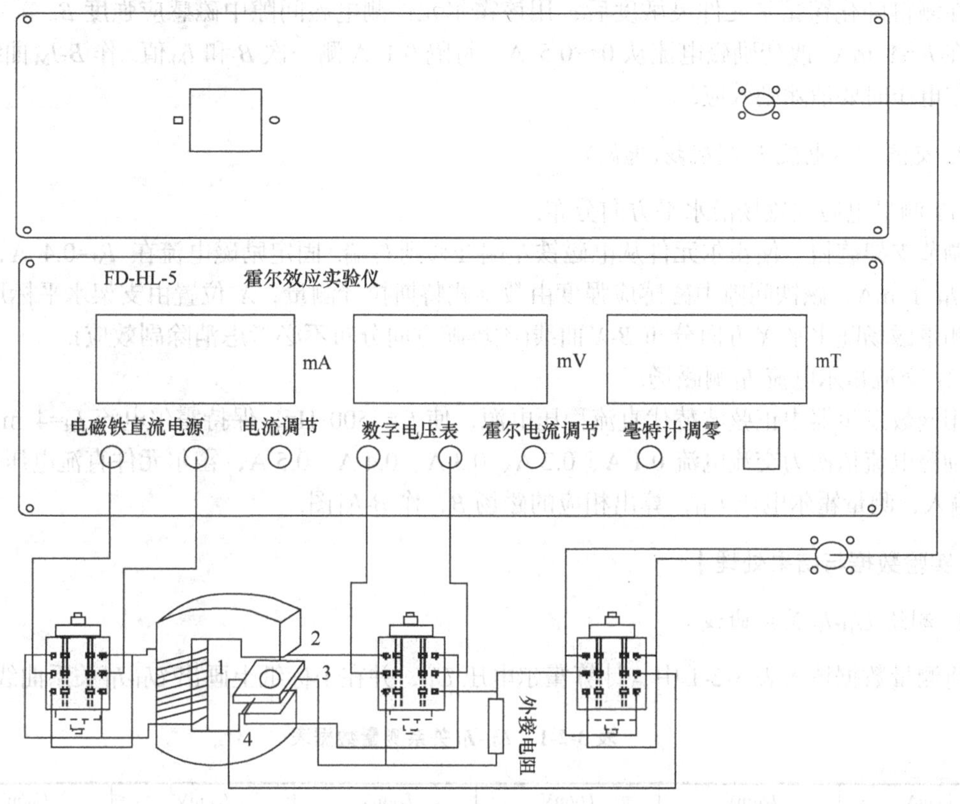

图 3-2-7 实验仪和测试仪连接示意图

将霍尔片置于电磁铁中心处，按图 3-2-7 接好电路图. 霍尔元件的 1、3 脚接工作电压，2、4 脚测霍尔电压. 励磁电流 I_M=0.400 A. 调节霍尔元件的工作电源的电压，使通过霍尔元件的电流分别为 0.5 mA、1.0 mA、1.5 mA、2.0 mA、3.0 mA，测出相应的霍尔电压，每次都要消除副效应. 作 U_H-I_H 图，验证 I_H 与 U_H 的线性关系. 图 3-2-8 为本套仪器测量 I_H 与 U_H 的简图.

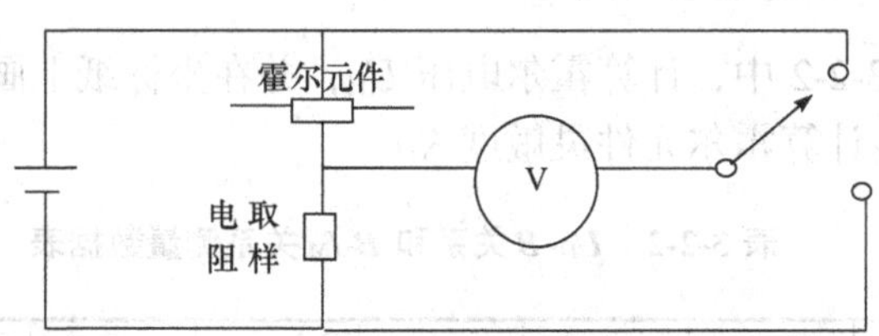

图 3-2-8 霍尔电流与霍尔电势差的测量简图

(2) 测量砷化镓霍尔元件的灵敏度 K_H.

学会数字式特斯拉计的使用. 特斯拉计是利用霍尔效应制成的磁感应强度测试仪. 本数字式特斯拉计由极薄的半导体砷化镓材料制成. 较脆、请勿用手折碰，操作时须小心.

霍尔电流保持 I_H 取 1.00 mA. 由 1、3 端输入. 励磁电流 I_M 分别取 0.05 A，0.1 A，0.15 A，0.20 A，…，0.55 A，分别测出磁感应强度 B 的大小和样品霍尔元件的霍尔电压 U_H. 用公式(3-2-1)算出该霍尔元件的灵敏度(n 型霍尔元件灵敏度为负值).

(3) 用砷化镓霍尔元件测量矽钢片材料磁化曲线.

在测得砷化镓霍尔元件灵敏度后，用该霍尔元件测电磁间隙中磁感应强度 B. 霍尔电流保持在 I_H=1 mA. 改变励磁电流从 0～0.5 A，每隔 0.1 A 测一次 B 和 I_M 值. 作 B-I_M 曲线. 测得霍尔电压时要消除副效应.

2. 交流霍尔电流 I_H 测磁场(选做)

(1) 测量电磁铁磁场沿水平方向分布.

调节支架旋钮，使霍尔元件从电磁铁左端处移到右端. 固定励磁电流在 I_M=0.4 A，霍尔电流 I_H=1 mA，磁铁间隙中磁感应强度由数字式特斯拉计测量，X 位置由支架水平标尺上读得，测量磁场随水平 X 方向分布 B-X 曲线(磁场随方向分布不必考虑消除副效应).

(2) 交流霍尔电流 I_H 测磁场.

用函数发生器中正弦波替代直流稳压电源，使 f = 500 Hz，保持霍尔电流 I_H=4 mA，电磁铁励磁电流依次为交流电流 0.1 A、0.2 A、0.3 A、0.4 A、0.5 A，霍尔元件直流电压由 1、3 端输入，测量霍尔电压 U_H，算出相应的磁场 B，作 B-I_M 图.

【实验数据与结果处理】

1. 测绘 U_H-I_H 关系曲线

将测量数据填入表 3-2-1 中，计算霍尔电压 U_H，并在坐标纸上画出 U_H-I_H 关系曲线.

表 3-2-1 U_H-I_H 关系测量数据表

I_M=_____mA.

I_H/mA	U_1/mV	U_2/mV	U_3/mV	U_4/mV	U_H/mV
0.5					
1.0					
1.5					
2.0					
2.5					
3.0					

2. 测绘 U_H-B 关系和 B-I_M 关系曲线

将测量数据填入表 3-2-2 中，计算霍尔电压 U_H，并在坐标纸上画出 U_H-B 关系和 B-I_M 关系曲线. 根据绘制的曲线计算霍尔元件灵敏度 K_H.

表 3-2-2 U_H-B 关系和 B-I_M 关系测量数据表

I_H=_____mA.

I_M/A	U_1/mV	B_1/mT	U_2/mV	B_2/mT	U_3/mV	B_3/mT	U_4/mV	B_4/mT	U_H/mV	B/T
0.050										
0.100										
0.150										
0.200										
0.250										
0.300										
0.350										
0.400										

其中 $B=\frac{1}{4}(|B_1|+|B_2|+|B_3|+|B_4|)$.

3. 测量电磁铁磁场沿水平方向分布

将测量数据填入表 3-2-3 中，找到电磁铁的磁场均匀区域.

表 3-2-3 测量电磁铁磁场沿水平方向分布

X/mm	−20.0	−18.0	−16.0	−14.0	−12.0	−10.0
B/T						
X/mm	−8.0	−6.0	−4.0	−2.0	0.0	2.0
B/T						
X/mm	4.0	6.0	8.0	10.0	12.0	14.0
B/T						

【注意事项】

(1) 要注意接线时，防止直流稳流源和直流稳压源短路或过载，以免损坏电源.

(2) 实验时注意不等位效应的观察，设法消除其对测量结果的影响.

(3) 判断霍尔元件是否为 n 型半导体，可根据实验电路的电源正负和数字电压表极性判断. 从判断正负中加深对霍尔效应的理解.

(4) 霍尔元件通过电流 I_H 不得超过 5 mA，磁化电流 I_M 不得超过 0.5 A，以保证元件不会损坏及电磁铁升温较小.

(5) 实验数据测量时，待测样品和数字式毫特计探头应放在均匀磁场区.

【预习思考题】

(1) 若磁感应强度 B 与霍尔片的法线恰好不一致，则按 $B=\frac{U_H}{K_H I_H}$ 计算出的 B 值比实际值大还是小？要准确测定磁场应怎样进行？

(2) 如何根据 I_H、B 和 U_H 的方向，判断所测样品为 n 型半导体还是 p 型半导体？

(3) 能否用霍尔元件测量交变磁场？若能又该怎样测量？

【讨论问题】

(1) 试分析用霍尔效应实验仪测量磁场的误差来源.

(2) 如何测量霍尔元件的灵敏度.

【附录】

霍尔元件简介

1. 霍尔元件的材料、结构、符号及命名法

1910 年就有人用铋制成了霍尔元件. 由于这种效应在金属中十分微弱，当时并没有引起重视，直到 1948 年，半导体迅速发展，人们才找到了霍尔效应较为显著的材料锗(Ge)，到 1958 年又对化合物半导体材料锑化铟(InSb)、砷化铟(InAs)进行了研究，制成了较为满意的霍尔元件. 现将某些半导体材料在 300 K 时的参数列于表 3-2-4 中.

表 3-2-4　某些半导体材料在 300 K 时的参数

材料(单晶)		禁带宽度 E_g / eV	电阻率 ρ / (Ω · cm)	电子迁移率 μ/[cm^2 / (V · s)]	霍尔系数 R_H / (cm^3/C)
N–锗	Ge	0.66	1.0	3500	4250
N–硅	Si	1.107	1.5	1500	2250
锑化铟	InSb	0.17	0.005	60000	350
砷化铟	InAs	0.45	0.0035	25000	100
磷化铟	InP	1.34	0.08	4600	850
砷化镓	GaAs	1.424	0.2	8590	1700

通常的霍尔元件，在它的长方向两端面上焊着两根引线(即 M、N)，称为输入电流端引线，如图 3-2-9 所示，通常以红色线标记；在短方向两端面上焊着另外两根引线(即 P、S)，称为输出电压端引线，以绿色导线标记. 在电路图中常用两种符号表示霍尔元件，为适应各种不同的需要，霍尔元件也有多种型号. 霍尔元件的命名法如图 3-2-10 所示. 根据命名法，HS-1 型代表该元件是用半导体材料砷化铟制成的；HZ-1 型代表是用锗制成的.

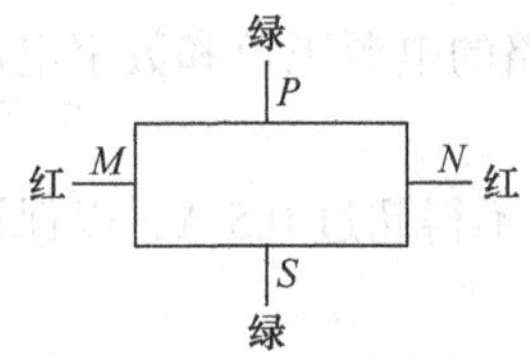

图 3-2-9　霍尔元件的符号表示

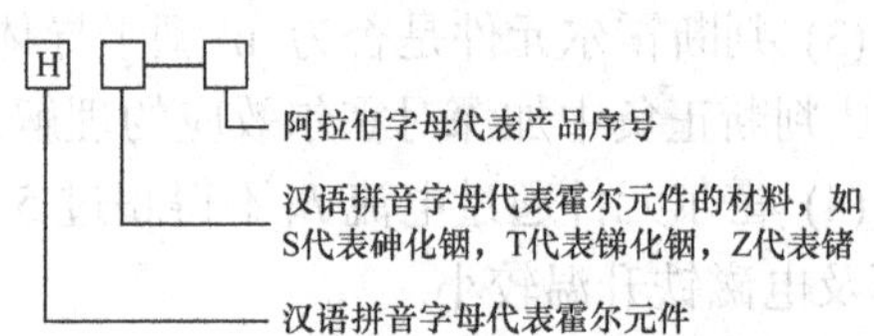

图 3-2-10　霍尔元件的命名示意图

2. 霍尔元件的应用

霍尔元件具有简单、小型、频率响应宽(从直流到微波)、输出电压变化大(可达 1000 : 1)、寿命长等优点，还具有避免活动部件磨损的特点. 因此，尽管目前霍尔元件还存在转换效率低、温度影响大的缺点，但霍尔元件已在测试技术、自动化技术和信息处理等方面得到了广泛的应用.

根据霍尔电压正比于霍尔电流和磁感应强度乘积的关系，可将霍尔元件的实际应用分为三大类：

(1) 保持霍尔电流恒定不变，而使霍尔电压输出正比于磁感应强度. 在这方面的应用有磁场测量(10^{-5}～10^{1} T)、磁读头(又称放音磁头)、磁罗盘、磁鼓存贮器、电流测量(HZQ-200 型直流钳形表)等.

(2) 保持磁感应强度恒定不变，利用霍尔电压输出与霍尔电流端的非互易性，可以制成回转器(输入与输出之间有 180°的相位差)、隔离器(从 A 端输入时，从 B 端得到输出，而从 B 端输入时，在 A 端却得不到输出，具有单方向传递信号的特点)、环行器(由发射机发射的信号不能进入接收器，只能进入天线，由天线接收到的回波，只能进入接收器，不能进入发射机)等.

(3) 霍尔电流与磁感应强度两个量都作为变量时，霍尔电压输出与两者乘积成正比. 利用这一特性可制成各种运算器(如乘法、除法、倒数、平方等)、功率计等.

3.3 谐振频率的测量

谐振频率的测量

【实验目的】

(1) 通过实验进一步了解串联谐振与并联谐振发生的条件及其特征;
(2) 观察谐振电路中电压、电流随频率变化的现象，并测定谐振曲线;
(3) 了解谐振现象在生活和工业中的应用.

【实验装置】

函数信号发生器、示波器、*RLC* 串联谐振电路板、导线若干.

【实验原理】

由电感和电容元件串联组成的二端口网络如图 3-3-1 所示. 记二端口网络中的电感为 L，电阻为 R，电容为 C，输入电压为 U，电阻两端的电压为 U_R，电感两端的电压为 U_L，电容两端的电压为 U_C. 则该网络的等效阻抗为

$$Z = R + \mathrm{j}\left(\omega L - \frac{1}{\omega C}\right) \tag{3-3-1}$$

该等效阻抗即电源频率的函数. 要使该网络发生谐振，其端口电压与电流同相位，即

$$\omega L - \frac{1}{\omega C} = 0 \tag{3-3-2}$$

根据式(3-3-2)可得谐振频率角频率为

$$\omega_0 = 1/\sqrt{LC} \tag{3-3-3}$$

相应的谐振频率为 $f_0 = 1/2\pi\sqrt{LC}$. 如图 3-3-2 所示，当电源角频率为 ω_0 时，其串联谐振电路中的电流达到最大值 I_0，频率距离其振荡电路的谐振频率越远，相应的串联谐振电路中的电流 I 越小.

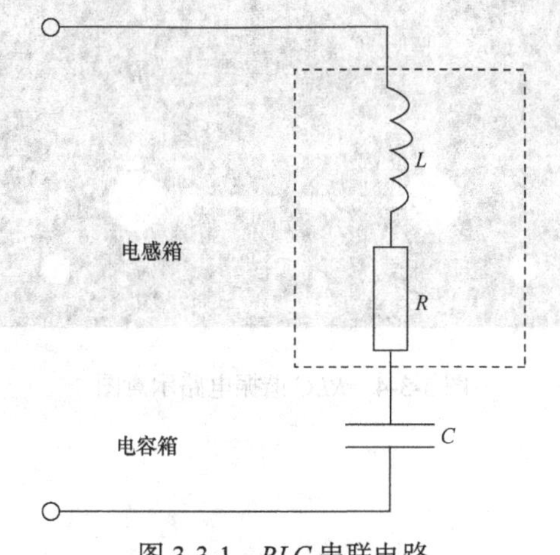

图 3-3-1 *RLC* 串联电路

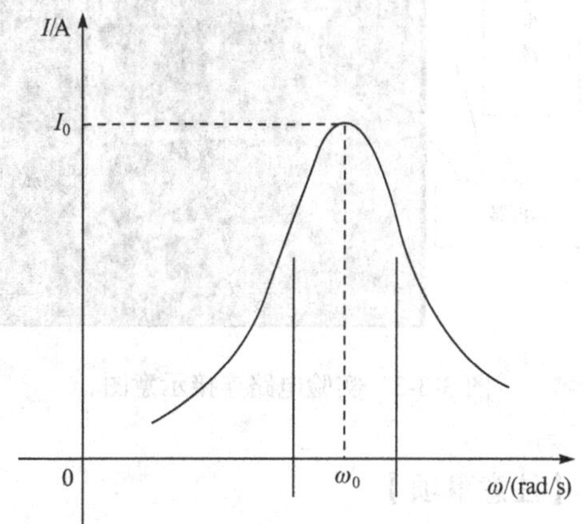

图 3-3-2 串联谐振电路的电流随频率的变化

将电路谐振时的感抗 $\omega_0 L$ 或容抗 $\dfrac{1}{\omega_0 C}$ 设定为特性阻抗 ρ，这里将特性阻抗 ρ 与电阻 R

的比值称为品质因数Q，即

$$Q=\frac{\rho}{R}=\frac{\omega_0 L}{R}=\frac{\sqrt{L/C}}{R} \tag{3-3-4}$$

当电路谐振时阻抗最小，如果端口电压U保持稳定，那么电路中的电流将达到最大值，$I_0=\frac{U}{Z}=\frac{U_R}{R}$，仅与电阻的阻值有关，与电感和电容的值无关. 电感电压与电容电压数值相等、相位相反，电阻两端电压等于总电压. 电感或电容电压是输入电压的Q倍，即

$$U_L=U_C=QU=QU_R \tag{3-3-5}$$

在一般情况下，RLC串联电路中的电流是电源频率的函数，即

$$I(\omega)=\frac{U}{|Z(\mathrm{j}\omega)|}=\frac{U}{\sqrt{R^2+(\omega L+1/\omega C)^2}}=\frac{I_0}{\sqrt{1+Q^2(\omega/\omega_0-\omega_0/\omega)^2}} \tag{3-3-6}$$

【实验内容与步骤】

(1) 按图 3-3-3 连接好电路，连接信号发生器的 A 通道，红色连接在RLC谐振电路板的正极“VCC”，黑色连接在RLC谐振电路板的负极“GND”，RLC谐振电路板如图 3-3-4 所示.

(2) 示波器的地端连接在RLC谐振电路板的负极“GND”，信号端连接在电阻的另一端.

(3) 以中心频率为中心点，左右各记录 5 个以上的点.

(4) 按图 3-3-3 连接好电路，保持信号发生器输出电压为一适当数值(1 V)，改变电源频率，测量不同频率时的U_R.

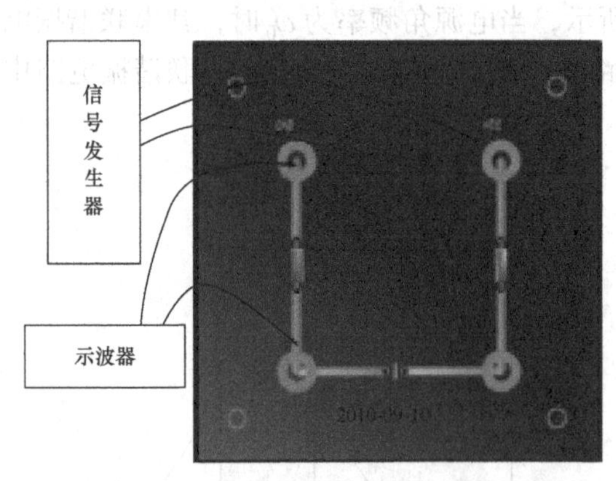

图 3-3-3　实验电路连接示意图

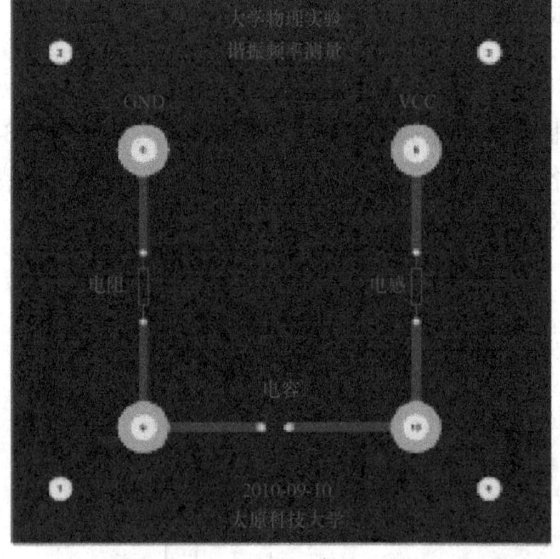

图 3-3-4　RLC谐振电路示意图

【注意事项】

(1) 根据实验结果绘制出串联谐振曲线$U_R(f)$.

(2) 根据给定的电容器的参数以及测试的串联谐振频率计算电感量.

【数据记录】

将测得的实验数据填入表 3-3-1.

表 3-3-1　实验数据表

f			...			
U_R			...			

注意：测量时需保持电路端电压固定不变，且测量点取 10 个点以上.

【问题讨论】

(1) 如果方波的半周期并不是远大于 RC 电路的时间常数 τ，那么 u_C 以及 u_R 的波形将是一种什么样的情况？

(2) 谐振电路的品质因数 Q 与哪些因数有关？

3.4　半导体 pn 结的物理特性研究

非线性元件pn结的伏安特性

【实验目的】

(1) 在室温下，测量 pn 结电流与电压的关系，证明此关系符合指数规律；

(2) 在不同温度条件下，测量玻尔兹曼常量；

(3) 学习运算放大器组成电流-电压变换器测量微电流；

(4) 测量 pn 结电压与温度的关系，求出该 pn 结温度传感器的灵敏度；

(5) 计算在 0 K 温度时，半导体硅材料的近似禁带宽度.

非线性元件pn结的伏安特性实验

【实验装置】

D-PN-C 型 pn 结物理特性测试实验仪主要由直流电源、液晶测量显示模块、实验板以及干井测温控温装置组成.

【实验原理】

1. pn 结物理特性及玻尔兹曼常量测量

由半导体物理学可知，pn 结的正向电流电压关系满足

$$I = I_0\left[\exp\left(eU/kT\right)-1\right] \tag{3-4-1}$$

式中，I 是通过 pn 结的正向电流；I_0 是不随电压变化的常数；T 是热力学温度；e 是电子的电荷量；U 是 pn 结正向压降.

由于在常温(300 K)时，$kT/e \approx 0.026\ \text{V}$，而 pn 结正向压降约为十分之几伏，则 $\exp\left(eU/kT\right) >> 1$，式(3-4-1)括号内$-1$ 项完全可以忽略，于是有

$$I = I_0 \exp\left(eU/kT\right) \tag{3-4-2}$$

也即 pn 结正向电流随正向电压按指数规律变化. 若测得 pn 结 I-U 关系值，则利用式(3-4-2)可

以求出 e/kT．在测得温度 T 后，就可以得到 e/k 常数，把电子电量作为已知值代入，即可求得玻尔兹曼常量 k．

在实际测量中，二极管的正向 I-U 关系虽然能较好地满足指数关系，但求得的玻尔兹曼常量 k 往往偏小．这是因为通过二极管的电流不只是扩散电流，还有其他电流，一般包括三个部分：①扩散电流，严格遵循式(3-4-2)；②耗尽层复合电流，正比于 $\exp(eU/2kT)$；③表面电流，是由 Si 和 SiO_2 界面中杂质引起的，其值正比于 $\exp(eU/mkT)$，一般 $m>2$．因此，为了验证式(3-4-2)及求出准确的 e/k 常数，不宜采用硅二极管，而采用硅三极管接成共基极线路，因为此时集电极与基极短接，集电极电流中仅仅是扩散电流．复合电流主要在基极出现，测量集电极电流时将不包括它．本实验中选取性能良好的硅三极管(TIP31 型)，实验中又处于较低的正向偏置，这样表面电流影响也完全可以忽略，所以此时集电极电流与结电压将满足式(3-4-2)．实验线路如图 3-4-1 所示．

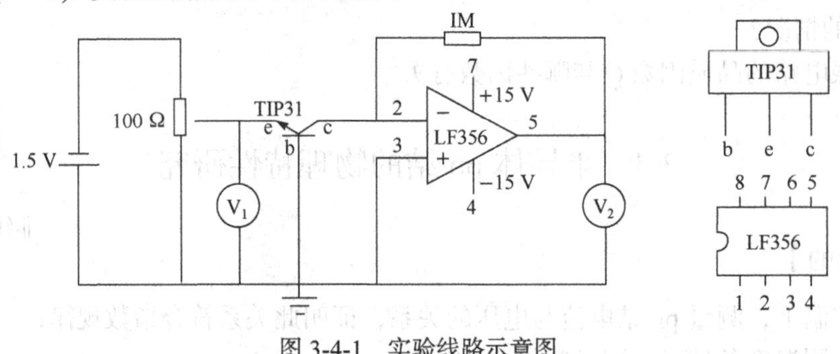

图 3-4-1　实验线路示意图

2. 弱电流测量

过去实验中 $10^{-6}\sim10^{-11}$ A 量级弱电流采用光电反射式检流计测量，该仪器灵敏度较高，约 10^{-9} A/分度，但有许多不足之处，如十分怕震、挂丝易断；使用时稍有不慎，光标易偏出满度，瞬间过载引起挂丝疲劳变形，产生不回零点及指示差变大现象，使用和维修极不方便．近年来，集成电路和数字化显示技术越来越普及．高输入阻抗运算放大器性能优良，价格低廉，用它组成电流-电压变换器测量弱电流信号，具有输入阻抗低、电流灵敏度高、温漂小、线性好、设计制作简单、机构牢靠等优点，因此被广泛应用于物理测量中．

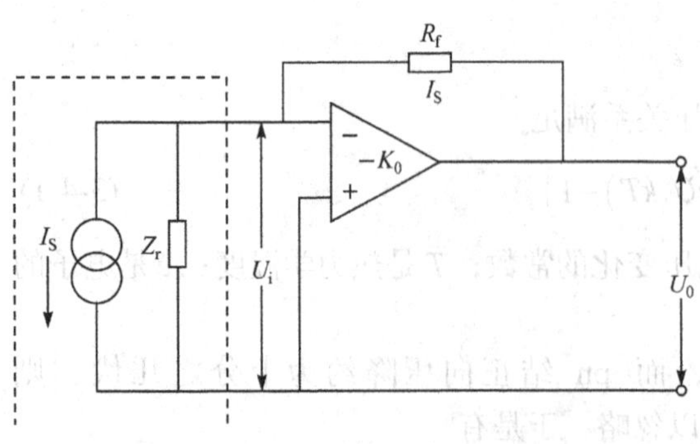

图 3-4-2　电流-电压变换器结构示意图

LF356 是一个高输入阻抗集成运算放大器，用它组成电流-电压变换器(弱电流放大器)，如图 3-4-2 所示．其中虚线框内电阻 Z_r 为电流-电压变换器等效输入阻抗．由图 3-4-2 可见，运算放大器的输入电压 U_0 为

$$U_0 = -K_0 U_i \tag{3-4-3}$$

式中，U_i 为输入电压；K_0 为运算放大器的开环电压增益；即图 3-4-2 中电阻 $R_f \to \infty$ 时的电压增益，R_f 为反馈电阻．因为理想运算放大器的输入阻抗 $r_i \to \infty$，所以信号源输入电流只流经反馈网络构成的通路．因而有

$$I_S=(U_i-U_0)/R_f=U_i(1+K_0)/R_f \tag{3-4-4}$$

由式(3-4-4)可得电流-电压变换器等效输入阻抗Z_r为

$$Z_r=U_i/I_S=R_f/(1+K_0)\approx R_f/K_0 \tag{3-4-5}$$

由式(3-4-3)和式(3-4-4)可得电流-电压变换器输入电流I_S和输出电压U_0之间的关系式，即

$$I_S=-\frac{U_0}{K_0}\frac{(1+K_0)}{R_f}=-\frac{U_0(1+1/K_0)}{R_f}=-\frac{U_0}{R_f} \tag{3-4-6}$$

由上式可知，只要测得输出电压U_0和已知值R_f，即可求得I_S值.

下面以高输入阻抗集成运算放大器LF356为例来讨论Z_r和I_S值的大小.

LF356 运放的开环增益$K_0=2\times10^5$，输入阻抗$r_i\approx10^{12}\ \Omega$. 若取$R_f$为$1.00\ \text{M}\Omega$，则由式(3-4-5)可得

$$Z_r=1.00\times10^6\ \Omega/(1+2\times10^5)=5\ \Omega \tag{3-4-7}$$

若选用四位半量程200 mV数字电压表，它最后一位变为0.01 mV，那么用上述电流-电压变换器能显示的最小电流值为

$$(I_S)_{\min}=0.01\times10^{-3}\ \text{V}/(1\times10^6\ \Omega)=1\times10^{-11}\ \text{A} \tag{3-4-8}$$

由此说明，用集成运算放大器组成电流-电压变换器测量微电流，具有输入阻抗小、灵敏度高的优点.

【实验内容】

1. *I_c-U_{be}关系测定，并进行曲线拟合求经验公式，计算玻尔兹曼常量($U_{be}=U_1$)*

(1) 实验线路如图3-4-1所示. 图中Ⓥ₁和Ⓥ₂为液晶屏数显电压，TIP31型为带散热板的功率三极管，调节电压的分压器为多圈电位器，为保持pn结与周围环境一致，把TIP31型三极管浸没在干井槽中，温度用DS18B20数字温度传感器进行测量.

(2) 在室温情况下，测量三极管发射极与基极之间电压U_1和相应电压U_2. 在室温下U_1的值在0.3～0.42 V范围内，每隔0.01 V测一点数据，至少测10多个数据点，至U_2值达到饱和时(U_2值变化较小或基本不变)，结束测量. 在记录数据开始和记录数据结束时都要同时记录变压器油的温度θ，取温度平均值$\bar{\theta}$.

(3) 改变干井恒温器温度，待pn结与恒温器温度一致时，重复测量U_1和U_2的关系数据，并与室温测得的结果进行比较.

(4) 曲线拟合求经验公式. 以U_1为自变量，U_2为因变量，运用最小二乘法，将实验数据代入指数函数$U_2=a\exp(bU_1)$，求出函数相应的a和b值.

(5) 计算e/k常数，将电子的电量作为标准差代入，求出玻尔兹曼常量并与公认值进行比较.

2. *U_{be}-T关系测定，求pn结温度传感器灵敏度S，计算硅材料0 K时近似禁带宽度E_{g0}值*

(1) 实验线路如图3-4-3所示. 其中Ⓥ₂用于对电阻R两端的电压进行采样，调节恒流源

使其示数为 1.000 V，则即电流为 $I=1\,\text{mA}$ 用.

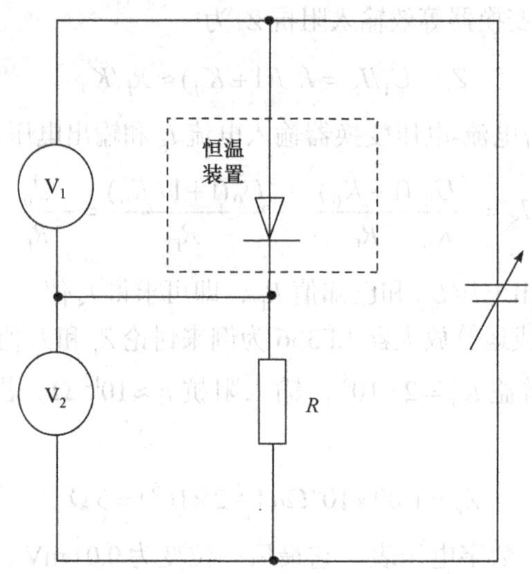

图 3-4-3　pn 结温度传感器 U_{be}-T 关系测量实验电路

(2) 从室温开始每隔 5～10 ℃测一点 U_{be} 值(即 V_1)与温度 T(℃)关系，求得 U_{be}-T 关系.(至少测 6 点以上数据)

(3) 用最小二乘法对 U_{be}-T 关系进行直线拟合，求出 pn 结测温灵敏度 S 及近似求得温度为 0 K 时硅材料禁带宽度 E_{g0}.

我国的半导体产业起步尚晚，还没有形成一套完善的工业体系. 半导体产业正是新时代大学生可以大展宏图的方向.

【实验步骤】

(1) 通过长软导线，将显示部分与操作部分之间的接线端一一对应连接起来.

(2) 通过短对接线，将线路板上的输入与输出端按照所示实验原理图连接起来.

(3) 打开电源，通过调节输入电位器将输入电压从显示输入电压为 0.02 V 开始逐渐增加到 13 V 左右的饱和电压，将测量结果记在实验记录本上，以便进行数据处理.

【注意事项】

(1) 数据处理时，对于扩散电流太小(起始状态)及扩散电流接近或达到饱和时的数据，在处理数据时应删去，因为这些数据可能偏离公式(3-4-2).

(2) 必须观察恒温装置上的温度计读数，待所加热水与 TIP31 三极管温度处于相同温度时(即处于热平衡时)，才能记录 U_1 和 U_2 数据，将数据记入表 3-4-1.

(3) 用本装置做实验，TIP31 型三极管温度可采用的范围为 0～50 ℃. 若要在−120～0 ℃温度范围内做实验，必须采用低温恒温装置.

(4) 由于各公司的运算放大器(LF356)性能有些差异，因此在换用 LF356 时，有可能同台仪器达到的饱和电压 U_2 值并不相同.

(5) 本仪器电源具有短路自动保护，运算放大器若把 15 V 接反或地线漏接，本仪器也有保护装置，一般情况下集成电路不易损坏. 请勿将二极管保护装置拆除.

【数据记录】

I_c-U_{be} 关系测定，曲线拟合求经验公式，计算玻尔兹曼常量.

室温条件下：初温 θ_1=_____℃，末温 θ_2=_____℃，$\bar{\theta}$=_____℃.

表 3-4-1　数据记录表(U_1 的起、终点要以具体的实验情况判断)

序号	1	2	3	4	5	6	7	8
U_1/V	0.310	0.320	0.330	0.340	0.350	0.360	0.370	0.380
U_2/V								
序号	9	10	11	12	13	14	15	…
U_1/V	0.390	0.400	0.410	0.420	0.430	0.440	0.450	…
U_2/V								

以 U_1 为自变量，U_2 为因变量，分别进行线性函数、幂函数和指数函数的拟合，将结果填入表 3-4-2 中.

表 3-4-2　回归法函数拟合

三种函数 $\begin{cases}\text{线性函数}: U_2 = aU_1 + b \\ \text{幂函数}: U_2 = aU_1^{\,b} \\ \text{指数函数}: U_2 = a\exp(bU_1)\end{cases}$ $\begin{cases}\text{线性回归}: U_2 = aU_1 + b \\ \text{幂函数回归}: \ln U_2 = b\ln U_1 + \ln a \\ \text{指数函数回归}: \ln U_2 = bU_1 + \ln a\end{cases}$

			线性回归		幂函数回归		指数函数回归	
n	U_1	U_2	U_2^*	$(U_2-U_2^*)^2$	U_2^*	$(U_2-U_2^*)^2$	U_2^*	$(U_2-U_2^*)^2$
1								
2								
3								
4								
5								
6								
7								
8								
9								
10								
11								
12								
13								
14								
15								

由表 3-4-2 所示数据得出最佳拟合函数为__________，进而求得 $e/k = bT =$ ______ C·K/J，则可得 $k = \dfrac{e}{bT} =$ ________ J/K，此结果与公认值 $k = 1.381\times10^{-23}$ J/K 进行比较.

【思考与讨论题】

(1) 得到的数据一部分在线性区，一部分不在线性区，为什么？拟合时应如何注意取舍？

(2) 减小反馈电阻的代价是什么？对实验结果有影响吗？

(3) 本实验把三极管接成共基极电路，测量扩散电流与电压之间的关系，求玻尔兹曼常量，主要是为了消除哪些误差？

3.5 测量光栅常量与光波的波长

测量光栅常量与光的波长

【实验目的】

测量光栅常量与光波的波长.

【实验装置】

分光计、照明小灯泡、衍射光栅、钠光灯、变压器、三棱镜.

【实验原理】

光栅在结构上有平面光栅、阶梯光栅和凹面光栅等几种；同时又分为透射式和反射式两类. 本实验使用透射式平面刻痕光栅或全息光栅.

透射式平面刻痕光栅是在光学玻璃片上刻划大量相互平行、宽度和间距相等的刻痕而制成的. 因此，光栅实际上是一排密集均匀而又平行的狭缝.

如以单色平行光垂直照射在光栅面上，则透过各狭缝的光线因衍射将向各个方向传播，经透镜聚合后相互干涉，并在透镜焦平面上形成一系列被一定暗区隔开的间距不同的明条纹(图 3-5-1).

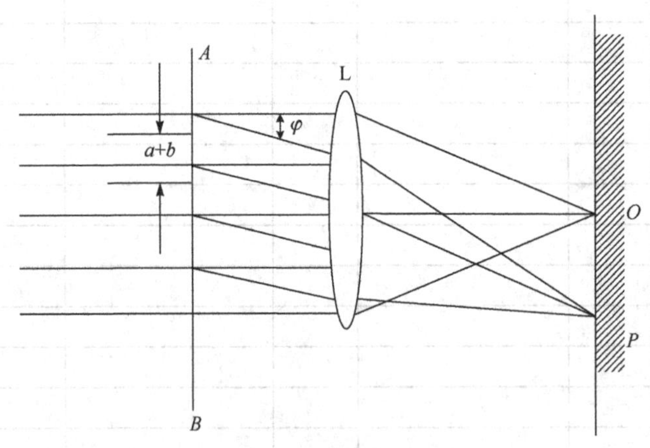

图 3-5-1 光栅衍射示意图

按照光栅衍射理论，衍射光谱中明条纹的位置由下式决定：

$$(a+b)\sin\varphi_k = k\lambda \quad (k=0,\pm1,\pm2,\cdots) \tag{3-5-1}$$

式中，$(a+b)$ 为光栅常量；φ_k 为第 k 级明纹衍射角；k 为明条纹(光谱线)的级数；λ 为单色光的波长.

如果入射光不是单色光，则由上式可知，光的波长不同，其衍射角 φ_k 也不相同，于是复色光将被分解，而在中央 $k=0,\varphi_k=0$ 处，各色光仍重叠在一起，组成中央明条纹. 在中央明纹的两侧，对称地分布着 $k=1, 2, \cdots$ 级光谱，各级光谱都按波长大小依次排列成一组由紫到红的彩色谱线，这样就把复色光分为单色光.

本实验用已知波长的钠光，测出光栅常量 $(a+b)$，再根据已知的光栅常量，测定某一单色光的波长.

【实验内容与步骤】

1. 调节分光计

分光计的调节方法与要求参看 2.14 节中的有关部分.

2. 测光栅常量

(1) 点着钠光灯，把望远镜 F 移到 W 位置，对准平行光管 K(图 3-5-2)，使叉丝的垂直线对准狭缝.

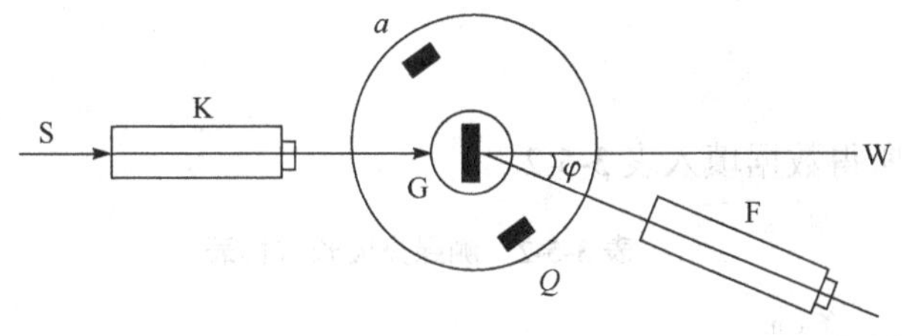

图 3-5-2　测偏向角

(2) 把光栅 G 垂直地放在平台中央，光栅平面与平台下三个螺丝中任意两个的连线垂直(另一螺丝处在光栅平面内)，使入射光垂直地照射到光栅上，这时就可看到各级衍射条纹. 如果发现条纹与叉丝的垂直线不平行，则调节与光栅同平面的螺丝(切不可动狭缝和叉丝)使之平行，要求看到的条纹左右对称，清晰明亮.

(3) 将望远镜沿某一方向移动，对准钠黄光的第 k 级谱线(本实验只测第一级，$k=1$)，用微动螺旋调节使叉丝的垂直线准确对准该谱线. 从转盘上两边窗口记下游标的读数 V_1 和 V_2，继续移动望远镜至另一边，读出另一边的第一级谱线的 V_1' 和 V_2'. 如此重复一次.

(4) 计算偏向角

$$\varphi_1=\frac{1}{4}\left[\left|V_1-V_1'\right|+\left|V_2-V_2'\right|\right] \tag{3-5-2}$$

再由光栅公式(3-5-1)以及式(3-5-2)求出

$$a+b=\frac{\lambda}{\sin\varphi_1} \tag{3-5-3}$$

计算出光栅常量的平均值.

3. 测钠谱线中绿色光的波长

重复上述步骤 2，测出对应于绿光的第一级谱线的偏向角，由光栅公式计算出绿光波长

$$\lambda=(a+b)\sin\varphi_1 \tag{3-5-4}$$

【数据和结果处理】

1. 测光栅常量

将光栅常量实验所得数据填入表 3-5-1.

表 3-5-1　测光栅常量数据表

钠黄光的平均波长 $\lambda = 589.3\ \text{nm}$.

测量次数	右边谱线		左边谱线		φ_1	$a+b=\dfrac{k\lambda}{\sin\varphi_1}$
	左窗读数 V_1	右窗读数 V_2	左窗读数 V_1'	右窗读数 V_2'		
1						
2						
$\overline{a+b}=$______nm；$\overline{(a+b)}\pm\Delta(a+b)=$______nm；$E=$______%						

2. 测绿光波长

将绿光波长实验所得数据填入表 3-5-2.

表 3-5-2　测绿光波长数据表

已知光栅常量 $\dfrac{1}{a+b}=$______条/cm.

测量次数	右边谱线		左边谱线		φ_1	$\lambda=\dfrac{(a+b)\sin\varphi_1}{k}$
	左窗读数 V_1	右窗读数 V_2	左窗读数 V_1'	右窗读数 V_2'		
1						
2						
$\bar{\lambda}=$______nm；$\lambda\pm\Delta\lambda=$______nm；$E=$______%						

【预习思考题】

(1) 怎样调节和使用分光计？如何测量和记录偏向角.

(2) 如何测量光栅常量和光波波长？

【讨论问题】

(1) 光栅光谱和棱镜光谱有哪些不同之处？

(2) 当用钠光(波长 $\lambda = 589.0\ \text{nm}$)垂直射入到 1 mm 内有 500 条刻痕的平面透射光栅上时，试问最多能看到第几级光谱？

3.6　迈克耳孙干涉仪

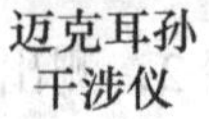

迈克耳孙干涉仪　　迈克耳孙干涉仪实验

【实验目的】

(1) 了解迈克耳孙干涉仪的构造原理并掌握仪器的调节方法；

(2) 测定 He-Ne 激光的波长；

(3) 测定 Na 黄光的双线波长差.

【实验装置】

迈克耳孙干涉仪(SG-1 型)、He-Ne 激光器、钠光灯(及其电源)、透镜及其支架、毛玻璃片及支架.

【实验原理】

迈克耳孙干涉仪的光路图如图 3-6-1 所示. 图中 S 为光源. L 为透镜，G_1、G_2 为两块同材料等厚度的光学平板玻璃. 在 G_1 的一个面上镀上半透明薄银层，照到它上面的光线，一半被反射，一半被透过，因而称为半反射透镜. G_2 仅起光程的补偿作用，以免两光束的光程差太大，故称补偿片. M_1、M_2 是全反射平面镜，每个后边均有三个调节螺丝，可以调节其方向，M_1 固定在干涉仪上，M_2 可凭螺杆(有粗调与细调)使之前后移动.

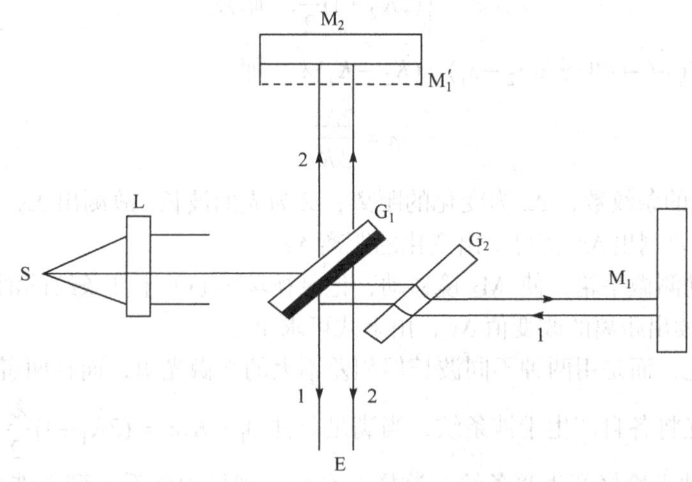

图 3-6-1　迈克耳孙干涉仪光路图

当光线自 S 发出，经过透镜 L 到 G_1 后分为两束，一束经 G_1 反射到 M_2 上，而后沿原路(当光线垂直 M_2 时)回到 G_1 并透过 G_1，如图 3-6-1 中光束 2. 另一束透过 G_1、G_2 射到 M_1 上而后沿原路(当光线垂直 M_1 时)透过 G_2 回到 G_1，经 G_1 反射，如图 3-6-1 中光束 1.

设 G_1(镀银面上任一点)到 M_1、M_2 的距离差为 x，则从光源 S 上一点发出的光线(它对眼的入射角为 φ)，在经过两条不同路线后进入眼内的光程差为

$$\Delta = 2x\cos\varphi \tag{3-6-1}$$

根据光的干涉条件，如 $\Delta = K\lambda\ (K = 0,1,2,\cdots)$ 则为明条纹；如 $\Delta = (2K+1)\dfrac{\lambda}{2}\ (K = 0,1,2,\cdots)$ 则为暗条纹. 即

$$\Delta = 2x\cos\varphi = \begin{cases} K\lambda, & \text{明条纹} \\ (2K+1)\dfrac{\lambda}{2}, & \text{暗条纹} \end{cases} \tag{3-6-2}$$

在实验中，当我们调节到 M_2 与 M_1' (M_1 的像)完全平行时，在视场中得到一系列等倾干涉

的圆环状条纹. 由上式可以看出：

(1) 当 x、K、λ 不变时，明暗条纹随 φ 值而变，当 φ 值为一常数时，则条纹明暗条件不变，因此条纹是圆形光环.

(2) 当 K、λ 不变时，x 减小，φ 也应变小，因此条纹光环看起来“内缩”，当 x 增大时，φ 也应增大，因此条纹光环“外扩”.

(3) 对光环中心 $\varphi=0$. 它的明暗条件由下式决定：

$$2x_1=\begin{cases}K_1\lambda, & \text{明点}\\ (2K_1+1)\dfrac{\lambda}{2}, & \text{暗点}\end{cases} \tag{3-6-3}$$

如使 x_1 变为 x_2，则

$$2x_2=\begin{cases}K_2\lambda, & \text{明点}\\ (2K_2+1)\dfrac{\lambda}{2}, & \text{暗点}\end{cases} \tag{3-6-4}$$

由式(3-6-3)以及式(3-6-4)可得 $2(x_2-x_1)=(K_2-K_1)\lambda$，即

$$\lambda=\frac{2\Delta x}{\Delta K} \tag{3-6-5}$$

式中，ΔK 为变化的条纹数；Δx 为变化的距离；λ 为光的波长. 故测出 ΔK、Δx 后，可求出 λ. 如已知 λ，只要测出 ΔK 就可求出变化的距离 Δx.

测量时，转动测微手轮，使 M_2 镜移动，记录视场中心处干涉条纹的消失或涌出的数目 ΔK (50 或 100)，读出距离的改变值 Δx，由上式可求出 λ.

如不用单色光，而是用两种不同波长但相差不大的光做光源，而且两者光强近于相等，这时两种不同的光将各自产生干涉条纹，当满足条件 $\varDelta_1=K_1\lambda_1=(2K_1+1)\dfrac{\lambda_2}{2}$ 时，在一种光的明条纹处，另一种光恰好产生暗条纹，这样，在整个视场中将看不到干涉条纹(称为视见度为 0). 同样，当 $\varDelta_2=K_2\lambda_1=(2K_2+1)\dfrac{\lambda_2}{2}$ 时，视见度亦为 0. 两次视见度为 0 时的光程总的变化定为 $\varDelta_2-\varDelta_1=(K_2-K_1)\lambda_1=(K_2-K_1+1)\lambda_2$. 由此可得

$$\begin{cases}K_2-K_1+1=\dfrac{\lambda_2}{\lambda_1-\lambda_2}\\ \varDelta_2-\varDelta_1=\dfrac{\lambda_1\lambda_2}{\lambda_1-\lambda_2}\end{cases} \tag{3-6-6}$$

$$\varDelta_2-\varDelta_1=2\Delta x,\ \lambda_2-\lambda_1=\Delta\lambda,\ \lambda_1\lambda_2=\overline{\lambda}^2 \tag{3-6-7}$$

由式(3-6-6)以及式(3-6-7)可得

$$\Delta\lambda=\frac{\overline{\lambda}^2}{2\Delta x} \tag{3-6-8}$$

式中，$\Delta\lambda$ 是两光线的波长差；$\overline{\lambda}$ 是两光线的平均波长；Δx 是干涉仪上 M_2 的移动距离. 只要测出 Δx，已知 $\overline{\lambda}$ 就可以求出 $\Delta\lambda$.

【实验内容与步骤】

1. 测量 He-Ne 激光波长

(1) 打开 He-Ne 激光器，使光束成 45°角照射在 G_1 面，在 E 处放一毛玻璃片，如仪器未调整好，则在玻璃片上看到由 M_1、M_2 反射来的两光点不重合，这时必须调节 M_1、M_2 后边的盘头螺钉，使两光点完全重合，再在 G_1 与 S 之间放上透镜. 如位置合适则在毛玻璃片上能看到圆形条纹. 继续调节盘头螺钉及螺套，使条纹清晰并当眼睛移动时条纹稳定为止.

(2) 测量与计算. 当圆形条纹调节好后，再慢慢地转动微调手轮，可以由毛玻璃观察到中心条纹向外一个个涌出或者向中心陷入. 此时可开始计数，计数前先使微调手轮沿某一方向转过一定距离，看到条纹明显涌出或内陷，记下此时 M_2 镜的位置 x_0 (由转动手轮与微调手轮上读出). 继续沿同方向转动微调手轮，每改变 50 条条纹记一次 x 值，记到 250 条为止. 用逐差法($\Delta K = 150$)求出 Δx ，用式(3-6-5)计算出 λ ，将各次计算所得的 λ 求出平均值，并与标准值 $\lambda = 6328 \times 10^{-10}$ m 比较，求出百分误差(表 3-6-1).

2. 测钠光的双线波长差 $\Delta\lambda$

(1) 仪器调整. 将光源换成钠光灯，重复上述调节步骤.

(2) 圆形干涉条纹调好后，缓慢移动 M_2 镜，使视场中心的视见度趋为 0，记下此时 M_2 镜的位置 x_1 ，再沿原来方向移动 M_2 镜使视场视见度再次为 0，记下 M_2 的位置 x_2 . 连续 4 次记下 M_2 的位置，求出 Δx 的平均值 $\overline{\Delta x}$ ，以钠黄光的平均波长 $\overline{\lambda} = 5893 \times 10^{-10}$ m 代入式(3-6-8)即可求出 $\Delta\lambda$ (表 3-6-2).

【注意事项】

(1) 本仪器的精密度很高，在调节过程中，要十分细心、耐心记数、读数必须非常认真.

(2) 本实验仪器对光学面的要求很高，特别对半反射面、反射镜镀膜面等，切不可用手触摸，如有灰尘，要用吹气球吹掉.

(3) 为了防止“空回”，每次测量必须沿同一方向旋转，不得中途倒退.

【数据和结果处理】

表 3-6-1　计算 He-Ne 激光的波长数据表

ΔK =150.

序号	条纹数	M_2 的位置 x	序号	条纹数	M_2 的位置 x	$\Delta x = x_{i+3} - x_i$	波长 $\lambda = \dfrac{2\Delta x}{\Delta K}$
K_0	0	x_0	K_3	150	x_3		
K_1	50	x_1	K_4	200	x_4		
K_2	100	x_2	K_5	250	x_5		

$\overline{\lambda} =$ ______m； $E = \dfrac{|\lambda_0 - \overline{\lambda}|}{\lambda_0} \times 100\% =$ ______%

表 3-6-2　计算钠黄光的双线波长差数据

已知钠黄光的平均波长 $\bar{\lambda} = 5893\times10^{-10}$ m .

序号	对应视场视见度为 0 时 M_2 的位置 x	$\Delta x_i = x_{i+1} - x_i$	波长差 $\Delta\lambda = \dfrac{\bar{\lambda}^2}{2\overline{\Delta x}}$
1	$x_1 =$	$\Delta x_1 =$	
2	$x_2 =$	$\Delta x_2 =$	
3	$x_3 =$	$\Delta x_3 =$	
4	$x_4 =$	$\overline{\Delta x} =$	

【思考与问题讨论】

(1) 在迈克耳孙干涉仪中，各光学元件起什么作用?

(2) 欲测量某单色光的波长，干涉仪应如何调试? 读数如何读?

(3) 测双线波长差时，应如何理解视见度的变化规律?

(4) 当 M_1' 与 M_2 之间有一很小的角度时(即不平行)，干涉仪条纹会有什么变化?

(5) 为什么看到的条纹，有的是“涌出”的，有的是“内陷”的，这对实验结果有何影响?

(6) 当迈克耳孙干涉仪中的“1”光路沿东西方向，“2”光路沿南北方向时，你是否考虑了地球自转对光束的影响? 这是相对论中一个重要的问题.

【附录】

图 3-6-2 是迈克耳孙干涉仪装置图. 精密的导轨固定在底座上，底座上有 3 个调节水平的螺钉，在导轨内装有一根 M16×1的精密丝杆，与丝杆相连的是装在传动盒盖内的轮系，转动手轮即可使轮系带动丝杠，由丝杠带动移动镜拖板前后移动. 仪器有 3 个读数尺，主尺附在导轨侧面，最小分度为 1 mm；从窗口内可以看见一个 100 等分的圆盘，圆盘转动一分格，相当于移动镜拖板直线移动 0.01 mm；转动微调手轮，带动一个 1∶100 的涡轮付，通过蝶形压簧转动圆盘同时带动丝杠，所以微调手轮转一圈，等于圆盘转一小格，微调手轮的刻度轮分为 100 等分，因此刻度轮上一小格对应移动镜拖板移动 0.1 μm.

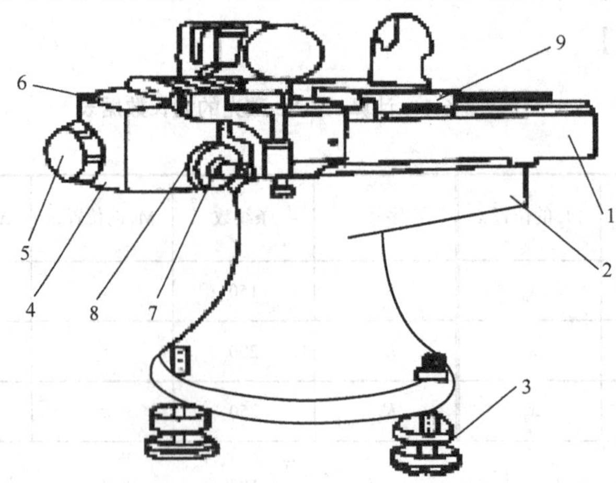

图 3-6-2　迈克耳孙干涉仪装置示意图

1. 导轨；2. 底座；3. 水平调节螺钉；4. 传动盒盖；5. 转动手轮；6. 窗口；7. 微调手轮；8. 刻度轮；9. 移动镜拖板

3.7　偏振光的产生与检验

偏振光的产生与检验

偏振光的产生与检验演示

【实验目的】

(1) 通过观察光的偏振现象，加深对光波传播规律的认识；

(2) 掌握偏振光的产生和检验方法；

(3) 观测圆偏振光和椭圆偏振光.

【实验装置】

光具座、激光器、白光源、光功率计、起偏器、检偏器、1/4 波片、1/2 波片、带小孔光屏.

【实验原理】

1. 偏振光的概念

光的波动的形式在空间传播属于电磁波，它的电矢量 $\boldsymbol{E}$ 与磁矢量 $\boldsymbol{H}$ 相互垂直，且 $\boldsymbol{E}$ 和 $\boldsymbol{H}$ 均垂直于光的传播方向，如图 3-7-1 所示，故光波是横波. 实验证明光效应主要由电场引起，所以电矢量 $\boldsymbol{E}$ 的方向定为光的振动方向.

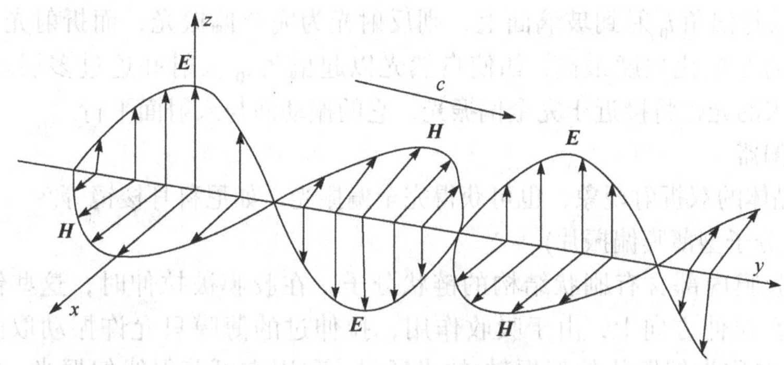

图 3-7-1　光传播与振动示意图

自然光源(如日光、各种照明灯等)发射的光是由构成这个光源的大量分子或原子发出的光波合成的. 这些分子或原子的热运动和辐射是随机的，它们所发射的光振动出现在各个方向的概率相等，这样的光叫做自然光. 然而，自然光经过介质的反射、折射或者吸收后，在某一方向上振动比另外方向上强，这种光称为部分偏振光. 如果光振动始终被限制在某一确定的平面内，则称为平面偏振光，也称为线偏振光或完全偏振光. 偏振光电矢量 $\boldsymbol{E}$ 的端点在垂直于传播方向的平面内运动轨迹是一圆周的，称为圆偏振光，是一椭圆的则称为椭圆偏振光.

2. 获得线偏振光的方法

1) 反射式起偏器(或透射式起偏器)

当自然光在两种介质的界面上反射或折射时，反射光和折射光都将成为部分偏振光. 逐渐增大入射角，当达到某一特定值时，反射光成为完全偏振光，其振动面垂直于入射面，如图 3-7-2 所示，称为起偏角(亦称布儒斯特角).

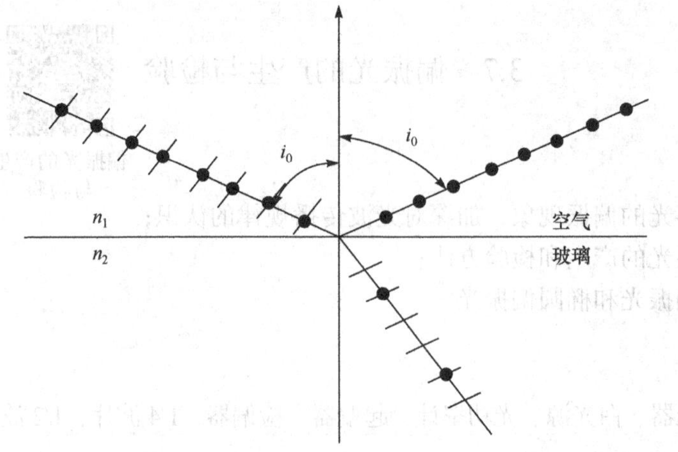

图 3-7-2　反射起偏光路图

由布儒斯特定律可得

$$\tan i_0 = \frac{n_2}{n_1} \tag{3-7-1}$$

例如，当光由空气射向折射率为 n 的玻璃平面时，$i_0 = 57°$.

若入射光以起偏角 i_0 射到玻璃面上，则反射光为完全偏振光，而折射光不是完全偏振光，但这时它的偏振化程度最高. 如使自然光以起偏角 i_0 入射并透过多层玻璃(称玻璃片堆)，则透射出来的光也将接近于完全偏振光，它的振动面与入射面平行.

2) 晶体起偏器

利用某些晶体的双折射现象，也可获得完全偏振光，如尼科耳棱镜等.

3) 偏振片(分子型薄膜偏振片)

聚乙烯醇胶膜内部含有刷状结构的链状分子，在胶膜被拉伸时，这些链状分子被拉直并平行排列在拉伸方向上. 由于吸收作用，拉伸过的薄膜只允许振动取向平行于分子排列方向(此方向称为偏振片的偏振轴)的光通过. 利用它可获得线偏振光. 偏振片是一种常用的“起偏”元件，用它可获得截面积较大的偏振光束，而且出射偏振光的偏振化程度可达 98%.

鉴别光的偏振状态的过程称为检偏，它所用的装置称为检偏器. 实际上，起偏器和检偏器是通用的，用于起偏的偏振片称为起偏器，把它用于检偏，就成为检偏器了.

按照马吕斯定律，强度为 I_0 的线偏振光，通过检偏器后，透射光的强度为

$$I = I_0 \cos^2 \theta \tag{3-7-2}$$

式中，θ 为入射光偏振方向与检偏器偏振轴之间的夹角. 显然，当以光线传播方向为轴转动检偏器时，透射光强度将会发生周期性变化. 当 θ =0°时，透射光强度最大(图 3-7-3(a))；当 θ =90°时，透射光强度为极小(消光状态(图 3-7-3(b))，接近于全暗；当 0°< θ <90°时，透射光强度介于最大和最小之间. 因此，根据透射光强度变化情况，可以区别线偏振光、自然光和部分偏振光. 图 3-7-3 表示自然光通过起偏器和检偏器的变化情况.

本实验是利用偏振片(起偏器和检偏器)观察偏振光的偏振情况.

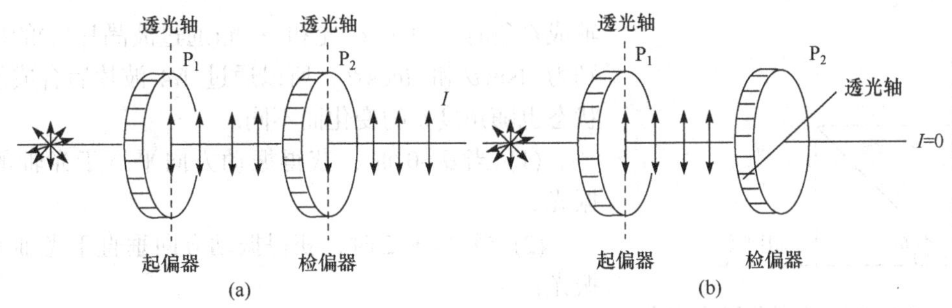

图 3-7-3 自然光经过起偏器和检偏器的情况

3. 波片的偏光作用

波片也称相位延迟片，是由晶体制成的厚度均匀的薄片，其光轴与薄片表面平行，它能使晶片内的 o 光和 e 光通过晶片后产生附加相位差. 根据薄片的厚度不同，可以分为 1/2 波片、1/4 波片等，所用的 1/2、1/4 波片皆是对钠光而言的.

当线偏振光垂直射到厚度为 L，表面平行于自身光轴的单轴晶片时，则寻常光(o 光)和非常光(e 光)沿同一方向前进，但传播的速度不同. 这两种偏振光通过晶片后，它们的相位差 φ 为

$$\varphi = \frac{2\pi}{\lambda}(n_o - n_e)L \tag{3-7-3}$$

式中，λ 为入射偏振光在真空中的波长；n_o 和 n_e 分别为晶片对 o 光和 e 光的折射率；L 为晶片的厚度.

我们知道，两个互相垂直的、同频率且有固定相位差的简谐振动，可用下列方程表示(通过晶片后 o 光和 e 光的振动)

$$\begin{cases} X = A_e \sin\omega t \\ Y = A_o \sin(\omega t + \varphi) \end{cases}$$

从两式中消去 t，经三角运算后得到全振动的方程式为

$$\frac{X^2}{A_e^{\ 2}} + \frac{Y^2}{A_o^{\ 2}} + \frac{2XY}{A_e A_o}\cos\varphi = \sin^2\varphi \tag{3-7-4}$$

由式(3-7-4)可知：

(1) 当 $\varphi = k\pi$ (k =0, 1, 2,⋯)时，为线偏振光；

(2) 当 $\varphi = (2k+1)\frac{\pi}{2}$ (k =0, 1, 2,⋯)时，为正椭圆偏振光，当 $A_o = A_e$ 时，为圆偏振光；

(3) 当 φ 为其他值时，为椭圆偏振光.

在某一波长的线偏振光垂直入射于晶片的情况下，能使 o 光和 e 光产生相位差 $\varphi = (2k+1)\pi$ (相当于光程差为 $\lambda/2$ 的奇数倍)的晶片，称为对应于该单色光的 1/2 波片($\lambda/2$ 波片)，与此相似，能使 o 光和 e 光产生相位 $\varphi = (2k+1)\frac{\pi}{2}$ (相当于光程差为 $\lambda/4$ 的奇数倍)的晶片，称为 1/4 波片($\lambda/4$ 波片). 本实验中所用波片(1/4 波片)是对 6328 Å (He-Ne 激光)而言的.

如图 3-7-4 所示，当振幅为 A 的线偏振光垂直入射到 1/4 波片上，其振动方向与波片光

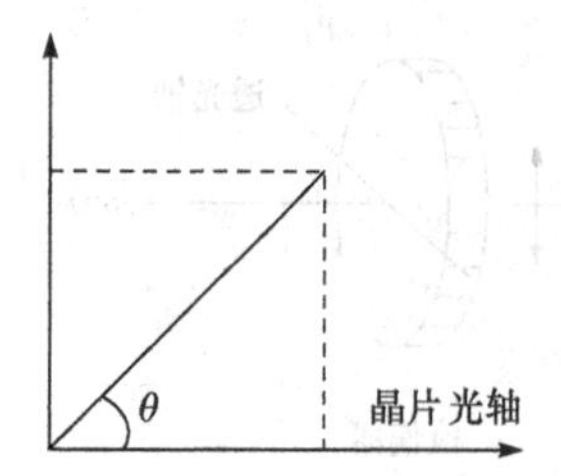

图 3-7-4　1/4 波片的起偏作用示意图

轴成θ角时，由于 o 光和 e 光(通过波晶片后)的振幅分别为$A\sin\theta$和$A\cos\theta$，所以通过 1/4 波片后合成的偏振状态也随角度θ的变化而不同.

(1) 当θ=0°时，获得振动方向平行于光轴的线偏振光；

(2) 当$\theta=\pi/2$时，获得振动方向垂直于光轴的线偏振光；

(3) 当$\theta=\pi/4$时，$A_e=A_o$获得圆偏振光；

(4) 当θ为其他值时，经过 1/4 波片后为椭圆偏振光.

4. 椭圆偏振光的测量

椭圆偏振光的测量包括长、短轴之比及长、短轴方位的测定. 如图 3-7-5 所示，当检偏器方位与椭圆长轴的夹角为φ时，则透射光强为

$$I=A_1^2\cos^2\varphi+A_2^2\sin^2\varphi \tag{3-7-5}$$

当$\varphi=k\pi$时

$$I=I_{\max}=A_1^2 \tag{3-7-6}$$

当$\varphi=(2k+1)\dfrac{\pi}{2}$时

$$I=I_{\min}=A_2^2 \tag{3-7-7}$$

则椭圆长短轴之比为

$$\frac{A_1}{A_2}=\sqrt{\frac{I_{\max}}{I_{\min}}} \tag{3-7-8}$$

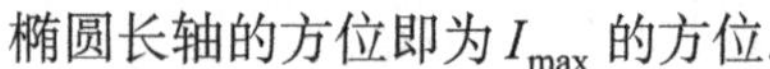
椭圆长轴的方位即为$I_{\max}$的方位.

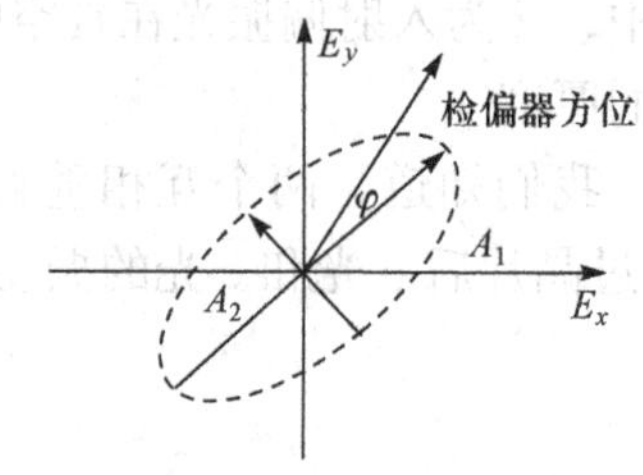

图 3-7-5　椭圆偏振光测量示意图

【实验内容与步骤】

1. 起偏与检偏鉴别自然光与偏振光

(1) 如图 3-7-6 所示，在光源至光屏的光路上插入起偏器 P_1，旋转 P_1，观察光屏上光斑强度的变化情况；

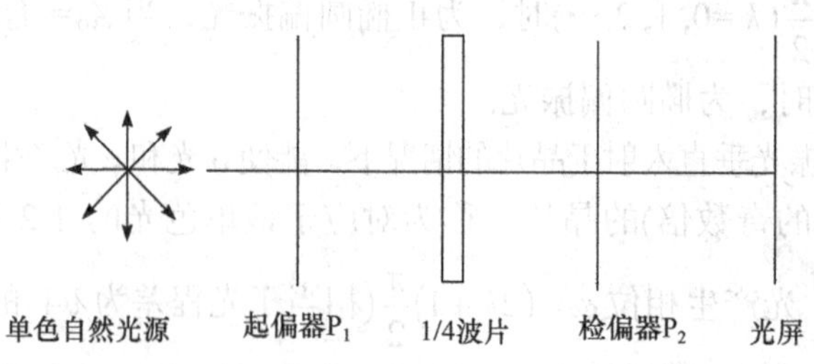

图 3-7-6　起偏与检偏光路示意图

(2) 在起偏器 P_1 后面再插入检偏器 P_2，固定 P_1 方位，旋转 P_2，旋转 360°，观察光屏上光斑强度的变化情况，并将光屏上最强和最弱时对应的旋转角度记录到表 3-7-1 中；

(3) 以光功率计代替光屏接收 P_2 出射的光束，旋转 P_2，每转过 10°记录一次相应的光功率值，共转 180°，将相应的实验数据记录到表 3-7-2 中，且利用实验数据在坐标纸上作出 I-$\cos^2\theta$ 关系曲线，看其是否与马吕斯定律相一致.

2. 观测椭圆偏振光和圆偏振光

(1) 参照图 3-7-3(b)所示，先使起偏器 P_1 和检偏器 P_2 偏振轴垂直(即检偏器 P_2 后的光屏上处于消光状态)，在起偏器 P_1 和检偏器 P_2 之间插入 1/4 波片(图 3-7-6)，转动波片使 P_2 后的光屏上仍处于消光状态(使 1/4 波片光轴与起偏器 P_1 透光轴方向平行). 用光功率计取代光屏.

(2) 将起偏器 P_1 转过 20°，调节光功率计的位置尽可能使得 P_2 透射出的偏振光全部进入光功率计的接受范围. 转动检偏器 P_2 找出功率最大的位置，并记下相应光功率值. 重复测量 3 次，求平均值.

(3) 转动 P_1，使 P_1 的光轴与 1/4 波片的光轴的夹角依次为 30°、45° 60°、75°、90°值，在取上述每一个角度时，都将检偏器 P_2 转动一周，观察从 P_2 透出光的强度变化.

【注意事项】

(1) 实验中各元件不能用手摸，实验完毕后按规定位置放置好.

(2) 不要让激光束直接照射或反射到人眼内.

【实验数据和结果处理】

实验数据的测量和结果的处理，见表 3-7-1 和表 3-7-2.

表 3-7-1　数据表 1

光屏上光斑强度				
检偏器 P_2 旋转角度				

表 3-7-2　数据表 2

检偏器 P_2 旋转角度 θ	$\cos^2\theta$	光功率计读数 P	光强 $I=P\cdot S$
0°			
10°			
20°			
30°			
40°			
…			
180°			

由于在测量位置以及实验条件不变时，光强度与光功率计的测量值为近似线性关系，因此根据表 3-7-2 所得数据便可验证马吕斯定律 $I = I_0\cos^2\theta$.

【思考与讨论题】

(1) 如何应用光的偏振现象说明光的横波特性？怎样区别自然光和偏振光？

(2) 玻璃平板在布儒斯特角的位置上时，反射光束是什么偏振光？它的振动是在平行于入射面内还是在垂直于入射面内？

(3) 1/4 波片与 P_1 的夹角为何值时产生圆偏振光？为什么？

(4) 两片偏振片用支架安置于光具座上，正交后消光，一片不动，另一片的两个表面旋转 180°，会有什么现象？如有出射光，是什么原因？

(5) 2 片正交偏振片中间再插入一偏振片会有什么现象？怎样解释？

(6) 波片的厚度与光源的波长有什么关系？

【附录】

光学实验中的常用光源

能够发光的物体统称为光源. 实验室中常用的是将电能转换为光能的光源——电光源，常见的有热辐射光源、气体放电光源及激光光源三类.

1) 热辐射光源

常用的热辐射光源是白炽灯. 普通灯泡就是白炽灯，可作白色光源，应按仪器要求和灯泡上指定的电压使用，如光具座、分光计、读数显微镜等.

2) 气体放电光源

实验室常用的钠灯和汞灯(又称水银灯)可作为单色光源，它们的工作原理都是以金属 Na 或 Hg 蒸气在强电场中发生的游离放电现象为基础的弧光放电灯.

在 220 V 额定电压下，低压钠灯发出波长为 589.0 nm 和 589.6 nm 的两种单色黄光最强，可达 85 %，而其他几种波长为 818.0 nm 和 819.1 nm 等的光仅有 15%. 所以，在一般应用时取 589.0 nm 和 589.6 nm 的平均值 589.3 nm 作为钠光灯的波长值.

汞灯可按其气压的高低，分为低压汞灯、高压汞灯和超高压汞灯. 低压汞灯最为常用，其电源电压与管端工作电压分别为 220 V 和 20 V，正常点燃时发出青紫色光，其中主要包括 7 种可见的单色光，它们的波长分别是 612.35 nm(红)、579.07 nm 和 576.96 nm(黄)、546.07 nm(绿)、491.60 nm(蓝绿)、435.84 nm(蓝紫)、404.66 nm(紫).

使用钠灯和汞灯时，灯管必须与一定规格的镇流器(限流器)串联后才能接到电源上去，以稳定工作电流. 钠灯和汞灯点燃后一般要预热 3～4 min 才能正常工作，熄灭后也需冷却 3～4 min 后，方可重新开启.

3) 激光光源

激光是 20 世纪 60 年代诞生的新光源. 激光(laser)是“受激辐射光放大”的简称. 它具有发光强度大、方向性好、单色性强和相干性好等优点. 激光器是产生激光的装置，它的种类很多，如氦-氖激光器、氩离子激光器、二氧化碳激光器、红宝石激光器等.

实验室中常用的激光器是氦-氖(He-Ne)激光器. 它由激光工作的氦氖混合气体、激励装置和光学谐振腔三部分组成. 氦-氖激光器发出的光波波长为 632.8 nm，输出功率在几毫瓦到十几毫瓦之间，多数氦氖激光管的管长为 200～300 mm，两端所加高压是由倍压整流或开关电源产生，电压高达 1500～8000 V，操作时应严防触摸，以免造成触电事故. 由于激光束输出的能量集中，强度较高，使用时应注意切勿迎着激光束直接用眼睛观看.

目前，气体放电灯的供电电源广泛采用电子整流器，这种整流器内部由开关电源电路组成，具有耗电小、使用方便等优点.

光学实验中，常把光束扩大或产生点光源以满足具体的实验要求，图 3-7-7 和图 3-7-8 表示两种扩束的方法，它们分别提供球面光波和平面光波.

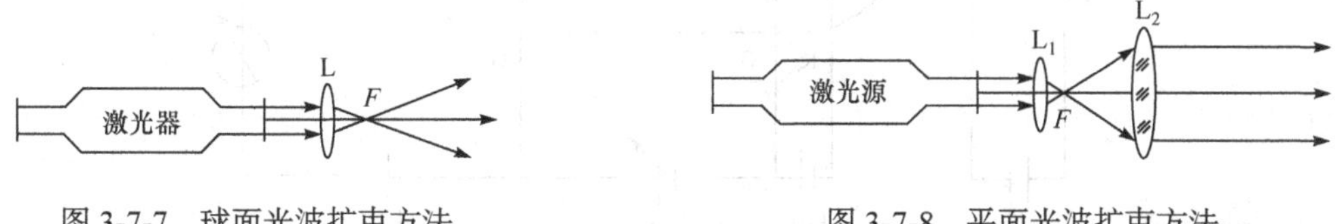

图 3-7-7　球面光波扩束方法　　图 3-7-8　平面光波扩束方法

3.8　弗兰克-赫兹实验

弗兰克-赫兹实验

【实验目的】

(1) 研究弗兰克-赫兹管中电流变化的规律；

(2) 用实验的方法测定汞或氩原子的第一激发电势，从而证明原子分立态的存在.

【实验装置】

如图 3-8-1 所示为弗兰克-赫兹实验的原理图. 其中弗兰克-赫兹管是一个具有双栅极结构的柱面形充汞四极管，它主要包括同心筒状灯丝电极 H，氧化物阴极 K，两个栅极 G_1 和 G_2 以及阳极 A. 阴极 K 罩在灯丝 H 外，由灯丝 H 加热阴极 K，改变 H 两端的电压 V_H，可以控制 K 发射电子的强度. 靠近阴极 K 的是第一栅极 G_1，在 G_1 和 K 之间存在一个小的正电压 V_{G_1K}，其主要作用一是控制管内电子流的大小，二是抵消阴极 K 附近由于电子云形成的负电势的影响. 第二栅极 G_2 远离 G_1 而与阳极 A 靠近，G_2 和 A 之间加一小的拒斥负电压 V_{G_2A}，使得电子与充氩原子发生足够多次的非弹性碰撞，损失了能量的那些电子不能到达阳极. G_1 和 G_2 之间距离较大，为电子与氩原子提供了较大的碰撞空间，从而保证足够高的碰撞概率. 由 K 发射的电子经过 G_2、K 之间所加电压 V_{G_2K} 的加速而获得能量，它们在 G_2 与 K 的空间中不断与氩原子发生碰撞，把部分或者全部能量全部碰撞交换给氩原子，并在 G_2 和 A 间的拒斥电压作用下减速到达阳极 A，通过检流计可以读出阳极电流 I_A 的大小.

实验证明，当实验初始阶段且 V_{G_2K} 电压较低时，电子与氩原子的碰撞是弹性碰撞. 简单计算可知，在每次碰撞中，电子几乎没有能量损失. 随着加速电压 V_{G_2K} 不断上升，当 V_{G_2K}=11.5 V 时，电子在栅极 G_2 附近将会获得 11.5 eV 的能量，并与氩原子发生非弹性碰撞，因此，将引起共振吸收，电子把能量全部传递给氩原子，自身速度几乎降为零，而氩原子则实现了从基态向第一激发态的跃迁. 由于拒斥电压的作用，失去能量的电子将不能达到阳极，阳极电流 I_A 陡然下降，形成第一个峰.

当 11.5 V<V_{G_2K}<23.0 V 时，随 V_{G_2K} 从 11.5 V 逐渐增加，电子重新在电场中加速，不过由于管内 11.5 V 电势位置变化，第一次非弹性碰撞区逐渐向 G_1 移动. 因为到达 G_2 时电子重新获得的能量小于 11.5V，故非弹性碰撞不会发生第二次，电子将保持其动能到达 G_2，从而

将克服 V_{G_2A} 的阻力到达阳极，表现为 I_A 的又一次上升. 当 V_{G_2K}=23.0 V 时，电子在 G_2、K 之间与氩原子进行两次非弹性碰撞而失去全部能量，I_A 再一次下降，形成第二个峰.

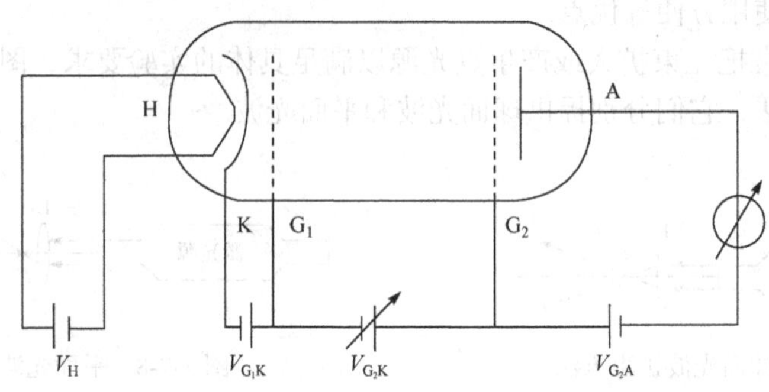

图 3-8-1　弗兰克-赫兹实验原理图

显然，每当 V_{G_2K}=11.5n V(n=1，2，…)时，都伴随着 I_A 的一次突变，出现一次峰值，峰间距为 11.5 V. 连续改变 V_{G_2K}，测出 I_A 与 V_{G_2K} 的关系曲线，由于电子在加速过程中积蓄的能量还未达到这些激发态的能量之前，已与氩原子进行了能量交换，实现了氩原子向第一激发态的跃迁，故向高激发态跃迁的概率就很小了.

【实验原理】

根据玻尔的原子模型理论，原子是由原子核和以核为中心沿各种不同轨道运动的一些电子构成的. 对于不同的原子，这些轨道上的电子束分布各不相同. 一定轨道上的电子具有一定的能量. 当同一原子的电子从低能量的轨道跃迁到较高能量的轨道时，原子就处于受激状态. 若轨道 1 为正常态，则较高能量的 2 和 3 依次称为第一受激态和第二受激态，等等. 但是原子所处能量状态并不是任意的，而是受到玻尔理论的两个基本假设的制约.

(1) 定态假设. 原子只能处在稳定状态中，其中每一状态对应于一定的能量值 E_i (i=1，2，3，…)，这些能量值是彼此分立的，不连续的.

(2) 频率定则. 当原子从一个稳定状态过渡到另一个稳定状态时，就吸收或放出一定频率的电磁辐射. 频率的大小取决于原子所处两定态之间的能量差，并满足如下关系：

$$h\nu = E_n - E_m \tag{3-8-1}$$

式中，$h = 6.63\times10^{-34}\,\mathrm{J\cdot s}$，称作普朗克常量.

原子状态的改变通常在以下两种情况下发生，一是当原子本身吸收或放出电磁辐射时，二是当原子与其他粒子发生碰撞而交换能量时. 本实验就是利用具有一定能量的电子与汞原子相碰撞而发生能量交换来实现汞原子状态的改变.

由玻尔理论可知，处于基态的原子发生状态改变时，其所需能量不能小于该原子从基态跃迁到第一受激态时所需的能量，这个能量称作临界能量. 当电子与原子碰撞时，如果电子能量小于临界能量，则发生弹性碰撞；若电子能量大于临界能量，则发生非弹性碰撞. 这时，电子给予原子以跃迁到第一受激态时所需要的能量，其余能量仍由电子保留.

一般情况下，原子在受激态所处的时间不会太长，短时间后会回到基态，并以电磁辐射的形式释放出所获得的能量. 其频率ν满足下式：

$$h\nu = eU_g \tag{3-8-2}$$

式中，U_g 为汞原子的第一激发电势. 所以当电子的能量等于或大于第一激发能时，原子就开始发光.

【实验内容与步骤】

1. 实验准备

(1) 熟悉实验仪使用方法(见本实验【附录】).

(2) 按照要求连接弗兰克-赫兹管各组工作电源线，检查无误后开机. 将实验仪预热 20～30 min.

开机后的初始状态如下：

●实验仪的“1 mA”电流挡位指示灯亮，表明此时电流的量程为 1 mA 挡；电流显示值为 0000. ($\times10^{-7}$A).

●实验仪的“灯丝电压”挡位指示灯亮，表明此时修改的电压为灯丝电压；电压显示值为 000.0 V；最后一位在闪动，表明现在修改位为最后一位.

● “手动”指示灯亮，表明仪器工作正常.

2. 氩元素的第一激发电势测量

1) 手动测试

(1) 设置仪器为“手动”工作状态，按“手动/自动”键，“手动”指示灯亮.

(2) 设定电流量程(电流量程可参考机箱盖上提供的数据)按下相应电流量程键，对应的量程指示灯点亮.

(3) 设定电压源的电压值(设定值可参考机箱盖上提供的数据)，用↓ / ↑，←/→键完成，需设定的电压源有：灯丝电压 V_H、第一加速电压 V_{G_1K}、拒斥电压 V_{G_2A}.

(4) 按下“启动”键，实验开始. 用↓ / ↑，←/→键完成 V_{G_2K} 电压值的调节，从 0.0 V 起，按步长 1 V(或 0.5 V)的电压值调节电压源 V_{G_2K}，同步记录 V_{G_2K} 值和对应的 I_A 值，同时仔细观察弗兰克-赫兹管的板极电流值 I_A 的变化(可用示波器观察). 为保证实验数据的唯一性，V_{G_2K} 电压必须从小到大单向调节，不可在过程中反复；记录完成最后一组数据后，立即将 V_{G_2K} 电压快速归零.

(5) 重新启动.

在手动测试的过程中，按下启动按键，V_{G_2K} 的电压值将被设置为零，内部存储的测试数据被清除，示波器上显示的波形被清除，但 V_H、V_{G_1K}、V_{G_2A}、电流挡位等的状态不发生改变. 这时，操作者可以在该状态下重新进行测试，或修改状态后再进行测试.

建议手动测试 I_A-V_{G_2K}，进行一次或修改 V_H 值再进行一次.

2) 自动测试

智能弗兰克-赫兹实验仪除可以进行手动测试外，还可以进行自动测试.

进行自动测试时，实验仪将自动产生 V_{G_2K} 扫描电压，完成整个测试过程；将示波器与实验仪相连接，在示波器上可看到弗兰克-赫兹管板极电流随 V_{G_2K} 电压变化的波形.

(1) 自动测试状态设置.

自动测试时 V_H、V_{G_1K}、V_{G_2A} 及电流挡位等状态设置的操作过程、弗兰克-赫兹管的连线操作过程与手动测试操作过程一样.

(2) V_{G_2K} 扫描终止电压的设定.

进行自动测试时，实验仪将自动产生 V_{G_2K} 扫描电压. 实验仪默认 V_{G_2K} 扫描电压的初始值为零，V_{G_2K} 扫描电压大约每 0.4 s 递增 0.2 V，直到扫描终止电压.

要进行自动测试，必须设置电压 V_{G_2K} 的扫描终止电压.

首先，将“手动/自动”测试键按下，自动测试指示灯亮；按下 V_{G_2K} 电压源选择键，V_{G_2K} 电压源选择指示灯亮；用↓/↑，←/→键完成 V_{G_2K} 电压值的具体设定. V_{G_2K} 设定终止值建议以不超过 85 V 为好.

(3) 自动测试启动.

将电压源选择为 V_{G_2K}，再按面板上的“启动”键，自动测试开始.

在自动测试过程中，观察扫描电压 V_{G_2K} 与弗兰克-赫兹管板极电流的相关变化情况(可通过示波器观察弗兰克-赫兹管板极电流 I_A 随扫描电压 V_{G_2K} 变化的输出波形). 在自动测试过程中，为避免面板按键误操作，导致自动测试失败，面板上除“手动/自动”按键外的所有按键都被屏蔽禁止.

(4) 自动测试过程正常结束.

当扫描电压 V_{G_2K} 的电压值大于设定的测试终止电压值后，实验仪将自动结束本次自动测试过程，进入数据查询工作状态.

测试数据保留在实验仪主机的存贮器中，供数据查询过程使用，所以，示波器仍可观测到本次测试数据所形成的波形. 直到下次测试开始时才刷新存贮器的内容.

(5) 自动测试后的数据查询.

自动测试过程正常结束后，实验仪进入数据查询工作状态. 这时面板按键除测试电流指示区外，其他都已开启. 自动测试指示灯亮，电流量程指示灯指示于本次测试的电流量程选择挡位；各电压源选择按键可选择各电压源的电压值指示，其中 V_H、V_{G_1K}、V_{G_2A} 三电压源只能显示原设定电压值，不能通过按键改变相应的电压值. 用↓/↑，←/→键改变电压源 V_{G_2K} 的指示值，就可查阅到在本次测试过程中，电压源 V_{G_2K} 的扫描电压值为当前显示值时，对应的弗兰克-赫兹管板极电流值 I_A 的大小，记录 I_A 的峰、谷值和对应的 V_{G_2K} 值(为便于作图，在 I_A 的峰、谷值附近需多取几点).

(6) 中断自动测试过程.

在自动测试过程中，只要按下“手动/自动键”，手动测试指示灯亮，实验仪就中断了自动测试过程，原设置的电压状态被清除. 所有按键都被再次开启工作. 这时可进行下一次的测试准备工作.

本次测试的数据依然保留在实验仪主机的存贮器中，直到下次测试开始时才被清除. 所以，示波器仍会观测到部分波形.

(7) 结束查询过程回复初始状态.

当需要结束查询过程时，只要按下“手动/自动”键，手动测试指示灯亮，查询过程结束，面板按键再次全部开启. 原设置的电压状态被清除，实验仪存储的测试数据被清除，实验仪回复到初始状态.

建议“自动测试”应变化两次 V_H 值，测量两组 I_A-V_{G_2K} 数据.若实验时间充裕，还可变化 V_{G_1K}、V_{G_2A} 进行多次 I_A-V_{G_2K} 测试.

【数据和结果处理】

1. 示波器测量法

由表 3-8-1 可知，求得 4 组不同的 V_0，进一步可得其平均值为 V_0=______.

表 3-8-1　测量氩原子第一激发电势数据表

序号	峰值格数	第二栅极电压 V	序号	第二栅极电压 V	氩原子第一激发电势 $V_0=\frac{V_{i+4}-V_i}{4}$
1			5		
2			6		
3			7		
4			8		

2. 手动测量法(表 3-8-2)

表 3-8-2　手动测量法测氩原子第一激发电势数据记录表

测量序号 N	1	2	3	4	5	6	7	8	9	10	…	50
第二栅极电压 V												
阳极电流 I_A												

【思考讨论题】

(1) 为什么 I_A-V_{G_2K} 呈周期性变化?

(2) 拒斥电压 V_{G_2A}↑时，I_A 如何变化?

(3) 灯丝电压 V_H 改变时，弗兰克-赫兹管内什么参量发生变化?

【附录】

实验仪面板简介及操作说明

1. 弗兰克-赫兹实验仪前后面板说明

(1) 弗兰克-赫兹实验仪前面板如图 3-8-2 所示，以功能划分为八个区.

区①是弗兰克-赫兹管各输入电压连接插孔和板极电流输出插座.

区②是弗兰克-赫兹管所需激励电压的输出连接插孔，其中左侧输出孔为正极，右侧为负极.

区③是测试电流指示区：四位七段数码管指示电流值；四个电流量程挡位选择按键用于选择不同的最大电流量程挡；每一个量程选择同时备有一个选择指示灯指示当前电流量程挡位.

区④是测试电压指示区：四位七段数码管指示当前选择电压源的电压值；四个电压源选择按键用于选择不同的电压源；每一个电压源选择都备有一个选择指示灯指示当前选择的电压源.

区⑤是测试信号输入输出区：电流输入插座输入弗兰克-赫兹管板极电流；信号输出和同步输出插座可将信号送示波器显示.

区⑥是调整按键区：改变当前电压源电压设定值、设置查询电压点.

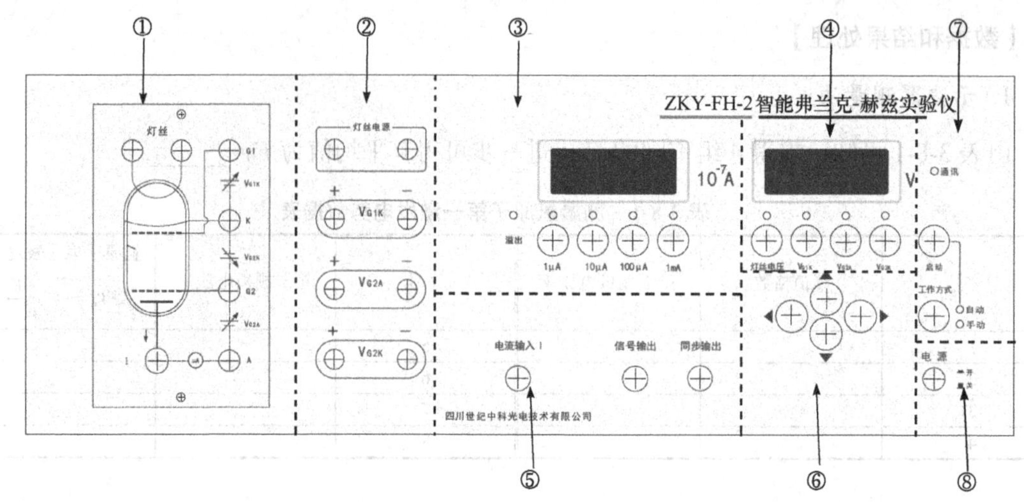

图 3-8-2　弗兰克-赫兹实验仪面板图

区⑦是工作状态指示区：通信指示灯指示实验仪与计算机的通信状态；启动按键与工作方式按键共同完成多种操作.

区⑧是电源开关.

(2) 弗兰克-赫兹实验仪后面板说明.

弗兰克-赫兹实验仪后面板上有交流电源插座，插座上自带有保险管座；如果实验仪已升级为微机型，则通信插座可联计算机，否则，该插座不可使用.

2. 基本操作

1) 弗兰克-赫兹实验仪连线说明

在确认供电电网电压无误后，将随机提供的电源连线插入后面板的电源插座中；连接面板上的连接线，务必反复检查，切勿连错，需要提前请老师检查！

2) 开机后的初始状态

开机后，实验仪面板状态显示如下：

(1) 实验仪的“1 mA”电流挡位指示灯亮，表明此时电流的量程为 1 mA 挡；电流显示值为 $0000.\times10^{-7}$ A，若最后一位不为 0，属正常现象.

(2) 实验仪的“灯丝电压”挡位指示灯亮，表明此时修改的电压为灯丝电压；电压显示值为 000.0 V；最后一位在闪动，表明现在修改位为最后一位.

(3) “手动”指示灯亮，表明此时实验操作方式为手动操作.

3) 变换电流量程

如果想变换电流量程，则按下在区③中的相应电流量程按键，对应的量程指示灯点亮，同时电流指示的小数点位置随之改变，表明量程已变换.

4) 变换电压源

如果想变换不同的电压，则按下在区④中的相应电压源按键，对应的电压源指示灯随之点亮，表明电压源变换选择已完成，可以对选择的电压源进行电压值设定和修改.

5) 修改电压值

按下前面板区⑥上的←/→键，当前电压的修改位将进行循环移动，同时闪动位随之改变，以提示目前修改的电压位置.按下面板上的↑/↓键，电压值在当前修改位递增/递减一个增量单位.

【注意事项】

(1) 如果当前电压值加上一个单位电压值的和值超过了允许输出的最大电压值，再按下↑键，电压值只能修改为最大电压值.

(2) 如果当前电压值减去一个单位电压值的差值小于零，再按下↓键，电压值只能修改为零.

3.9　密立根油滴实验

【实验目的】

(1) 验证电荷的不连续性及测量基本电荷电量；

(2) 学习了解 CCD 图像传感器的原理与应用、学习电视显微镜的测量方法.

【实验装置】

油滴盒、CCD 电视显微镜、电视箱、监视器.

油滴盒是密立根油滴实验仪的重要组成部件，加工要求很高，如图 3-9-1 所示. 上下电极形状与一般油滴仪不同，取消了容易造成积累误差的"定位台阶"，直接用精加工的平板垫在胶木圆环上，这样，极板间的不平行度、极板间的间距误差都可以控制在 0.01 mm 以内. 在上电极板中心有一个 0.4 mm 的油雾落入孔，在胶木圆环上开有显微镜观察孔和照明孔. 此外，图 3-9-2 给出了密立根油滴仪的电路箱面板结构图.

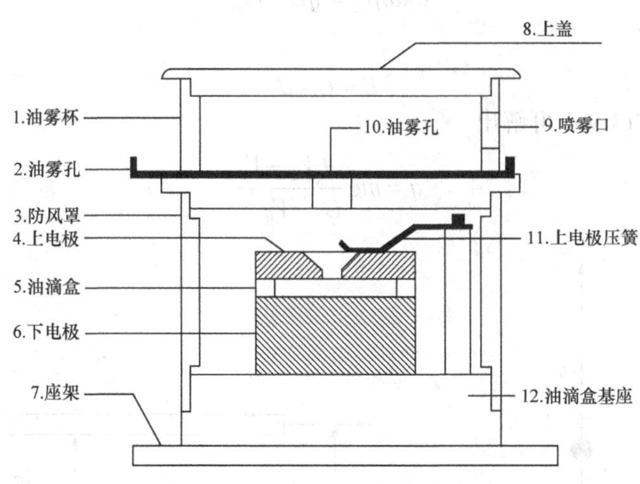

图 3-9-1　密立根油滴盒结构示意图

【实验原理】

一个质量为 m 、带电量为 q 的油滴处在两块平行极板之间，在平行极板未加电压时，油滴受重力作用而加速下降，由于空气阻力作用，油滴下降一段距离后将做匀速运动，速度为 V_g 时重力与阻力平衡(空气浮力忽略不计)，如图 3-9-3 所示，根据斯托克斯定律，黏滞阻力为

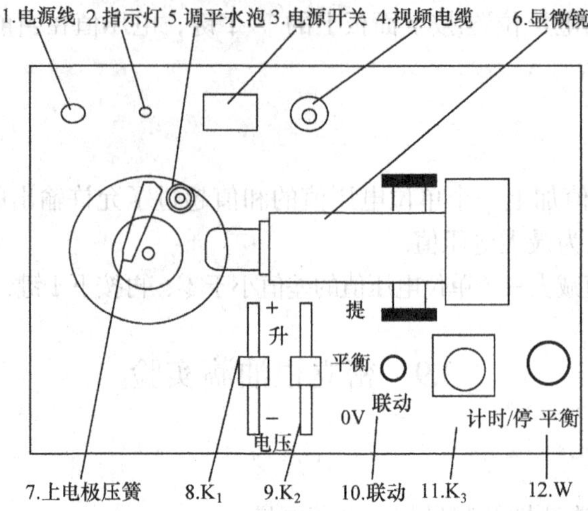

图 3-9-2　密立根油滴仪电路箱面板结构示意图

$$f_r = 6\pi a\eta V_g \tag{3-9-1}$$

式中，η 是空气的黏滞系数；a 是油滴的半径. 这时有

$$6\pi a\eta V_g = mg \tag{3-9-2}$$

然而当在平行极板上加电压 U，油滴处在场强为 E 的静电场中，设电场力 qE 与重力 mg 相反，如图 3-9-4 所示，油滴受电场力加速上升，由于空气阻力的作用，油滴上升一段距离后，其所受的空气阻力、重力与电场力达到平衡(空气浮力忽略不计)，则油滴将匀速上升，此时速度为 V_e，则有

$$6\pi a\eta V_e = qE - mg \tag{3-9-3}$$

又因为

$$E = U / d \tag{3-9-4}$$

由上述式(3-9-2)～式(3-9-4)可解出

$$q = mg\frac{d}{U}\frac{V_g + V_e}{V_g} \tag{3-9-5}$$

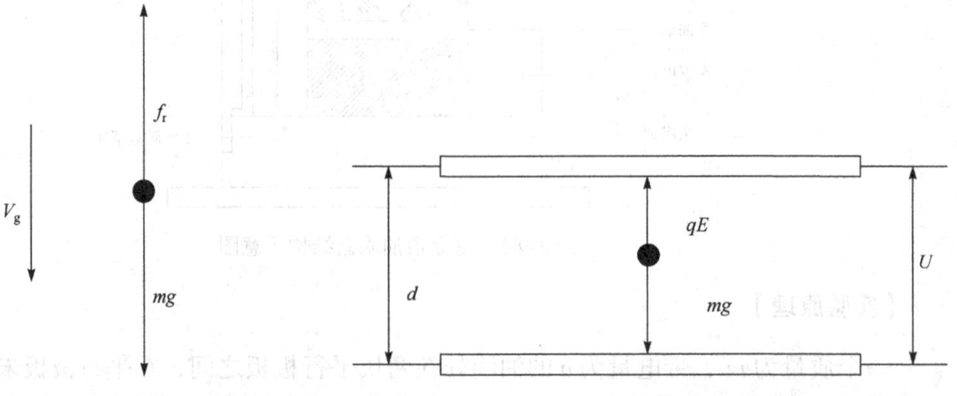

图 3-9-3　无外加电场时油滴的受力示意图　　图 3-9-4　静电场存在时油滴的受力示意图

为测定油滴所带电荷 q，除应测 U、d 和速度 V_e、V_g 外，还需知油滴质量 m，由于空

气中悬浮和表面张力作用，可将油滴看成圆球，其质量为

$$m=\frac{4\pi a^3\rho}{3} \tag{3-9-6}$$

式中，ρ 是油滴的密度.

由式(3-9-2)和式(3-9-6)，得油滴的半径

$$a=\left(\frac{9\eta V_{\mathrm{g}}}{2\rho q}\right)^{\frac{1}{2}} \tag{3-9-7}$$

考虑到油滴非常小，空气已不能看成连续介质，空气的黏滞系数 η 应修正为

$$\eta'=\frac{\eta}{1+\dfrac{b}{pa}} \tag{3-9-8}$$

式中，b 为修正常数；p 为空气压强；a 为未经修正过的油滴半径，由于它在修正项中，不必计算得很精确，由式(3-9-7)计算就够了.

实验时取油滴匀速下降和匀速上升的距离相等，都设为 l，测出油滴匀速下降的时间 t_{g}，匀速上升的时间 t_{e}，则

$$V_{\mathrm{g}}=l/t_{\mathrm{g}}\,,\quad V_{\mathrm{e}}=l/t_{\mathrm{e}} \tag{3-9-9}$$

将式(3-9-6)～式(3-9-9)代入式(3-9-5)，可得

$$q=\frac{18\pi}{\sqrt{2\rho g}}\left(\frac{\eta l}{1+\dfrac{b}{pa}}\right)^{3/2}\cdot\frac{d}{U}\left(\frac{1}{t_{\mathrm{e}}}+\frac{1}{t_{\mathrm{g}}}\right)\left(\frac{1}{t_{\mathrm{g}}}\right)^{1/2} \tag{3-9-10}$$

令

$$K=\frac{18\pi}{\sqrt{2\rho g}}\left(\frac{\eta l}{1+\dfrac{b}{pa}}\right)^{3/2}\cdot d$$

得

$$q=K\left(\frac{1}{t_{\mathrm{e}}}+\frac{1}{t_{\mathrm{g}}}\right)\left(\frac{1}{t_{\mathrm{g}}}\right)^{1/2}\Big/U \tag{3-9-11}$$

此式是动态(非平衡)法测油滴电荷的公式.

下面导出静态(平衡)法测油滴电荷的公式.

调节平行极板间的电压，使油滴不动，$V_{\mathrm{e}}=0$，即 $t_{\mathrm{e}}\to\infty$，由式(3-9-11)可得

$$q=K\left(\frac{1}{t_{\mathrm{g}}}\right)^{\frac{3}{2}}\cdot\frac{1}{U}$$

或者

$$q=\frac{18\pi}{\sqrt{2\rho g}}\left[\frac{\eta l}{t_{\mathrm{g}}\left(1+\dfrac{b}{pa}\right)}\right]^{3/2}\cdot\frac{d}{U} \tag{3-9-12}$$

上式即为静态法测油滴电荷的公式.

为了求电子电荷 e，对实验测得的各个电荷 q 求最大公约数，就是基本电荷 q 值，也就是

电子电荷e，也可以测得同一油滴所带电荷的改变量Δq_1(可以用紫外线或放射源照射油滴，使它所带电荷改变)，这时Δq_1近似为某一最小单位的整数倍，此最小单位即为基本电荷e.

【实验内容与步骤】

1. 仪器连接

将 ML-2002 面板上最左边带有 Q9 插头的电缆线连接至监视器背后插座上，然后接上电源即可开始工作. 注意，一定要插紧，保证接触良好，否则图像紊乱或只有一些长条纹.

2. 仪器调整

调节仪器底座上的三只调平手轮，将水泡调平，由于底座空间较小，调手轮时应将手心向上，用中指夹住手轮调节较为方便.

照明光路无须调整. CCD 显微镜对焦也无须用调焦针插在平行电极孔中来调节，只需将显微镜筒前端和底座前端对齐，然后喷油后再稍稍前后微调即可. 在使用中，前后调焦范围不要过大，取前后调焦 1 mm 内的油滴较好.

3. 开机使用

打开监视器和 ML-2002 油滴仪的电源，在监视器上出现 “ML-2002 型 CCD 微机密立根油滴仪南京国俊电子仪器设备厂” 5 s 之后自动进入检测状态，显示出标准分划板刻度及V值和S值. 开机后如想直接进入测试状态，按一下“计时/停”(K_3)即可.

如开机后屏幕上的字很乱或字重叠，先关掉油滴仪的电源，过一会儿再开机即可.

面板上 K_1 用来选择平行电极上极板的极性，实验中置于“+”位或“–”位均可，一般不常变动. 使用最频繁的是 K_2 和 W 及“计时/停”(K_3).

监视器正面有一小盒，压一下小盒盒盖就可打开，内有 4 个调节旋钮. 对比度一般设置较大(顺时针旋到底后稍退回一些)，亮度不要太亮. 如发现刻度线上下抖动，这是“帧抖”，微调左边第二只旋钮即可解决.

4. 测量练习

练习是顺利做好实验的重要一环，包括练习控制油滴运动，练习测量油滴运动时间和练习选择合适的油滴.

选择一颗合适的油滴十分重要，大而亮的油滴必然质量大，所带电荷也多，而匀速下降时间则很短，增大了测量误差，给数据处理带来困难. 通常选择平衡电压为 200～300 V，匀速下落 1.5 mm(6 格)的时间在 8～20 s 的油滴较适宜. 喷油后，K_2置于“平衡”挡，调 W 使极板电压为 200～300 V，注意几颗缓慢运动较为清晰明亮的油滴. 试将 K_2 置“0 V”挡，观察各油滴下落的大概速度，从中选一颗作为测量对象. 对于 10in[①]监视器，目视油滴直径在 0.5～1 mm 的较适宜. 过小的油滴观察困难，布朗运动明显，会引入较大的测量误差.

判断油滴是否平衡要有足够的耐性. 用 K_2 将油滴移至某条刻度线上，仔细调节平衡电压，这样反复操作几次，经一段时间观察油滴确定不再移动才认为是平衡了.

测准油滴上升或下降某段距离所需的时间，一是要统一油滴到达刻度线什么位置才认为

① 1 in=2.54 cm.

油滴已踏线，二是眼睛要平视刻度线，不要有夹角. 反复练习几次，使测出的各次时间的离散性较小，并且对油滴的控制比较熟练.

5. 正式测量

实验方法可选用平衡测量法(静态法)、动态测量法和同一油滴改变电荷法(第三种方法要用到汞灯，选做). ①平衡测量法(静态法). 可将已调平衡的油滴用 K_2 控制移到“起跑”线上(一般取第 2 格上线)，按 K_3(“计时/停”)，让计时器停止计时(值未必要为 0)，然后将 K_2 拨向“0 V”，油滴开始匀速下降的同时，计时器开始计时，到“终点”(一般取第 7 格下线)时迅速将 K_2 拨向“平衡”，油滴立即静止，计时也立即停止，此时电压和下落时间显示在屏幕上，进行相应的数据处理即可. ②动态测量法. 分别测出加电压时油滴上升的速度和不加电压时油滴下落的速度，代入相应公式，求出 e 值，此时最好将 K_2 与 K_3 的联动断开. 油滴的运动距离一般取 1～1.5 mm. 对某颗油滴重复 5～10 次测量，选择 10～20 颗油滴，求得电子电荷的平均值 e. 在每次测量时都要检查和调整平衡电压，以减小偶然误差和因油滴挥发而使平衡电压发生变化. ③同一油滴改变电荷法. 在平衡法或动态法的基础上，用汞灯照射目标油滴(应选择颗粒较大的油滴)，使之改变带电量，表现为原有的平衡电压已不能保持油滴的平衡，然后用平衡法或动态法重新测量.

【注意事项】

(1) 喷雾器内的油不可装得太满，否则会喷出很多“油”而不是“油雾”，堵塞上电极的落油孔. 每次实验完毕应及时擦除极板及油雾室内的积油.

(2) 喷油时喷油器的喷头不要深入喷油孔内，防止大颗粒油滴堵塞落油孔.

(3) ML-2002 油滴仪电源保险丝的规格是 0.75 A. 如需打开机器检查，一定要拔下电源插头再进行.

【数据处理】

自行设计数据表格并根据下列相关公式及方法求得基本电荷电量 e.

平衡法依据公式

$$q=\frac{18\pi}{\sqrt{2\rho g}}\left(\frac{\eta l}{t\left(1+\frac{b}{pa}\right)}\right)^{3/2}\cdot\frac{d}{U}$$

式中，$a=\sqrt{\frac{9\eta l}{2\rho g t_{\mathrm{g}}}}$；油的密度 $\rho=981\,\mathrm{kg/m^3}(20℃)$；重力加速度 $g=9.80\,\mathrm{m/s^2}$(平均)；空气黏滞系数 $\eta=1.83\times10^{-5}\,\mathrm{kg/(m\cdot s)}$；油滴匀速下降距离 $l=1.5\times10^{-3}\,\mathrm{m}$；修正常数 $b=6.17\times10^{-6}\,\mathrm{m\cdot cmHg}$①；大气压强 $p=76.0\,\mathrm{cmHg}$；平行极板间距离 $d=5.00\times10^{-3}\,\mathrm{m}$. 其中的时间 t_{g} 应为测量数次时间的平均值.

实际大气压可由气压表读出. 计算出各油滴的电荷后，求它们的最大公约数，即为基本电荷 e 值，若求最大公约数有困难，可用作图法求 e 值. 设实验得到 m 个油滴的带电量分别为 q_1，q_2，…，q_m，由于电荷的量子化特性，应有 $q_i=n_ie$，此为一直线方程，n_i 为自变

① 1 cmHg=10 mmHg=1.33 kPa.

量，q 为因变量，e 为斜率. 因此，m 个油滴对应的数据在 n_i-q_i 坐标中将在同一条过原点的直线上，若找到满足这一关系的直线，就可用斜率求得 e 值. 将 e 的实验值与公认值比较，求相对误差(公认值 $e = 1.60 \times 10^{-19}$ C).

【思考与讨论题】

(1) 对实验结果造成影响的主要因素有哪些？

(2) 判断油滴盒内平行极板是否水平？不水平对实验结果有何影响？

(3) CCD 成像系统观测油滴不直接从显微镜中观测有何优点？

3.10　光电效应及普朗克常量的测定

【实验目的】

(1) 了解光的量子性；

(2) 利用爱因斯坦方程，测出普朗克常量 h.

【实验装置】

YGP-2 型普朗克常量实验装置.

【实验原理】

如图 3-10-1 所示为普朗克常量实验装置光电原理示意图，由图可知，YGP-2 型普朗克常量实验装置主要包括：卤钨灯、透镜、单色仪、光栅、光电管、放大器等.

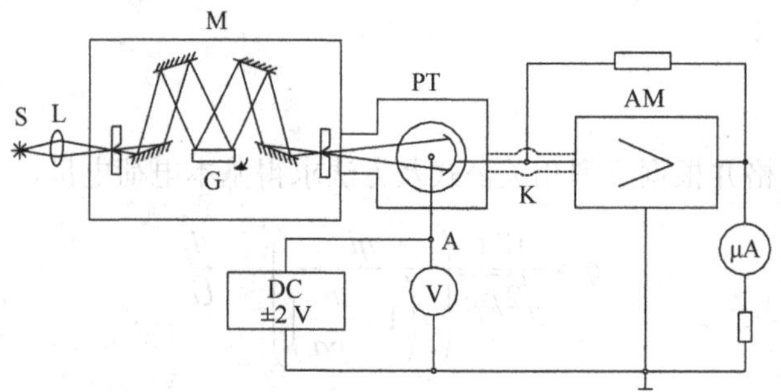

图 3-10-1　普朗克常量实验装置光电原理示意图

S. 卤钨灯；L. 透镜；M. 单色仪；G. 光栅；PT. 光电管；AM. 放大器

在光的照射下，电子从金属表面逸出的现象称为光电效应. 光电效应有如下两个基本规律：

(1) 在照射光频率不变的情况下，光电流大小与入射光强度大小成正比.

(2) 光电子的最大能量随入射光频率的增加而呈线性增加，与入射光的强度无关.

为了解上述现象，爱因斯坦提出：光是由一些能量为 $E = h\nu$ 的粒子组成的粒子流，这些粒子统称为光子. 光的强弱决定于光子的多少，故光电流与入射光强度成正比，又因每个电子只能吸收一个光子的能量($h\nu$)，所以电子获得的能量与光强无关，而只与频率成正比. 写出方程式

$$h\nu=\frac{1}{2}mv_{\max}^{2}+e_{\phi} \tag{3-10-1}$$

这就是爱因斯坦方程. 式中，h 称为普朗克常量；$\frac{1}{2}mv_{\max}^{2}$ 是光电子逸出表面后具有的最大动能；e_{ϕ} 为逸出功，即一个电子从金属内部克服表面势垒逸出所需要的能量，ν 为入射光的频率，它与波长 λ 的关系是

$$\nu=\frac{c}{\lambda} \tag{3-10-2}$$

式中，c 是真空中光速.

从式(3-10-1)可知，$h\nu<e_{\phi}$ 时将没有光电流，即存在一个截止频率 ν_0，只有入射光的频率 $\nu>\nu_0$ 时才能产生光电流. 不同的金属逸出功 e_{ϕ} 的数值不同，所以截止频率也不同.

本实验采用"减速电势法"来验证爱因斯坦方程，并由此求出 h，实验原理线路图见图 3-10-2.

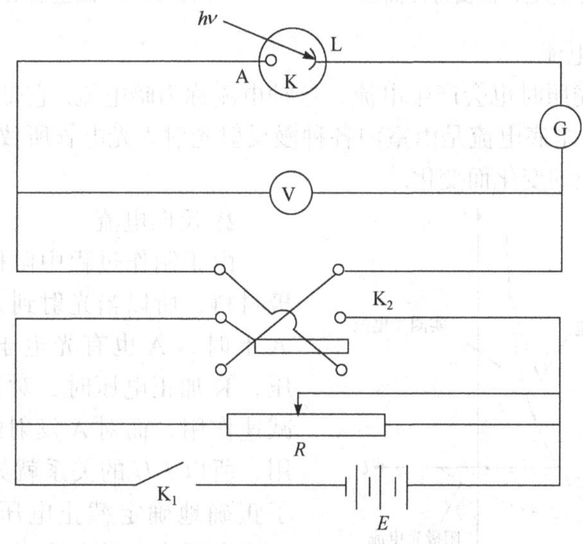

图 3-10-2　光电效应实验原理图

图 3-10-2 中K为光电管的阴极，涂有钾钠铯或锑等材料，A为阳极. 光子 $h\nu$ 射到K上打出光电子，当A加正电压、K加负电压时，光电子被加速. 若K加正电压、A加负电压，光电子被减速. 若所加的负电压 $U=U_{\mathrm{s}}$，而 U_{s} 满足方程

$$\frac{1}{2}mv_{\max}^{2}=eU_{\mathrm{s}} \tag{3-10-3}$$

此时，光电流将为零. 式中，U_{s} 为截止电压. 光电流与电压的关系见图 3-10-3. 由式(3-10-1)和式(3-10-3)可得

$$eU_{\mathrm{s}}=h\nu-e_{\phi} \tag{3-10-4}$$

改变入射光的频率 ν，可测得不同的截止电压 U_{s}，作出 U_{s}-ν 曲线图(图 3-10-4)，此曲线是一直线，其斜率为

$$k = \tan\theta = \frac{\Delta U_s}{\Delta \nu} = \frac{h}{e} \tag{3-10-5}$$

式中，e为电子电荷(e=1.6×10^{-19} C). 由此可求出h.

实际上测出的光电流和电压的关系曲线较图 3-10-3 所示的复杂(图 3-10-4)，主要是由如下两个因素所致.

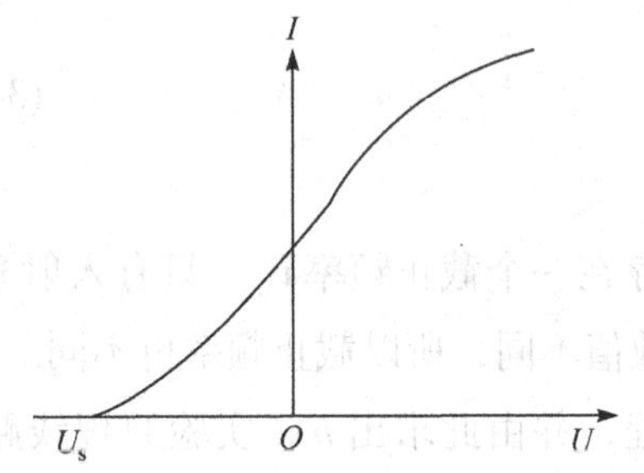

图 3-10-3 理想情况下光电管伏安特性曲线

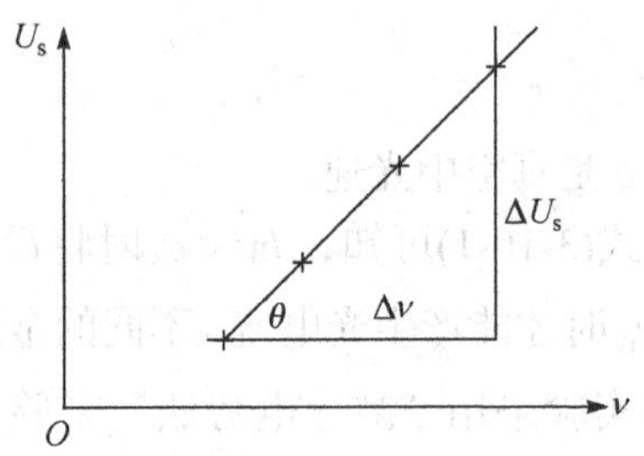

图 3-10-4 截止电压与入射光频率曲线

1) 暗电流和本底电流

光电管没有受到光照时也会产生电流，这种电流称为暗电流. 它是由热电子发射、光电管管壳漏电等造成的. 本底电流是由室内各种漫反射光射入光电管所致，它们均使光电流不可能降为零，且随电压的变化而变化.

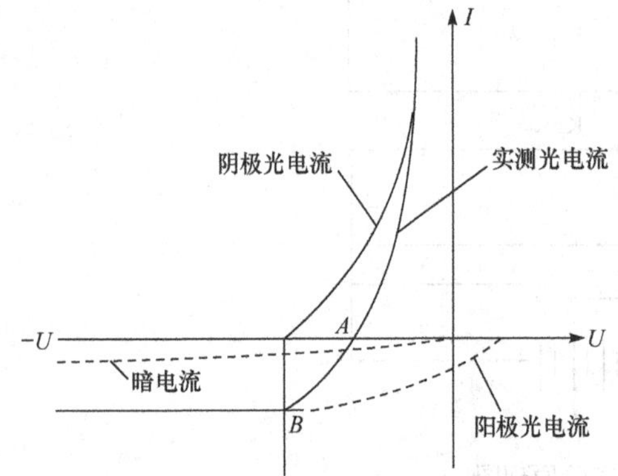

图 3-10-5 实际实验过程中光电管的伏安特性曲线

2) 反向电流

由于制作过程中阳极 A 也往往溅射有阴极材料，所以当光射到 A 上或由 K 漫反射到 A 上时，A 也有光电子发出，当 A 加负电压，K 加正电压时，对 K 发射的光电子起了减速作用，而对 A 发射的光电子起了加速作用，所以 I-U 的关系就如图 3-10-5 所示. 为了正确地确定截止电压U_s，就必须去掉暗电流和反向电流的影响，使 I-U 的关系符合图 3-10-3 所示的情况，以便由 $I=0$ 的位置来确定U_s.

【实验内容与步骤】

(1) 接通卤钨灯电源，调节聚光镜筒，使光束会聚到单色仪的入射狭缝上.

(2) 调节反向电流使其降到接近于零，方法是使减速电压远大于截止电压，这时光电流几乎为零，如果这时毫伏表仍有指示，则再调整光电管入射的方向，进而使光电流尽可能接近于零(此时表中相应数值应为负)，这样以便于降低反向电流对测量结果的影响.

(3) 单色仪输出的波长示值是利用螺旋测微器读取的. 如图 3-10-6 所示，当鼓轮边缘与小管上的“5”刻线重合时，波长示值为 500 nm.

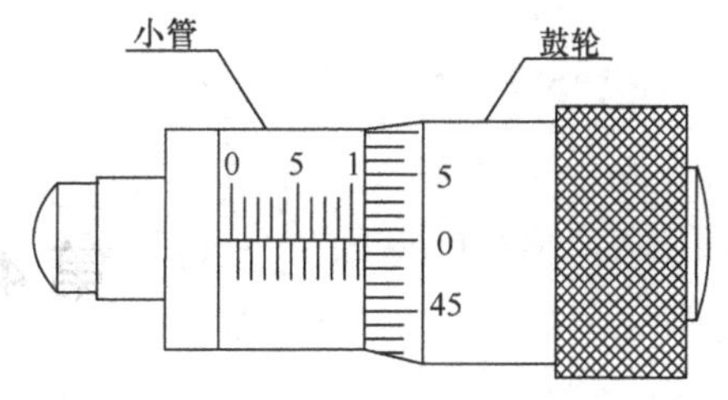

图 3-10-6　单色仪读数装置

(4) 切断“放大测量器”的电源，接好光电管与放大测量器之间的电缆，再通电预热 20～30 min 后，调节该测量放大器的零点位置.

(5) 测量光电管的伏安特性.

① 设置适当的倍率按键；

② 改变外加直流电压，缓慢调高(间隔 0.1 V)外加直流电压，先注意观察一遍电流变化情况，记住使电流开始明显升高的电压值；

③ 针对各阶段电流变化情况，分别以不同的间隔施加截止电压，读取对应的电流值.

④ 陆续选择适当间隔的另外 4～5 种波长光进行同样测量，作出光电管相应的伏安特性曲线，并从这些曲线中找到和标出相应的截止电压U_s，且将对应的数据记录到表 3-10-1 中.

【实验数据和结果处理】

表 3-10-1　实验数据记录表

波长 λ / nm						
频率 ν / ($\times 10^{14}$ Hz)						
截止电压 U_s / V						

根据表 3-10-1 数据作 U_s-ν 关系图，由式(3-10-5)可得普朗克常量 $h=$______；相对误差 $E=\frac{|h-h_0|}{h}\times 100\%=$____%.

【思考与讨论题】

(1) 如何准确测定截止电压且防止反向电流的发生？

(2) 如何减小暗电流以及本底电流对实验造成的影响？

(3) 光电管中充有气体对实验有何影响？

(4) 阴极 K 能否同时涂有几种金属材料，为什么？

第4章　设计性实验

大学物理设计性实验是大学物理实验的重要组成部分. 设计性实验是对传统的实验教学模式的突破，是一种以学生为主体、教师为主导的教学模式. 它可以培养学生独立解决问题的能力，既提高了学生的实验热情，又巩固了所学的知识和技术，还培养了学生的科研能力.

大学物理设计性实验是学生经过基础性和综合性物理实验训练之后，为进一步培养和锻炼学生的科学素质而开设的具有创造性的实验. 它要求学生能根据给定的实验任务，自行查阅相关资料、设计实验方案、组织实验系统和独立进行操作，最终对实验结果进行科学分析并撰写实验论文. 其旨在培养学生的创新意识和创新精神，提高学生分析问题和解决问题的能力. 这类实验涉及力、热、光、电等学科，同时具有综合性，要求学生充分应用前期初级实验所学的理论知识和实验技能来完成实验，这更有助于培养学生综合应用所学知识解决实际问题的能力.

大学物理实验中的基础物理实验是学生在教师的指导下完成的，教师一般先讲解与实验有关的知识和一些注意事项，然后学生按照既定的实验目的、实验内容和实验步骤进行实验. 而物理设计性实验只设定需要学生完成的任务，不提供完成任务所需要的资料和实验方法，这就要求学生根据自己的实验选题，自行查阅和收集资料，并综合分析资料设计实验方案，最后按方案开展实验. 在整个实验过程中，学生是主体，教师的任务是对学生在查阅资料、设计方案等各环节上给予方法上的指导，在教学过程中主要采用的是任务驱动教学模式. 由此可见，开设设计性实验的目的是通过实践提高学生发现问题、分析问题和解决问题的能力，培养学生勇于探索、严谨求实、团结协作的精神，对于培养高素质、创新型人才有重要意义.

1. 综合设计性实验的学习过程

完成一个综合设计性实验需经过以下三个过程.

1) 选题及拟定实验方案

实验题目一般是由实验室提供，学生也可以自带题目. 选定实验题目之后，学生首先要了解实验目的、任务及要求，查阅有关文献资料. 学生根据相关的文献资料，写出该题目的研究综述，拟定实验方案. 在这个阶段，学生应在实验原理、测量方法、测量手段等方面有所创新；检查实验方案中物理思想是否正确，方案是否合理、可行，同时要考虑实验室能否提供实验所需的仪器用具，此外还要考虑实验的安全性等，并与指导教师反复讨论，使其完善. 实验方案应包括：实验原理、实验示意图、实验所用的仪器材料、实验操作步骤等.

2) 实施实验方案、完成实验

学生根据拟定的实验方案，选择测量仪器、确定测量步骤、选择最佳的测量条件，并在实验过程中不断地完善. 在这个阶段，学生要认真分析实验过程中出现的问题，积极解决，要和教师、同学进行交流与讨论. 在设计性实验进行的过程中，学生首先要学习用实验解决问题的方法，并且学会合作与交流，对实验或科研的一般过程有一个新的认识；其次要充分调动学生学习的积极性，善于思考问题，培养勤于创新的学习习惯，提高综合运用知识的能力.

3) 分析实验结果、总结实验报告

实验结束需要分析总结的内容有：①对实验结果进行讨论，进行误差分析；②讨论总结实验过程中遇到的问题及解决的方法；③写出完整的实验报告；④总结实验成功与失败的原因、经验教训、心得体会. 实验结束后的总结非常重要，是对整个实验的一个重新认识的过程，在这个过程中可以锻炼学生分析问题、归纳和总结问题的能力，同时也提高了文字表达能力.

2. 实验报告书写要求

实验报告应包括：①实验目的；②实验仪器及用具；③实验原理；④实验步骤；⑤测量原始数据；⑥数据处理过程及实验结果；⑦分析、总结实验结果，讨论总结实验过程中遇到的问题及解决的方法，总结实验成功与失败的原因、经验教训、心得体会.

3. 综合设计性实验上课要求

(1) 每个实验前要做开题报告，开题报告应包括：
① 实验的目的、意义、内容；
② 对实验原理的认识、拟定的测量方案等；
③ 对实验装置工作原理、使用方法等方面的了解；
④ 实验的原理、测量方法、仪器使用等方面存在的问题、需进一步研究的内容等.
(2) 实验结束要求做实验总结报告，总结报告应包括：
① 阐述实验原理、测量方法；
② 介绍实验内容，分析测量数据、实验现象，总结测量结果；
③ 实验的收获、实验的改进意见.

4.1 电表的改装和校验

电表的改装与校验

【实验目的】

(1) 掌握将电流计改装成安培表和伏特表的基本原理和方法；
(2) 了解校验电表的基本方法.

【实验装置】

稳压电源、微安表、毫安表、伏特表、滑线变阻器、电阻箱、开关等.

【实验原理】

1. 将电流表(电流计或微安表)改装成毫安表(或安培表)

电流表(如微安表)的量程比较小，如要测量较大的电流，则应将其改装，方法是并联上一个分路电阻(阻值较小)，使大部分电流从分路电阻上通过. 这样就可由原电流表(表头)与分路电阻组成一个新的量程较大的电流表(安培表或毫安表). 并联不同分路电阻 R_s，就组成不同量程的电流表. R_s 的值可从理论上计算出来，如图 4-1-1 所示. 已知电流表的量程为 I_g，内阻为 R_g，改装表的量程为 I_{max}，则通过 R_s 的电流为

$$I_s = I_{max} - I_g$$

由欧姆定律可以得出

$$\left(I_{max} - I_g\right) R_s = I_g R_g$$

所以

$$R_s = \frac{I_g R_g}{I_{max} - I_g} = \frac{1}{\dfrac{I_{max}}{I_g} - 1} R_g = \frac{1}{n-1} R_g \tag{4-1-1}$$

式中，$\dfrac{I_{max}}{I_g} = n$，为量程扩大的倍数.

2. 将电流表改装成伏特表

电流表满刻度时两端的电压($U_g = I_g R_g$)一般都比较小，不能直接用来测量较大的电压，为了测量较大的电压，必须串联一个阻值较大的电阻 R_p，使大部分电压降落在 R_p 上. 这种由电流表(表头)与串联高电阻 R_p 组成的整体，就称为改装的伏特表. 欲使能测量的最大电压为 U_{max} (即量程)，电流表的量程为 I_g，内阻为 R_g，则所需串联的高电阻 R_p 可由理论计算出来，如图 4-1-2 所示. 根据一段电路的欧姆定律

$$I_g = \frac{U_{max}}{R_p + R_g}$$

即

$$U_{max} = I_g\left(R_p + R_g\right) = U_p + U_g$$

所以

$$R_p = \frac{U_{max}}{I_g} - R_g = \frac{U_{max}}{U_g} \cdot R_g - R_g = (n-1) R_g \tag{4-1-2}$$

式中，$n = \dfrac{U_{max}}{U_g}$，是量程扩大倍数.

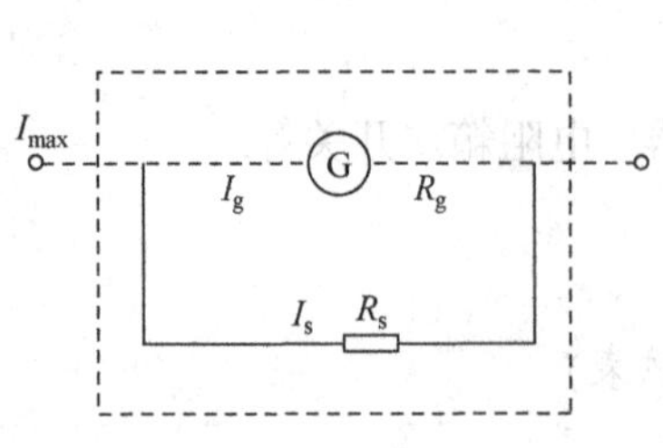

图 4-1-1　安培表原理图

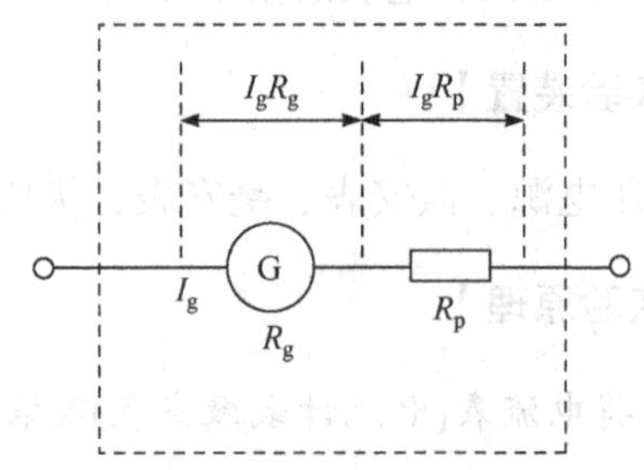

图 4-1-2　伏特表原理图

3. 电表的校准

经改装后的电表，一要满足量程的设计要求，二要确定其准确度等级，以便在测量时计算其测量误差，这就要求对改装后的电表进行校准，校准时取一个等级较高、量程相同或稍大的电表(称为标准表)，与改装表同时测量一定的电流(或电压). 校准分两步进行.

(1) 校准量程，确定分流电阻的实验值. 由于表头本身存在着误差，会使表头量程 I_g 存在误差，同时，给出的表头内阻 R_g 也存在误差. 因此，由式(4-1-1)计算出的 R 数值可能与实际要求不符，这就需要对分流电阻的阻值进行调整，使改装表的量程符合要求.

(2) 校准刻度，确定电表的准确度等级. 经改装后的电表，原来的刻度不再适用. 但根据磁电式电表良好的线性特点，可以利用原来的刻度，只需重新标定和进行校准即可. 通过校准刻度，可得到标准表与改装表相应读数的差值 $\Delta I = I_s - I_x$，若 ΔI_{max} 为其中的最大值，ΔI 为标准表的仪器误差，则改装表的最大误差(即仪器误差)应为 $\Delta I_{max} + \Delta I_s$，该值除以改装表量程，就可以确定改装表的等级. 例如，$\dfrac{\Delta I_{max} + \Delta I_s}{\text{量程}} = 2.1\% < 2.5\%$，则该改装表定为 2.5 级. 通过校准刻度，还可以画出校准曲线，具体做法是以改装表读数 I_x 为横坐标，以修正值 ΔI 为纵坐标，画出改装表的校准曲线(应画为折线，见图 4-1-3)，使用改装表时，根据此曲线来修正读数，可得到较为准确的结果.

以上是对电流表做出的分析，也适用于电压表，只是把有关量做相应改动即可.

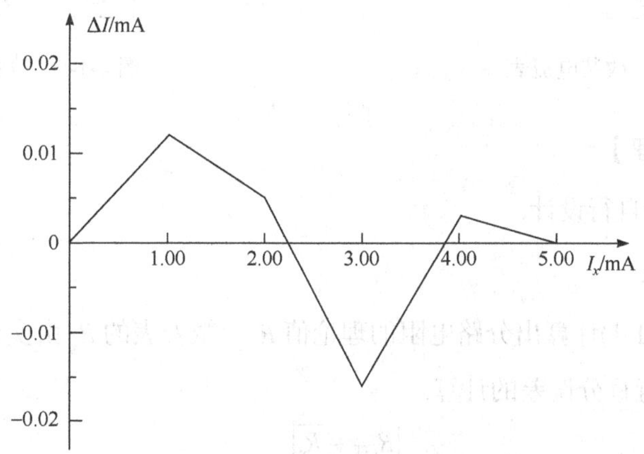

图 4-1-3　改装后电表的校准曲线

【实验内容】

1. 将量程为 1000 μA (即 I_g)的电流表改装成 50 mA(即 I_{max})的电流表

(1) 按图 4-1-4 连接好电路，使滑线变阻器 R 处于最大值，R_s 由电阻箱充当，处于最小值处，经检查后，接通电源.

(2) 调节 R 使毫安表指针在 50 mA 处，调节 R_s 使微安表的指针在 1000 μA 处，即改装表为 50 mA，记下 R_s 的值.

(3) 将 R 调回最大，R_s 调回最小后，重复上述步骤(2)，按此调整法，记下 3 次 R_s 的值.

(4) 校验改装表，将电阻箱取 R_s 的平均值，改变 R 使改装表(微安表与电阻箱并联部分)由 50 mA 开始，每隔 5 mA 或 10 mA 逐步减小，记下每次改装表与标准表的相应读数.

2. 将量程为 1000 μA 的微安表改装成 5 V 的电压表

(1) 按图 4-1-5 接好电路，滑线变阻器 R 的滑动头处于分压最小处，电阻箱(充当 R_p)的阻值调在最大处，经检查后，接通电源；

(2) 调 R 使标准伏特表的电压为 5 V，调电阻箱使微安表达到满量程(即 1000 μA)即表示改装表为 5 V，记下 R_p 的值；

(3) 将分压调回最小，电阻箱调回最大处，重复上述步骤(2)，按此调整法，测出 3 次 R_p 的值；

(4) 校验改装表，将电阻箱取 R_p 的平均值，改变 R 使改装表(微安表和电阻箱串联部分)由 5 V 开始，按 1 V 的间隔逐步减小，记下每次改装表与标准表相对应的读数.

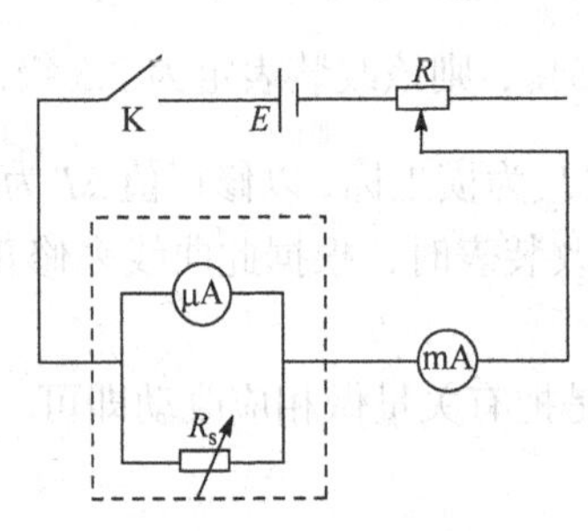

图 4-1-4　改装电流表

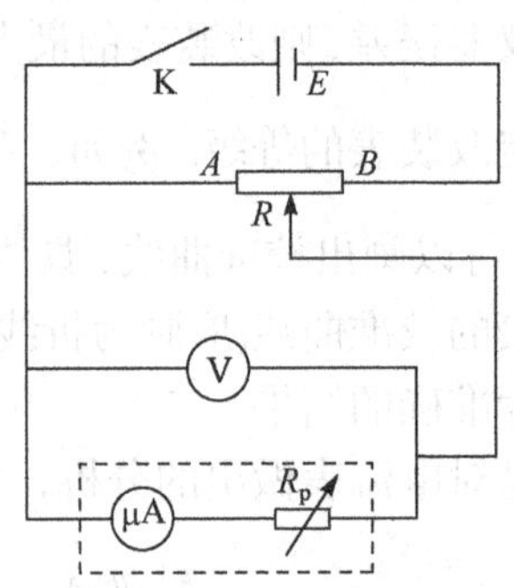

图 4-1-5　改装电压表

【数据和结果处理】

记录数据的表格自行设计.

1. 改装成电流表

(1) 根据公式(4-1-1)计算出分路电阻的理论值 $R_{s理}$ (微安表的 R_g 由实验室给出)，并与实验的测量平均值 $\overline{R_s}$ 进行百分误差的计算.

$$E = \frac{\left|R_{s理} - \overline{R_s}\right|}{R_{s理}} \times 100\%$$

(2) 以改装表的读数 I_x 为横坐标，以相应的 $\Delta I = I_s - I_x$ 为纵坐标，画出校正曲线(应为折线).

2. 改装成电压表

按电流表的相似方法来处理.

【注意事项】

(1) 改装成毫安表时，并联分路的电阻必须自小到大进行调整，并保证接触良好.
(2) 改装成电压表时，串联的阻值应由大到小进行调整，防止短路.
(3) 校正曲线是一折线，并应作在坐标纸上.

【预习思考题】

(1) 图 4-1-4 接通电源前，R 应调在最大值处，R_s 应调在接近 0(不等于 0)处，为什么？

(2) 图 4-1-5 接通电源前，R 应调在输出电压最小处，R_p 应调在最大处，为什么？

(3) 当图 4-1-4 中 R 调到最大值时，电流表读数仍大于 50 mA，此时应如何处理？

【讨论问题】

(1) 在校正曲线上横坐标为 20.0 mA 处，相应的 ΔI 为−0.2 mA 准确的读数应是多少？

(2) 图 4-1-4 改用分压电路，图 4-1-5 改用变阻电路，情况如何？

4.2　激光全息照相

普通的照相技术，是反映从物体表面反射(或漫射)来的光或物体本身发出的光，经过物镜成像，将光强度记录在感光底片上，再在照相纸上显示出物体的平面像．而全息照相技术不仅要在感光底片上记录下物体发光的光强分布，而且还要把物体发光的相位也记录下来，也就是把物体上发出的光信号的全部信息(振幅与相位)记录下来，然后经过一定的程序“再现”出物体的立体图像．我们把这种既记录振幅又记录相位的照相称为全息照相．

早在 1948 年，全息照相的奥秘就由丹尼斯 · 伽博(Denis Gabor)所发现．他通过光的衍射使图像由平面变为立体，因而获得诺贝尔物理学奖．1982 年，美国加利福尼亚物理学家 Steve McGrew 开发了从玻璃板转移到镍薄片上的操作方法，使得全息图能够以高速而低成本地压印在塑料薄膜上成为可能．20 世纪 80 年代，Steve McGrew 遇到了英国科学家 John Brown，他们合伙在英国建立了欧洲光压印公司(Light Impressions Europe)．该公司在发展浮雕式全息照相工业起到了先锋作用．例如，礼品业、时装业都采用了该公司的全息图标贴，作为市场促销的工具．1987 年，该公司的乙烯基压敏胶全息图获得了促进应用全息图的 Fasson 奖．

总之，全息照相的基本原理是以波的干涉和衍射为基础，且可以同时记录物体发光信号的振幅与相位信息，得到的是物体的三维空间立体像，这是与传统的照相技术最本质的区别．除此之外，它对其他波动过程，如红外、微波、X 射线及声波等也适用．因此有相应的红外全息、微波全息、超声全息等，全息技术已发展成为科学技术上的一个新领域．

本实验将通过对静态光学全息照片的拍摄和再现观察，了解光学全息照相的基本原理、主要特点和操作要领．

【实验目的】

(1) 了解全息照相的基本原理和实验装置；

(2) 初步掌握全息照相的有关技术和再现观察方法；

(3) 了解全息技术的主要特点．

【实验原理】

1．光波的信息

任何物体表面上所发出的光波，均可以看成是其表面上各物点所发出元光波的总和，其

表达式为

$$y=\sum_{i=1}^{n}A_i\cos\left(\omega t+\varphi_i-\frac{2\pi x_i}{\lambda}\right)=A\cos\left(\omega t+\varphi-\frac{2\pi x}{\lambda}\right)$$

其中振幅 A 与相位 $\left(\omega t+\varphi-\frac{2\pi x}{\lambda}\right)$ 是此光波的两个主要特征，又称为波的信息. 当实验中用单色光作光源时，相位信息中反映光的颜色特征的 ω(或 λ)可不予讨论. 在一般的非全息照相中，因感光乳胶的频率响应跟不上光波的频率(10^{14} Hz 以上)，其感光的程度只与总曝光量有关，即只与光强有关，因而感光乳胶上所记录的信息只反映光波的振幅分布，也就是被摄物表面上各点光波振幅的信息分布，而不反映相位的信息. 因此，也不能反映被摄物表面凸凹及远近的情况，故无立体感. 而全息照相在记录物光波的振幅信息的同时，也记录了相位的信息，因而它具有立体感.

2. 全息照相的记录原理

全息照相是根据光的干涉原理进行的，它首先由伦敦大学的丹尼斯 · 伽柏(D. Gabor)在 1948 年提出，由于当时没有理想的强相干光源，因此没有实现. 直到 1960 年激光问世以后，这种不用透镜成像的三维照相技术才成为现实.

根据光的干涉理论分析，干涉图像明暗条纹之间的亮度差异(反差)，主要取决于参与干涉的两束光波的强度(振幅的平方)，而干涉条纹的疏密程度则取决于这两束光的相位差(或光程差). 全息照相就是根据干涉原理，以干涉条纹的形式记录物光波的全部信息. 拍摄全息照片的光路如图 4-2-1 所示. 激光束经过分光板后分成两束光，一束光经 M_1 反射后，再经透镜 L_1 扩束后均匀地照射在被摄物 D 的表面上，并使被摄物表面漫射的光波(物波)能射到感光板 H 上. 另一束光(参考光)经反射镜 M_2 和扩束镜 L_2 后，直接照射到感光板 H 上. 当参考光和物光在感光板 H 上相遇时，叠加形成的干涉条纹被 H 记录下来.

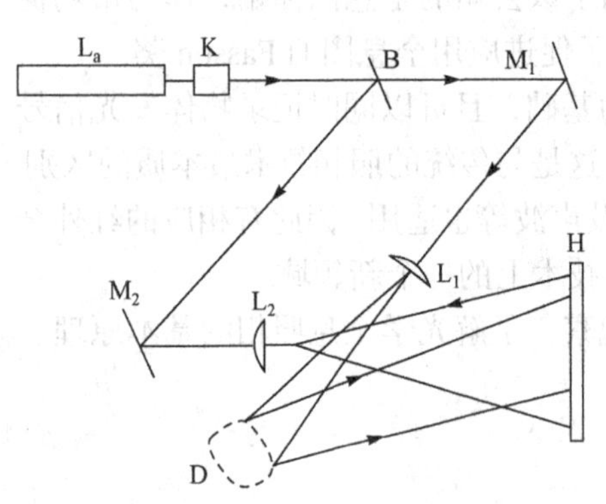

图 4-2-1　拍摄全息照片的光路

由光路图可知，到达全息感光板 H 上的参考光波的振幅和相位是由光路决定的，与被摄物无关，漫射至 H 上的物光波的振幅和相位却与物体表面各点的分布和漫射状况有关. 从不同物点来的物光的光程(相位)不同，因而参考光和物光干涉的结果与被摄物的形象有对应关系. 一个物点的物光形成一组干涉条纹，它与其他物点对应的干涉条纹的疏密、走向和反差等分布均不相同. 这些干涉图像叠加在一起，就形成了通常所称的全息图.

3. 全息照相的再现

全息底片上记录的并不是被摄物体的直观形象，而是无数组复杂的干涉条纹的组合. 因此，要看到被摄物的景象，必须采取一定的手段对全息图进行再现. 所谓再现，就是用同原来记录时的参考光完全相同的光束去照射全息底片，这束光称为再现光. 对于这束再现光，全息照片相当于一个反差不同、间距不等、弯弯曲曲、透过率不均匀的复杂“光栅”，再现光经过全息照片时被照片上的干涉图样所衍射，在照片后面出现一系列的衍射光波，如图 4-2-2 所示.

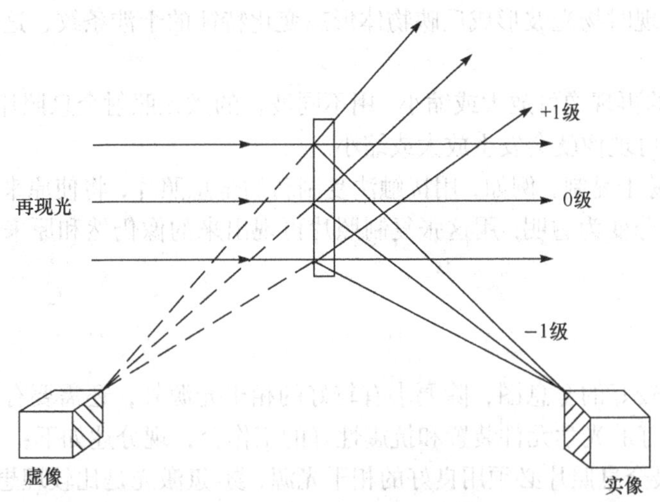

图 4-2-2　全息照片的再现观察

底片后面的一系列衍射光波中，其中保持原来再现光照射方向的是 0 级衍射光波，在 0 级衍射光波的两侧还有±1 级以及更高级的衍射光波(当然高级衍射光会很快衰减). 0 级衍射光波是强度衰减的再现光的透射光，形成亮的背景光，故这一部分我们不做讨论. +1 级衍射光是沿着原来物光波传播方向衍射的发散光，它与物体在原来位置发出的光波完全一样，将形成一个虚像. 人们在底片后面迎着衍射光波观察时，可以看到在原来物体的位置上有一个与原物一样的虚像，称为原始虚像. −1 级衍射光是会聚光，在 0 级衍射光的另一侧进行衍射，在底片的后面(原物再现像的异侧)形成一个实像，称为共轭实像. 由于人眼受孔径的限制，共轭实像一般来说用眼睛是不易直接观察到的，故需采取一些办法. 这就是激光全息技术的记录和再现的基本原理.

4. 全息照片的特点

全息照相与普通照相不同，其主要特点如下：

(1) 由于全息照相记录了物体光波的全部信息，所以再现出来的物体形象和原来的物体一模一样，它是一个十分逼真的立体图像. 这种立体像还具有一些普通立体照片所没有的极为有趣的特点，即它和观察实物时完全一样，具有相同的视觉效应. 例如，从某一方面观察时，一物被另一物遮住，但只需把头偏移一下，就可绕过原来的障碍物，看到原来被遮住的部分. 当观察者把视线从景物中的近景移到远景时，眼睛必须重新调焦，这和直接观察景物时完全一样.

(2) 全息照片的每一部分不论有多大，总能再现出原来物体的完整图像，也就是说，可以把全息照片分成若干小块，每一块都可以再现原物的像，只是当全息片缩小后，像的分辨率减小了. 全息照相的这一特点，是由于照片上的每一部分都受到被摄物上各点的反射光的作用，所以全息照片即使有缺损，也不会使再现像失真.

(3) 同一张全息干板可进行多次曝光记录，一般在每次拍摄前稍微改变全息干板的方位，或改变参考光束的方向，或改变物体在空间的位置，就可在同一张感光板上重叠记录，并能互不干扰地再现各个不同的图像. 若物体在外力作用下产生微小的位移或形变，并在变化前后重复曝光，则再现时物光波形成反映物体形态变化特征的干涉条纹，这就是全息干涉计量的理论基础.

(4) 全息照片的再现像可放大或缩小. 用不同波长的激光照射全息照片，由于与拍摄所用激光的波长不同，再现像就会发生放大或缩小.

(5) 全息照片易于复制，例如，用接触法复制新的全息照片，将使原来透明部分变为不透明，原来不透明部分变为透明. 用这张复制照片再现出来的像仍然和原来全息照片的像完全一样.

5. 仪器

要想获得一张较好的全息图，除要求有较好的相干光源外，还需要有分辨率高的感光材料、机械稳定性良好的光学元件装置和抗震性好的工作台，现分述如下：

(1) 光源. 拍摄全息照片必须用良好的相干光源，氦-氖激光是比较理想的相干光源. 它的相干长度较大，单色性也好. 一般用小型氦-氖激光器(1～3 mW)来拍摄较小的漫射物，就可获得较好的全息图. 激光功率越大，曝光时间可相应缩短，减少干扰. 此外，氩离子激光器、红宝石激光器等也常用作全息照相的光源.

(2) 感光器. 记录介质应当采用性能良好的感光材料(主要指分辨率、灵敏度和其他感光特性). 理论指出，全息干涉条纹的间距取决于物光和参考光的夹角θ(图 4-2-3). 其关系为 $\overline{\varDelta}=\dfrac{\lambda}{2\sin\dfrac{\theta}{2}}$，$\overline{\varDelta}$为干涉条纹的平均间距，一般用它的倒数表示，即$\eta=\dfrac{1}{\overline{\varDelta}}=\dfrac{2\sin\dfrac{\theta}{2}}{\lambda}$，$\eta$称为条纹的空间频率或感光材料的分辨率，它表示 1 mm 中的干涉条纹数. 一般全息干板要求$\eta>1000$条/mm(普通照相的感光胶片η约为 100 条/mm). 曝光后的干板，其显影和定影等化学处理过程与普通感光胶片的处理相同，显影液和定影液由实验室制备. 我们所用的全息干板对红光敏感，处理时要在暗绿色安全灯下操作.

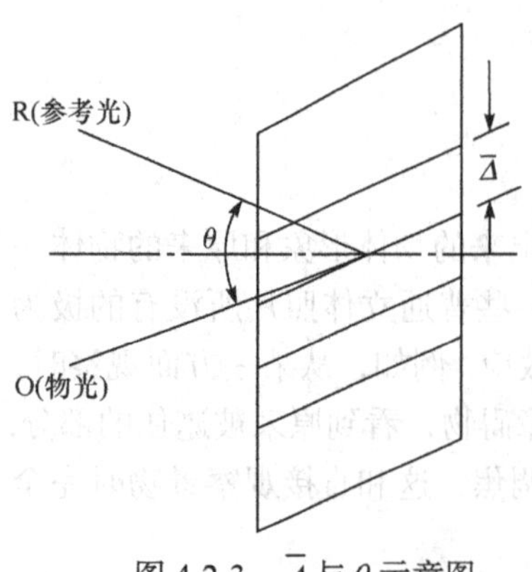

图 4-2-3　$\overline{\varDelta}$与θ示意图

除以上乳胶感光材料外，还有铌酸锂、铌酸锶钡晶体、光导热塑薄膜等也可作为全息照相的记录介质.

(3) 光路系统. 选择合理的光路是获得优质全息图的关键之一，在安排光路时应考虑：

① 尽量减少物光和参考光的光程差，一般使光程差控制在几厘米之内.

② 参考光与物光的光强比I_R/I_O一般取 1∶1～10∶1，为此要选配反射率合适的分光板和衰减片以满足此要求.

③ 投射到感光板上的参考光和物光的夹角θ，一般选取范围为45°～90°.

④ 为减少光能的损失和干扰，选用的光学元件数应越少越好.

⑤ 需特别注意将光学元件(包括感光干板)装夹牢固，因为光路中各光学元件之间的任何微小移动或振动，对产生干涉的影响很大，甚至会破坏全息图，使拍摄失败.

(4) 全息实验台. 拍摄全息照片除了要保证光学系统中各元件有良好的机构稳定性外，用一个防振系统来保证所需要的光学稳定性是绝对必要的. 全息实验台一般都是在它的厚重的台面下垫以各种减振装置，如泡沫塑料、沙箱、气囊、减振器等，以隔绝地面的振动.

为了获得较好的防振效果，实验室一般设在底层并离振源较远处. 为了检验实验台的防振效果，可在它的台面上布置迈克耳孙干涉光路，如果在所需的曝光时间内干涉条纹稳定不动，则表明防振效果良好.

【实验内容】

1. 拍摄静物的全息照片

按图 4-2-1 所示的光路布置好光学元件，拍摄不透明静物的全息照片. 拍摄时应按下列程序检查实验的准备工作.

(1) 被摄物及全息感光板是否被均匀照明；

(2) 物光和参考光的光程差是否控制在几厘米以内；

(3) 物光和参考光能否均匀地照射在感光板上；

(4) 各光学元件装夹得是否牢固；

(5) 有无杂散光干扰；

(6) 曝光时间选择是否合适.

拍摄的具体参数由实验室提供. 放置感光板时需用遮光板遮掉激光，并注意感光乳胶面是否为对向激光束. 曝光后的感光板经显影、定影、漂白等处理后漂洗晾干，即成全息照片. 用图 4-2-2 所示的光路，可观察到再现虚像.

如果冲洗出来的全息片看不到再现像，最大的可能是曝光过程中有振动或位移. 如再现像中能看到载物台，但看不到被摄物，表明被摄物未固定好. 若曝光过度或显影过度，可将感光板漂白补救.

2. 观察全息照片的再现物像

首先判别处理后的全息片的哪一面为乳胶面，仔细观察其上所记录的干涉图样，然后按照图 4-2-2 所示的光路，将全息片 H 放到光束截面被放大的激光束中，注意乳胶面应面向再现光束，再现光束的扩束镜 L 的位置最好与拍摄时一致. 观察的角度由全息片的大小与被摄物的距离决定，观察再现虚像的位置和亮度，然后改变观察位置，从不同角度观察再现虚像，注意所观察的景物有何变化，是否有立体感. 最后总结观察的结果，比较全息照相与普通照相的异同.

【数据记录与处理】

(1) 进行实验并观察实验结果.

(2) 制作漫反射物体的全息片.

【注意事项】

(1) 严禁用手触摸各光学元件的表面，要保持各光学元件的清洁，否则将损坏仪器或使拍摄质量受影响. 各光学表面被沾污或有灰尘，应按实验室规定的办法处理，不可用手、手帕或纸片擦拭.

(2) 曝光过程中切勿触及实验台，人员也不宜随意走动，不要对着光路呼吸，也不要大声谈话，以免引起空气的振动，影响全息图质量.

(3) 绝对不可用眼睛直视未经扩束的激光束，以免造成视网膜的永久损伤(经透镜扩束后的激光除外).

【预习思考题】

(1) 全息照相和普通照相有何不同？全息照相的主要特点是什么？

(2) 拍好全息照相必须具备哪些条件？

(3) 为什么不能用普通照相的底片拍摄全息照片？

【讨论问题】

(1) 为什么要求物光和参考光的光程尽量相等？

(2) 为什么个别光学元件安置不牢靠将导致拍摄失败？

(3) 在观察全息照片的虚像时，能否尝试用手去触及再现景物？而你手的移近或远离再现景物时，能否据此来判断像的位置、大小及深度？

4.3 旋光法测定蔗糖溶液浓度

【实验目的】

(1) 理解偏振光的产生和检验方法，观察旋光效应；

(2) 验证旋光角度与溶液浓度的关系，并以此测定溶液浓度.

【实验装置】

氦-氖激光器、光功率计、光具座、偏振片及调节架、液体槽及支架、透镜架及光阑、凸透镜 ($f'=150$ mm)、另备无水葡萄糖和蒸馏水适量及量杯等(图 4-3-1).

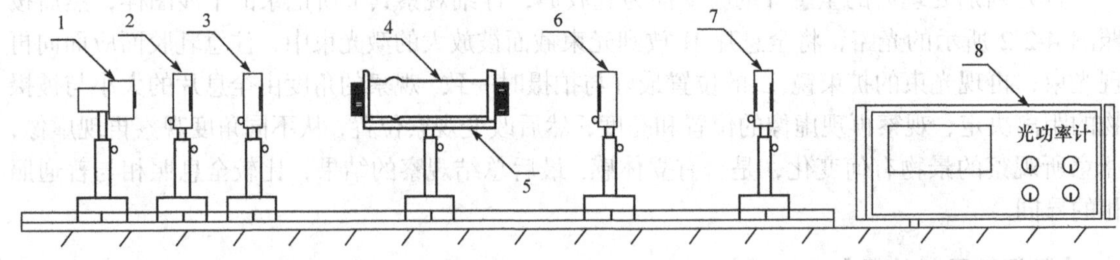

图 4-3-1　偏振光旋光实验装置

1. 氦-氖激光器；2.透镜架及光阑；3.起偏器；4.液体槽调节架；5.液体槽(样品槽)；6.检偏器；7.光强探测器；8.光功率计

【实验原理】

旋光效应是指某些固体和液体物质能使偏振光的偏振面发生旋转的现象. 旋光效应包括自然旋光效应、磁致旋光效应和光致旋光效应，本实验所涉及的旋光效应是指自然旋光效应.

在自然环境下能使线偏振光振动面发生偏转的介质称为旋光物质. 研究物质自然旋光性的实验如图 4-3-2 所示，P_1 和 P_2 为透振方向相互正交的两偏振片，自然光经偏振片 P_1 后变为一束线偏振光，然后通过另一偏振片 P_2 被接收屏接收，此时屏是黑暗的；将旋光物质放在 P_1 和 P_2 之间，接收屏由暗变亮，再将偏振片 P_2 旋转一定角度 ψ 后，接收屏又变为黑暗，该旋转角度 ψ 即为线偏振光通过旋光物质后振动面偏转的角度.

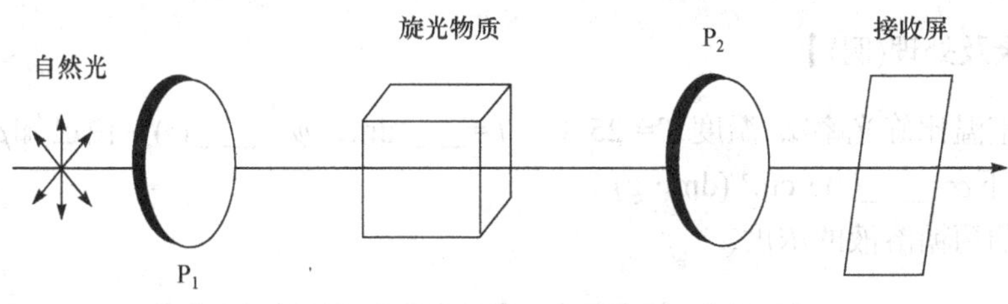

图 4-3-2　自然旋光效应实验装置

利用上述实验方法，分别用同一长度的不同旋光物质和不同长度的同一旋光物质进行多次实验，研究影响旋光现象的不同因素. 实验结果表明：

(1) 旋光物质的旋光率影响偏振光经过此物质后振动面偏转的角度. 实验的其他条件不变,换同一长度不同旋光率的物质. 偏振光经旋光物质后振动面偏转的角度 ψ 与该旋光物质的旋光率成正比.

(2) 实验的其他条件不变，旋光角度 ψ 与旋光物质的长度成正比. 综上所述，旋光角度 ψ 的大小可以表示为

$$\psi = \alpha d$$

式中，α 为旋光物质的旋光率；d 为旋光物质的长度.

具有旋光效应的物质叫作旋光物质. 旋光物质具有左右旋之别，能使偏振光的振动面顺时针方向旋转的物质称为右旋物质，反之为左旋物质. 例如，葡萄糖为右旋物质，果糖为左旋物质. 偏振面旋转的角度可以用检偏器予以检查.

进一步的实验研究表明,葡萄糖水溶液使偏振面发生的转角 ψ 与溶液的厚度(玻璃槽长度) l 和溶液的浓度 ρ 成正比

$$\psi = \alpha \cdot \rho \cdot l \tag{4-3-1}$$

式中，比例系数 α 表示该物质的旋光本领，常称为比旋光率；ρ 是溶液的质量浓度，以 g/cm^3 为单位；l 的单位是 dm.

实验时，将氦-氖激光器置于光具座的一端，在光具座上置一带光阑的凸透镜(f'=150 mm)以获得近似的平行光束，并使其入射到与透振轴正交的两个偏振片上，用眼睛检查透射光波消除的现象，即线偏振光的起偏与检偏. 然后在两个偏振片之间加入盛有事先用蒸馏水配制的葡萄糖溶液的玻璃槽，见暗视场透光后，将检偏器旋转一个角度 ψ，使视场恢复变暗. 据此，由已知浓度的葡萄糖溶液可对葡萄糖的比旋光率 α 进行定标，由定标的比旋光率 α 进而可测得任意未知葡萄糖溶液的浓度. 根据公式(4-3-1)，比旋光率 α 的单位应是(°) · cm^3/(dm · g)，标准值是用钠光灯在 20 ℃的温度下测得的，室温每升高 1 ℃，α 的修正值为−0.02.

【实验内容】

(1) 产生线偏振光；

(2) 检测线偏振光；

(3) 定标：用已知浓度 ρ 的葡萄糖溶液做旋光实验，由偏振面的转角 ψ 溶液的厚度(玻璃槽

长度)l，确定室温条件下葡萄糖的比旋光率α;

(4) 配制不同浓度的葡萄糖溶液；

(5) 利用旋光效应测定配制的各葡萄糖溶液的浓度，将数据记录在表 4-3-1 中.

【数据记录及处理(例)】

(1) 确定室温比旋光率α. 温度 $T = 25$ ℃，l =____dm，ψ=____(°)，由已知ρ=____g/cm³，可得室温条件下α=____(°) · cm³/(dm · g).

(2) 测定葡萄糖溶液的浓度.

表 4-3-1 旋光角度、光功率与浓度的对应关系表

样品编号	0(定标样品)	1	2	3	4
浓度					
旋光角度					
光功率					

作出旋光角度与浓度的关系图，作出光功率与浓度的关系图.

【实验思考】

(1) 平行光管的作用是什么？

(2) 对于比旋光率α有无更准确的测量方法？

(3) 该实验误差的主要来源是什么？

【注意事项】

(1) 实验后应及时将玻璃槽洗净.

(2) 需微量调节氦-氖激光器固定支架，以使输出光为近似平行光.

(3) 应尽量保持温度恒定.

4.4 望远镜与显微镜的组装

【实验目的】

(1) 熟悉望远镜和显微镜的构造及其放大原理；

(2) 掌握光学系统的共轴调节方法；

(3) 学会对望远镜、显微镜的放大率测定.

【实验仪器】

光具座(或光学平台)、凸透镜若干、光源、箭孔屏、平面镜、光屏、米尺及透明标尺等.

【实验原理】

望远镜和显微镜都是用途极为广泛的助视光学仪器，显微镜主要用来帮助人们观察近处

的微小物体，而望远镜则主要是帮助人们观察远处的目标，它们常被组合在其他光学仪器中. 为适应不同用途和性能的要求，望远镜和显微镜的种类很多，构造也各有差异，但是它们的基本光学系统都由一个物镜和一个目镜组成. 望远镜和显微镜在天文学、电子学、生物学和医学等领域中都起着十分重要的作用.

望远镜通常是由两个共轴光学系统组成，我们把它简化为两个凸透镜，其中长焦距的凸透镜作为物镜，短焦距的凸透镜作为目镜. 物镜的作用是将远处物体发出的光经会聚后在目镜物方焦平面上生成一倒立的实像，而目镜起一放大镜作用，把其物方焦平面上的倒立实像再放大成一虚像，供人眼观察. 图 4-4-1 所示为开普勒式望远镜的光路示意图，图中 L_o 为物镜，L_e 为目镜. 用望远镜观察不同位置的物体时，只需调节物镜和目镜的相对位置，使物镜成的实像落在目镜物方焦平面上，这就是望远镜的“调焦”.

显微镜和望远镜的光学系统十分相似，都是由两个凸透镜共轴组成，其中，物镜的焦距很短，目镜的焦距较长. 如图 4-4-2 所示，实物 PQ 经物镜 L_o 成倒立实像 $P'Q'$ 于目镜 L_e 的物方焦点 F_e 的内侧，再经目镜 L_e 成放大的虚像 $P''Q''$ 于人眼的明视距离处.

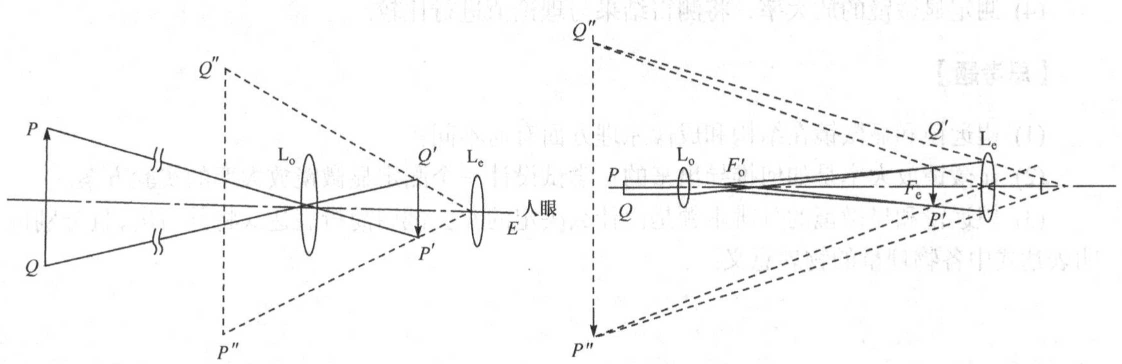

图 4-4-1　开普勒式望远镜示意图　　图 4-4-2　显微镜光路示意图

用望远镜或显微镜观察物体时，一般视角均甚小，因此，视角之比可用其正切之比代替，于是光学仪器的放大率 M 可近似地写成

$$M=\frac{\tan\alpha_0}{\tan\alpha_e}=\frac{l}{l_0}$$

式中，l_0 是被测物的大小 PQ；l 是在物体所处平面上被测物的虚像的大小 $P''Q''$.

在实验中，为了把放大的虚像 l 与 l_0 直接比较，常用目测法来进行测量. 以望远镜为例，其方法是：选一个标尺作为被测物，并将它安放在距物镜大于 1.5 m 处，用一只眼睛直接观察标尺，另一只眼睛通过望远镜观看标尺的像. 调节望远镜的目镜，使标尺和标尺的像重合且没有视差，读出标尺和标尺的像重合区段内相对应的长度，即可得到望远镜的放大率.

【实验内容】

(1) 望远镜的组装.

① 测出所给透镜的焦距，并确定一个作为物镜，另一个作为目镜(根据什么来选择？).

② 将一个已知焦距的凸透镜与光源、透明标尺组成一近似平行光，当作无穷远发光物体.

③ 装上物镜，记下其位置，观察无穷远发光物体通过物镜后在像方空间上所成的实像，

调节观察屏，测出成像位置、大小和倒正.

④ 取走观察屏，在附近装上目镜，调节共轴，再前后略微移动目镜，直到用眼睛贴近目镜可清晰地看到标尺像，记下此时目镜的位置.

⑤ 按实测的物镜、目镜位置及中间实像位置，按一定比例画出所组装望远镜成像光路图，算出系统视角放大率 M.

(2) 显微镜的组装.

① 将所选出的物镜和目镜置于光具座上，并限定镜筒长度. 调整两透镜使其同光轴.

② 以透明标尺为物，放置在物镜前. 前后移动该物，眼睛在目镜后观察，直到能看到清晰的放大的虚像为止. 记下标尺、物镜和目镜的位置.

③ 用像屏在目镜和物镜之间找到所成的实像，并记下实像的位置.

④ 根据记录的数据画出所组装显微镜的成像光路图.

⑤ 由所测得的物镜和目镜的焦距，计算所组装显微镜的视角放大率.

(3) 测定望远镜的放大率，将测得结果与理论值进行比较.

(4) 测定显微镜的放大率，将测得结果与理论值进行比较.

【思考题】

(1) 望远镜和显微镜在结构和成像原理方面有何不同?

(2) 显微镜放大率是如何推导出来的? 尝试设计一个测定显微镜放大率的实验方案.

(3) 望远镜和显微镜的分辨本领是由什么决定的? 尝试用简析表达式将其写出，且分别说明表达式中各物理量的物理意义.

第 5 章　研究性实验

5.1　傅里叶变换红外光谱分析

【实验目的】

(1) 了解傅里叶红外光谱仪的实验原理；

(2) 学习测量未知物的红外光谱；

(3) 学习对未知物的光谱进行分析.

【实验原理】

1. 红外光谱的原理

当一束具有连续波长的红外线通过物质，物质分子中某个基团发生振动跃迁所需的能量和红外线的能量一样时，分子就吸收红外线能量由原来的基态振(转)动能级跃迁到能量较高的振(转)动能级，分子吸收红外辐射后发生振动和转动能级的跃迁，该处波长的光就被物质吸收. 所以，红外光谱法实质上是一种根据分子内部原子间的相对振动和分子转动等信息来确定物质分子结构和鉴别化合物的分析方法. 将分子吸收红外线的情况用仪器记录下来，就得到红外光谱图. 红外光谱图通常用波长(λ)或波数(σ)为横坐标，表示吸收峰的位置，用透光率($T\%$)或者吸光度(A)为纵坐标，表示吸收强度.

当外界电磁波照射分子时，如照射的电磁波的能量与分子的两能级差相等，该频率的电磁波就被该分子吸收，从而引起分子对应能级的跃迁，宏观表现为透射光强度变小. 电磁波能量与分子两能级差相等为物质产生红外吸收光谱必须满足的条件之一，这决定了吸收峰出现的位置.

红外吸收光谱产生的第二个条件是红外线与分子之间有耦合作用，为了满足这个条件，分子振动时其偶极矩必须发生变化. 这实际上保证了红外线的能量能传递给分子，这种能量的传递是通过分子振动偶极矩的变化来实现的. 并非所有的振动都会产生红外吸收，只有偶极矩发生变化的振动才能引起可观测的红外吸收，这种振动称为红外活性振动；偶极矩等于零的分子振动不能产生红外吸收，称为红外非活性振动.

分子的振动形式可以分为两大类：伸缩振动和弯曲振动. 前者是指原子沿键轴方向的往复运动，振动过程中键长发生变化. 后者是指原子垂直于化学键方向的振动. 通常用不同的符号表示不同的振动形式，例如，伸缩振动可分为对称伸缩振动和反对称伸缩振动，分别用 V_s 和 V_{as} 表示. 弯曲振动可分为面内弯曲振动(δ)和面外弯曲振动(γ). 从理论上来说，每一个基本振动都能吸收与其频率相同的红外线，在红外光谱图对应的位置上出现一个吸收峰. 实际上有一些振动分子没有偶极矩变化是红外非活性的；另外有一些振动的频率相同，发生简并；还有一些振动频率超出了仪器可以检测的范围，这些都使得实际红外光谱图中的吸收峰数目大大低于理论值.

组成分子的各种基团都有自己特定的红外特征吸收峰. 不同化合物中，同一种官能团的吸收振动总是出现在一个窄的波数范围内，但它不是出现在一个固定波数上，具体出现在哪一波数，与基团在分子中所处的环境有关. 引起基团频率位移的因素是多方面的，其中外部因素主要是分子所处的物理状态和化学环境，如温度效应和溶剂效应等. 对于导致基团频率位移的内部因素，迄今已知的有分子中取代基的电性效应，如诱导效应、共轭效应、中介效应、偶极场效应等；机械效应，如质量效应、张力起的键角效应、振动之间的耦合效应等. 这些问题虽然已有不少研究报道，并有较为系统的论述，但是，若想按照某种效应的结果来定量地预测有关基团频率位移的方向和大小，却往往难以做到，因为这些效应大都不是单一出现的. 这样，在进行不同分子间的比较时就很困难.

另外，氢键效应和配位效应也会导致基团频率位移，如果发生在分子间，则属于外部因素；若发生在分子内，则属于内部因素.

红外谱带的强度是一个振动跃迁概率的量度，而跃迁概率与分子振动时偶极矩的变化大小有关，偶极矩变化越大，谱带强度越大. 偶极矩的变化与基团本身固有的偶极矩有关，故基团极性越强，振动时偶极矩变化越大，吸收谱带越强；分子的对称性越高，振动时偶极矩变化越小，吸收谱带越弱.

1) 分区

(1) 红外光谱的分区.

通常将红外光谱分为三个区域：近红外区(13330～4000 cm^{-1})、中红外区(4000～400 cm^{-1})和远红外区(400～10 cm^{-1}). 一般说来，近红外光谱是由分子的倍频、合频产生的；中红外光谱属于分子的基频振动光谱；远红外光谱则属于分子的转动光谱和某些基团的振动光谱.

由于绝大多数有机物和无机物的基频吸收带都出现在中红外区，因此中红外区是研究和应用最多的区域，积累的资料也最多，仪器技术最为成熟. 通常所说的红外光谱即指中红外光谱.

(2) 红外谱图的分区.

按吸收峰的来源，可以将 4000～400 cm^{-1} 的红外光谱图大体上分为特征频率区(4000～1300 cm^{-1})以及指纹区(1300～400 cm^{-1})两个区域.

其中，特征频率区中的吸收峰基本是由基团的伸缩振动产生，数目不是很多，但具有很强的特征性，因此在基团鉴定工作上很有价值，主要用于鉴定官能团，如羰基，不论是在酮、酸、酯还是酰胺等类化合物中，其伸缩振动总是在 1700 cm^{-1} 左右出现一个强吸收峰. 如果谱图中 1700 cm^{-1} 左右有一个强吸收峰，则大致可以断定分子中有羰基.

指纹区的情况不同，该区峰多而复杂，没有强的特征性，主要是由一些单键 C—O、C—N 和 C—X(卤素原子)等的伸缩振动及 C—H、O—H 等含氢基团的弯曲振动以及 C—C 骨架振动产生. 当分子结构稍有不同时，该区的吸收就有细微的差异. 这种情况就像每个人都有不同的指纹一样，因而称为指纹区. 指纹区对于区分结构类似的化合物很有帮助.

2) 光谱分类

红外光谱可分为发射光谱和吸收光谱两类.

物体的红外发射光谱主要取决于物体的温度和化学组成，由于测试比较困难，红外发射光谱只是一种正在发展的新的实验技术，如激光诱导荧光. 将一束不同波长的红外射线照射到物质的分子上，某些特定波长的红外射线被吸收，形成这一分子的红外吸收光谱. 每种分子都有由其组成和结构决定的独有的红外吸收光谱，它是一种分子光谱.

例如，水分子有较宽的吸收峰，所以分子的红外吸收光谱属于带状光谱. 原子也有红外发射和吸收光谱，但都是线状光谱.

红外吸收光谱是由分子不停地做振动和转动而产生的，分子振动是指分子中各原子在平衡位置附近做相对运动，多原子分子可组成多种振动图形. 当分子中各原子以同一频率、同一相位在平衡位置附近做简谐振动时，这种振动方式称简正振动.

含 n 个原子的分子应有 $3n-6$ 个简正振动方式；如果是线性分子，只有 $3n-5$ 个简正振动方式. 以非线性三原子分子为例，它的简正振动方式只有三种. 在 ν_1 和 ν_3 振动中，只是化学键的伸长和缩短，称为伸缩振动，而 ν_2 的振动方式改变了分子中化学键间的夹角，称为变角振动，它们是分子振动的主要方式. 分子振动的能量与红外射线的光量子能量正好对应，因此，当分子的振动状态改变时，就可以发射红外光谱，也可以因红外辐射激发分子的振动，而产生红外吸收光谱.

2. 傅里叶变换红外光谱学的基本原理

1) 干涉图和基本方程

红外光谱仪中所使用的红外光源发出的红外线是连续的，从远红外到中红外到近红外区，是由无数个无限窄的单色光组成的. 当红外光源发出的红外线通过迈克耳孙干涉仪时，每一种单色光都发生干涉，产生干涉光，红外光源的干涉图就是由无数个无限窄的单色干涉光组成的.

(1) 单色光干涉图和基本方程.

单色光，即一个单色光源在理想状态下发出的一束无限窄的理想的准直光. 假设单色光的波长是λ，则波数

$$\nu = \frac{1}{\lambda}$$

假定分束器是一个不吸光的薄膜，反射率和透过率各为 50%，如图 5-1-1 所示，

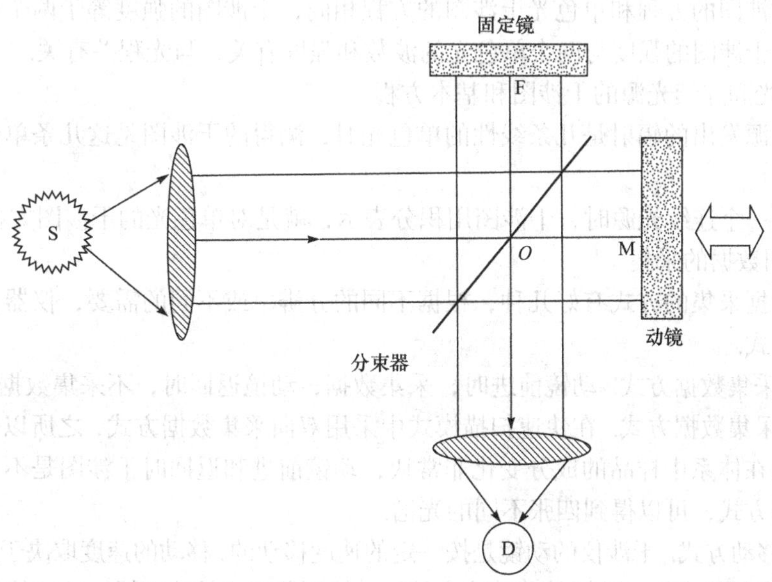

图 5-1-1 迈克耳孙干涉仪示意图

由图可知，光程差

$$\delta = 2(\overline{OM} - \overline{OF})$$

当δ=0 时，从固定镜和动镜反射回分束器上的两束光，它们的相位完全相同，相干加强，相加后光的强度等于这两束光的强度的 4 倍. 如果从固定镜反射回来的光全部透射过分束器，从动镜反射回来的光全部在分束器上反射，那么检测器检测到的光强就等于单色光源发出的光强.

当$\delta=\lambda/2$ 时，从固定镜和动镜反射回到分束器上的两束光，它们的相位差正好等于半波长，发生干涉，相加后相互抵消，光强为零，检测器检测到的信号为零.

如果动镜以匀速移动，检测器检测到的信号强度呈正弦波变化，即单色光的干涉图是一个正弦波，则由检测器检测到的干涉光的光强

$$I(\delta) = 0.5I(\nu)\left[1 + \cos\left(2\pi\frac{\delta}{\lambda}\right)\right] \tag{5-1-1}$$

在光谱测量中，只有余弦调制项 $0.5I(\nu)\cos(2\pi\nu\delta)$的贡献是主要的. 干涉图就是由余弦调制项产生的. 单色光通过理想的干涉仪得到的干涉图 $I(\delta)$由下面的方程给出：

$$I(\delta) = 0.5I(\nu)\cos(2\pi\nu\delta) \tag{5-1-2}$$

由于检测器检测到的干涉图强度不仅正比于光源的强度，还正比于分束器的效率、检测器的响应和放大器的特性，所以

$$I(\delta) = 0.5H(\nu)I(\nu)\cos(2\pi\nu\delta) \tag{5-1-3}$$

设 $0.5H(\nu)I(\nu)$等于 $B(\nu)$，则

$$I(\delta) = B(\nu)\cos(2\pi\nu\delta) \tag{5-1-4}$$

这就是干涉图最简单的方程. 也就是波数为ν的单色光的干涉图方程.

(2) 二色光干涉图和基本方程.

二色光是由两个单色光的干涉图叠加的结果，也就是由两个不同波长的余弦波叠加而成，所以二色光干涉图的方程和单色光干涉图的方程相同，干涉图的强度等于两个单色光干涉图强度的叠加，干涉图的强度与两个单色光的波数和强度有关，与光程差有关.

(3) 多色光和连续光源的干涉图和基本方程.

当一个光源发出的辐射是几条线性的单色光时，测得的干涉图是这几条单色光干涉图的加和.

当光源是一个连续光源时，干涉图用积分表示，就是对单色光的干涉图方程进行积分.

2) 干涉图数据的采集

干涉图数据采集的方式有好几种，根据不同的分辨率或不同的需要，仪器会自动地选用不同的采集方式.

(1) 单向采集数据方式. 动镜前进时，采集数据；动镜返回时，不采集数据.

(2) 双向采集数据方式. 在快速扫描模式中采用双向采集数据方式，之所以采用快速扫描模式，是因为在体系中样品的成分变化非常快，动镜前进和返回时干涉图是不一样的，采用双向采集数据方式，可以得到四张不同的光谱.

(3) 动镜移动方式. 干涉仪的动镜是按一定的速度移动的，移动的速度取决于所使用的检测器. 检测器响应的速度快，动镜的移动速度就快；检测器响应的速度慢，动镜的移动速度就慢.

3) 傅里叶变换红外光谱仪

傅里叶变换红外光谱(FTIR)仪的主要设备为红外光学台(光学设备)以及辅助设备计算机和打印机. 其中，红外光学台又由红外光源、光阑、干涉仪、样品室、检测器以及各种红外反射镜、氦-氖激光器、控制电路板和电源组成.

随着傅里叶变换红外光谱技术的不断发展，红外附件也在不断地发展，不断地更新换代. 现阶段，红外附件有：红外显微镜附件、拉曼光谱附件、漫反射附件、衰减全反射附件(水平ATR、可变角 ATR、圆形池 ATR)、镜面反射附件、偏振红外附件、变温光谱附件、红外光纤附件、光声光谱附件、高压红外光谱附件、色红联用附件、热重红外联用附件、发射光谱附件、时间分辨光谱附件、聚合物制膜附件、聚合物拉伸附件、聚光器附件、样品穿梭器附件、红外气体池附件等.

【实验内容】

1. 红外光谱样品制备

1) 液体样品

分析液体样品的最常用方法就是将一滴液体夹在两片盐片中间，过程如下：将一滴样品滴于合适的盐片上，几秒钟后，将另外一块盐片合上，这样液体被夹在两块盐片之间，变成薄膜状，选用的盐片要与分析的液体样品相匹配. 不含水的样品可采用 KBr(32×5 mm)盐片，含水样品则采用 KRS-5 盐片. 每次一个样品做好后，用带合适的溶剂的棉花清洗，然后在倒有甲醇的鹿皮上抛光. KBr 盐片需要经常进行抛光，以维持其表面的光洁. 由于 KRS-5 晶体有毒，所有只有当其表面被划伤或污染时才需要抛光，而且要求专业人员来完成.

2) 固体样品

溶剂将样品溶解，成膜于 KBr 窗片上是最先考虑的. 如果因为基线不好或是溶解性差而不成功，可以考虑在两片 KBr 窗片内熔化成膜. 如果这也不行，样品可进行 KBr 压片.

对于熔点高于 72 ℃的样品，首选的技术是 KBr 压片. 对于聚合物样品，成膜法是首选，接着是热熔法和压片法.

对于熔点未知的样品，结晶度的检测将会指明哪种技术将会成功. 高结晶度的样品用 KBr 压片法较好；对于低结晶度的样品，成膜和热熔会得到更好的谱图.

3) 涂膜技术

涂膜技术是用在熔点低于 72 ℃的样品和低结晶度的样品，比如高聚物，涂膜法也可在其他方法失败后试用.

(1) 涂膜的一般过程：先将样品溶于适当的溶剂中，然后将数滴溶液滴于惰性的基质上，溶液挥发后在基质上留下一层薄膜. 如果惰性基质是红外透明的，可直接检测或将薄膜剥下检测.

(2) 选择合适的溶液：选择溶液最主要的标准是容易挥发(除了最明显的一点，可溶解样品). 这意味着必须采用低沸点溶剂. 蒸发溶剂所需的热量越少，样品所受的影响就越小. 另外，溶剂越容易去除，残留的溶剂越少.

以下列出的溶剂将首先考虑：氯仿(BP.61.2 ℃)，丙酮(BP.56.2 ℃)，三氯乙醇(BP.151 ℃)，邻二氯苯(BP.180.5 ℃)和水(BP.100 ℃). 在选择成膜技术时这五种溶剂适用于 85%的样品.

纯溶液的光谱也应准备以作为参照. 将溶剂的谱图与成膜样品的谱图作比较是判断是否

有溶剂残留的一个好方法. 每取用一次溶剂便将其参比谱图更新一下也是一个好习惯.

(3) 选择基质：一般不将薄膜从基质上取下，基质和薄膜是一起放入光谱仪的. 所以基质要对红外透明. 除了溶剂是水采用 KRS-5 晶体外，一般最常用的基质是 KBr 晶体. 当决定将薄膜取下时，玻璃是不错的选择.

(4) 成膜：最好使用少量的稀溶液(3～5 滴)，多次在基质上形成薄膜，这将比用浓溶液形成的厚膜和大量的溶液一次成膜要好得多，这将使薄膜中的溶剂残留最少.

(5) 潜在问题：在成膜技术中最严重的两个问题是薄膜厚度不均匀和溶剂残留.

另一个可能产生的问题是，某些样品在加热和有氧气的情况下易发生氧化. 这将导致在 1740 cm^{-1} 上有一个 C═O 的小峰.

有几种方法可以防止或减小这种氧化. 在惰性气氛中蒸发溶剂，如在氮气中，这样可以减少氧气的存在，或是减少加热量来化小这个问题. 可能的话，可以使用更低沸点的溶剂，或用真空泵来抽取溶剂.

2. 测试方法：FTIR 扫描剖析

现在让我们学习一下实际的扫描过程，以了解样品测试的基本方法. 采用一个聚苯乙烯薄膜样品，我们要做两种不同的扫描，一是聚苯乙烯自身的扫描，二是“本底”扫描. 记住，红外光束在到达探测器之前穿过了一“空气”介质，空气中所包含的吸收物质必须从样品中“减去”，如 CO_2 和水蒸气，这种相减是通过采集一个本底扫描，然后将样品扫描与它相比来完成的. 扫描的基本过程如图 5-1-2 所示. 它包括数据采集、切趾、快速傅里叶变换(FFT)和相位校正. 通常，应先完成本底扫描. 所谓本底扫描就是一个无样品下的扫描. 当仪器接收到开始扫描的命令时，读取预置间隔中的探测器信号，并将数字化后的数据送入计算机. 重复这一步骤直至所有的干涉图都采集完毕并完成累加平均. 被平均后的干涉图再进行切趾，快速傅里叶变换和相位校正，这样就获得了最终的本底光谱. 样品扫描也基本相同：读取探测器的信

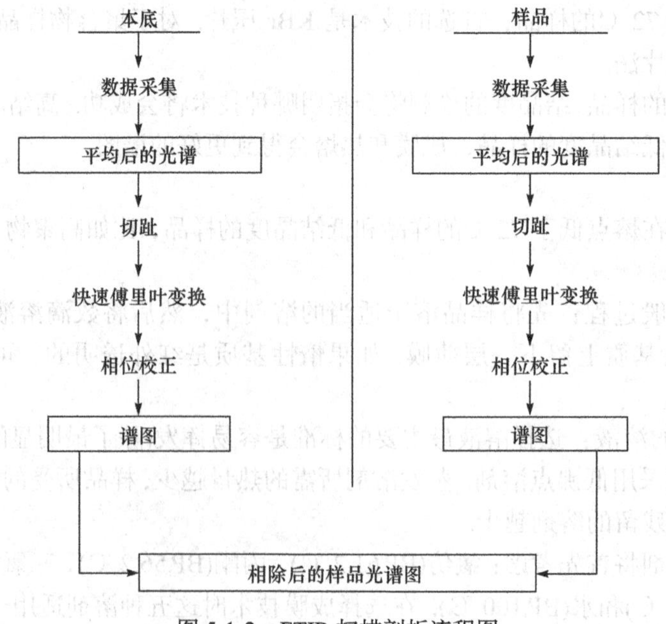

图 5-1-2　FTIR 扫描剖析流程图

号并将组成干涉图的一组数据点送入计算机. 在采集过程中就已经平均的光谱再经过切趾(所用的切趾函数与本底光谱相同)，快速傅里叶变换和相位校正(也采用与本底扫描相同的校正方法)，所得的光谱与本底光谱相比之后，就生成了最终的样品透过率光谱. 如果需要，还可通过简单的计算将透过率光谱转换为吸光度光谱.

3. WQF-510 型 FTIR 的总体结构

WQF-510 型 FTIR 从功能上可以划分为以下几个部分：红外光源、干涉仪、样品室、探测器以及电气系统和数据系统，如图 5-1-3 和图 5-1-4 所示.

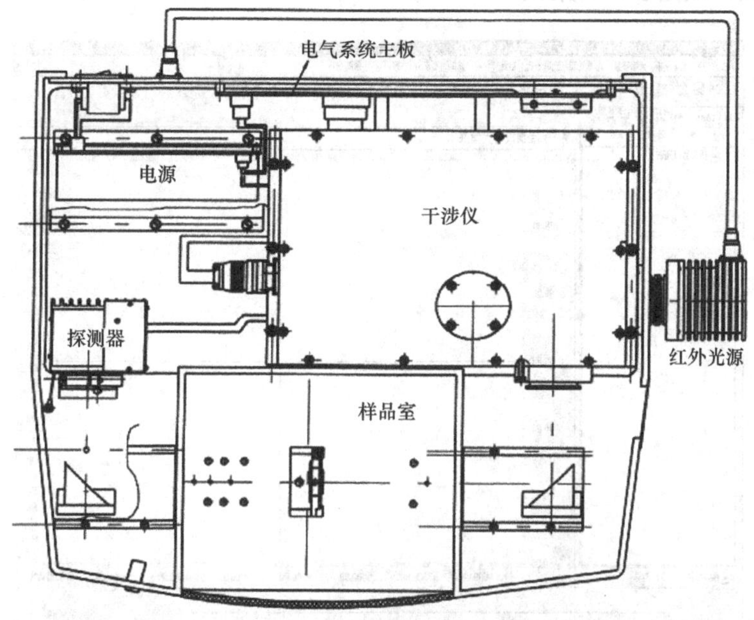

图 5-1-3　WQF-510 型 FTIR 的总体结构

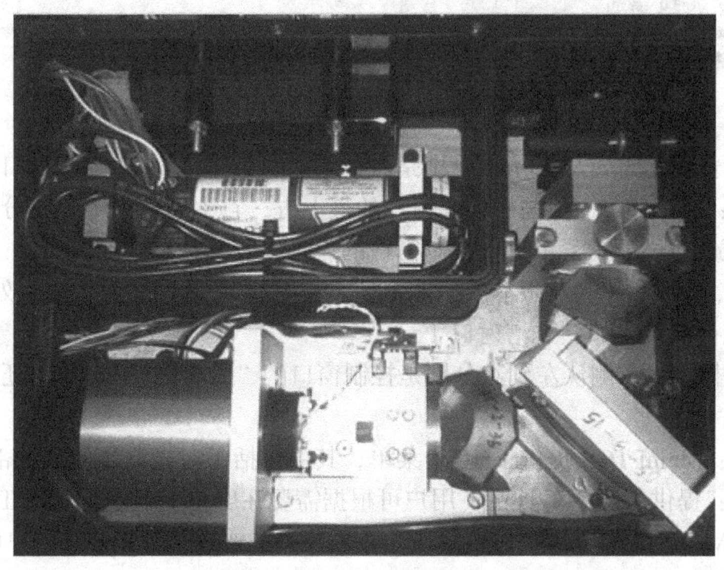

图 5-1-4　WQF-510 型 FTIR 实物图

【实验步骤】

FTIR 光谱仪是复杂的光谱仪器与计算机技术的完美结合. 干涉仪可以获得透过某种介质后的红外能量，但这种形式的数据不能直接为光谱学家所用，因此干涉仪还需要一个强有力的“大脑”将干涉图的原始数据转换为可识别的光谱图，这个“大脑”就是计算机.

1. 开机

依次打开 WQF-510 主机、计算机主机、显示器,屏幕进入 WIN 界面. 双击桌面图标 MainFTOS，程序进入主界面，如图 5-1-5 所示.

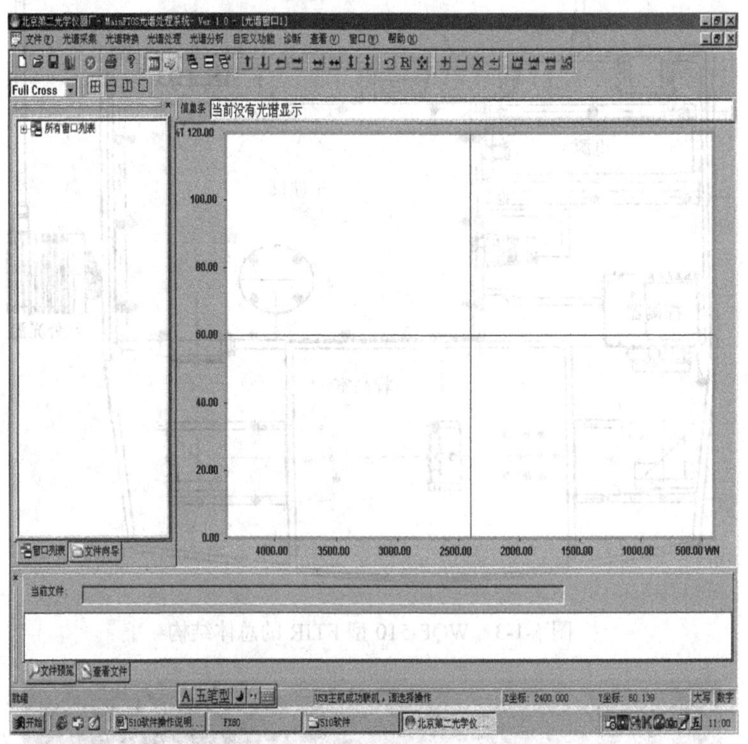

图 5-1-5　光谱仪程序主界面

主界面包括如下信息，从上至下分别是：标题栏、菜单栏、工具栏、窗口及状态栏.

(1) 标题栏：MainFTOS 标题栏位于窗口的最上方，它主要由以下 4 部分组成.

控制菜单框：通过下拉菜单可以控制窗口的大小以及移动和关闭窗口.

软件拥有者、应用程序名及版本号：北京第二光学仪器厂-MainFTOS 光谱处理系统-Ver1.0.

窗口名：当前窗口，如“光谱窗口 1”.

控制按钮：标题栏右侧从左到右分别是控制窗口的“最小化”“最大化/还原”和“关闭”按钮.

(2) 菜单栏：MainFTOS 提供了 10 个菜单，其中包括了对光谱操作的全部功能.

(3) 工具栏：提供了多个工具栏，用户可根据需要在屏幕上显示或关闭工具栏.

(4) 窗口：MainFTOS 包括工作台窗口、查看窗口、光谱显示窗口. 用户可根据需要显示或关闭工作台窗口、查看窗口. 工作台窗口可选择窗口列表窗口和文件向导窗口，查看窗口可选择文件预览窗口和查看文件窗口.

(5) 状态栏：在窗口的最下面，显示光谱的操作状态光标叉丝的坐标.

下面分别介绍菜单栏中文件和光谱采集功能的应用.

2. 功能介绍

1) 文件

用鼠标点功能栏中的“文件”出现下拉菜单，如图 5-1-6 所示.

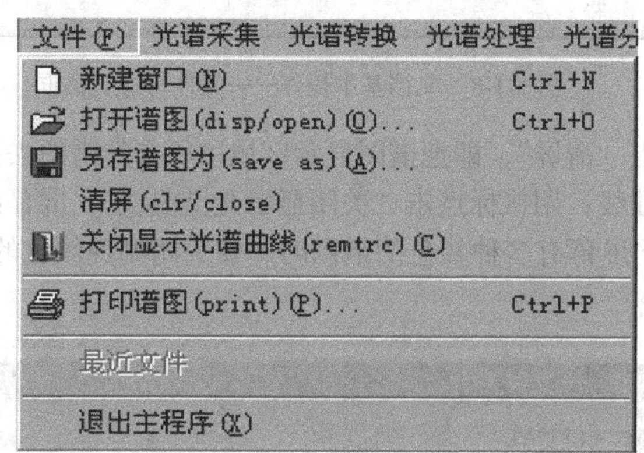

图 5-1-6　“文件”选项下拉菜单

(1) 新建窗口：打开主界面，在标题栏显示“光谱窗口 1”. 用鼠标点击“新建窗口”，在谱图显示区域又打开一个新窗口，此时在标题栏显示“光谱窗口 2”. 这时在工作台窗口打开“所有窗口列表”，显示“光谱窗口 1”“光谱窗口 2”. 以下依次类推. 这两个窗口可以层叠，可以平铺(使用见“窗口”的功能).

(2) 打开谱图：用鼠标点“打开谱图”，屏幕出现如图 5-1-7 所示画面. 用鼠标点“搜寻”框后面的▾，可以选取谱图存放的位置，点文件名，点“打开”，想要的谱图即可显示出来.

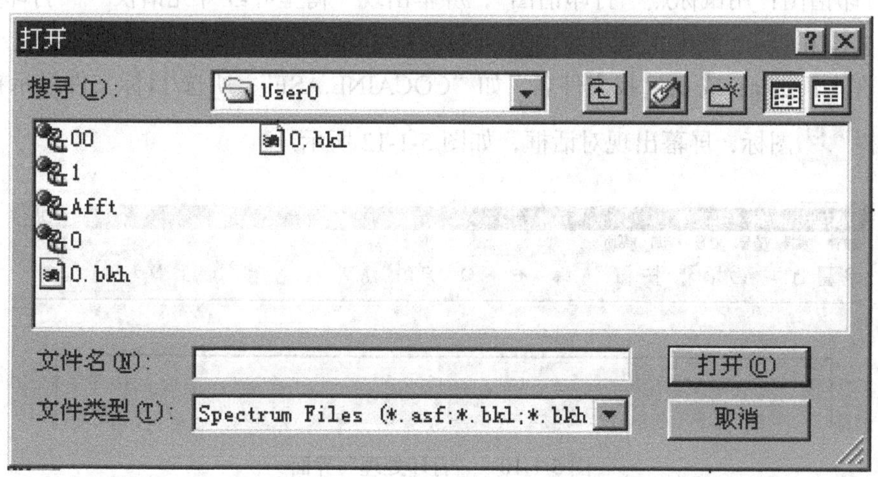

图 5-1-7　“谱图”存放文件夹

(3) 另存谱图为：用鼠标点“另存谱图为”，屏幕出现如图 5-1-8 所示画面. 点“浏览”，选取将文件另存为的位置，然后点“执行”即可保存.

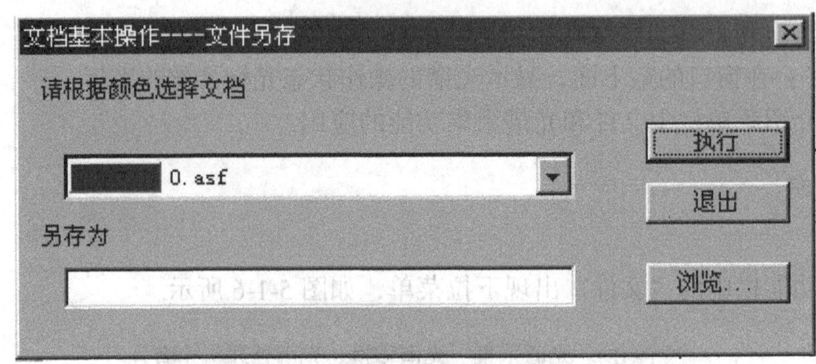

图 5-1-8　文档基本操作——文件另存对话框

(4) 清屏：用鼠标点“清屏”，即把谱图显示区域里所有的谱图去掉.

(5) 关闭显示光谱曲线：用鼠标点击“关闭显示光谱曲线”，屏幕出现如图 5-1-9 所示画面. 点“执行”即可. 当屏幕有多种颜色的谱图时，要关闭哪种颜色的谱图，就点哪种颜色，然后点“执行”即可.

图 5-1-9　文档基本操作——文件关闭对话框

(6) 打印谱图：用鼠标点“打印谱图”，屏幕出现“傅里叶红外光谱仪——打印处理”画面，如图 5-1-10 所示. 点击工具栏中的图标，在屏幕右上角显示文件路径图表，如图 5-1-11 所示，在上面选 a：或 c：，找文件名，如“COCAINE.ASF”，所选/目标文件显示在屏幕上. 点击工具栏图标，屏幕出现对话框，如图 5-1-12 所示.

图 5-1-10　“打印处理”界面

在此，可以设定谱线宽度、谱线线型，可以更改谱线颜色、网格颜色及坐标颜色，还可以设定横、纵坐标字体及标题字体. 点击工具栏图标，屏幕出现对话框，如图 5-1-13 所示.

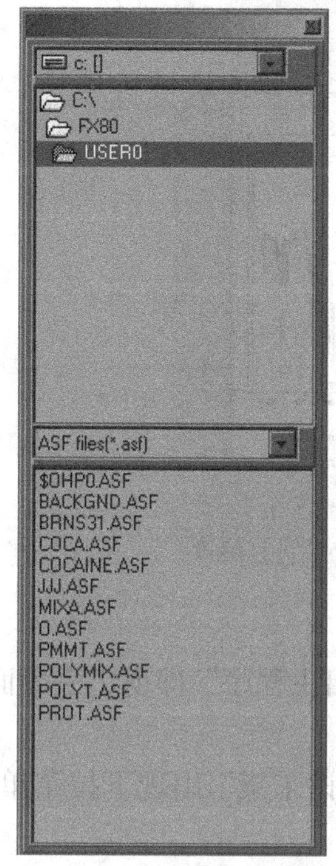

图 5-1-11　搜索对话框

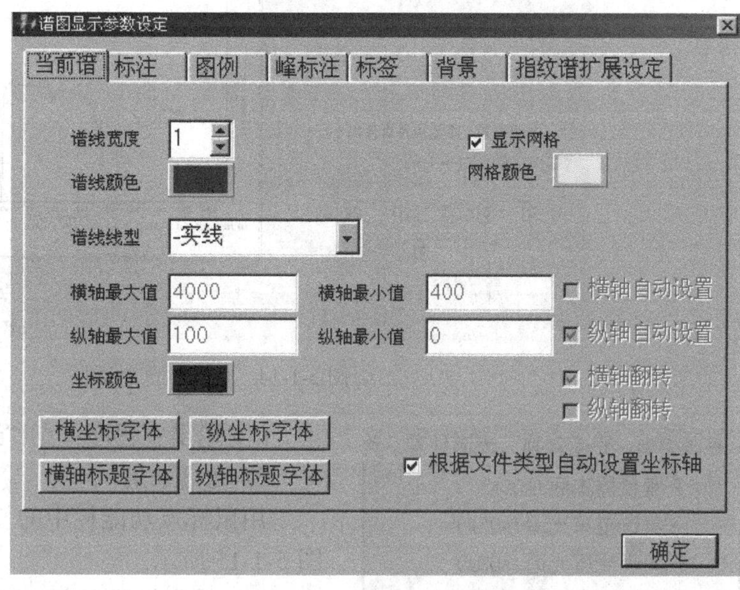

图 5-1-12　谱图参数设定对话框

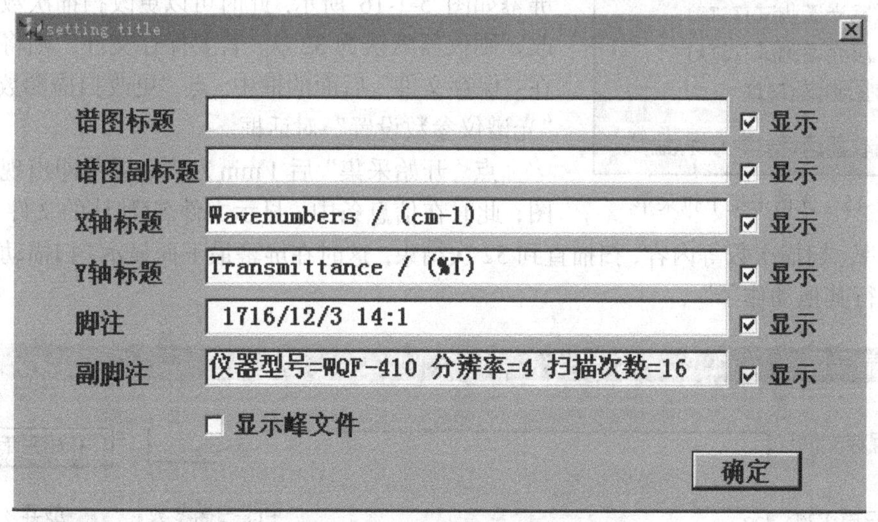

图 5-1-13　标题设定对话框

在此，可添加、更改谱图标题、副标题、*X* 轴标题、*Y* 轴标题、脚注、副脚注等项目.

点击工具栏“打印预览”图标，屏幕出现“打印预览”对话框. 如图 5-1-14 所示，点“设定打印机”，出现“打印机对话框”，选择要使用的打印机型号，如 HP1000、6 L 等，点“确定”. 再选择纸张方向，即“横向”或“纵向”打印. 最后点击“打印”按钮即可.

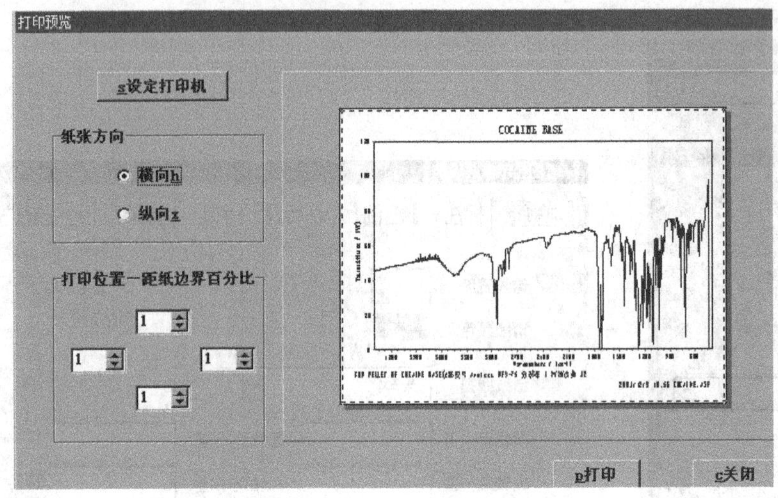

图 5-1-14　打印预览对话框

(7) 退出主程序：点“退出主程序”即退出主界面.

2) 光谱采集

用鼠标点功能栏中的“光谱采集”出现下拉菜单如图 5-1-15 所示.

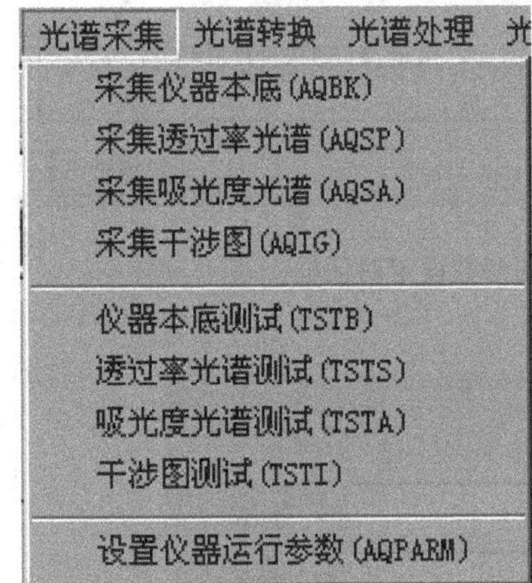

图 5-1-15　光谱采集下拉菜单

(1) 采集仪器本底(AQBK)：采集仪器本底光谱，以便与样品光谱相比. 用鼠标点“采集仪器本底(AQBK)”屏幕如图 5-1-16 所示. 此时可以更改扫描次数，若不更改，则仪器默认为 32 次. 若要保存文件，则将文件名写在“保存文件”后面的框中. 点“更改扫描参数”则出现“光谱仪参数设置”对话框.

点“开始采集”后 1 min 左右，屏幕即出现本底光谱图，此时在信息条中，显示文件名(默认的文件名为 O 文件)、分辨率、扫描次数等内容，扫描直到 32 次结束. 这时在屏幕最下面显示“扫描动作完成，您可以进行其他动作了”.

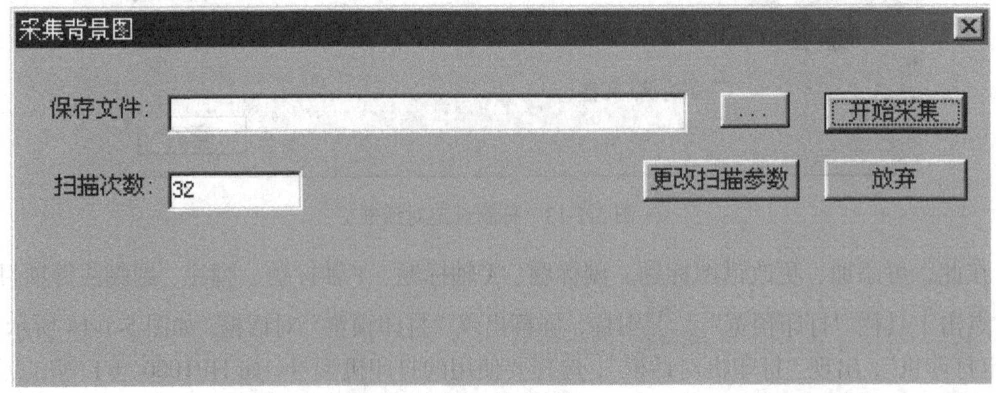

图 5-1-16　采集背景图对话框

(2) 采集透过率光谱(AQSP)：采集和累加指定扫描次数的透过率光谱，并与本底相除. 用鼠标点“采集透过率光谱(AQSP)”屏幕如图 5-1-17 所示.

图 5-1-17　采集样品光谱图对话框

在“保存文件”后面输入文件名，用鼠标点“开始采集”后，半分钟左右屏幕即出现透过率光谱图，扫描直到 32 次结束. 新的透过率光谱将以指定的颜色显示在指定的窗口中. 同时在信息条中显示当前已完成的扫描次数和目标文件. 在数据采集的过程中，可以对已显示的光谱进行检查或处理.

(3) 采集吸光度光谱(AQSA)：采集并累加指定扫描次数的吸光度光谱. 用鼠标点“采集吸光度光谱(AQSA)”. 如不改变测试条件，则点“开始采集”，吸光度光谱显示在屏幕上.

(4) 采集干涉图(AQIG)：用鼠标点“采集干涉图(AQIG)”，屏幕如图 5-1-18 所示.

图 5-1-18　采集干涉图对话框

将文件名书写在“保存文件”后面，可以更改“扫描次数”，如现在显示为 6 次，点“开始采集”后干涉图即显示在谱图显示区域.

(5) 仪器本底测试(TSTB)：用鼠标点“仪器本底测试(TSTB)”，屏幕如图 5-1-19 所示，此图显示为大气谱图.

(6) 透过率光谱测试(TSTS)：用鼠标点“透过率光谱测试(TSTS)”屏幕如图 5-1-20 所示. 将文件名书写在“保存文件”后面的框中，若其他条件不改变，则点“开始采集”，样品光谱图显示在屏幕上.

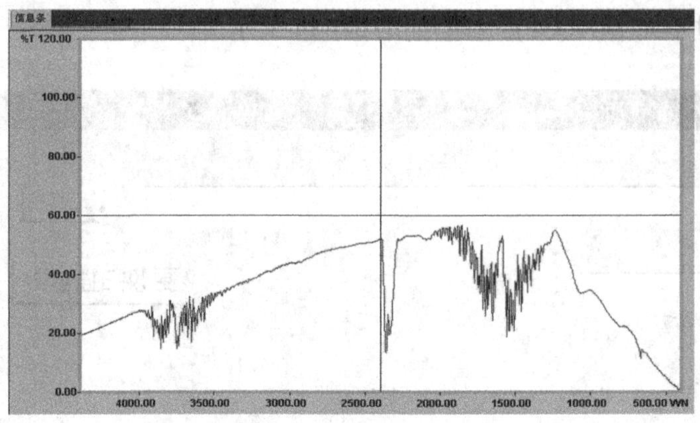

图 5-1-19 仪器本底测试图

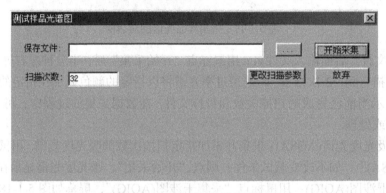

图 5-1-20 测试样品光谱图对话框

(7) 吸光度光谱测试(TSTA):用鼠标点“吸光度光谱测试(TSTA)”,屏幕同图 5-1-20 所示,测试方法同上.

(8) 干涉图测试(TSTI):用鼠标点“干涉图测试(TSTI)”,采集干涉图屏幕如图 5-1-21 所示.

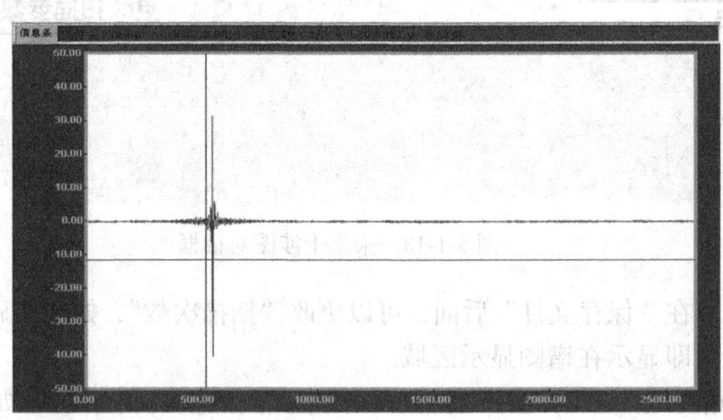

图 5-1-21 干涉图

(9) 设置仪器运行参数(AQPARM):用鼠标点“设置仪器运行参数(AQPARM)”,屏幕出现图 5-1-22 所示“光谱仪参数设置”页面.

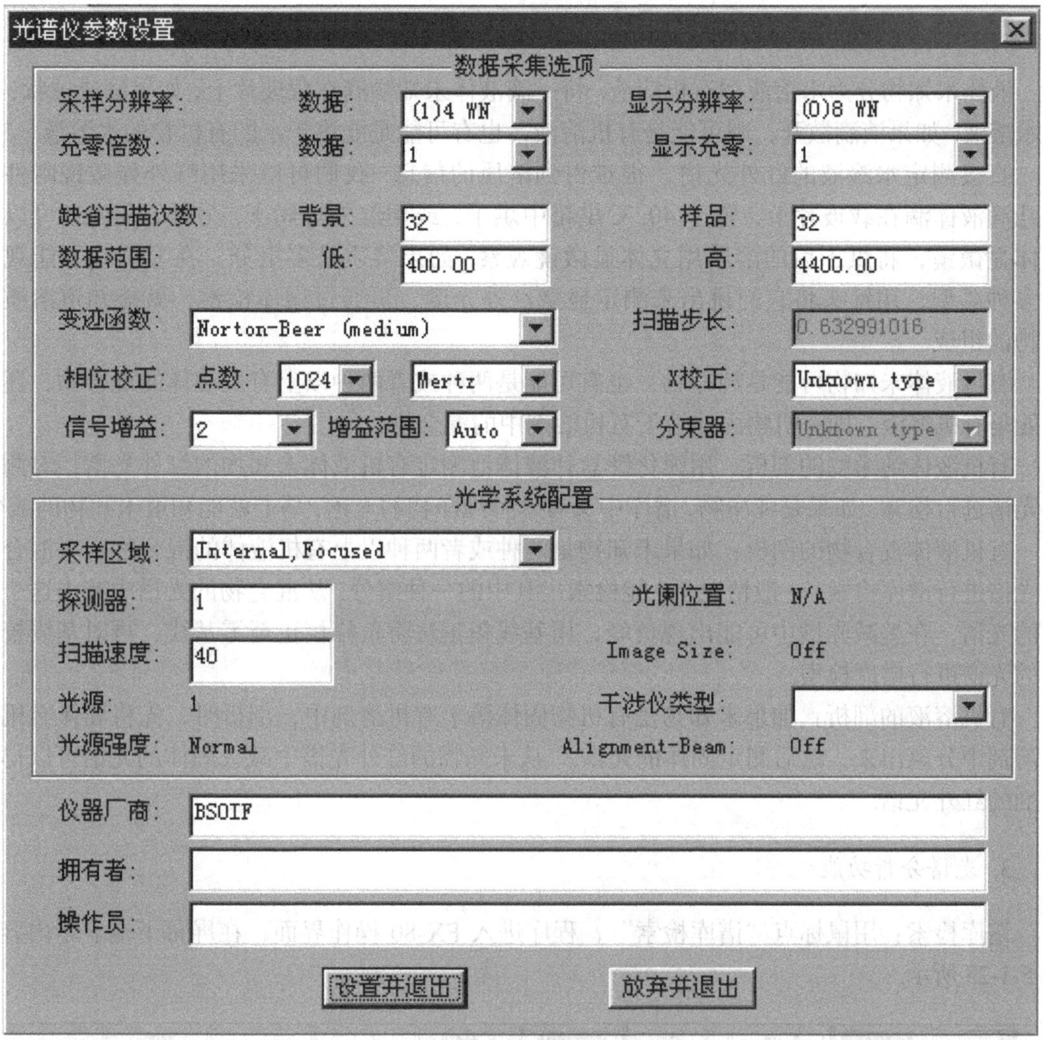

光谱仪参数设置

数据采集选项

采样分辨率:　数据: (1)4 WN　显示分辨率: (0)8 WN

充零倍数:　数据: 1　显示充零: 1

缺省扫描次数:　背景: 32　样品: 32

数据范围:　低: 400.00　高: 4400.00

变迹函数: Norton-Beer (medium)　扫描步长: 0.632991016

相位校正: 点数: 1024　Mertz　X校正: Unknown type

信号增益: 2　增益范围: Auto　分束器: Unknown type

光学系统配置

采样区域: Internal, Focused

探测器: 1　光阑位置: N/A

扫描速度: 40　Image Size: Off

光源: 1　干涉仪类型:

光源强度: Normal　Alignment-Beam: Off

仪器厂商: BSOIF

拥有者:

操作员:

设置并退出　放弃并退出

图 5-1-22　光谱仪参数设置对话框

在这里可以改变采样分辨率、充零倍数、缺省扫描次数、数据范围、变迹函数、扫描速度等项内容. 在仪器出厂前，厂家已经把各项参数设置为最佳状态，用户除非有特殊情况，否则无须改动. 不改变各项参数，点“放弃并退出”；若改变了参数，则点“设置并退出”.

【数据记录及处理】

1. 固体未知物样品的剖析

固体未知物可能是纯净物，也可能是混合物. 不管是纯净物还是混合物，首先采用溴化钾压片法测定固体未知物的光谱. 从光谱谱带的多少、谱带的位置、谱带的形状，以及谱带的强度，判断未知物属于哪类化合物，或者哪一种化合物. 然后根据计算机中的谱库，对光谱进行检索. 如果未知物是纯净物，计算机谱库中又有这种纯净物的光谱，就能马上检索出来. 如果未知物是混合物，通过谱库检索，也有可能检索出混合物中的一种组分.

2. 液体未知物样品的剖析

液体未知物分为水溶液和有机溶液. 将一滴液体未知物滴在载玻片上，如果滴成球状，则是水溶液. 如果液滴散开，则可能是有机溶液，也有可能是能溶于水的有机物的水溶液.

直接测定水溶液的红外光谱，很难得到溶质的信息. 我们可以采用红外显微镜附件，将几滴液体滴在载玻片上，置于 40 ℃烘箱中烘干，或用红外灯烤干. 另外，我们还可以用立体显微镜，将烘干后的溶质用立体显微镜观察. 如果溶质是多组分，在显微镜下能观察到多种晶型，用针头将它们挑出来测定显微红外光谱，再通过谱库检索，就能知道溶质混合物的组成.

有机液体未知物可能是纯净物，也有可能是两种或者两种以上有机液体的混合物，还有可能是有机溶液，即有机物固体溶于有机溶剂中的混合物.

有机液体纯净物的剖析：用溴化钾盐片液体池测定有机液体未知物的红外光谱，对测得的光谱进行检索. 如果是纯净物，谱库中又有这种纯净物的光谱，马上就能知道未知物的成分.

有机液体混合物的剖析：如果未知物是两种或者两种以上有机液体的混合物，对混合物的光谱进行谱库检索，一般情况下，能检索出其中的一种组分. 从混合物的光谱中减去这个组分的光谱，在差减光谱中可能出现负峰，用基线校正法将负峰校正至零基线，再对基线校正后的光谱进行谱库检索.

有机溶液的剖析：如果未知物是有机物固体溶于有机溶剂中，剖析时，先将固体有机物从溶剂中分离出来，然后测定固体的光谱. 从未知物的红外光谱中减去固体的光谱可以得到溶剂的红外光谱.

3. 光谱分析功能

谱库检索：用鼠标点“谱库检索”，程序进入 FX-80 操作界面，在屏幕下端显示内容如图 5-1-23 所示.

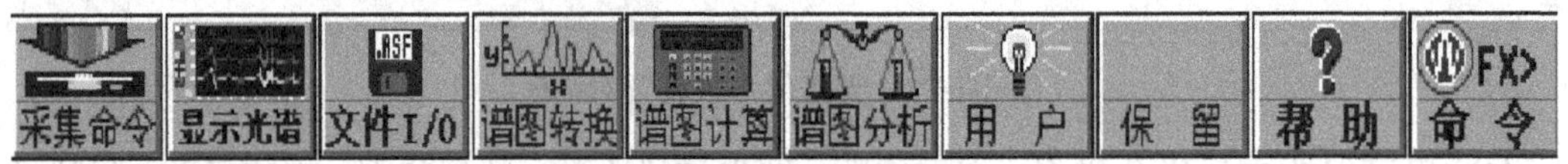

图 5-1-23　谱库检索菜单栏

点“谱图分析”进入谱库，本机自带谱库如下.

(1) ARTM——艺术品鉴别谱库；

(2) EPAV——气象谱库；

(3) FIBR——纤维谱库；

(4) GSCL——毒品谱库；

(5) IORG——无机物谱库；

(6) MINS——矿物质谱库；

(7) PLCZ——聚合物化学谱库；

(8) POLY——聚合物谱库；

(9) REAG——有机物谱库；

(10) SREA——有机物固体谱库；

(11) SURF——表面活性剂谱库.

选中谱库里的库名，再点“Calculate”，这时，屏幕出现检索结果画面：在画面中，黄色条显示的是未知的物品，绿色条显示的是检测出的与未知物品最接近的物质，以下依次类推.

【实验思考】

(1) 傅里叶变换红外光谱分析的优势是什么，有哪些特点？

(2) 红外光谱分析的基本原理是什么？

(3) 傅里叶变换的基本原理是什么？

(4) 怎么利用傅里叶变换红外光谱仪分析未知样品物的吸光度？

【注意事项】

(1) 严禁用手触摸各光学元件的光学面，要保持各光学元件的整洁，否则，将可能造成仪器的损坏或影响测量结果.

(2) 不可用眼睛直视未经扩束的激光束，以免造成视网膜的永久损伤.

(3) 液体池为 KBr 盐片，易碎，使用时应小心、轻拿轻放，以免打碎损坏.

(4) 在整个实验操作过程中，未经允许，学生不得随意触碰其他仪器，以免造成仪器损害.

【附录】

实验背景

1891 年，美国物理学家艾伯特(Albert)发明了一种名为双光束干涉仪的装置，在这种干涉仪中，一束光被分为两束，而后再会合起来生成一个和波长相关的干涉图. 1950 年左右，两项新的发明大大推动了红外光谱仪的推广和应用. 一项为，英国天文物理学家彼得(Peter)发明的一种能同时产生和传输同一红外光束的所有波长信息的干涉仪，这种干涉仪中，红外光束的所有波长同时被检测. 这种入射能量的同步测量称为多路优势. 另一项重要的发现是，Jacquinot 认为由干涉仪采集样品时探测器接收到的能量大于由传统的色散型光谱仪所采集的能量，这种总流通能量的提高就称为 Jacquinot 优势. Peter 和 Jacquinot 的发现表明，从能量的角度来看，红外光源及红外探测器与干涉仪的结合要比色散型仪器优越得多. Peter 将干涉仪运用到天文光谱学之中，并采用一种傅里叶变换的数学方法将干涉图转换为光谱图，这就是 FTIR 分析方法的形成过程. 但当时还存在的一个问题是：做原始干涉图的傅里叶变换相当费时，即使借助于 20 世纪 60 年代初的计算机，做一次傅里叶变换也需要几个小时，而且如果将干涉图传送到一个计算中心，变换时间就将更长. 1964 年，Cooley 和 Tukey 发现了快速傅里叶变换方法，从此，一次变换就只需几分钟而不是几小时. 到了 20 世纪 70 年代中期，FTIR 又有了新的进展，微型计算机的出现使干涉图采集之后马上就可以在实验室中转换为光谱图. 到目前为止，FTIR 一直被公认为测量高质量的红外光谱的最佳方法.

红外光谱仪的发展经历了以下三个阶段：

(1) 棱镜式红外分光光度计，它是基于棱镜对红外辐射的色散而实现分光的，其缺点是光学材料制造麻烦、分辨本领较低，而且仪器要求严格的恒温降湿.

(2) 光栅式红外分光光度计，它是基于光栅的衍射而实现分光的，与第一代相比，分辨能力大大提高，且能量较高、价格便宜，对恒温、恒湿要求不高，是红外分光光度计发展的方向.

(3) 基于干涉调频分光的傅里叶变换红外光谱仪，具有光通量高、噪声低、测量速度快、分辨率高、波数准确度高、光谱范围宽等优点，它的出现为红外光谱的应用开辟了新的领域.

5.2　超级电容器充电效率的测量

【实验目的】

(1) 了解测量电池充电效率的意义；

(2) 学会使用 LAND-CT2001A 快速采样型测试仪测量电池容量；

(3) 测量超级电容器的充电效率，分析影响充电效率的因素.

【实验仪器】

LAND-CT2001A 快速采样型测试仪、韩国 GREENCAP 2.7 V 100 F 电化学电容器.

【实验原理】

超级电容器从储能机理上分为双层电容器和赝电容器。它是一种新型储能装置，具有充电时间短、使用寿命长、温度特性好、功率密度大等特点.

电池在一定的放电条件下放电至某一截止电压时放出的能量与输入电池的能量之比，叫做电池的充电效率. 输入的能量部分用来将活性物质转化为充电态，部分消耗在副反应中. 充电时电流必须在一定的范围内，电流太大或者太小，效率都很低. 一般厂家建议的充电量是额定电量的 1.5 倍.

超级电容器对充电的电流适应性要比一般的充电电池强大.

【实验内容】

(1) 选择不同的充电电流为超级电容器充电，充电至工作电压，记录此时的充电容量.

(2) 再进行恒流放电至工作电压，记录此时的放电容量.

(3) 根据充电效率的定义计算出不同工作条件下电容器的充电效率.

【实验步骤】

(1) 将 CT2001A 的夹具夹在超级电容器电极上，其中，红色大鳄鱼夹夹在正极，黑色大鳄鱼夹夹在负极；红色小鳄鱼夹夹在正极，黑色小鳄鱼夹夹在负极.

(2) 打开 CT2001A 电源，以及桌面上的 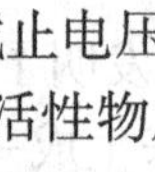　，进入如图 5-2-1 所示的界面.

(3) 在对应的电池通道中，右键选择启动选项卡按钮，如图 5-2-2 所示.

(4) 在启动选项卡中分别选择“充电 200”“充电 400”“充电 600”“充电 800”“充电 1000”等，选择不同的充电电流为超级电容器充电. 具体程序步骤参见图 5-2-3(以恒流 800 mA 为例).

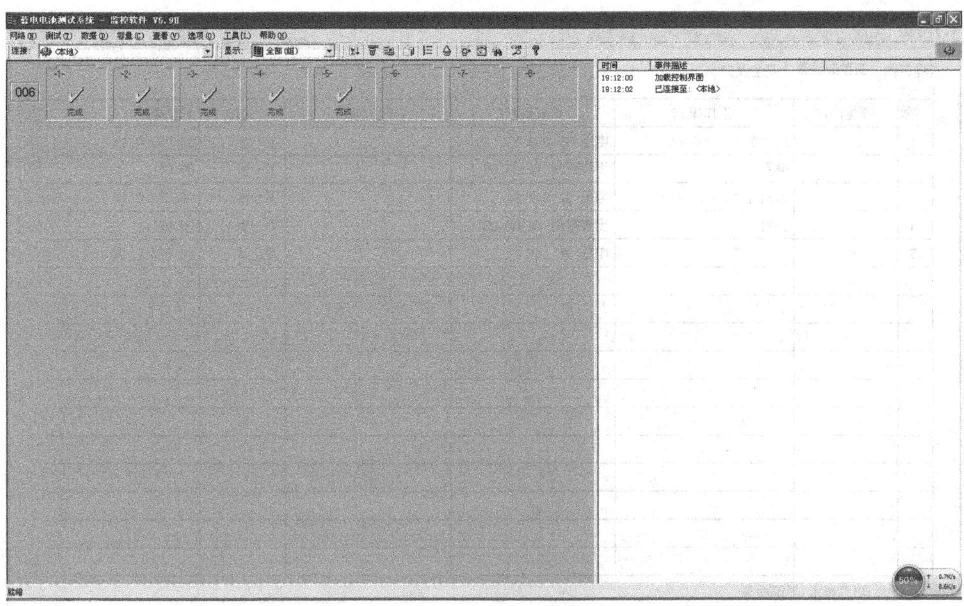

图 5-2-1　电池测试系统主界面

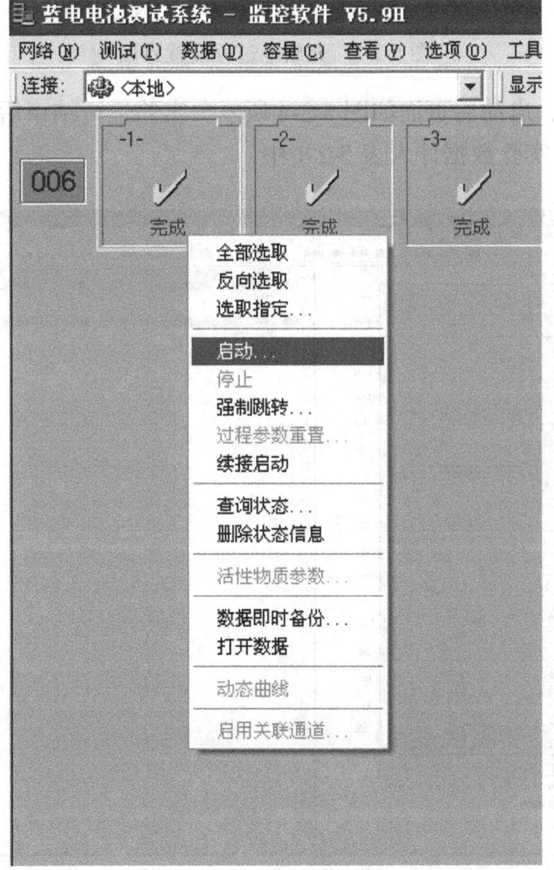

图 5-2-2　启动选项卡

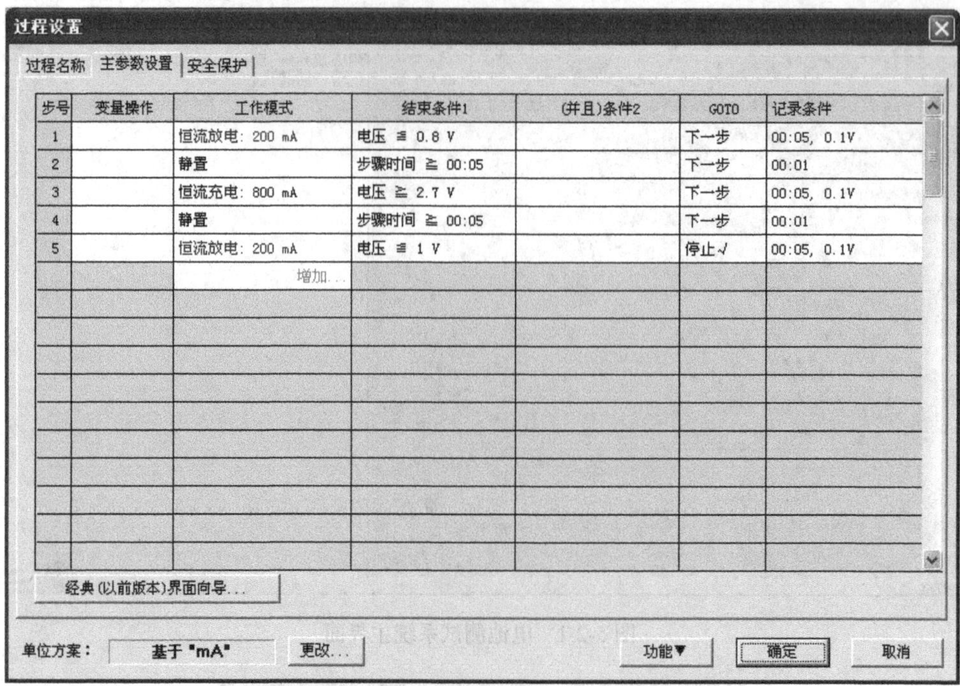

图 5-2-3　充放电过程设置界面

(5) 启动程序运行，启动后页面如图 5-2-4 所示，实验运行结束后记录充电容量、放电容量，并计算充电效率将实验数据计入表 5-2-1 中.

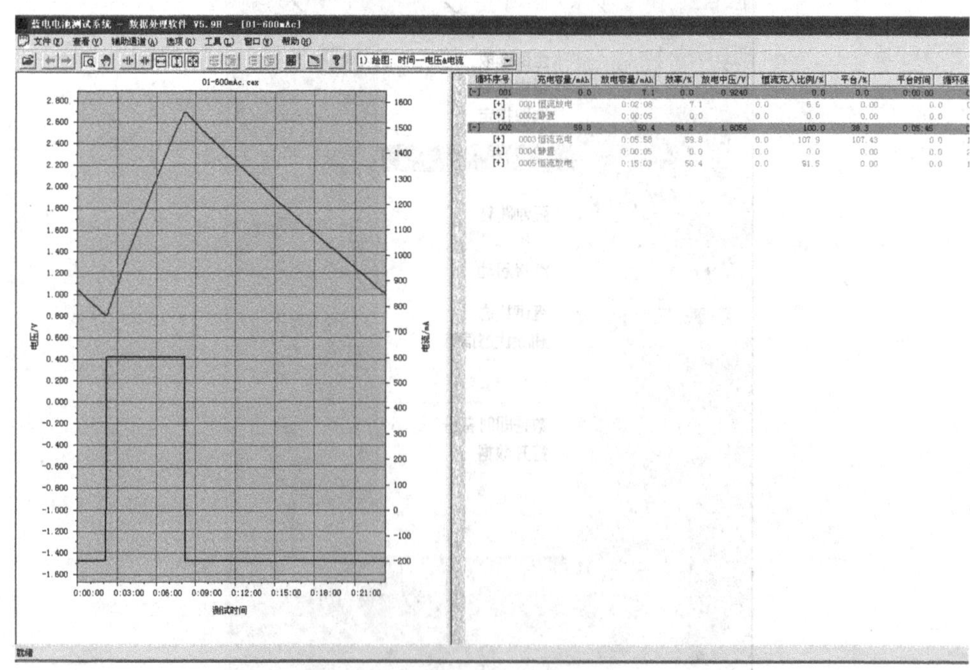

图 5-2-4　数据处理界面

【数据记录及处理】

表 5-2-1　实验数据

编号	充电电流														
	200 mA			400 mA			600 mA			800 mA			1000 mA		
	充电容量	放电容量	充电效率	充电容量	放电容量	充电效率	充电容量	放电容量	充电效率	充电容量	放电容量	充电效率	充电容量	放电容量	充电效率

【实验思考】

(1) 什么是电容器的充电效率?

(2) 影响充电效率的因素有哪些?

(3) 不同充电电流对电容器充电效率有什么影响?

【注意事项】

(1) 注意电极的连接，正负不能接错.

(2) 使用软件进行工作过程设定时，电容器的工作电压、工作电流要设定在额定数值之下.

5.3　光的力学效应及光阱力的测量

光具有能量和动量，光的动量是光的基本属性. 携带动量的光与物质相互作用伴随着动量的交换，从而表现为光对物体施加了力. 作用在物体上的力等于光引起的单位时间内物体动量的改变，并由此引起的物体的位移和速度的变化，我们称之为光的力学效应.

【实验目的】

(1) 理解光具有能量和动量及单光束梯度力光阱产生的原理;

(2) 利用光镊观测光的力学效应;

(3) 用流体力学法测量光镊光阱力.

【实验仪器】

光镊系统如图 5-3-1 所示.

【实验样品】

实验样品要求：透明的，对所用的激光吸收小，折射率大于介质的折射率，尺度在微米量级. 本实验用的是悬浮于液体中的 1～3 μm 的聚苯乙烯小球或 4～5 μm 的酵母细胞.

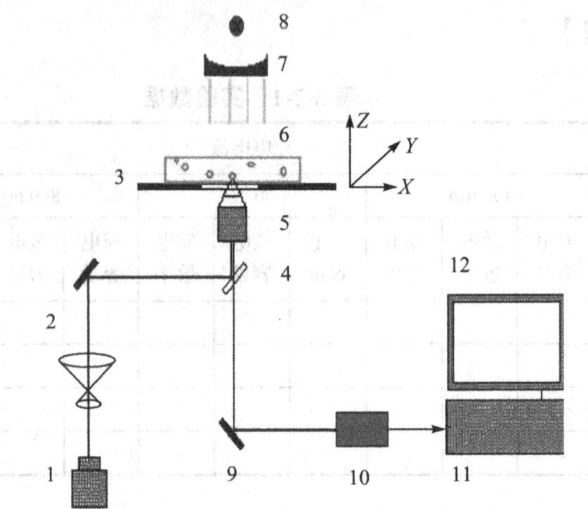

图 5-3-1　光镊系统

1. 光镊光源；2. 光学耦合器；3. 自动样品台；4. 双色分束镜；5. 聚焦物镜(NA1.25)；6. 样品池；7. 聚光镜；8. 照明光源；9. 反射镜；10. 数码摄像头；11. 计算机主机；12. 显示器

【实验原理】

1. 光镊——单光束梯度力光阱

光作用于物体时，将施加一个力到物体上. 由于光辐射对物体产生的力常常表现为压力，因而通常称之为辐射压力或简称光压. 然而，在特定的光场分布下，光对物体也能产生一拉力，即形成束缚粒子的势阱.

以透明电介质小球作模型来讨论光与物体的相互作用. 若小球直径远大于光波长，可以采用几何光学近似. 设小球的折射率 n_1 大于周围介质的折射率 n_2.

一束平行光与小球的相互作用，如图 5-3-2 所示，当一束光穿过小球时，光在进入和离开球表面时会产生折射，图中画出了光束中代表性的两条光线 a 和 b. 在图 5-3-2 所示的情形，入射光沿 Z 方向传播，即光的动量是沿 Z 方向的. 然而，离开球的光，传播方向有了改变，也即光的动量有了改变. 由于动量守恒，这些光传递给小球一个与此动量改变等值、但方向相反的一个动量. 与之相应的有力 F_a 和 F_b 施加在小球上(图 5-3-2 中的空心箭头). 小球受到的光对它的总作用力就是光束中所有光线作用于小球的力之合力. 若入射光束截面上光强是均匀的，则各小光束(光线)给予小球的力在横向(XY 方向)将完全抵消. 但有一沿 Z 方向的推力，如图 5-3-2(a)所示.

如图 5-3-2(b)所示，小球处在一个非均匀光场中，光沿 Z 方向传播，光场自左向右增强. 与左边的光线 a 相比，右边较强的光线 b 作用于小球，使小球获得较大的动量，从而产生较大的力 F_b. 结果总的合力在横向不再平衡，而是把小球推向右边光强处. 小球在这样一个非均匀(即强度分布存在梯度)的光场中所得到的指向光强较强的地方的力称之为梯度力(F_g). 如果光束轴线处光强大，粒子将被推向光轴，也即在横向粒子被捕获.

上面的情形，都存在一个 Z 方向(轴向或纵向)的推力. 要用一束光同时实现横向和轴向的捕获，还需要有拉力. 实际上，上述光场力(梯度力)指向光场强度大的地方这一结论，可以推广到强会聚光束的情形. 在一强会聚的光场中，粒子将受到一指向光最强点(焦点)的梯度力. 图 5-3-3 用几何光学模型定性地说明了这一点. 在图 5-3-3 中光锥中两条典型的光线 a 和 b 穿过小球，由于折射改变了动量，从而施加力 F_a 和 F_b 于小球. 它们的矢量和指向焦点 f. 计算表明，光锥中所有光线施加在小球上的合力 F 也是指向焦点 f 的. 也就是说粒子是处在一个势阱中，阱底就在焦点处. 光对粒子不仅有推力还产生拉力，粒子就被约束在光焦点附近. 这种强会聚的单光束形成的梯度力光阱就是所谓的光镊.

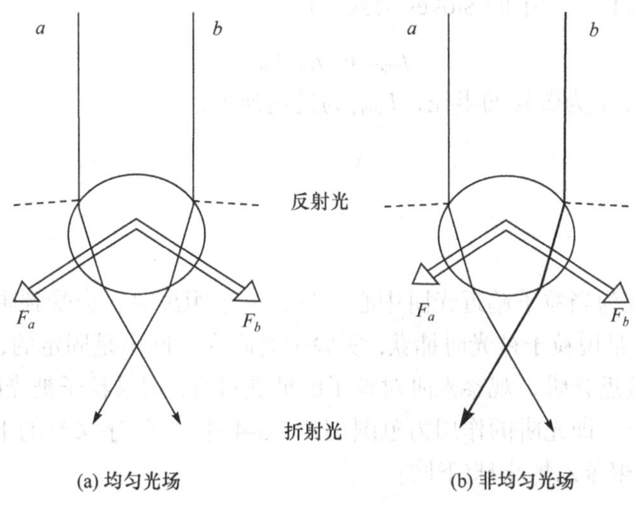

图 5-3-2　均匀光场与非均匀光场中的透明小球

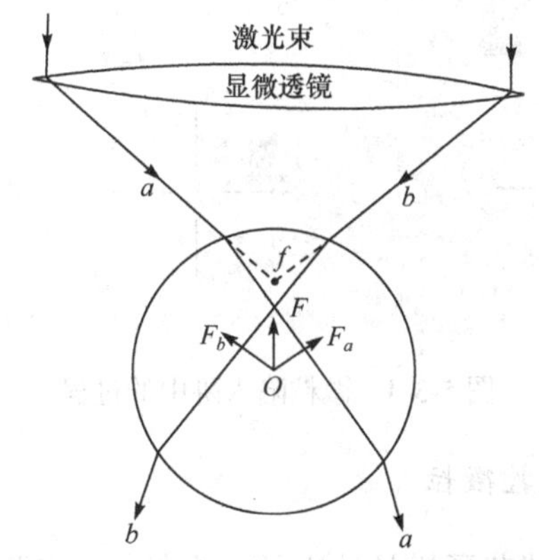

图 5-3-3　单光束梯度力光阱原理

实际上，当光穿过小球时，在小球表面会产生一定的反射，小球对光也有一定的吸收，这都将施加一推力于小球，此力常称之为散射力(F_s). 散射力总是沿光线方向推跑微粒，而梯度力则是把微粒拉向光束的聚焦点处. 光阱主要是依靠光梯度力形成的. 稳定的捕获是梯度力和散射力平衡的结果. 只有焦点附近的梯度力大于散射力时，才能形成一个三维光学势阱而稳定地捕获微粒. 也就是说，这样的光束可以像镊子一样夹持微粒，移动并操控微粒，所以叫光镊，在研究光镊自身的物理性质时往往采用“光捕获阱”“光梯度力阱”或“光学势阱”等物理术语.

2. 光阱力测量的流体力学法

光镊可以捕获和操控微粒，也可以作为力的探针，用于测量作用在微粒上的力，本实验采用流体力学法. 光阱操纵微粒相对流体运动时，微粒将受到液体的黏滞阻力 f，f 随着粒子的速度的增加而增大. 当速度超过一定的临界值，黏滞阻力 f 大于光阱的最大束缚力 F 时，粒子就会从光阱中逃逸出来. 所以最大阱力 F_{max} 的测量是基于找出光阱操纵微粒所能达到的最大速度 V_{max}，即所谓的逃逸速度. 光阱最大阱力 F_{max} 的大小就等于这一速度下的黏滞阻力 f_{max}，但方向相反. f_{max} 由流体力学中的 Stokes 公式给出

$$f_{max}=6\pi\eta r V_{max}$$

式中，η 为黏滞系数；r 为微粒的半径；V_{max} 为逃逸速度.

【实验内容】

1. 光陷阱效应

光陷阱效应表现为当粒子趋近光阱中心，达到一定距离时，会受到阱力的作用，被吸引到光阱的中心，也就是说粒子被光阱捕获. 实验中光阱在空间中是固定的，通过移动样品台，使视场中某个微粒接近光阱，观察光阱对粒子的捕获过程. 记录粒子被光阱捕获前后的位置，可计算出阱域的大小，即光阱的作用力范围. 图 5-3-4 中“+”字叉丝的中心为光阱的中心，粒子为直径 2 μm 的聚苯乙烯小球(下同).

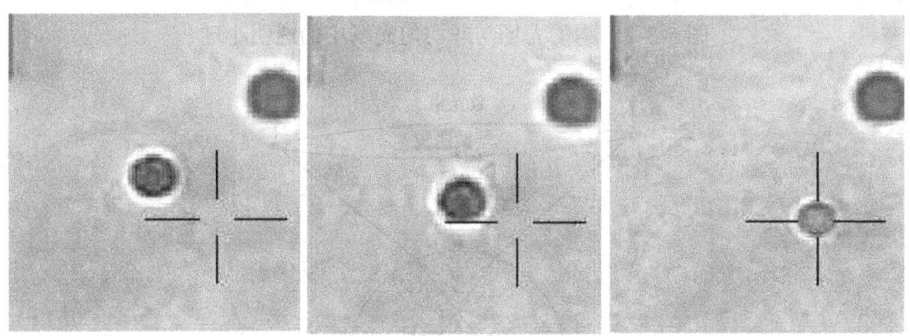

图 5-3-4　微粒陷入阱中的过程

2. 光镊在横向(XY 平面)操控微粒

如图 5-3-5 所示，光镊已捕获了样品池中的一个粒子. 实验中固定光束(即光镊不动)，沿 XY 平面移动样品台. 这时可以观察到背景的粒子也跟随平台移动，而被光捕获的粒子则不动，即实现了光镊操控小球的横向(相对)运动.

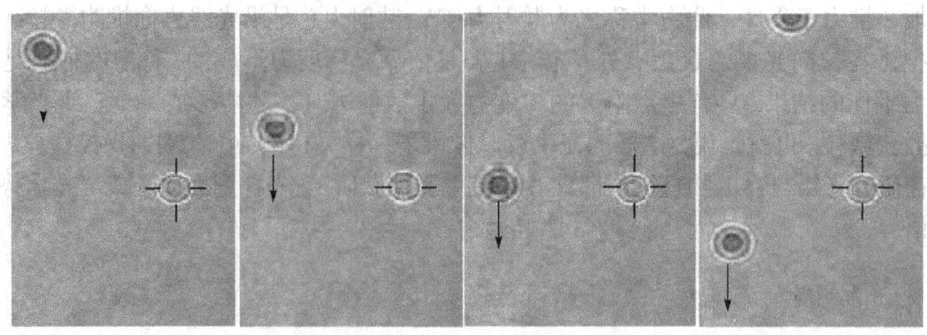

图 5-3-5　光阱横向操控微粒(图中箭头表示背景相对于光镊的运动方向)

3. 光镊在纵向(Z 轴方向)操控微粒

在纵向操控微粒需要改变光阱在纵向的位置，即调节物镜与样品台的距离，本实验所用的装置是通过微调物镜来实现的. 如图 5-3-6 所示，左侧一粒子已被光阱捕获，微调物镜改变光阱在纵向的位置，粒子也随物镜移动，因而它的像依然清晰，而右侧的粒子并不移动，因偏离了成像的平面，它们的图像逐渐变得模糊(图 5-3-6(b)). 这一现象表明光镊实现了对粒子的纵向操控.

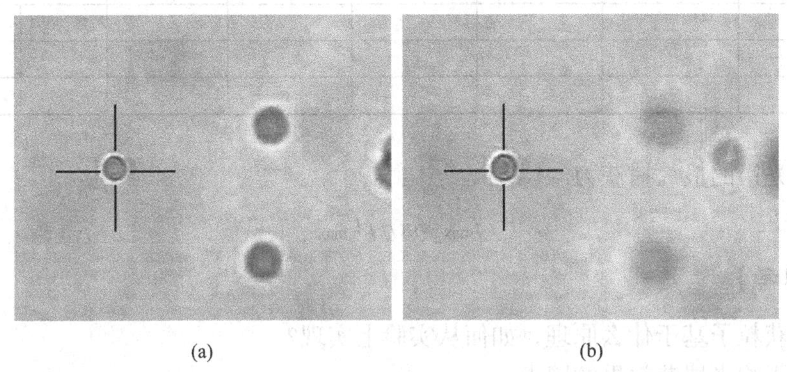

(a) (b)

图 5-3-6 光阱纵向操控微粒(图(b)中背景清晰度与图(a)的不同)

4. 光镊最大横向阱力的测量

在相对静止的液体环境中，用光镊捕获一个微粒，并提升到离样品池底一固定高度处(参考图 5-3-6)，然后用计算机控制样品台在水平面上产生定向运动(参考图 5-3-5)，运动速度由计算机控制. 刚开始控制平台以较小速度运动，微粒在光镊中处于被捕获状态，然后逐步加大平台运动速度，直到微粒从光镊中逃逸出去，此时平台速度所达到的某临界值即为粒子逃逸速度. 利用 Stokes 公式，即可算得光镊的最大捕获力.

【实验步骤】

(1) 准备样品，配合适浓度的酵母菌溶液，摇匀，用吸管吸入样品池.

(2) 打开光镊电源，调节合适亮度的照明灯.

(3) 选择合适放大倍数的物镜，在物镜上滴一滴匹配油，通过调焦使样品池中的酵母菌清晰可见.

(4) 将激光器光电流增大到合适值，将样品池中的酵母菌捕获.

(5) 缓慢地前后左右移动样品池，操控被捕获的酵母菌，观察被捕获的酵母菌与其他酵母菌的相对运动，直到酵母菌脱离光阱.

(6) 捕获和操控的图像经物镜后，透过双色分束镜，被反射镜反射到 CCD 数码摄像头，CCD 采集的图像由显示器显示. 数码摄像头获取的信息可以由计算机采集和处理.

(7) 打开录像，分析显微摄像. 选出粒子逃逸出光阱前后的两帧图像，记录酵母菌逃逸前后的位置坐标和逃逸时间(已知两帧间的时间间隔为 1/25 s)，即可算出逃逸速度.

(8) 根据流体力学中的 Stokes 公式 $f_{\max} = 6\pi\eta r V_{\max}$，计算光镊的最大捕获力.

【数据记录及处理】

(1) 记录从捕获酵母菌到逃逸后的录像，并截图一张.

(2) 记录数据于表 5-3-1.

表 5-3-1 数据表

序号	逃逸前			逃逸后			ΔX	ΔY	Δt
	坐标 X_1	坐标 Y_1	帧数 t_1	坐标 X_2	坐标 Y_2	帧数 t_2			
1									
2									
3									

(3) 计算光镊的最大捕获力.

$$f_{\max}=6\pi\eta rV_{\max}$$

【实验思考】

(1) 光捕获粒子基于什么原理，如何从实验上实现？

(2) 说明影响光捕获效果的因素.

(3) 试定性说明强会聚的光束对于实现 Z 方向捕获的作用.

(4) 若光阱同时捕获了两个球形微粒，最可能以什么形式排列，为什么？

(5) 试说明光阱技术的特点，光阱技术能应用在哪些领域？

(6) 用环形光束的光源能否产生光阱？

【注意事项】

激光工作电流不可过高，以防止击穿激光器.

5.4 称重法测量颗粒物(实验室内的 PM2.5)

【实验目的】

(1) 了解称重法测量颗粒物的原理；

(2) 了解 CPA 型电子天平基本原理和结构，并学会使用 CPA 型电子天平；

(3) 学会使用大气与颗粒物组合采样器；

(4) 测量出实验室内空气中 PM2.5 的浓度.

【实验原理】

1. 背景知识

近年来，我国大中城市大气环境污染问题日趋突出，特别是雾霾天气的持续大范围出现，已对民众身心健康造成了极大的影响，因此大气环境污染的治理已被纳入了国家计划，以消除人民群众的“心肺之患”.2014 年 5 月，《关于做好 2014 年物联网发展专项资金项目申报工作的通知》(工信厅联科〔2014〕74 号)中将关于“多点支持能够实现对烟尘、总悬浮颗粒物、PM10、PM2.5 等综合数据监测的物联网系统研制，形成数据实时发布、便捷查询的综合信息服务平台，在国内一二线城市开展示范应用，监测点不少于 500 个”的战略研究课题提上日程. PM2.5 是空气中直径不大于 2.5 μm 的细小颗粒物的总称，它会引发人体呼吸道疾病，严重时会导致癌症，对人的健康有着重要的影响. 目前，PM2.5 已经成为环保部门监测的对象.

2 颗粒物采集与浓度测量

当一定体积的空气通过已知质量的滤膜，空气中的颗粒物(PM2.5)会随着气流经切割器的出口被阻留在已称重的滤膜上，根据采样前后滤膜的(利用电子分析天平)质量差及采样体积，可确定颗粒物的浓度.

其优点是：原理简单，测定数据可靠，测量不受颗粒物形状、大小、颜色等影响.

【实验仪器】

电子天平 1 台、滤膜若干、大气与颗粒物组合采样器 1 台.

【实验内容】

(1) 仪器实物图如图 5-4-1 和图 5-4-2 所示.

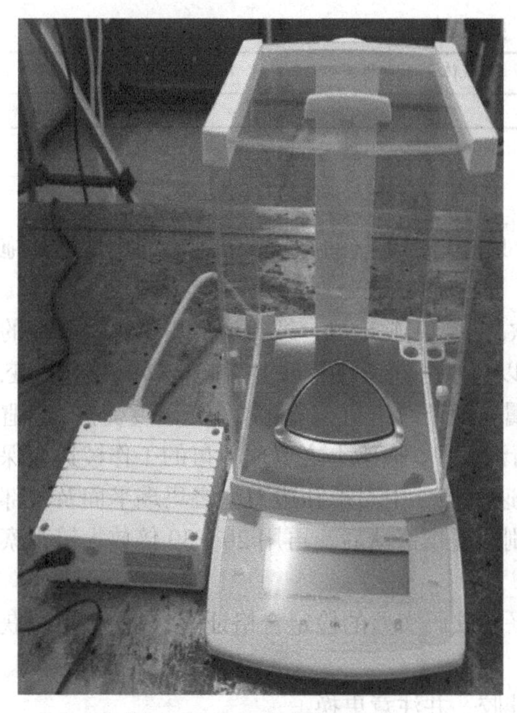

图 5-4-1 电子天平实物图

图 5-4-2 大气与颗粒物组合采样器实物图

(2) CPA 型电子天平操作步骤(带上一次性手套后方可操作).

第一步：按下开关键.

第二步：按下 F 键并保持 2 s 以上.

第三步：待显示稳定后用镊子放上滤膜(镊子不得触碰天平)，待显示稳定后记下读数 m_1.

第四步：取下滤膜，按下 CF 键，结束应用程序，关闭电源.

(3) 大气与颗粒物组合采样器操作步骤.

第一步：安装 TSP 采样头.

第二步：采样参数设置，仪器通电开机后首先进入运行界面 1，通过按“上”键键入界面 2、3、4.

第三步：按 ESC 键进入界面设置后，选定模式(建议选常规模式 1)，恒流(60～150 L/min)，定时(建议 1 h).

第四步：启动仪器. 定时结束后，取出滤膜，关闭仪器.

【实验步骤】

(1) 将滤膜进行恒温恒湿处理.

(2) 用感量为 0.1 mg 或者 0.01 mg 的分析天平称量滤膜，记录下滤膜质量 m_1；采样结束后，进行相同条件处理，再用同一台分析天平称量滤膜，记录下采样后滤膜质量 m_2. 将数据填入表 5-4-1 中.

(3) 最后根据采样气体体积，结合采样时记录的气体抽取速度和时间，计算出采样气体在标准状态下的体积 V. 由此得到的颗粒物质的浓度由公式 $C=(m_2-m_1)/V$ 计算得出.

【实验数据记录】

表 5-4-1　数据表

采样前滤膜质量 m_1	采样后滤膜质量 m_2	气体采样速度 v	采样时间 T

【注意事项】

(1) 天平室要保持高度清洁，清扫天平室时，只能用带潮气的布擦拭，绝不能用湿透的拖把拖地. 潮湿物品切勿带入室内，以免增加湿度.

(2) 应随时清洁天平外部，至少一周清洁一次. 一般用软毛刷、绒布或麂皮拂去天平上的灰尘，清洁时注意不得用手直接接触天平零件，以免水分遗留在零件上引起金属氧化和量变. 因此应戴细纱手套或极薄的胶皮手套，并顺其金属光面条纹进行，以免零件光洁度受损. 为避免有害物质的存留，在每次称量完毕后，应立即清洁底座. 横梁上之玛瑙刀口的工作棱边应保持高度清洁，常使用麂皮顺其棱边前后滑动，慢速清洁，中刀承和边刀垫之玛瑙平面及各部之玛瑙轴承也用麂皮清洁. 阻尼器的壁上用软毛刷和麂皮清洁后，再用 20～30 倍放大镜观察是否仍有细小的物质.

(3) 在电子分析天平和砝码附近应放有该天平和砝码实差的检定合格证书，以便衡量时获得准确的必要数据.

(4) 天平玻璃框内须放防潮剂，最好用变色硅胶，并注意更换.

(5) 搬动电子分析天平时一定要卸下横梁、吊耳和秤盘. 远距离搬动还要包装好，箱外应标志方向和易损符号，并注有精密仪器、切勿倒置等字样.

5.5　光纤熔接及光时域反射仪的使用

【实验目的】

(1) 了解光纤的均匀性、缺陷、断裂、接头耦合等若干性能；

(2) 掌握光纤熔接及光时域反射仪的使用方法;

(3) 学会测量光功率.

【实验原理】

光纤传输具有损耗小、传输距离远、工作频带宽、抗干扰能力强等优点，是理想的传输载体. 光纤由极纯净的石英制成，在有线电视中只使用单模光纤. 光纤接续是光纤传输系统中工程量最大、技术要求最复杂的重要工序，其质量直接影响光纤线路的传输质量和可靠性. 光纤测试是信号开通和故障查找的必要手段，为了方便管理和维护，做好光纤测试记录非常重要. 在光纤测试记录中，最常用到的两种仪器就是光时域反射仪与光纤熔接机.

(1) 光时域反射仪(optical time-domain reflectometer，OTDR)是一种通过对测量曲线的分析，了解光纤的均匀性、缺陷、断裂、接头耦合等若干性能的仪器. 其原理如图 5-5-1 所示，OTDR 在电路的控制之下，按照设定的参数向被测光纤中发射光脉冲信号(被测光纤应为无其他光信号的黑光纤). OTDR 不断地按照一定的时间间隔从光口接收从光纤中反射回的光信号，分别按照瑞利背向散射和菲涅耳反射的光功率的大小判断光纤不同位置的损耗大小和光纤的末端位置.

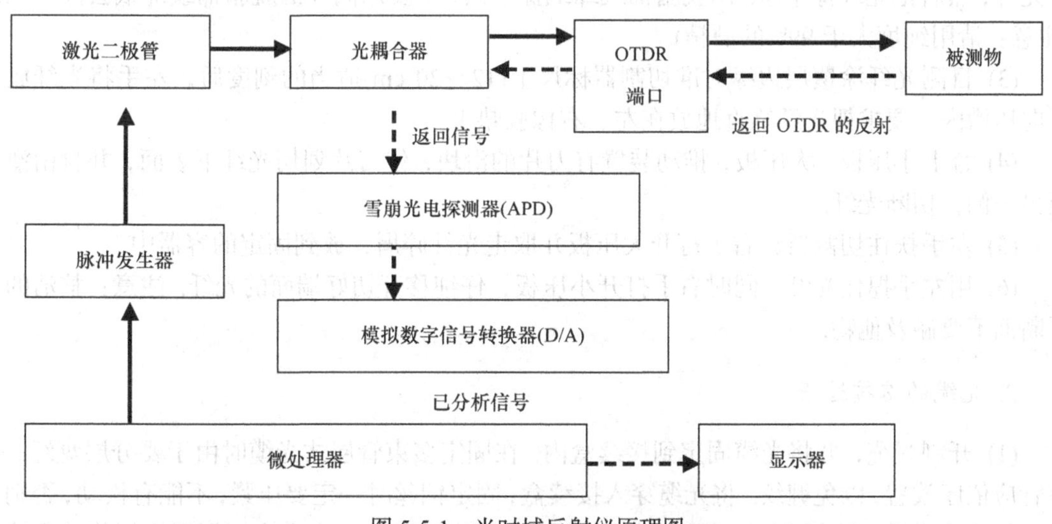

图 5-5-1　光时域反射仪原理图

由从发射信号到返回信号所用的时间，再确定光在玻璃物质中的速度，就可以计算出距离，OTDR 测量距离的公式为

$$\text{Distance} = \frac{c}{n} \times \frac{t}{2}$$

式中，c 是光在真空中的速度；而 t 是信号发射后到接收到信号(双程)的总时间(除以 2 后就是单程的距离)；n 是被测光纤的折射率.

(2) 光纤熔接机主要用于光通信中光缆的施工和保护. 它主要是靠放出电弧将两头光纤熔化，同时运用准直原理平缓推进，以实现光纤模场的耦合. 一般光纤熔接机由熔接部分和监控部分组成，两者用多芯软线连接. 熔接部分为执行机构，主要有光纤调芯平台、放电电极、计数器、张力测试装置以及监控系统、传感系统和光学系统等，由于光纤径向折射率各点分布不同，镜反射进入摄像管的光亦不同，这样即可分辨出代接光纤而在监视器荧光屏上成像，从而监测和显示光纤耦合和熔接的情况，并将信息反馈给中央处理机，后者再回控微调架进行调接，直至耦合最佳.

【实验内容】

光纤熔接的方法一般有熔接、活动连接、机械连接三种. 在实际工程中基本采用熔接法，因为熔接方法的节点损耗小、反射损耗大、可靠性高.

(1) 通过切割刀切好光纤；

(2) 使用光纤熔接机实现光纤的熔接；

(3) 通过光时域反射仪测量每个事件的距离、损耗、反射，每段光纤的段长、段损耗.

【实验步骤】

1. 切割刀的操作方法

(1) 确认装置有刀片的滑动板在面前一端，打开大小压板.

(2) 用剥纤钳剥除光纤涂覆层，预留裸纤长度为 30～40 mm，用蘸酒精的脱脂棉或绵纸包住光纤，然后把光纤擦干净. 用脱脂棉或绵纸擦一次，不要用同样的脱脂棉或绵纸去擦第二次(注意：请用纯度大于 99%的酒精).

(3) 目测光纤涂覆层边缘对准切割器标尺上(12～20 cm)适当的刻度后，左手将光纤放入导向压槽内，要求裸光纤笔直地放在左、右橡胶垫上.

(4) 合上小压板、大压板，推动装置有刀片的滑块，使刀片划切光纤下表面，并自由滑动至另一侧，切断光纤.

(5) 左手扶住切割器，右手打开大压板并取走光纤碎屑，放到固定的容器中.

(6) 用左手捏住光纤，同时右手打开小压板，仔细移开切好端面的光纤. 注意：整洁的光纤断面不要碰及他物.

2. 光缆的熔接过程

(1) 开剥光缆，并将光缆固定到接续盒内. 在固定多束管层式光缆时由于要分层盘纤，各束管应依序放置，以免缠绞. 将光缆穿入接续盒，固定钢丝时一定要压紧，不能有松动，否则，有可能造成光缆打滚纤芯. 注意不要伤到管束，开剥长度取 1 m 左右，用卫生纸将油膏擦拭干净.

(2) 将光纤穿过热缩管. 将不同管束、不同颜色的光纤分开，穿过热缩套管. 剥去涂抹层的光缆很脆弱，使用热缩套管可以保护光纤接头.

(3) 打开熔接机电源，选择合适的熔接方式. 熔接机的供电电源有直流和交流两种，要根据供电电流的种类来合理开关. 每次使用熔接机前，应使熔接机在熔接环境中放置至少 15 min. 根据光纤类型设置熔接参数、预放电时间及主放电时间等. 如没有特殊情况，一般选择用自动熔接程序. 在使用中和使用后要及时去除熔接机中的粉尘和光纤碎末.

(4) 制作光纤端面. 光纤端面制作的好坏将直接影响接续质量，所以在熔接前一定要做合格的端面.

(5) 裸纤的清洁. 将棉花撕成面平整的小块，蘸少许酒精，夹住已经剥覆的光纤，顺光纤轴向擦拭，用力要适度，每次要使用棉花的不同部位和层面，这样可以提高棉花利用率.

(6) 裸纤的切割. 首先清洁切刀和调整切刀位置，切刀的摆放要平稳，切割时，动作要自然、平稳、勿重、勿轻. 避免断纤、斜角、毛刺及裂痕等不良端面产生.

(7) 放置光纤. 将光纤放在熔接机的 V 形槽中，小心压上光纤压板和光纤夹具，要根据光纤切割长度设置光纤在压板中的位置；关上防风罩，按熔接键就可以自动完成熔接，在熔接机显示屏上会显示估算的损耗值.

(8) 移出光纤用熔接机加热炉加热.

(9) 盘纤并固定. 科学的盘纤方法可以使光纤布局合理、附加损耗小，经得住时间和恶劣环境的考验，避免因积压而造成断纤. 在盘纤时，盘纤的半径越大，弧度越大，整个线路的损耗就越小. 所以，一定要保持一定半径，使激光在纤芯中传输时，避免产生一些不必要的损耗.

【数据记录及处理】

(1) 1310 nm 激光下测量起始位置、末端位置、整个过程的损耗、反射率衰减以及积累量等参数.

(2) 同样记录 1550 nm 的测量结果.

(3) 比较两个波长测量距离的误差.

(4) 画出 1310 nm 和 1550 nm 中的一种波长的曲线图.

【实验思考】

(1) 光纤分为哪几类，其中单模光纤的组成部分有哪些？

(2) 光纤熔接时两电极能产生多大电压，如何做到 0 dB 的损耗？

【注意事项】

(1) 使用中严防光纤碎屑进入皮肤、眼睛，光纤碎屑请用专用容器收集；

(2) 请勿直接用手接触刀刃，维修时也不要碰及刀刃；

(3) 切割刀不用时，请放入羊皮套内，妥善保管在干燥、无尘的地方.

5.6　空间光调制实验

【实验目的】

(1) 学会利用基本光学器件搭建空间光调制实验光路；

(2) 掌握空间光调制器的基本工作原理，能够利用空间光调制器调制出给定的目标图形.

【实验仪器】

He-Ne 激光器(632.8 nm)、透镜、平面镜、偏振分光棱镜(PBS)、1/2 波片、液晶空间光调制器(LC-SLM)、电荷耦合器(CCD)、计算机.

【实验原理】

用空间光调制器观测目标图像的实验装置原理图如图 5-6-1 所示． 图中 Laser 为 He-Ne

激光器，波长为 632.8 nm；L_1 和 L_2 为凸透镜；PBS_1 和 PBS_2 为偏振分光棱镜，它可以把入射的非偏振光分成两束相互垂直的线偏振光，其中 P 偏光(水平偏振光)完全透射，而 S 偏光(垂直偏振光)以 45°角被反射，出射方向与 P 光成 90°角；HWP_1 和 HWP_2 为半波片；LC-SLM 为液晶空间光调制器，由于液晶分子的细长结构，从而在形状、介电常数、折射率及电导率等方面具有各向异性的特点. 当对这样的物质施加电场后，随着液晶分子轴的排列变化，其光电特性发生改变. 因此可以通过电场改变液晶分子的旋光偏振性和双折射性来实现入射光束的波面振幅和相位的调制，即通过计算机把目标图像的调制信息加载到 SLM，它就能将入射光调制输出为目标图像的强度图.

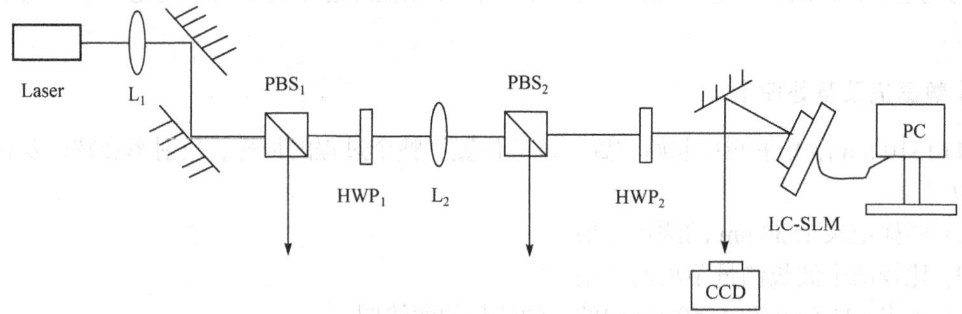

图 5-6-1　空间光调制器实验装置原理图

Laser. 632.8mm 激光器；L_1、L_2. 透镜；PBS_1、PBS_2. 偏振分光棱镜；
HWP_1、HWP_2. 1/2 波片；LC-SLM. 液晶空间光调制器；CCD. 电荷耦合器

【实验内容】

(1) 搭建实验光路，实验光路图如图 5-6-1 所示.

① 对激光器的输出光进行准直. 要求：光的传输路径相对于平台的高度和左右位置一致.

② 利用望远镜系统对激光器输出光进行扩束. 利用透镜 L_1 和 L_2 形成望远镜系统，把激光器的输出光变换为一束光束束宽为 5 mm 左右的准平行光. 要求：光束通过望远镜系统后不能偏离原来的传播方向，这就要求在光通过望远镜系统时，必须使光通过 L_1 和 L_2 的中心位置.

③ 依次在光路中加入 PBS、HWP. 调节镜架的高度和左右位置使得光束通过 PBS、HWP 的镜面中心且垂直于镜面，PBS_1 的作用主要是将入射光分成传播方向互相垂直的两束光，并将全偏振光变成线偏振光，其中透射光为水平偏振光，反射光为垂直偏振光；HWP_1 对偏振光进行旋转，通过改变入射光和晶体主截面的角度来对透射光的强度进行调节.

(2) 利用画图软件绘制目标图像(学生的姓名)的 256 色位图，要求背景为黑色，字迹为白色，图片格式为“.bmp”.

(3) 输入目标图像，观察目标图像.

打开对应的 SLM 软件，输入对应的目标强度图像(如“太”“原”“科”“大”，学生做实验的时候输入自己的姓名)，然后通过空间光调制器将目标图像调制出来，通过平面镜调节光路使得图像易于被接收，最后利用 CCD 观察目标图像强度图.

【实验步骤】

(1) 按照实验原理图搭建光路.

(2) 利用计算机自带画图软件绘制以自己姓名为目标图像的强度图.

(3) 打开 SLM 软件输入目标图像，通过 SLM 软件计算后，利用 CCD 在屏幕上观测实验图像.

【数据记录及处理】

目标图像强度图的观测，如表 5-6-1 所示.

表 5-6-1　观测结果

输入图像	太原科技大学
实验观测图像	学大技科原太

【实验思考】

(1) 通过什么方法可以判断光束通过了望远镜系统中两个透镜的中心位置.

(2) 通过什么方法可以判断光束通过光学元件时，光的传播路径与镜面相互垂直.

【注意事项】

(1) 所有光学镜面严禁用手直接触碰.

(2) 激光器的出射光不要直接照射空间光调制器的液晶面板，以免光强过大损坏设备.

【附录】

空间光调制器是一类能将信息加载于一维或二维的光学数据场上，以便有效地利用光的固有速度、并行性和互连能力的器件. 这类器件可在随时间变化的电驱动信号或其他信号的控制下，改变空间上光分布的振幅或强度、相位、偏振态以及波长，或者把非相干光转化成相干光. 由于这种性质，它可作为实时光学信息处理、光计算和光学神经网络等系统中的构造单元或关键器件.

空间光调制器一般按照读出光的方式不同，可以分为反射式和透射式；而按照输入控制信号的方式不同，又可分为光寻址和电寻址. 本实验选用的是反射式.

空间光调制器是实时光学信息处理、自适应光学和光计算等现代光学领域的关键器件. 在很大程度上，空间光调制器的性能决定了这些领域的实用价值和发展前景. 它主要应用于成像、投影、光束分束、激光束整形、相干波前调制、相位调制、光学镊子、全息投影、激光脉冲整形等方面.

第 6 章　计算机仿真实验

仿真实验是通过计算机软件来建立虚拟实验环境的. 学生可以在这个环境中自行设计实验方案、拟定实验参数、操作仪器，模拟真实的实验过程. 以此营造自主学习的环境. 虚拟仿真实验在大面积开设开放性、设计性、研究性实验教学中发挥着重要的作用.

未做过实验的学生通过软件可对实验的整体环境和所用仪器的原理、结构建立起直观的认识. 仪器的关键部位可拆解，在调整中可以实时观察仪器各种指标和内部结构动作变化，增强对仪器原理的理解、对功能和使用方法的训练. 仿真实验中的仪器实现了模块化. 学生可对提供的仪器进行选择和组合，用不同的方法完成同一实验目标，培养学生的设计思考能力. 通过对不同实验方法的优劣和误差大小的比较，提高学生的判断能力和实验技术水平.

软件深入解剖教学过程，设计上充分体现教学思想的指导，学生必须在理解的基础上经过思考才能正确操作，抑制了实际实验中出现的盲目操作和走过场的现象，提高了实验教学的质量和水平. 仿真软件还对实验相关的理论进行了演示和讲解，对实验的背景和意义、应用等方面都做了介绍，使仿真实验成为连接理论教学与实验教学，培养学生理论与实践相结合思维的一种崭新教学模式. 此外，实验软件自带操作指导，学生可以借此对实验结果进行自测.

6.1　大学物理仿真实验的基本操作方法

本小节主要介绍校内访问实验平台的操作方法，并以“三线摆测刚体的转动惯量实验”为例来介绍太原科技大学物理仿真实验平台的基本操作方法. 该方法适用于 6.2～6.18 各小节的实验.

1. 系统的启动

太原科技大学在籍学生(校内)可以通过访问 http://172.19.58.9:8000 来登录太原科技大学物理实验虚拟仿真实验平台，而对于校外同学及社会学习者，则可以访问 http://tyust-physics.cn.

太原科技大学物理实验虚拟仿真实验平台如图 6-1-1 所示，输入账号、密码、验证码后登录虚拟仿真实验主界面(图 6-1-2)，单击仿真实验选项进入仿真实验，进入后可以看到由 3 个力学实验、1 个热学实验、3 个近代物理实验、3 个电学实验、4 个光学实验、2 个电磁学实验，共有 16 个实验. 滚动鼠标单击“实验选项”可以选择要做的仿真实验，结束仿真实验后回到主界面，单击右上角“安全退出”按钮即可退出本系统.

2. 仿真实验的操作方法

1) 概述

菜单项包括：实验简介、实验原理、实验内容、实验仪器、实验指导、在线演示、实验

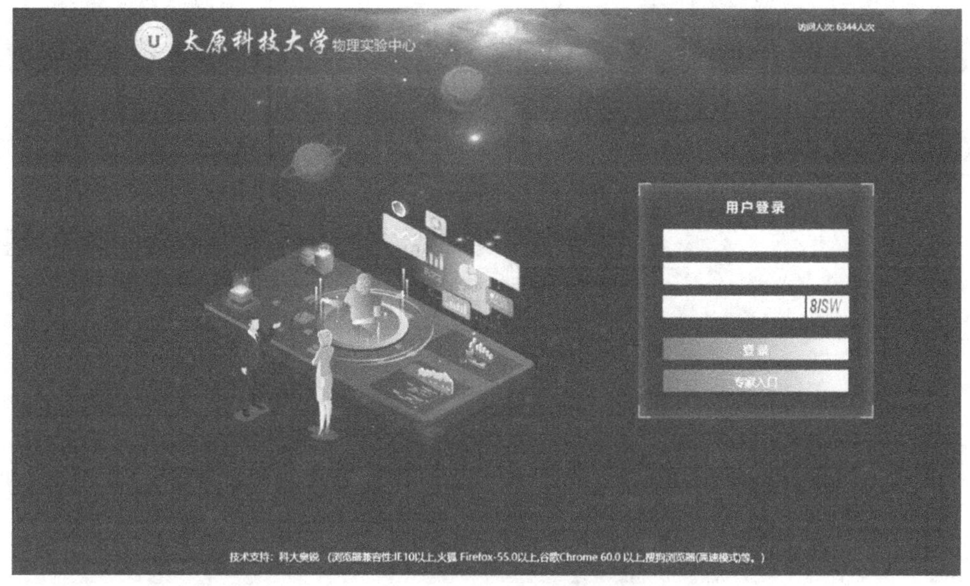

图 6-1-1　虚拟仿真实验登录界面

图 6-1-2　虚拟仿真实验主界面

指导书下载、开始实验，如图 6-1-3 所示.

(1) 选择“实验简介”菜单项，了解该实验的应用和意义.

(2) 选择“实验原理”菜单项，显示介绍实验原理相关文档.

(3) 选择“实验内容”菜单项，显示介绍本仿真实验的内容和步骤的有关文档. 实验操作中如有不清楚之处，可以反复打开本文档阅读.

(4) 选择“实验仪器”菜单项，其中的文档详细介绍了本实验过程要用到的仪器以及操作方法，请在实验之前，提前熟悉.

(5) 选择“实验指导”菜单项，其中的文档对实验进行重难点分析.

(6) 选择“在线演示”菜单项，其中的短视频详细介绍了仿真实验的操作过程.

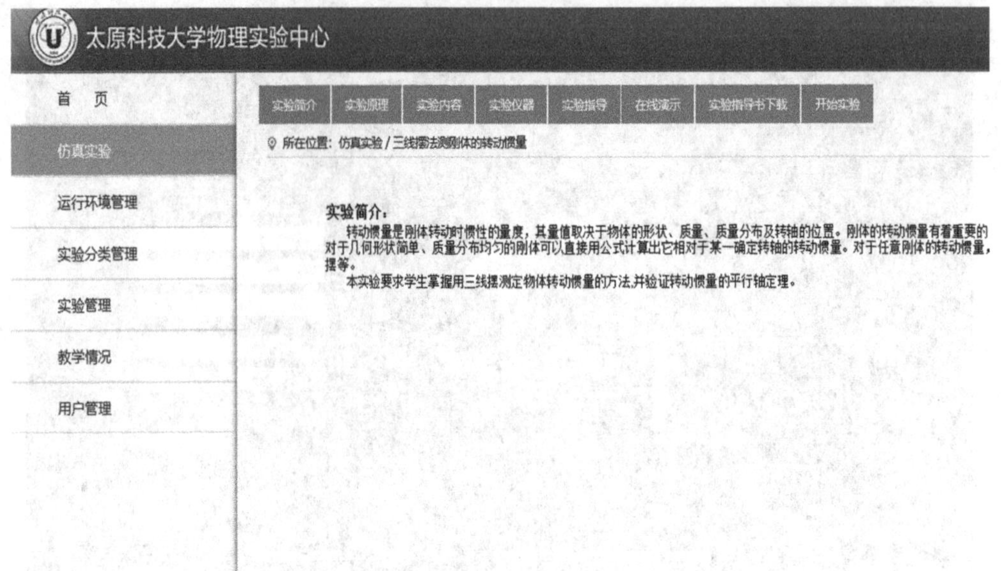

图 6-1-3　主菜单

2) 仿真实验操作

(1) 开始实验. 点击右上角“开始实验”选项后会弹出图 6-1-4 实验操作说明，本校虚拟仿真实验室电脑已经安装运行环境，点击“开始实验”后，自动加载运行实验虚拟环境. 其他用户首次登陆运行虚拟实验，需要在电脑上安装虚拟实验运行环境，安装完毕后方可开始运行实验.

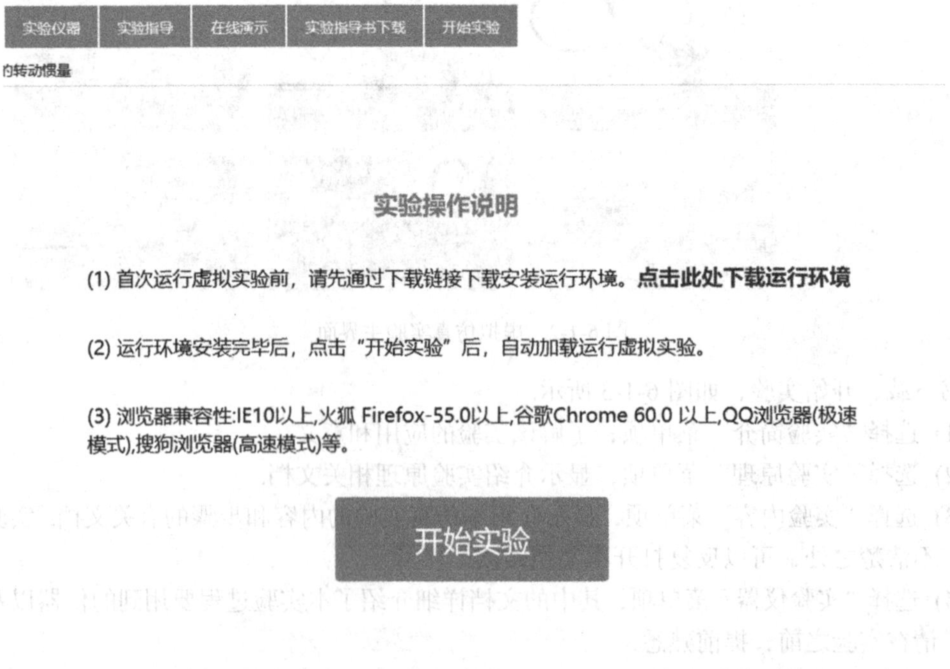

实验仪器　实验指导　在线演示　实验指导书下载　开始实验

的转动惯量

实验操作说明

(1) 首次运行虚拟实验前，请先通过下载链接下载安装运行环境。**点击此处下载运行环境**

(2) 运行环境安装完毕后，点击“开始实验”后，自动加载运行虚拟实验。

(3) 浏览器兼容性:IE10以上,火狐 Firefox-55.0以上,谷歌Chrome 60.0 以上,QQ浏览器(极速模式),搜狗浏览器(高速模式)等。

开始实验

图 6-1-4　实验操作说明

(2) 实验数据的记录和测量. 进入虚拟实验室开始实验后，页面会弹出“实验数据表格”；即做本实验需要测量记录的数据，依次按照实验数据表格，完成实验数据测量.

(3) 选择操作对象.

① 开始实验时实验仪器已经摆好在实验桌上，可以将实验仪器栏、实验提示栏和实验内容栏展开，将鼠标移至仪器各部分均会显示说明信息(图 6-1-5).

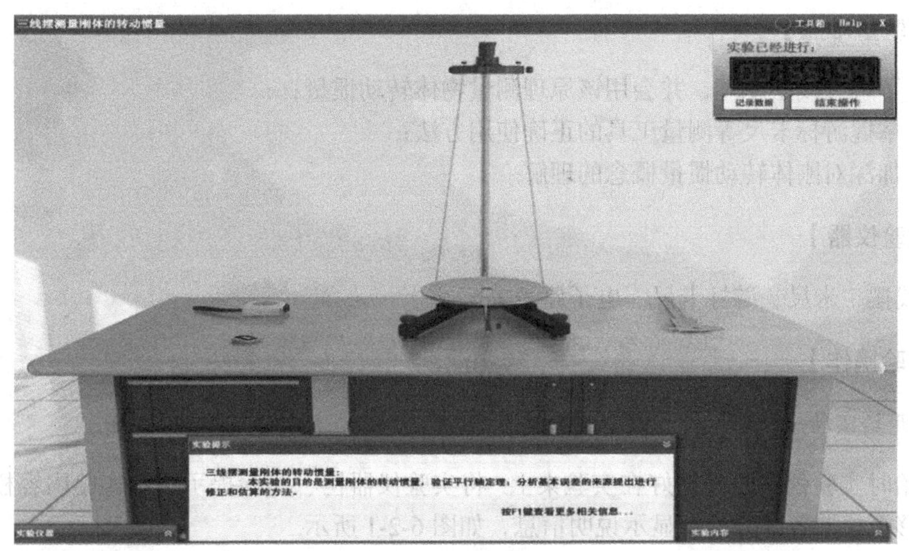

图 6-1-5　提示信息

实验仪器栏：鼠标选中仪器中的仪器，可以查看仪器名称，在提示信息栏可以查看相应的仪器描述.

提示信息栏：显示实验过程中的仪器信息、实验内容信息、仪器功能按钮信息等相关信息，按 F1 键可以获得更多帮助信息.

实验内容栏：显示实验名称和实验内容信息(多个实验内容依次列出)，当前实验内容显示为橘黄色，其他实验内容为蓝色；可以通过单击实验内容进行实验内容之间的切换. 切换至新的实验内容后，实验桌上的仪器会重新按照当前实验内容进行初始化.

② 鼠标指针指向要操作的实验仪器后鼠标左键双击打开实验仪器.

③ 仪器上有绿色的向上和向下箭头为逆时针和顺时针旋转仪器调节开关.

④ 界面的右上角的功能显示框：当在普通做实验状态下，显示实验已经进行的用时、记录数据按钮、结束操作按钮；在考试状态下，显示考试所剩时间的倒计时、记录数据按钮、结束操作按钮、显示考卷按钮(考试状态下显示).

⑤ 右上角工具箱：可以打开计算器.

⑥ 右上角帮助和关闭按钮：帮助按钮可以打开帮助文件，关闭按钮功能就是关闭实验.

6.2　三线摆法测刚体的转动惯量

【实验简介】

转动惯量是刚体转动时惯性的量度，其量值取决于物体的形状、质量、质量分布及转轴的位置. 刚体的转动惯量有着重要的物理意义，在科学实验、工程技术、航天、电力、机械、仪表等工业领域也是一个重要参量. 对于几何形状简单、质量分布均匀的刚体可以直接用公式计算出它相对于某一确定转轴的转动惯量. 对于任意刚体的转动惯量，通常是用实验方法测定出来的. 测定刚体转动惯量的方法很多，通常有三线摆、扭摆、复摆等.

本实验要求学生掌握用三线摆测定物体转动惯量的方法，并验证转动惯量的平行轴定理.

【实验重难点】

(1) 了解三线摆原理，并会用该原理测量物体转动惯量；

(2) 掌握游标卡尺等测量工具的正确使用方法；

(3) 加深对刚体转动惯量概念的理解.

【实验仪器】

三线摆、米尺、游标卡尺、电子停表等.

【实验操作】

1. 开始实验

开始时实验仪器已经摆好在实验桌上. 将实验仪器栏、实验提示栏和实验内容栏展开，将鼠标移至仪器各部分均会显示说明信息，如图 6-2-1 所示.

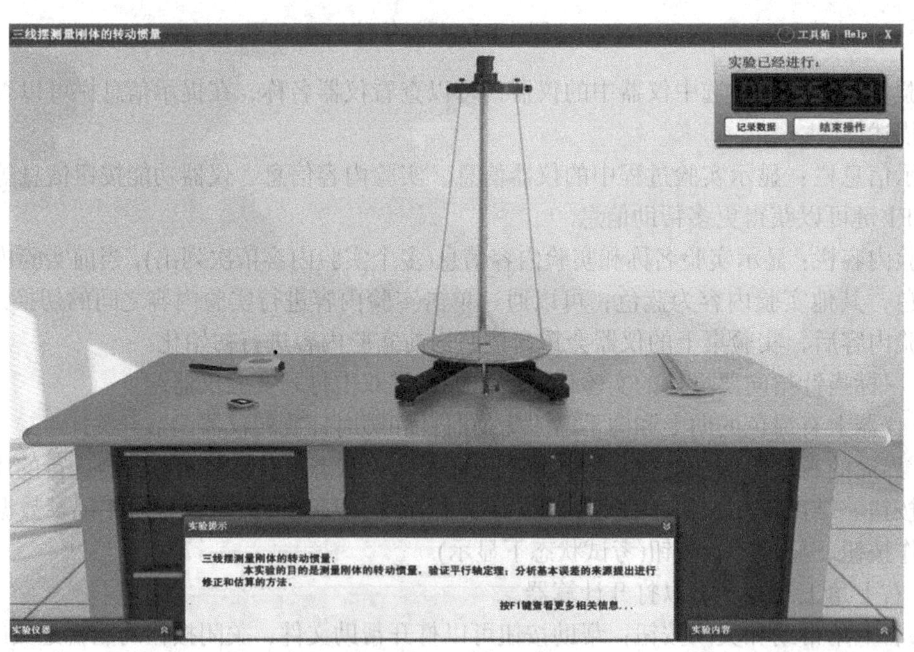

图 6-2-1　主窗口

2. 三线摆水平调平界面

双击桌面上三线摆小图标，弹出三线摆的操作窗口，包括三线摆振动系统、两个圆柱体、圆环、水平仪等. 水平调节界面将水平仪拖动到三线摆支架上方或下圆盘中，观察三线摆是否水平，如图 6-2-2 所示.

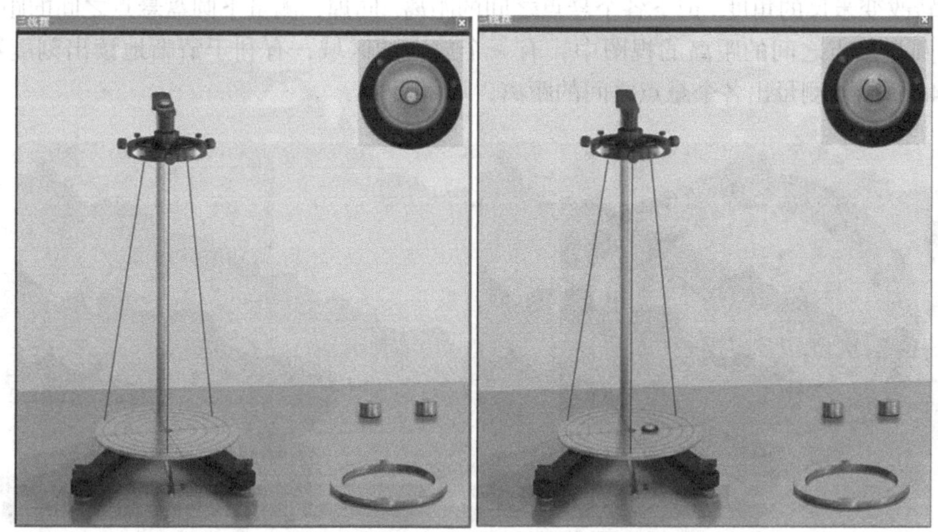

图 6-2-2 三线摆支架上方(左图)或下圆盘中(右图)

可以通过三线摆支架下方两个调节旋钮调节支架上方水平，三线摆上圆盘上方的六个旋钮调节下圆盘水平. 当调节下圆盘水平时，要先将水平调节开关打开.

3. 米尺测量距离

双击桌面上的米尺后，出现米尺的操作主界面，米尺测量出上下圆盘之间的距离，该步骤在米尺的主界面中完成，可以拖动该图左边的白色矩形框，右边同步放大显示米尺和三线摆，也可以拖动中间的米尺，改变其上下位置，如图 6-2-3 所示.

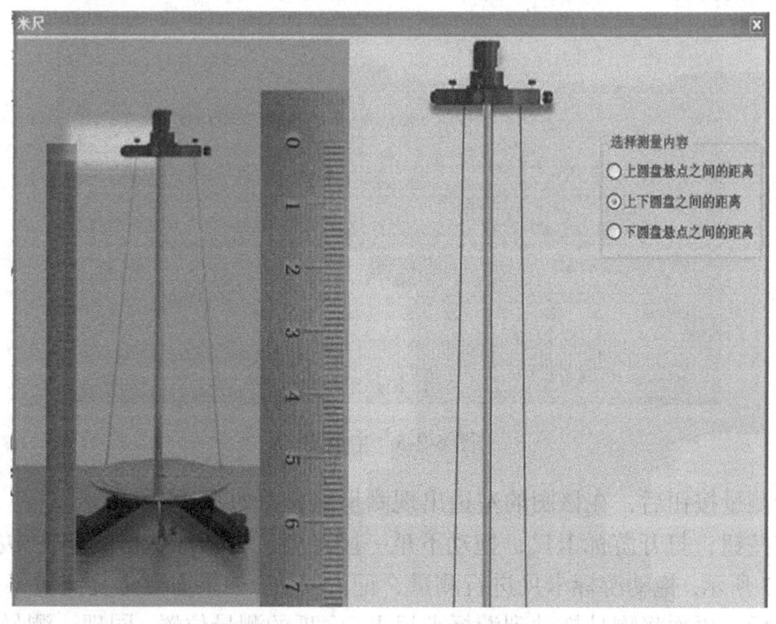

图 6-2-3 米尺的操作主界面

选择“上圆盘悬点之间的距离”，如图 6-2-4(a)所示，可以通过点击米尺上的选择方向图标来旋转改变米尺的角度. 记下各个悬点之间的距离. 同理，测量下圆盘悬点之间的距离. 在测量下圆盘悬点之间的距离的视图中，有一个放大的区域，有利于清晰地读出刻度数，如图 6-2-4(b)所示. 测量出各个悬点之间的距离，填入表中.

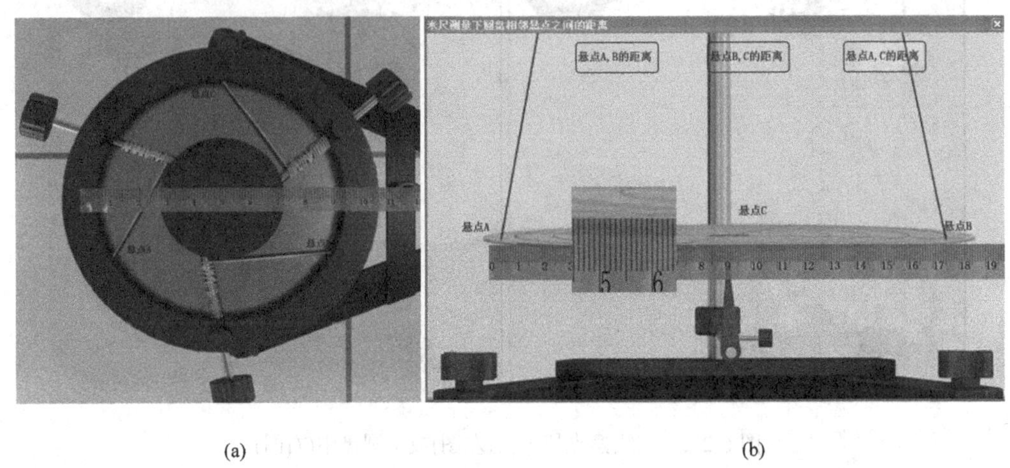

(a)　　(b)

图 6-2-4　上圆盘悬点之间的距离(a)；距离放大读数(b)

4. 测量没有放置物品时三线摆的转动周期

双击桌面上的电子停表，将三线摆拖动一个小角度，松开后，记录三线摆转动 20 个周期的时间.

5. 游标卡尺测量圆环的内径

双击桌面上的游标卡尺，出现游标卡尺的主视图，如图 6-2-5 所示.

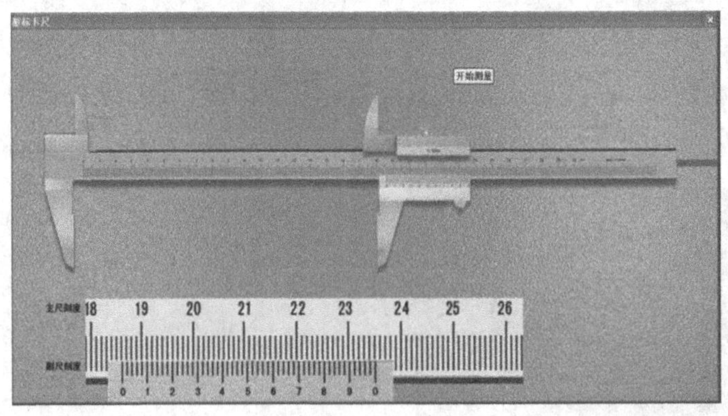

图 6-2-5　主视图

点击开始测量按钮后，在该图的左边出现测量内容，如图 6-2-6 所示.

右击锁定按钮，打开游标卡尺，拖动下爪一段距离，将圆环从待测物栏中拖动到两爪之间，如图 6-2-7 所示. 拖动游标卡尺进行测量，记下读数. 如果需要重复测量某一物品，点击清除物品按钮后，再次将物品拖动到游标卡尺上(下)爪的测量位置. 同理，测量圆环的外径、圆柱体的直径以及在下圆盘上放好两圆柱体后两圆柱体之间的距离.

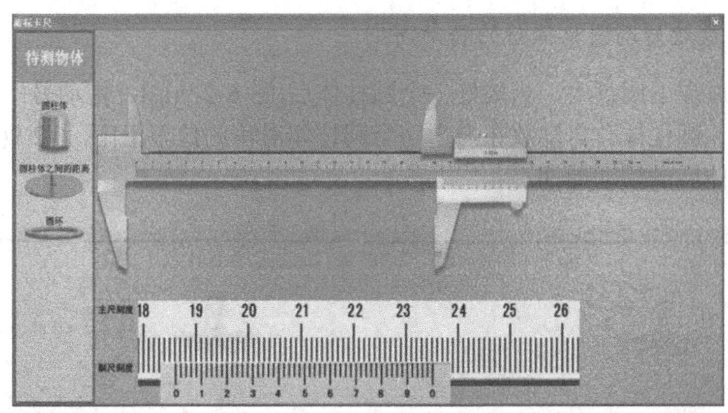

图 6-2-6 测量内容

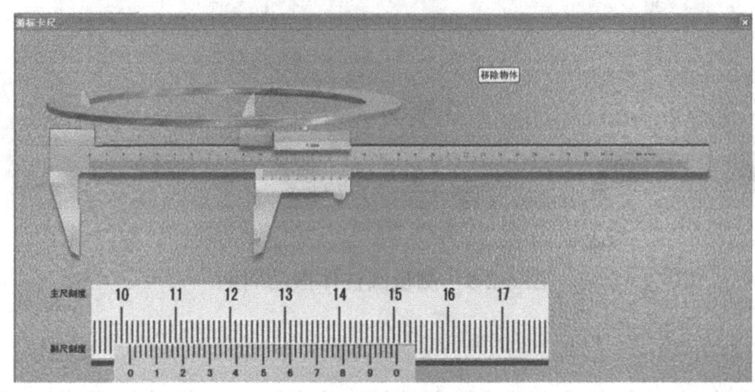

图 6-2-7 游标卡尺测内径

6. 测量三线摆加上圆环后的转动周期

将圆环拖动到三线摆的下圆盘中，当拖动圆环到下圆盘，放下圆盘时圆盘会自动停在下圆盘的对称位置. 如图 6-2-8 所示，转动三线摆，用电子停表记下周期.

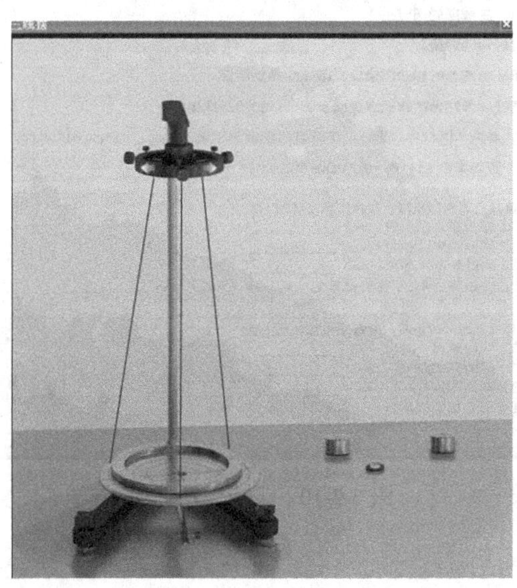

图 6-2-8 测圆环转动周期

7. 测量下圆盘放好两圆柱体后的转动周期

将两圆柱体放在下圆盘上，当放好一个圆柱体后[图 6-2-9(a)]，拖动另一个圆柱体到下圆盘，松下鼠标后，圆柱体会自动放在与上一个圆柱体对称的位置上[图 6-2-9(b)]. 转动三线摆测量加上两圆柱体后的摆动周期.

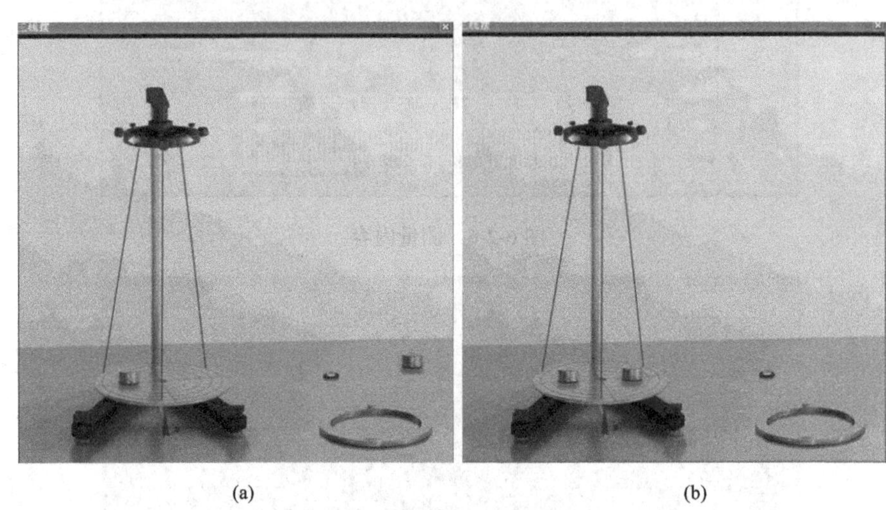

(a)　　(b)

图 6-2-9　测量圆柱体摆动周期

8. 完成实验

按照实验内容中的要求完成实验. 保存数据，单击记录数据按钮弹出记录数据页面. 在记录数据页面的相应地方填写实验中的测量数据，点击关闭按钮，则暂时关闭记录数据页面；再次点击记录数据按钮会显示记录数据页面，如图 6-2-10 所示.

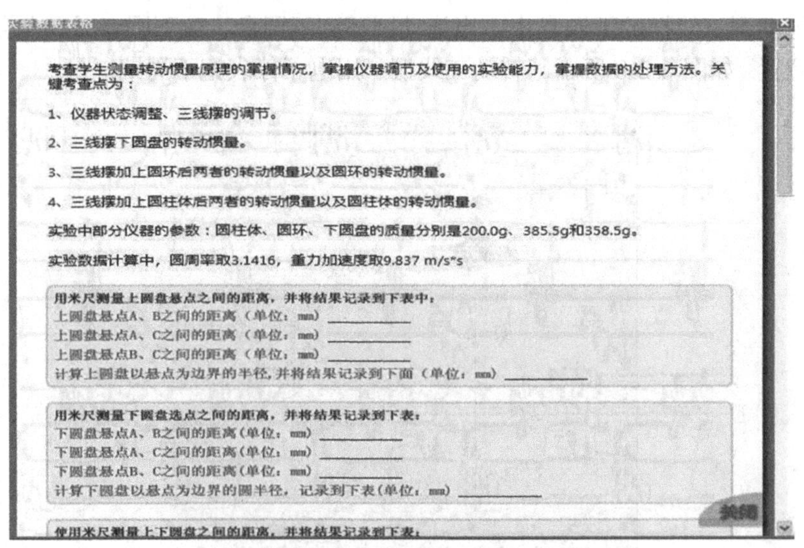

图 6-2-10　记录数据页面

【思考题】

(1) 调节三线摆的水平时，是先调节上圆盘水平还是先调节下圆盘水平？

(2) 三线摆的振幅受空气的阻尼会逐渐变小，它的周期也会随时间变化吗?

(3) 如何测定任意形状物体对特定轴的转动惯量?

6.3　钢丝弹性模量的测定

【实验简介】

材料受力后发生形变. 在弹性限度内，材料的应力于应变(即相对形变)之比为一常数，叫弹性模量. 测量弹性模量有拉伸法、梁德弯曲法、振动法、内耗法等等，本实验采用拉伸法测定弹性模量. 要求掌握利用光杠杆测定微小形变的方法，在数据处理中，采用逐差法和作图法得出测量结果，掌握这两种数据处理的方法.

【实验仪器】

光杠杆(包括支架、金属钢丝、平面镜)、望远镜镜尺组、砝码、米尺、螺旋测微器.

【实验操作】

1. 主窗口

打开钢丝弹性模量的测定的仿真实验，如图 6-3-1 所示.

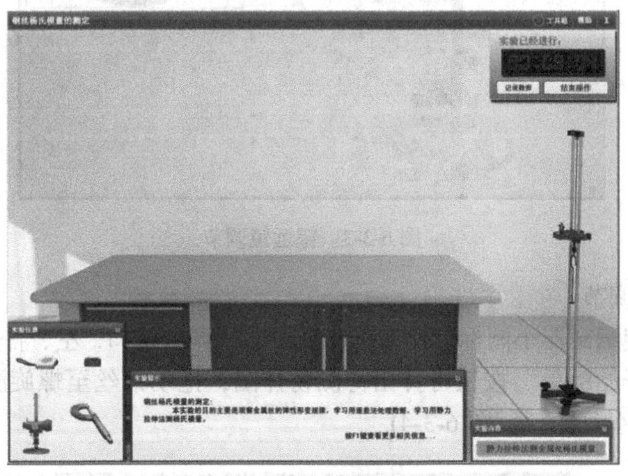

图 6-3-1　主窗口

2. 开始实验

开始实验后，从实验仪器栏中点击拖拽仪器至实验台上(图 6-3-2).

1) 望远镜调节

双击桌面上望远镜小图标，弹出望远镜的调节窗口，可以单击调焦旋钮来调节刻度尺的清晰度，单击目镜旋钮调节十字叉丝线的清晰度，单击望远镜锁紧旋钮可调节镜筒的高低位置，单击底座上黄色方向键可以微调望远镜的水平位置，如图 6-3-3 所示.

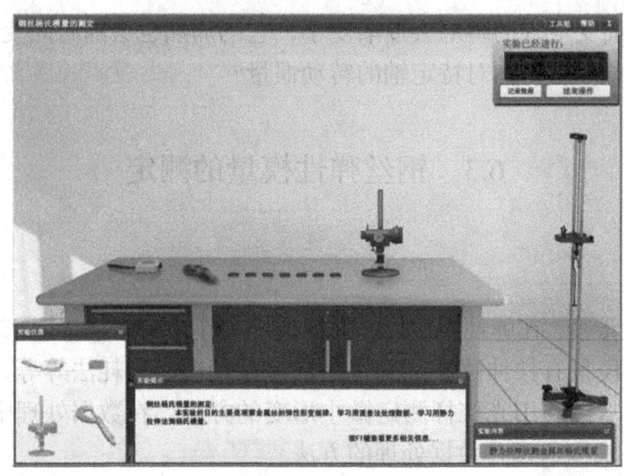

图 6-3-2　摆放仪器

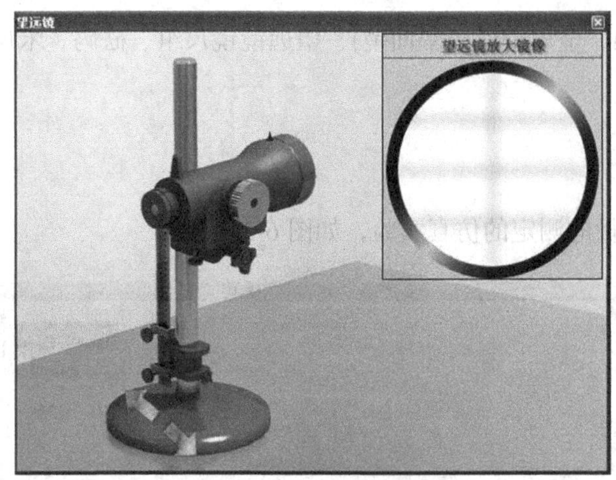

图 6-3-3　望远镜调节

2) 螺旋测微器调节

双击桌面上螺旋测微器小图标，弹出螺旋测微器的调节窗口. 左、右击解锁按钮，可调节锁定状态. 点击“开始测量”按钮可弹出待测物体图，拖动钢丝至螺旋测微器中，解锁后，旋动手把，可测量钢丝的直径(图 6-3-4).

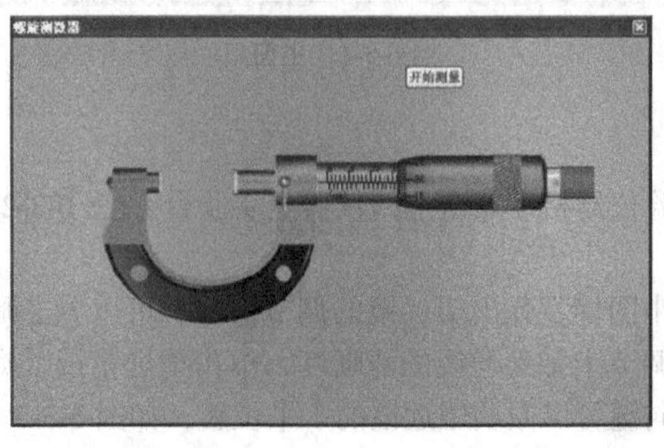

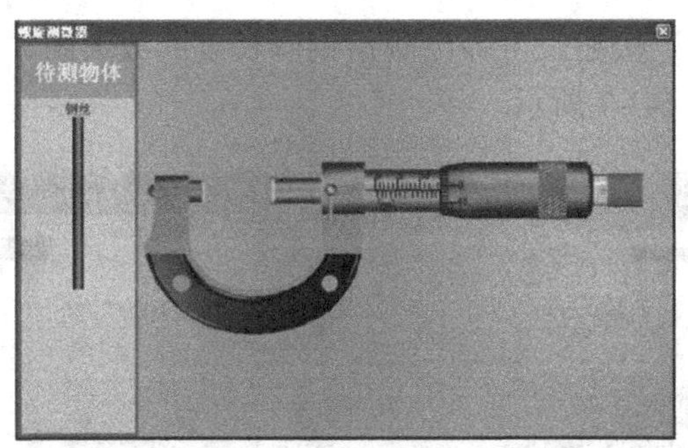

图 6-3-4 螺旋测微器调节与测量

3) 光杠杆

双击桌面上光杠杆小图标的平面镜部分，可弹出光杠杆的平面镜调节窗口， 点击平面镜可调节平面镜的角度，如图 6-3-5(a)所示. 双击桌面上光杠杆小图标的底座部分，可弹出光杠杆的底座调节窗口，点击底座旋钮可调节底座水平状态，观察水平气泡仪的小气泡居中，表明底座已经水平，否则需要继续调节，如图 6-3-5(b)所示.

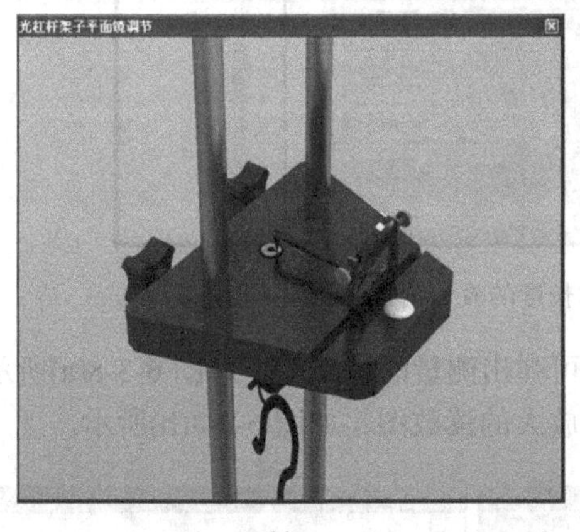

(a)

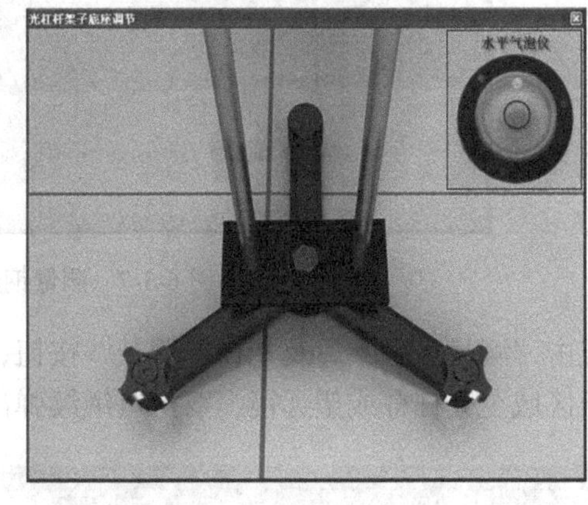

(b)

图 6-3-5 光杠杆平面镜和底座调节

4) 米尺调节

双击桌面上米尺小图标，弹出米尺的调节窗口，如图 6-3-6 所示.

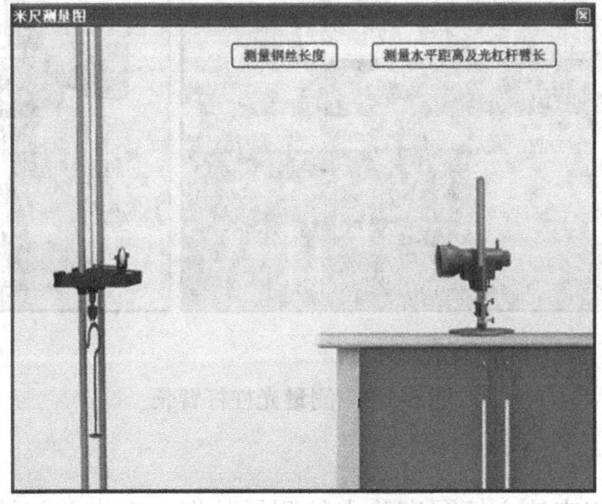

图 6-3-6 米尺调节

点击“测量钢丝长度”按钮，可弹出测量钢丝长度的放大图，拖动白色区域，可从右边放大的米尺中读数，如图 6-3-7 所示.

图 6-3-7　测量钢丝长度的放大图

点击“测量水平距离及光杠杆臂长”按钮，可弹出测量的放大图，如图 6-3-8(a)所示. 拖动白色区域至光杠杆或望远镜，双击可继续弹出放大的读数图，如图 6-3-8(b)所示.

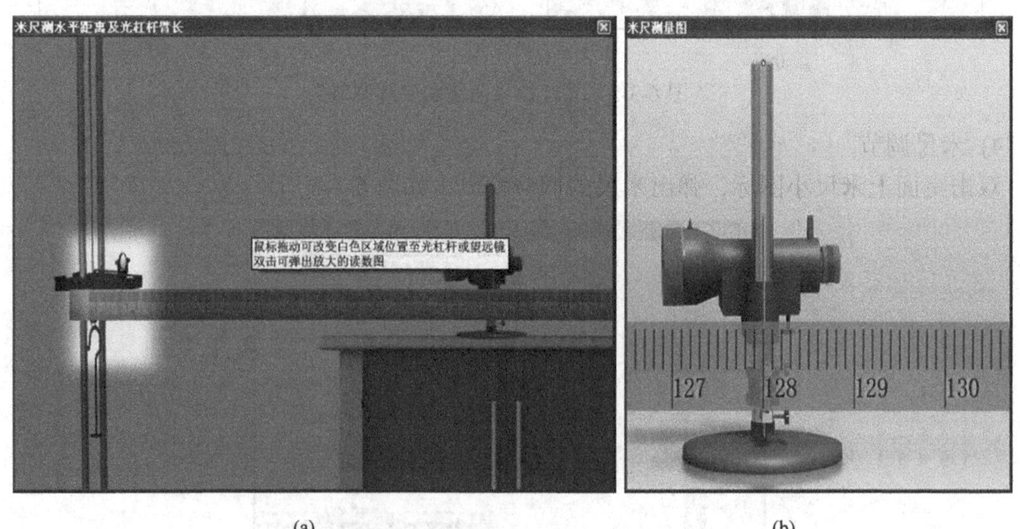

(a)　(b)

图 6-3-8　测量光杠杆臂长

5) 保存数据

在记录数据页面的相应地方填写实验中的测量数据，点击关闭按钮，则暂时关闭记录数据页面；再次点击记录数据按钮会显示记录数据页面(图 6-3-9).

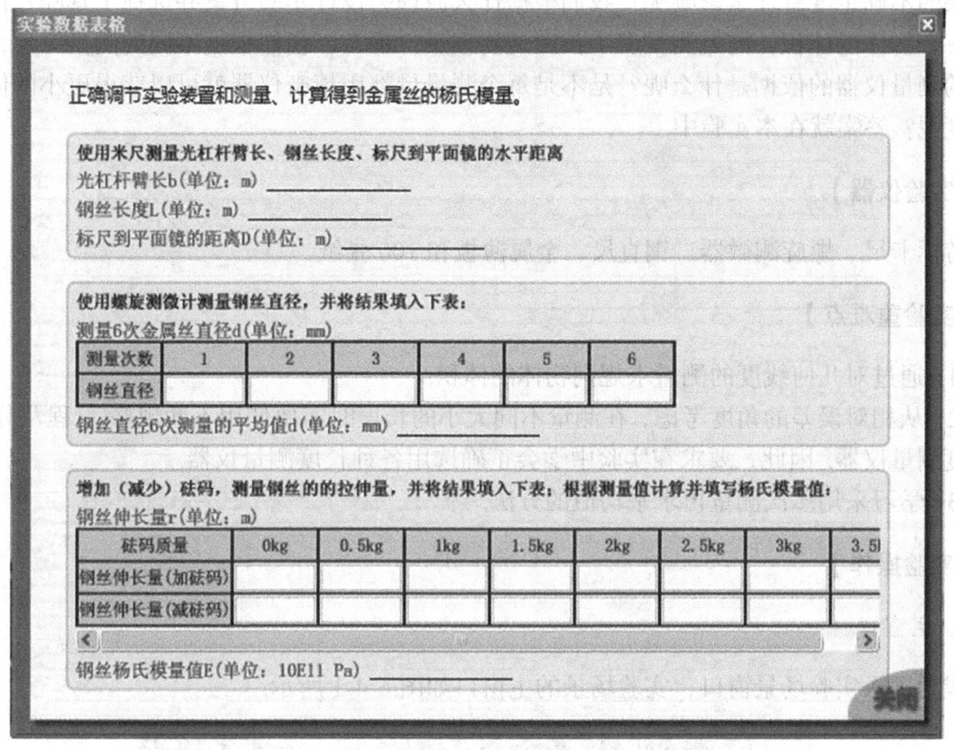

实验数据表格

正确调节实验装置和测量、计算得到金属丝的杨氏模量。

使用米尺测量光杠杆臂长、钢丝长度、标尺到平面镜的水平距离

光杠杆臂长b(单位：m) ________

钢丝长度L(单位：m) ________

标尺到平面镜的距离D(单位：m) ________

使用螺旋测微计测量钢丝直径，并将结果填入下表：

测量6次金属丝直径d(单位：mm)

测量次数	1	2	3	4	5	6
钢丝直径						

钢丝直径6次测量的平均值d(单位：mm) ________

增加（减少）砝码，测量钢丝的的拉伸量，并将结果填入下表；根据测量值计算并填写杨氏模量值：

钢丝伸长量r(单位：m)

砝码质量	0kg	0.5kg	1kg	1.5kg	2kg	2.5kg	3kg	3.5k
钢丝伸长量(加砝码)								
钢丝伸长量(减砝码)								

钢丝杨氏模量值E(单位：10E11 Pa) ________

关闭

图 6-3-9　记录数据页面

【思考题】

光杠杆放大率为 $2D/L$，根据此式能否以增加 D 减小 L 来提高放大率，这样做有无好处？有无限度？应该怎样考虑这个问题？

6.4　误 差 配 套

【实验简介】

物质有很多属性，有时我们会通过实验的方法获得我们想要了解和应用的属性. 人们在接受一项测量任务时，要根据测量的不确定度来设计实验方案、选择仪器和确定实验环境. 在实验后，通过对不确定度的大小和成因进行分析，找到影响实验精确度的原因并加以改正. 历史上不乏科学家精益求精，通过对不确定度分析不断改进实验而做出重大发现的例子. 例如，1887 年迈克耳孙和莫雷在美国克利夫兰做的用迈克耳孙干涉仪测量两垂直光的光速差值这一著名物理实验. 为了测到这个差值，他们不断改进仪器，虽然依然没有预期结果，但结果却证明光速在不同惯性系和不同方向上都是相同的，由此否认了以太(绝对静止参考系)的存在，从而动摇了经典物理学基础，成为近代物理学的一个发端，在物理学发展史上占有十分重要的地位.

对于直接测量量，我们通过对仪器不断改进就可以获得更接近真值的测量值，但是对于

间接测量量，我们需要测量不止一个物理量. 那么，每个独立的直接测量量的不确定度对最终结果的不确定度有什么影响呢？我们根据什么原理去设计实验方案并选择工具呢？例如，测量一个物体的体积，需要测量多个长度的物理量，那么，我们根据不同的测量对象，选择不同的测量仪器的依据是什么呢？是不是每个测量量都用精密仪器就可以获得更小的体积不确定度呢？答案就在本实验中.

【实验仪器】

游标卡尺、螺旋测微器、钢直尺、金属薄板和 100 张纸.

【实验重难点】

(1) 通过对几何线度的测量求规则物体的体积.

(2) 从相对误差的角度考虑，在测量不同大小的长度时需要使用不同规格(量程及分度值)的长度测量仪器. 因此，要求在实验中学会正确选用各种长度测量仪器.

(3) 学习采用多次测量再求平均值的方法.

【实验操作】

1. 主窗口

成功进入实验场景窗口，实验场景的主窗口如图 6-4-1 所示.

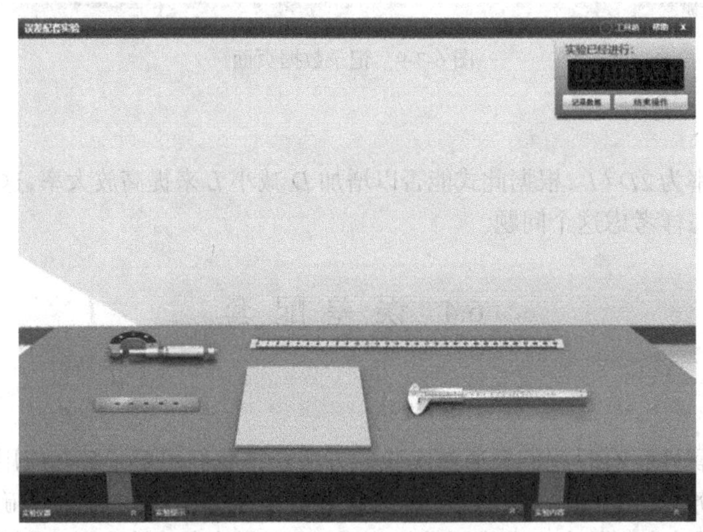

图 6-4-1　误差配套实验主场景图

2. 实验操作介绍

(1) 计算出钢直尺、游标卡尺和螺旋测微器测量带孔薄板不同物理量的 B 类不确定度，记录到表格中(图 6-4-2).

(2) 根据 B 类不确定度，不同的物理量选择合适的仪器进行测量(分别用钢直尺测长、游标卡尺测宽、螺旋测微器测厚度和钢直尺测孔直径).

(3) 双击场景中带孔薄板，打开带孔薄板大视图，如图 6-4-3 所示.

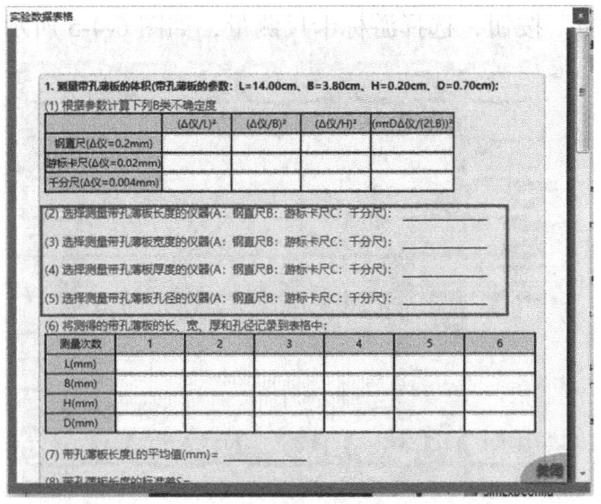

实验数据表格

1. 测量带孔薄板的体积(带孔薄板的参数：L=14.00cm、B=3.80cm、H=0.20cm、D=0.70cm)：

(1) 根据参数计算下列B类不确定度

	(Δ仪/L)²	(Δ仪/B)²	(Δ仪/H)²	(nπDΔ仪/(2LB))²
钢直尺(Δ仪=0.2mm)				
游标卡尺(Δ仪=0.02mm)				
千分尺(Δ仪=0.004mm)				

(2) 选择测量带孔薄板长度的仪器(A：钢直尺B：游标卡尺C：千分尺)：________

(3) 选择测量带孔薄板宽度的仪器(A：钢直尺B：游标卡尺C：千分尺)：________

(4) 选择测量带孔薄板厚度的仪器(A：钢直尺B：游标卡尺C：千分尺)：________

(5) 选择测量带孔薄板孔径的仪器(A：钢直尺B：游标卡尺C：千分尺)：________

(6) 将测得的带孔薄板的长、宽、厚和孔径记录到表格中：

测量次数	1	2	3	4	5	6
L(mm)						
B(mm)						
H(mm)						
D(mm)						

(7) 带孔薄板长度L的平均值(mm)= ________

关闭

图 6-4-2　记录数据页面

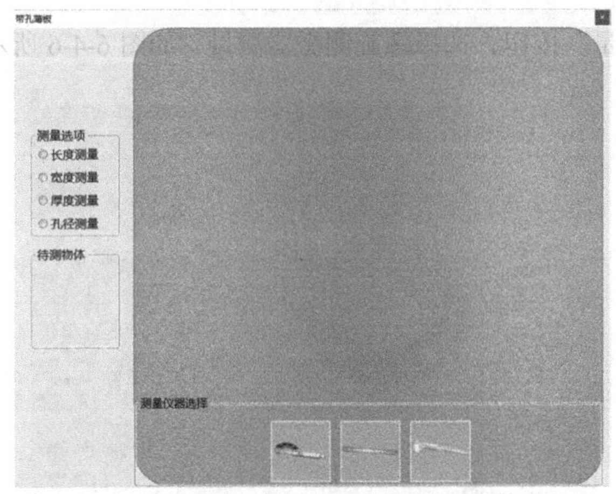

图 6-4-3　带孔薄板大视图

(4) 点击“长度测量”按钮，选择钢直尺测量如图 6-4-4 所示.

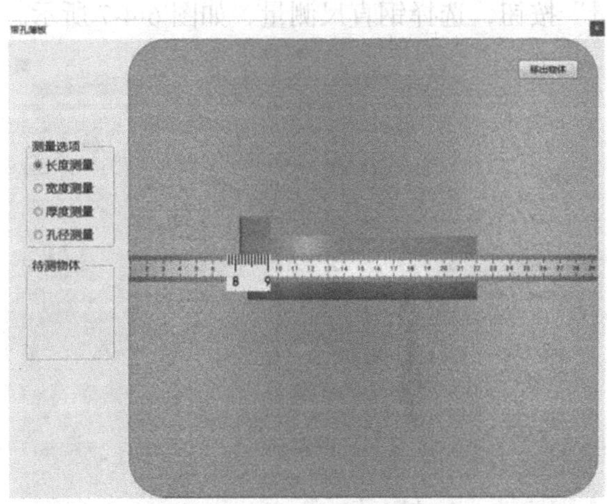

图 6-4-4　带孔薄板长度测量

(5) 点击“宽度测量”按钮，选择游标卡尺测量，如图 6-4-5 所示.

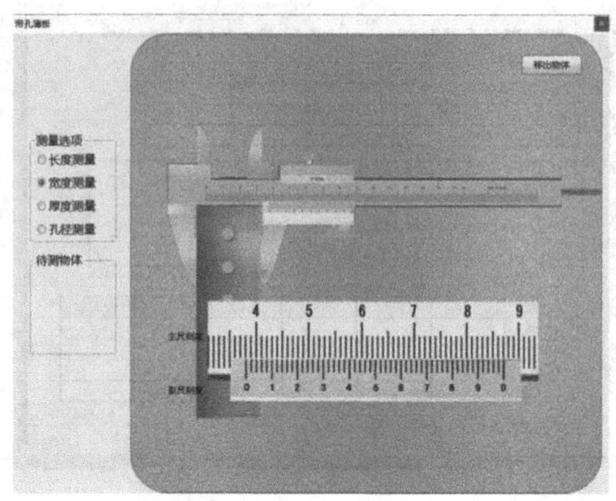

图 6-4-5　带孔薄板宽度测量

(6) 点击“厚度测量”按钮，选择螺旋测微器测量，如图 6-4-6 所示.

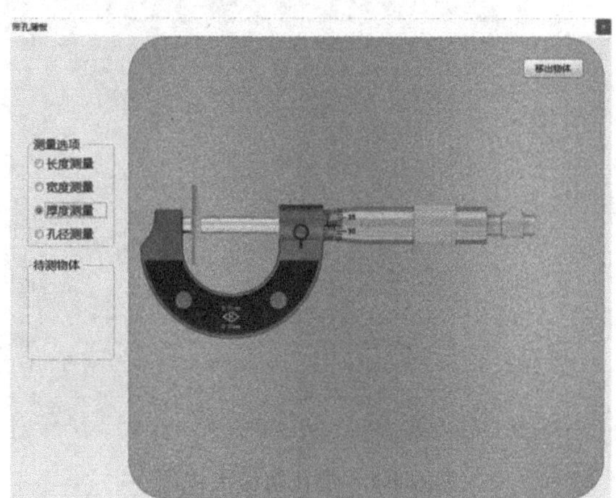

图 6-4-6　带孔薄板厚度测量

(7) 点击“孔径测量”按钮，选择钢直尺测量，如图 6-4-7 所示.

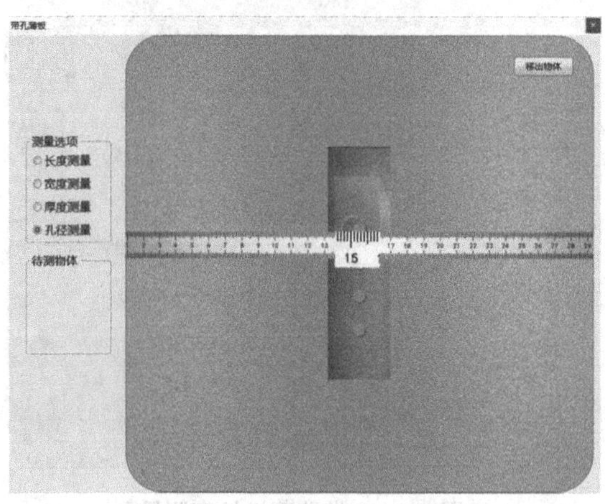

图 6-4-7　带孔薄板孔径测量

(8) 计算出钢直尺、游标卡尺和螺旋测微器测量 100 张纸不同物理量的 B 类不确定度，记录到表格中，如图 6-4-8 所示.

实验数据表格

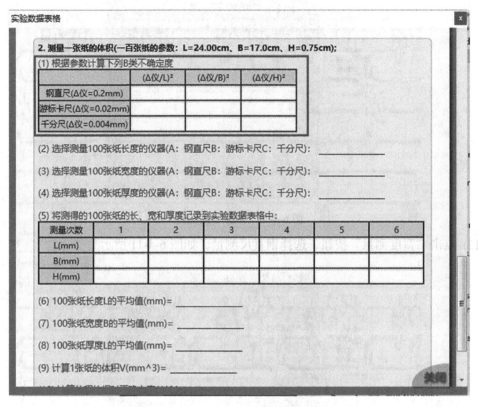

2. 测量一张纸的体积(一百张纸的参数：L=24.00cm、B=17.0cm、H=0.75cm);

(1) 根据参数计算下列B类不确定度

	(Δ仪/L)²	(Δ仪/B)²	(Δ仪/H)²
钢直尺(Δ仪=0.2mm)			
游标卡尺(Δ仪=0.02mm)			
千分尺(Δ仪=0.004mm)			

(2) 选择测量100张纸长度的仪器(A：钢直尺B：游标卡尺C：千分尺)：________

(3) 选择测量100张纸宽度的仪器(A：钢直尺B：游标卡尺C：千分尺)：________

(4) 选择测量100张纸厚度的仪器(A：钢直尺B：游标卡尺C：千分尺)：________

(5) 将测得的100张纸的长、宽和厚度记录到实验数据表格中：

测量次数	1	2	3	4	5	6
L(mm)						
B(mm)						
H(mm)						

(6) 100张纸长度L的平均值(mm)= ________

(7) 100张纸宽度B的平均值(mm)= ________

(8) 100张纸厚度L的平均值(mm)= ________

(9) 计算1张纸的体积V(mm^3)= ________

关闭

图 6-4-8 记录数据页面

(9) 根据B类不确定度，不同的物理量选择合适的仪器进行测量(分别用钢直尺测长和宽、螺旋测微器测厚度(图 6-4-8).

(10) 双击场景中的纸张，打开纸张大视图，如图 6-4-9 所示.

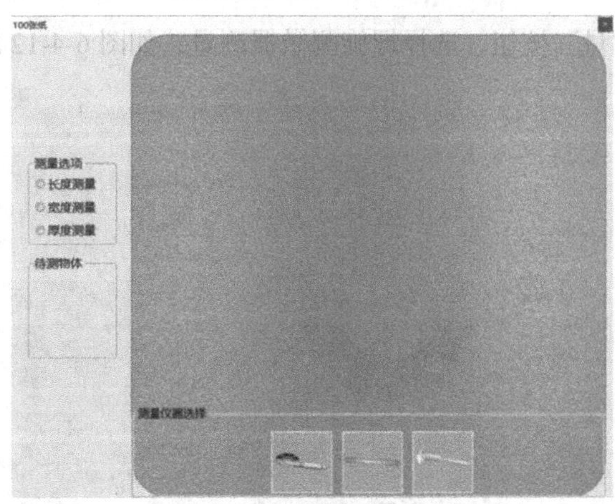

图 6-4-9 纸张大视图

(11) 点击“长度测量”按钮，选择钢直尺测量，如图 6-4-10 所示.

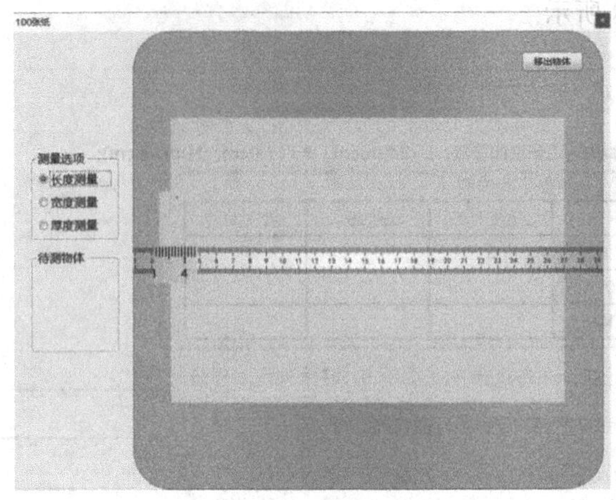

图 6-4-10　纸张长度测量

(12) 点击“宽度测量”按钮，选择钢直尺测量，如图 6-4-11 所示.

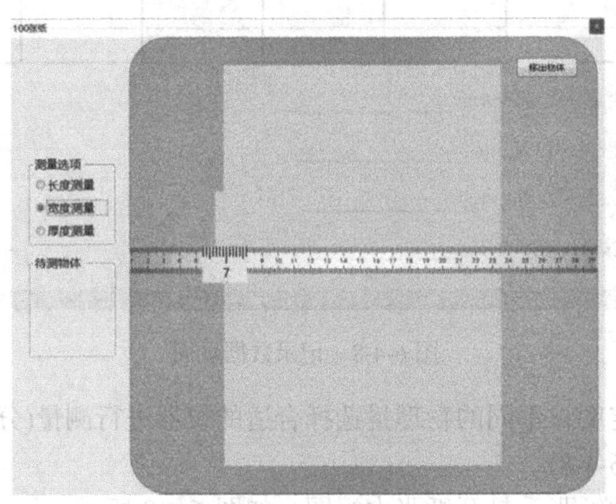

图 6-4-11　纸张宽度测量

(13) 点击“厚度测量”按钮，选择螺旋测微器测量，如图 6-4-12 所示.

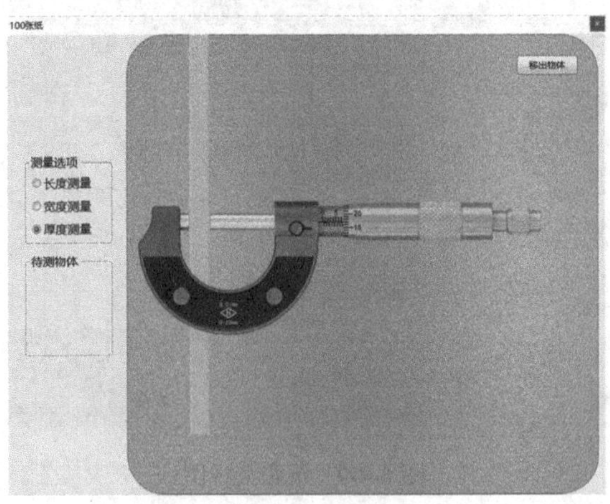

图 6-4-12　纸张厚度测量

(14) 记录测量数据，完成所有数据.

【思考题】

(1) 当测量不同精确度的测量对象时，根据什么原理选择测量仪器？
(2) 不确定度有哪些分类？

6.5　热电偶特性及其应用研究

【实验简介】

电势差计是利用补偿原理和比较法精确测量直流电势差或电源电动势的常用仪器，它准确度高、使用方便、测量结果稳定可靠，还常被用来精确地间接测量电流、电阻和校正各种精密电表. 在现代工程技术中电子电势差计还广泛用于各种自动检测和自动控制系统.

【实验仪器】

电势差计、标准电池、光点检流计、稳压电源、温差电偶、冰筒、水银温度计、烧杯等.

【实验重难点】

(1) 掌握电势差计的工作原理和结构特点；
(2) 了解温差电偶测温的原理和方法；
(3) 学会电势差计的使用及注意事项.

【实验操作】

1. 主窗口

启动实验程序，进入实验窗口，如图 6-5-1 所示.

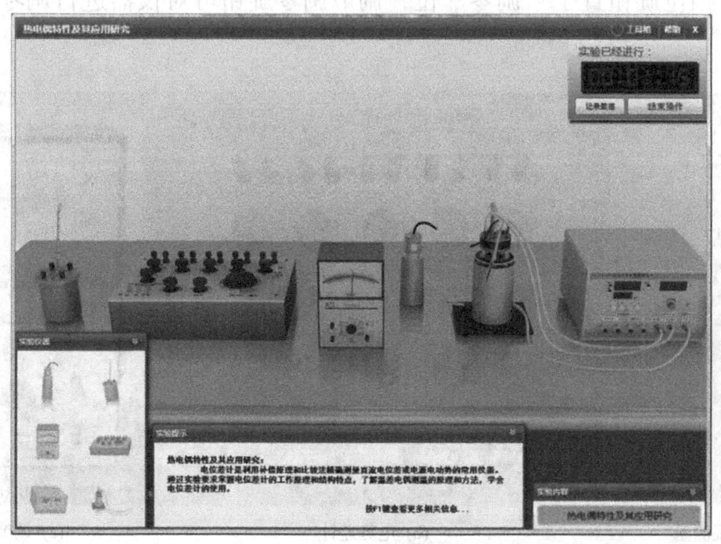

图 6-5-1　实验场景图

2. 测铜-康铜热电偶的温差系数

(1) 电势差计测定温差电动势装置图连线. 当鼠标移动到实验仪器接线柱的上方时，拖动鼠标，便会产生“导线”，当鼠标移动到另一个接线柱的时候，松开鼠标，两个接线柱之间便产生一条导线，连线成功；如果松开鼠标的时候，鼠标不是在某个接线柱上，画出的导线将会被自动销毁，此次连线失败. 根据实验电路图正确连线(图 6-5-2).

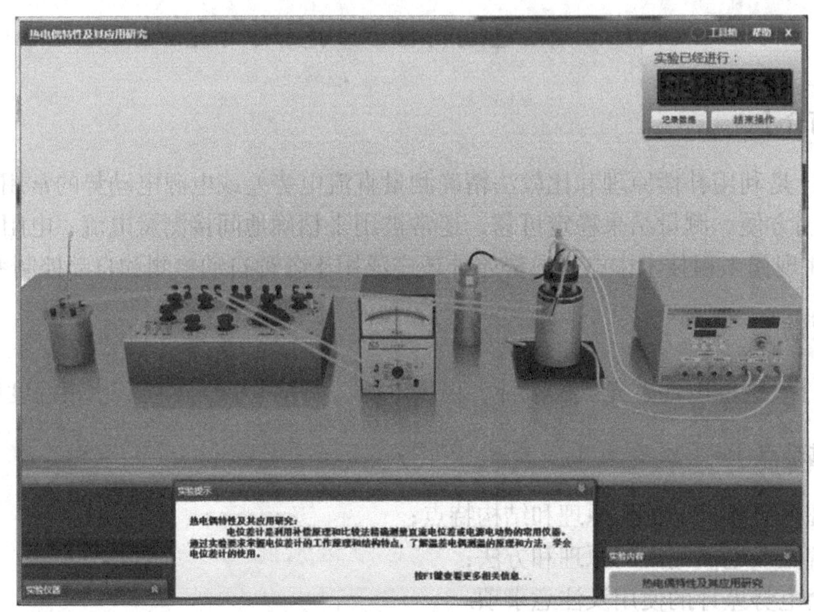

图 6-5-2　热电偶与电势差计连线图

(2) 根据室温求出标准电池电动势的数值.鼠标双击实验场景中的标准电池，查看当前室温，根据标准电池电动势公式计算当前电动势，如图 6-5-3(a)所示.

(3) 检流计的校准调节.电势差计的“粗调、细调、短路按钮”都保持松开状态. 打开检流计调节窗口，将挡位旋钮置于“调零”位，调节调零旋钮可对仪器进行调零，如图 6-5-3(b)所示.

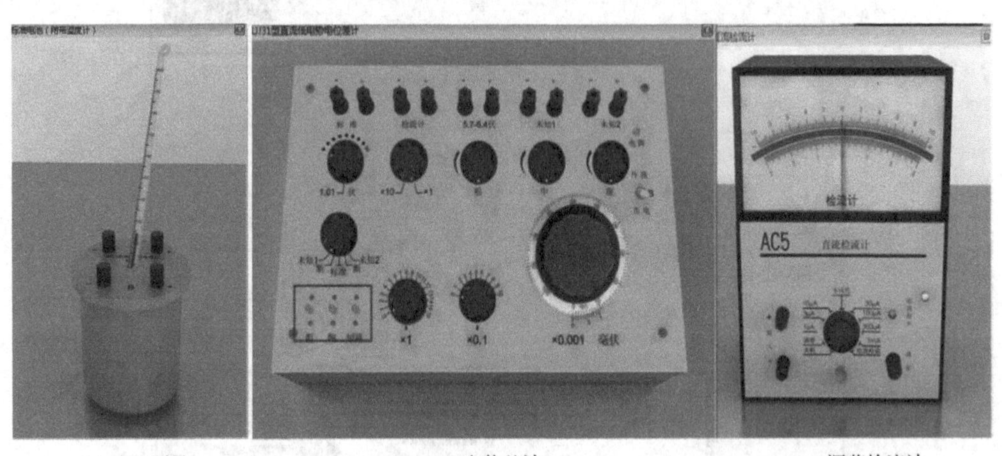

(a) 室温测量　　(b) 电势差计　　(c) 调节检流计

图 6-5-3　室温测量及检流计校准

(4) 电势差计的校准调节.

调节标准电池电动势设置旋钮 R_S 到当前室温对应的电动势，将“标准电池、未知电动势转换开关 K_2 转动到“标准”位置，检流计挡位开关转到适当的量程，开始电势差计的校准. 电势差计按下“粗调”按钮后，调节“粗、中、细”旋钮使检流计指针指零，完成粗调工作. 然后松开“粗调”按钮，选择合适的检流计挡位后按下电势差计“细调”按钮，调节“粗、中、细”旋钮使检流计指针指零，完成电势差计的校准(图 6-5-4).

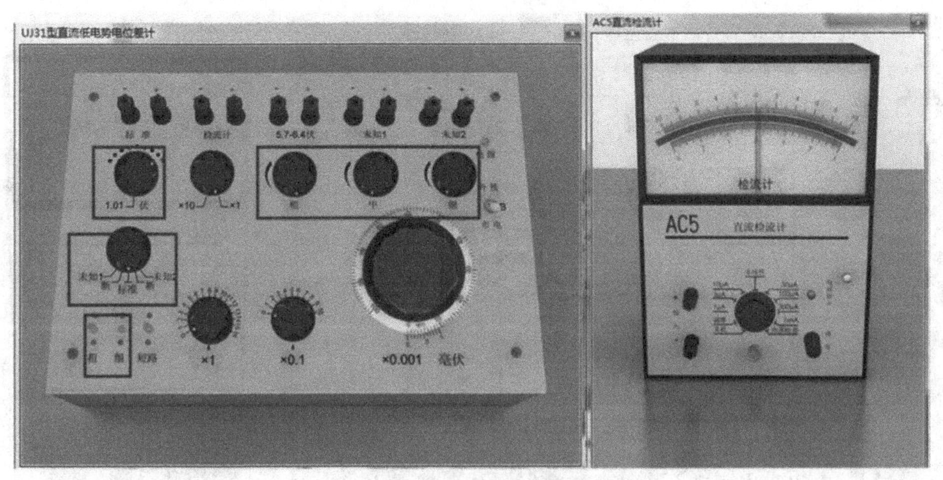

图 6-5-4　电势差计校准

(5) 测量温差电偶在 55.0～90.0 ℃的热电偶温差电动势.

使用温控实验仪控制不同的加热温度，每隔 5 ℃进行一次测量，分别测量高温端在 55.0～90.0 ℃的热电偶温差电动势.

调节温控仪的设定工作温度为 55 ℃，调整加热电流，等待样品室实际温度稳定后，测量此时热电偶的温差电动势(图 6-5-5).

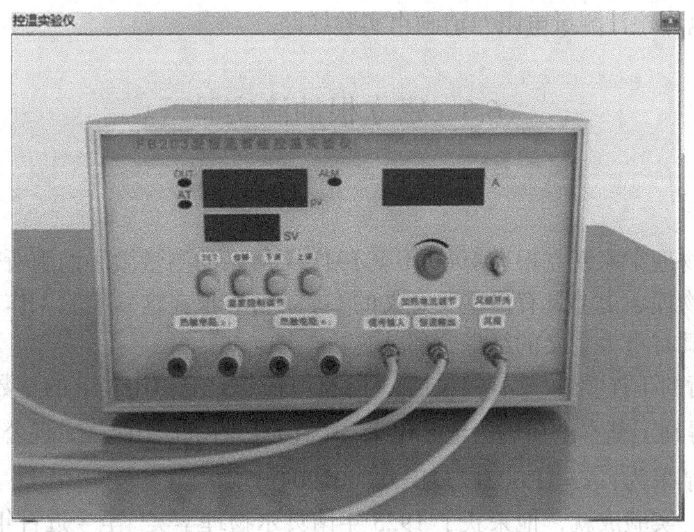

图 6-5-5　热电偶的温差电动势

使用电势差计测量温差电动势时，根据温差电偶正负极连接的接线柱，将“标准电池、未知电动势转换开关 K_2 转动到对应的位置.“×10、×1”挡位开关 K_0 选择合适的倍率.

电势差计按下“粗调”按钮后，调节×1、×0.1、×0.001 三个电阻转盘使检流计指针指零，完成粗调工作. 然后松开“粗调”按钮，选择合适的检流计挡位后按下电势差计“细调”按钮，调节×1、×0.1、×0.001 三个电阻转盘使检流计指针指零. 此时温差电动势=三个电阻转盘读数和×倍率(图 6-5-6).

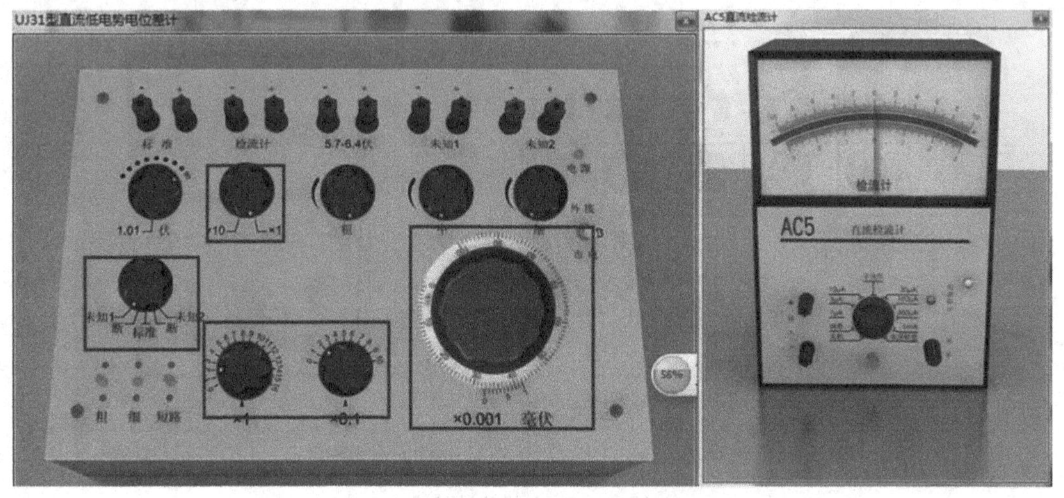

图 6-5-6　电势差计测温差电偶调节图和检流计图

改变温控仪的工作设定温度，每隔 5 ℃测量一次温差电动势；并利用逐差法计算热电偶的温差系数，完成实验数据表格.

【思考题】

(1) 怎样用电势差计校正毫伏表？请画出实验线路和拟出实验步骤.

(2) 怎样用电势差计测量电阻？请画出实验线路.

6.6　密立根油滴实验

【实验简介】

杰出的美国物理学家密立根在 1909 年至 1917 年所做的测量微小油滴所带的电荷的工作，即油滴实验，是物理学史上具有最重要意义的实验. 密立根在这一实验工作中花费了近 10 年的心血，取得了具有重大意义的结果，那就是：

(1) 证明电荷的不连续性(具有颗粒性)，所有电荷都是基本电荷 e 的整数倍.

(2) 测量并得到了基本电荷即为电子电荷,其值为 $e = 1.60 \times 10^{-19}$ C. 现公认 e 是基本电荷，目前给出的最好结果为：$e = (1.60217731 \pm 0.00000049) \times 10^{-19}$ C.

正是由于这一实验成就，他荣获了 1923 年诺贝尔物理学奖. 至今近百年，物理学发生了根本的变化，而这个实验又重新站到了物理实验的前列. 近年来，根据这一实验的设计思想改进的用磁漂浮的方法测量分数电荷的实验，使古老的实验又焕发青春，说明了密立根油滴实验是富有巨大生命力的实验.

【实验仪器】

密立根油滴仪、显示器、油滴管、实验总体装置.

【实验操作】

1. 主窗口

打开油滴法测电子电荷的仿真实验，见图 6-6-1.

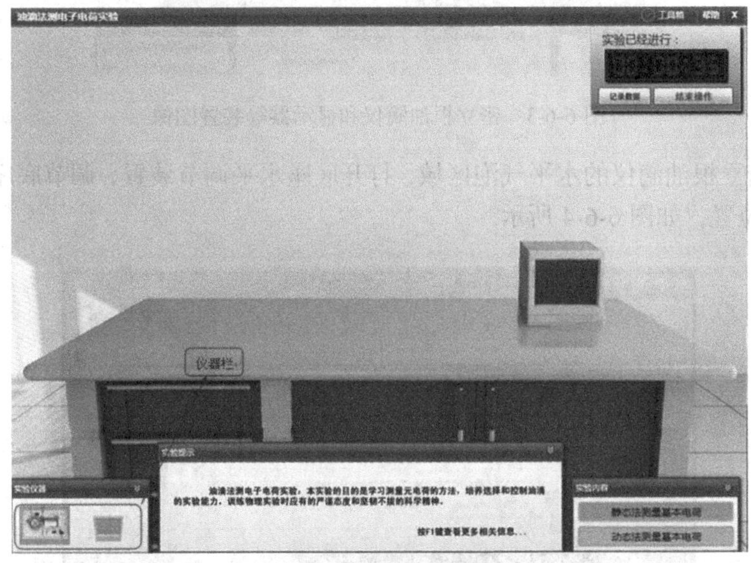

图 6-6-1　主窗口

2. 实验前准备工作

(1) 开始实验后，从实验仪器栏中点击拖拽仪器至实验桌上，双击密立根油滴仪小图标，打开密立根油滴仪，双击显示器小图标，打开显示器，单击鼠标打开显示器开关，见图 6-6-2.

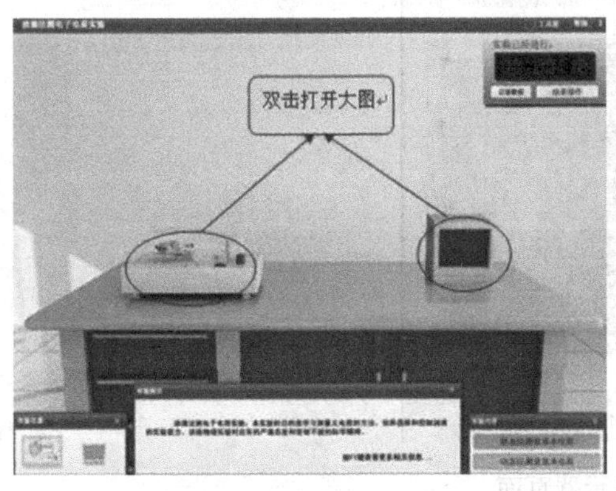

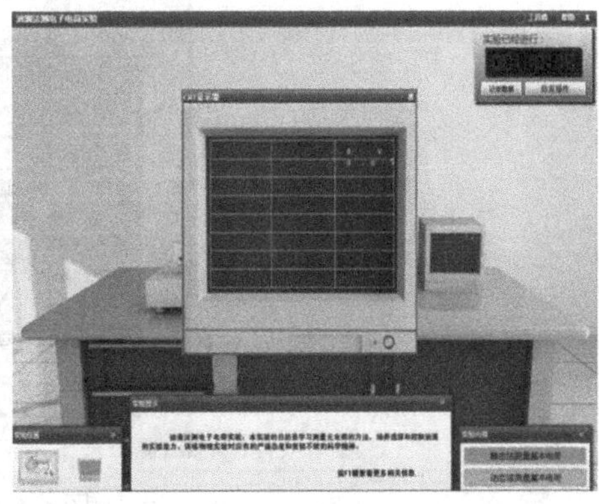

图 6-6-2　密立根油滴仪和显示器

(2) 这个时候桌面上会产生密立根油滴仪和显示器等装置的图像，如图 6-6-3 所示.

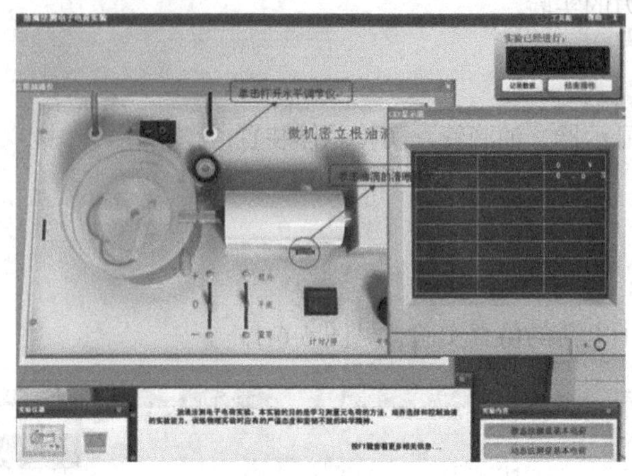

图 6-6-3　密立根油滴仪和显示器等装置图像

(3) 单击密立根油滴仪的水平气泡区域，打开底座水平调节装置，调节底座进行调节，观察水平气泡的位置，如图 6-6-4 所示.

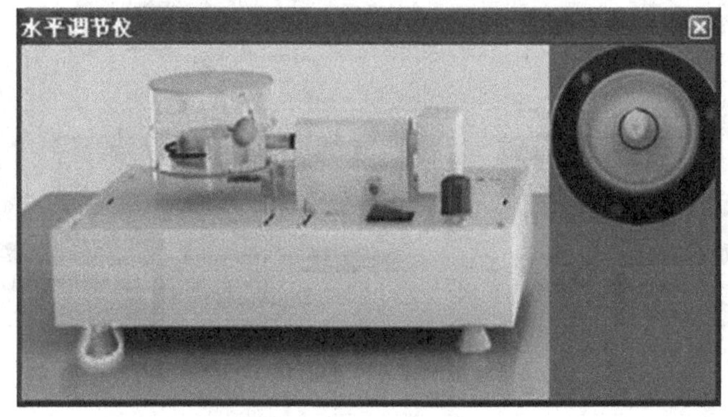

图 6-6-4　底座水平调节装置

(4) 观察油滴在显示器中上升、下落的时间，如图 6-6-5 所示.

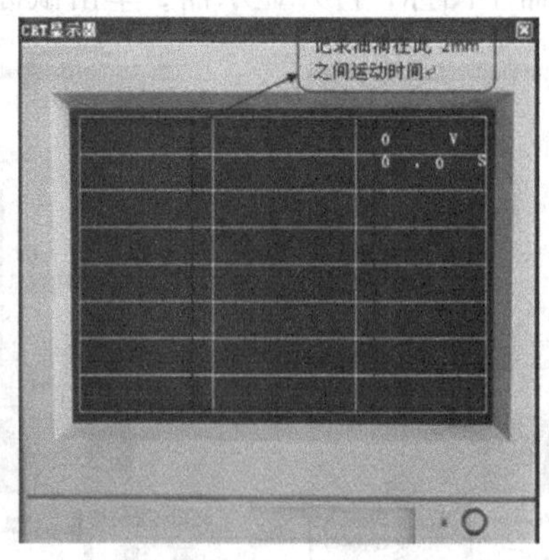

图 6-6-5　显示器页面

(5) 保存数据，单击记录数据按钮弹出记录数据页面，如图 6-6-6 所示.

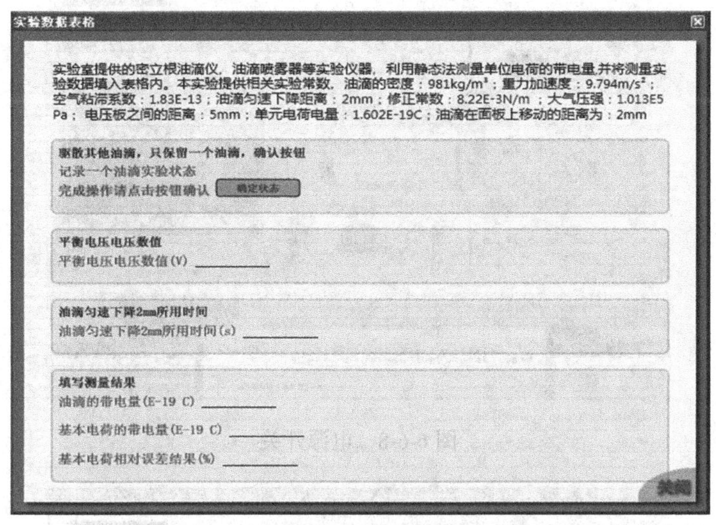

图 6-6-6　数据表格

(6) 在记录数据页面的相应地方填写实验中的测量数据后，点击保存按钮即可保存当前数据；点击关闭按钮，则暂时关闭记录数据页面；再次点击记录数据按钮会显示记录数据页面，如图 6-6-7 所示.

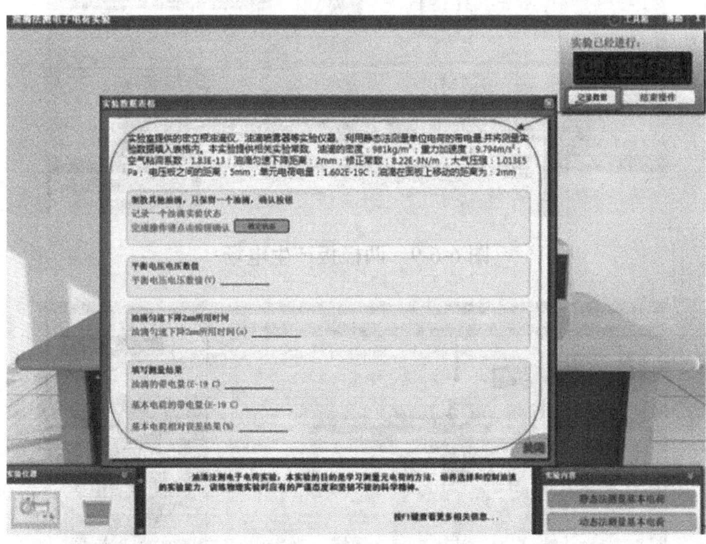

图 6-6-7　表格窗口

3. 静态法测电子电荷

(1) 单击电源开关，打开电源，如图 6-6-8 所示.
(2) 左击鼠标，使两极板电压产生向上的电场，如图 6-6-9 所示.
(3) 单击油滴管，产生雾状油滴，如图 6-6-10 所示.
(4) 调节“平衡电压”旋钮使控制的油滴处于静止状态，如图 6-6-11 所示.

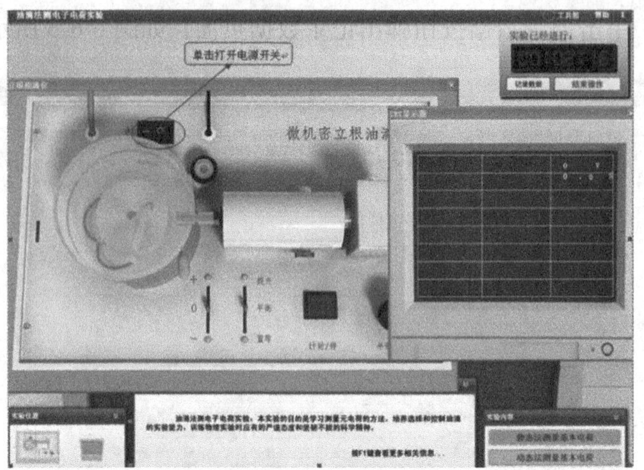

图 6-6-8　电源开关

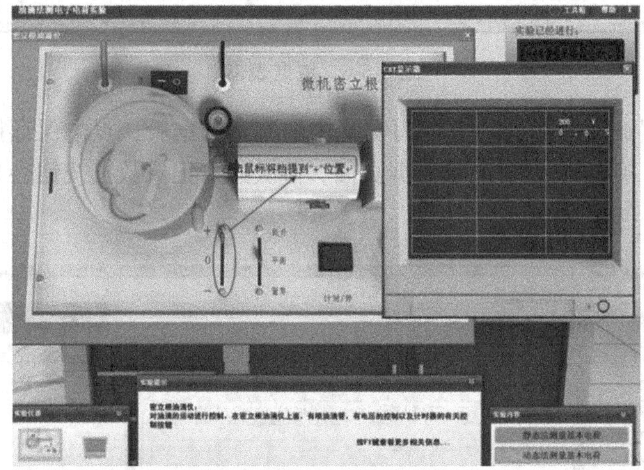

图 6-6-9　两极板产生电场

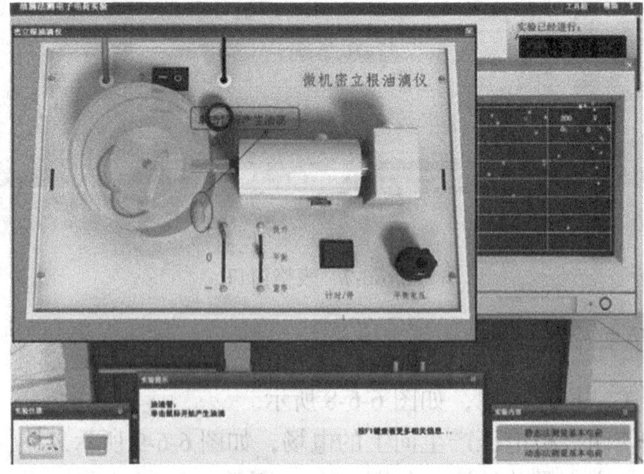

图 6-6-10　油滴管产生雾状油滴

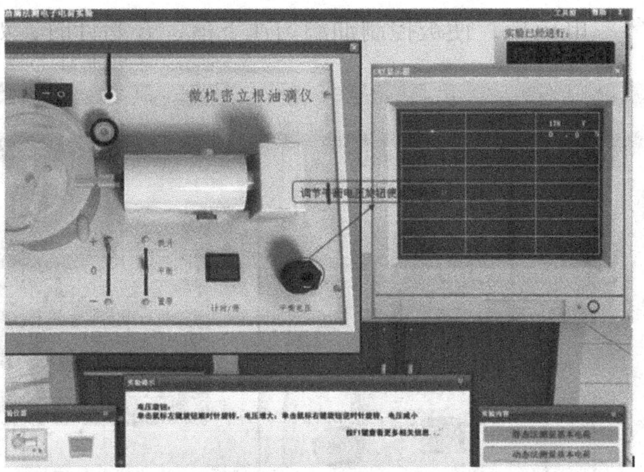

图 6-6-11　平衡电压

(5) 点击“确定状态”，记录被控油滴的状态，如图 6-6-12 所示.

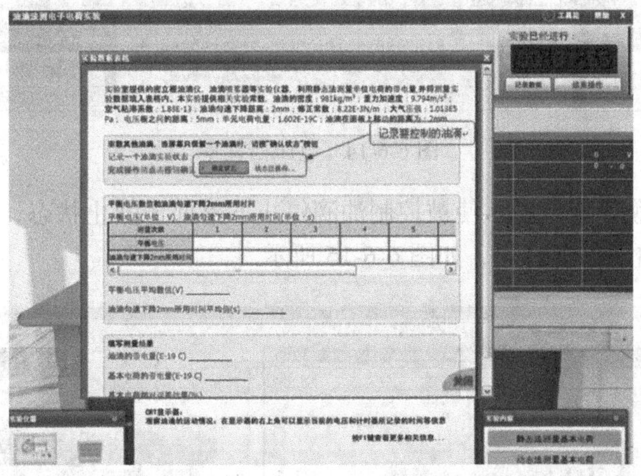

图 6-6-12　数据记录表格

(6) 左击“提升”电压挡，使被控制油滴上升到最上面的起始位置，为下一步计时做准备，如图 6-6-13 所示.

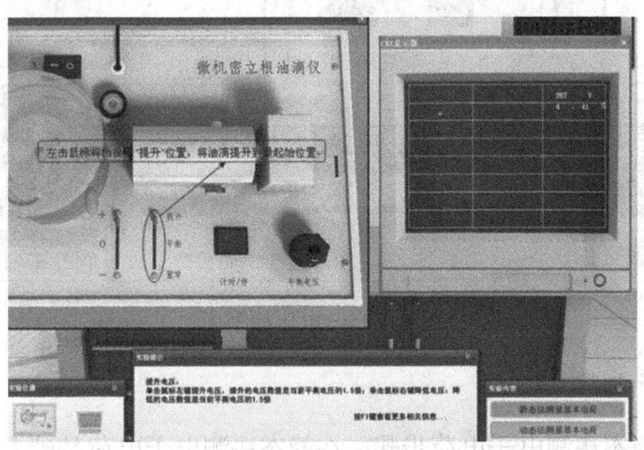

图 6-6-13　电压挡提升

(7) 右击到“置零”电压挡，使被控制油滴匀速下落，开始计时，如图 6-6-14 所示.

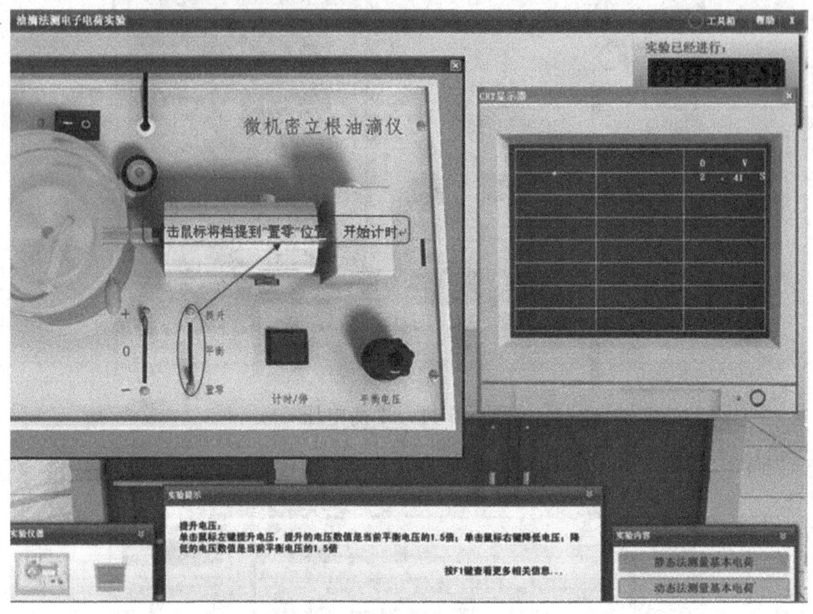

图 6-6-14　电压挡置零

(8) 左击到“平衡”电压挡，使被控制油滴停止下落处于静止状态，并停止计时，然后记录平衡电压数值和油滴下落时间，如图 6-6-15 所示.

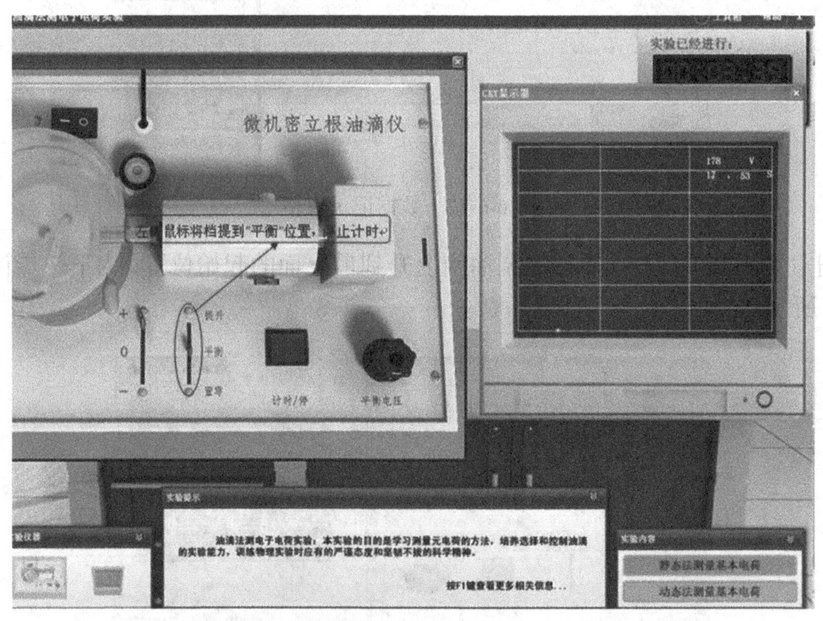

图 6-6-15　电压挡平衡

4. 动态法测电子电荷

步骤(1)～(8)同静态法测电子电荷步骤，在静态法测电子电荷基础上继续进行操作.

(9) 左击到“提升”电压挡，使被控制油滴向上匀速运动，并打开计时器开始计时，如图 6-6-16 所示.

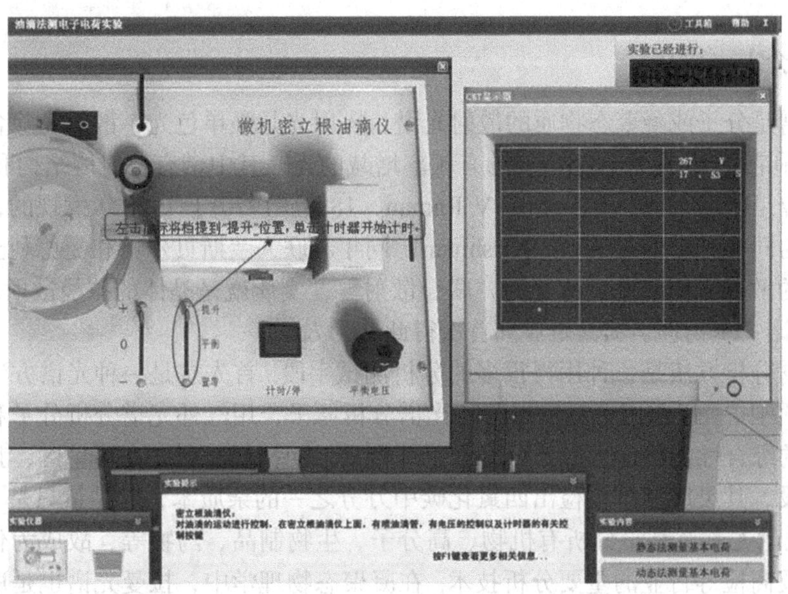

图 6-6-16　提升电压

(10) 当被控制油滴运动到起始位置时，计时器停止计时，并将此时的电压值和时间进行记录，如图 6-6-17 所示.

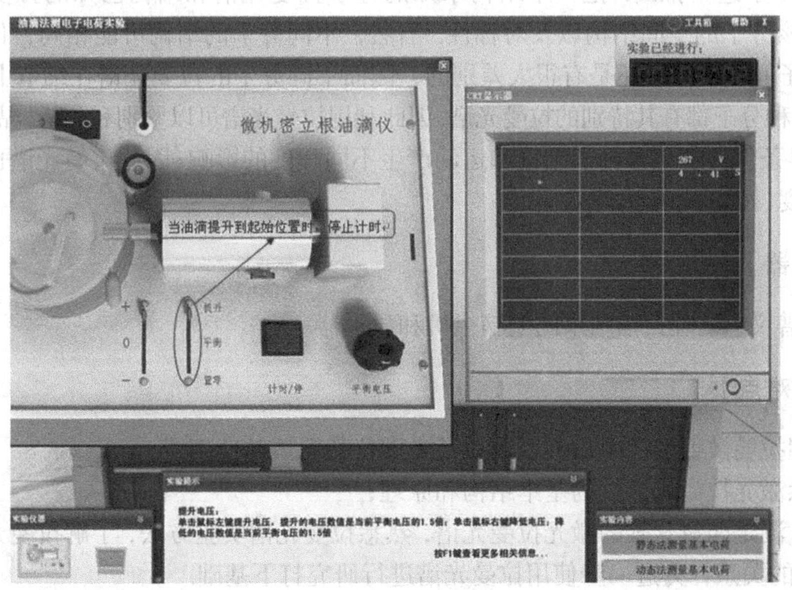

图 6-6-17　停止计时

【思考题】

(1) 本实验的巧妙构思在哪里？

(2) 实验中如何保证油滴做匀速运动？

6.7　拉曼光谱实验

【实验简介】

拉曼光谱是分子或凝聚态物质的散射光谱，入射光是强单色光，散射光除含有频率未变的光(这叫瑞利散射)，还含有相当弱的有频率增减的光，其中带有散射体结构和状态的信息. 拉曼散射效应是印度物理学家拉曼(C. V. Raman，1888～1970)于 1928 年发现的，帮他做出贡献的还有他的同事克里十南(K. S. Krishman). 同年苏联人兰斯贝尔格和曼德利士塔姆也发现了石英晶体的散射光谱，他们称之为“联合散射”，实质就是晶体的拉曼散射. 拉曼因此获得 1930 年的诺贝尔物理学奖，是亚洲首次得此奖的人.

拉曼光谱分析方法是一种用得很多的分析测试手段. 首先它是一种光谱方法，光谱方法的优越性无须细说. 以前用可见和近紫外光谱分析原子，用红外光谱分析分子和固体，但至今红外光谱的综合性能仍远远逊于可见和紫外光谱，而拉曼散射是在可见区，且可通过选用光源而定频段，其灵敏度足可检出四氯化碳中万分之一的杂质苯，样品量只是 10^{-6}～10^{-3} g 量级. 拉曼光谱尤其有利于分析有机物、高分子、生物制品、药物等，故成为化学、农业、医药、环保及商检等行业的重要分析技术. 在凝聚态物理学中，拉曼光谱也是取得结构和状态信息的重要手段

在拉曼光谱的形成中，除了分子结构和振动以外，不涉及分子的其他属性，因而可以推断出：

(1) 同一空间结构但原子成分不同的分子，其拉曼光谱的基本面貌是相同的，人们在实际工作中就利用了这一推断. 把一个结构未知的分子拉曼光谱和结构已知的拉曼光谱进行比较，以确定该分子的空间结构以及对称性. 当然，不同分子的结构可能相同，但其原子、原子间距和原子间相互作用还是有很大差别的，因而不同分子的拉曼光谱在细节上还是不同.

(2) 每一种分子都有其特别的拉曼光谱，因此利用拉曼光谱可以鉴别和分析样品的化学成分.

(3) 外界条件的变化对分子结构和运动产生不同程度的影响，因此拉曼光谱也常被用来研究物质的浓度、温度和压力等效应.

【实验仪器】

拉曼光谱仪、处理扫描结果的电脑主机和显示器.

【实验重难点】

(1) 掌握拉曼散射的产生机理以及拉曼光谱仪的发展与应用；

(2) 熟悉激光拉曼光谱仪的基本结构和原理；

(3) 通过测定四氯化碳的激光拉曼光谱，熟悉拉曼光谱实验方法，了解拉曼光谱与分子振动-转动能级的关系，为进一步使用拉曼光谱进行研究打下基础.

【实验操作】

1. 主窗口介绍

成功进入实验场景窗口，默认进入 “拉曼光谱实验”实验内容，实验场景的主窗口如

图 6-7-1 所示.

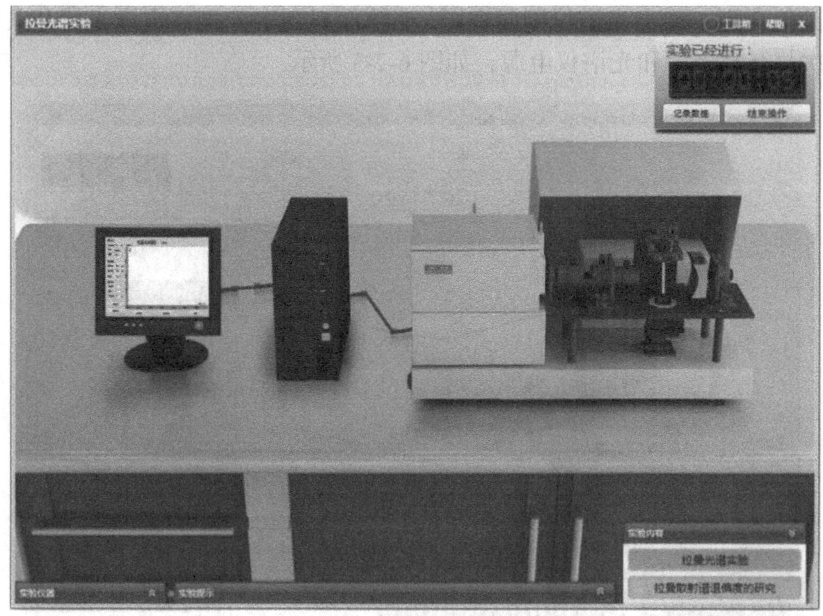

图 6-7-1　主窗口

2. 选择实验样品

拉曼光谱实验主场景图. 双击拉曼光谱仪右侧部分，弹出拉曼光谱正视图窗口，在窗口中选择要进行测量的样品. 下面以四氯化碳为例，如图 6-7-2 所示.

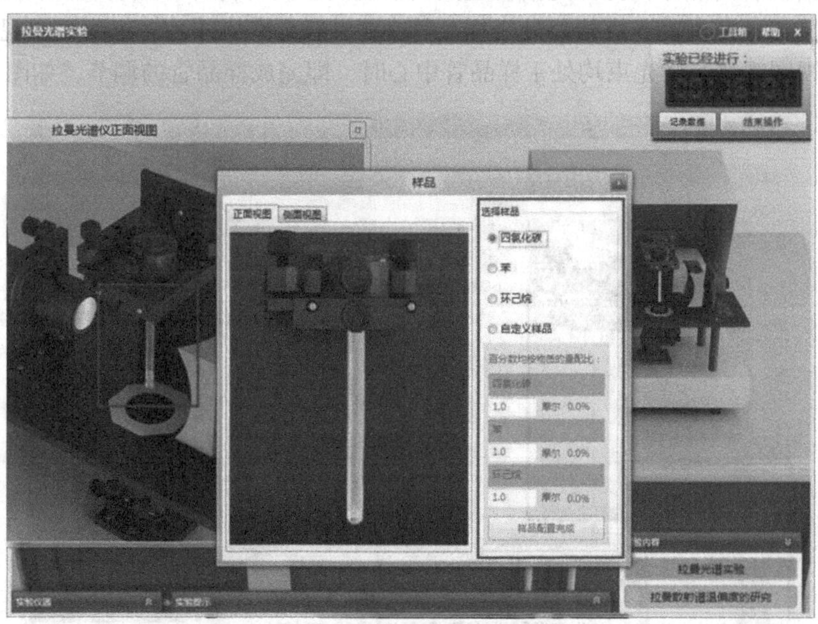

图 6-7-2　拉曼光谱正视图窗口

3. 打开激光器电源以及拉曼光谱仪电源

双击光谱仪右侧，弹出光谱仪侧面视图. 在侧面视图中分别点击激光器开关和拉曼光谱仪开关，依次打开激光器和光谱仪电源，如图 6-7-3 所示.

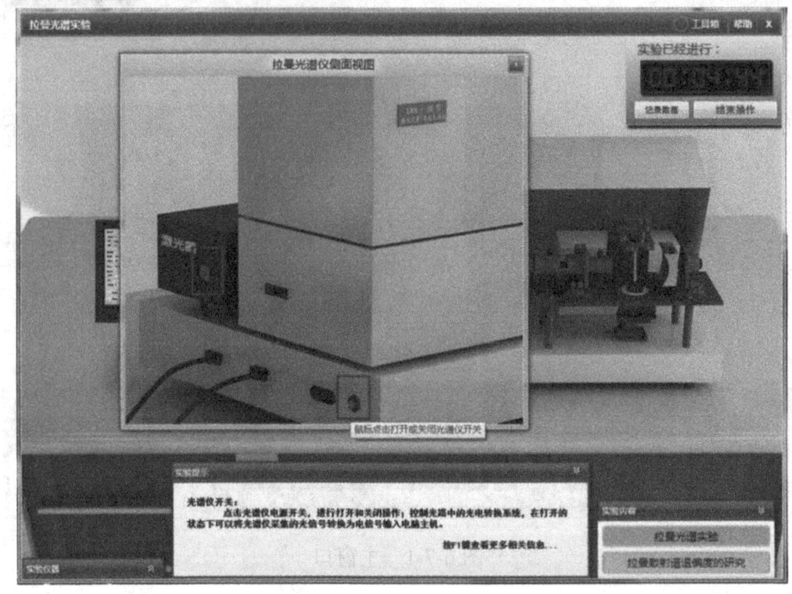

图 6-7-3　光谱仪侧面视图

4. 调节样品管

双击光谱仪右侧部分，打开光谱仪正面调节视图，同时打开样品管视图. 调节光谱仪样品台的各个旋钮，使激光光束恰好处于样品管中心. 当无论从样品管正面视图观察，还是从样品管侧面视图观察，激光束均处于样品管中心时，即完成样品管的调节，如图 6-7-4 所示.

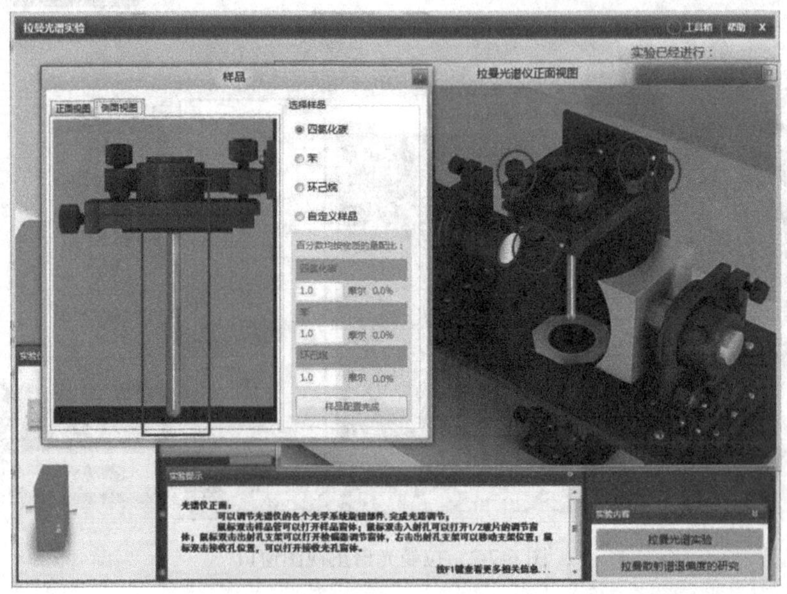

图 6-7-4　光谱仪正面调节视图和样品管视图

5. 调节光谱仪光路

凹面镜支架、样品支架以及物镜筒支架均为四维调整架，实验中认真调节凹面镜与物镜筒旋钮，使物镜 2 的反射光焦点与物镜筒的凸透镜焦点恰好重合，此时在单色仪接收狭缝位置上可以观察到清晰的绿色的像(图 6-7-5).

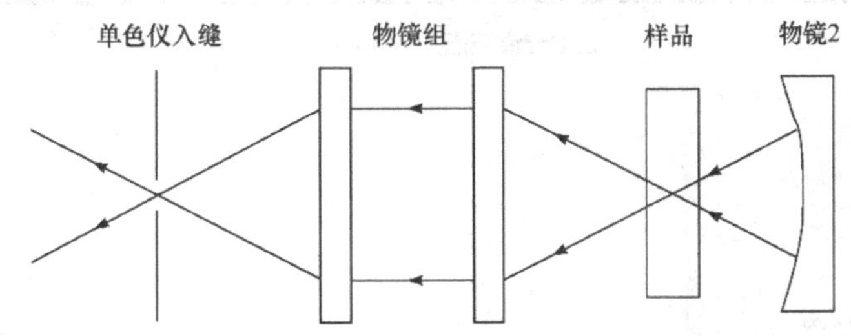

图 6-7-5　光谱仪光路图

双击狭缝位置，打开接收光孔调节窗口. 分别调节凹面镜旋钮以及物镜筒旋钮，同时观察光斑与狭缝的中心的相对位置，选择合适的缝宽，使光线完全通过狭缝(注意：当接收光恰好通过狭缝时，由于单色仪狭缝近似为黑体，此时基本看不到反射光线，只有通过狭缝两端的小部分光线判断出光线恰好进入单色仪狭缝). 完成调节后，用鼠标右击拉曼光谱仪箱体的箱盖，将光谱仪箱体闭合，如图 6-7-6 所示.

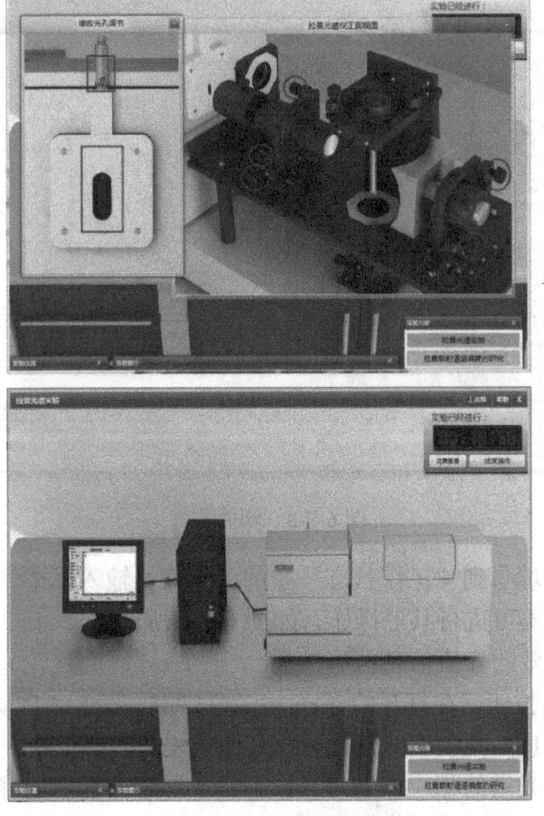

图 6-7-6　光孔调节窗口

6. 扫描拉曼光谱

所有光路调节完成以后，双击主场景中的显示器，打开显示器调节窗口. 选择合适的扫描参数和扫描范围，如图 6-7-7 所示.

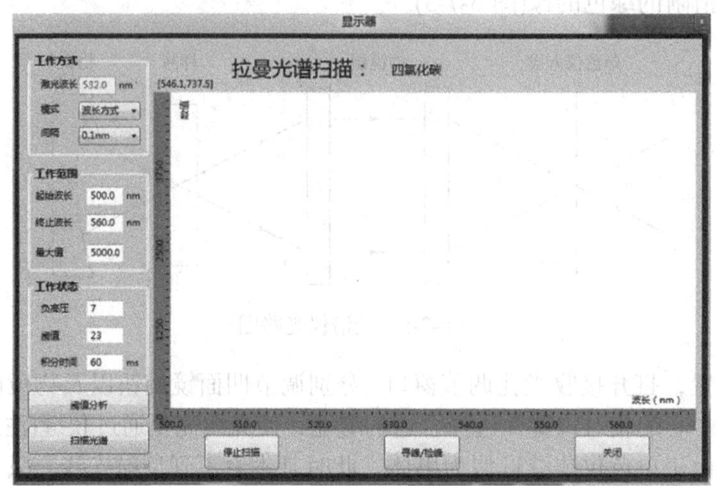

图 6-7-7　显示器调节窗口

点击“阈值分析”按钮调出界面，进行阈值分析并自动选取阈值，如图 6-7-8 所示.

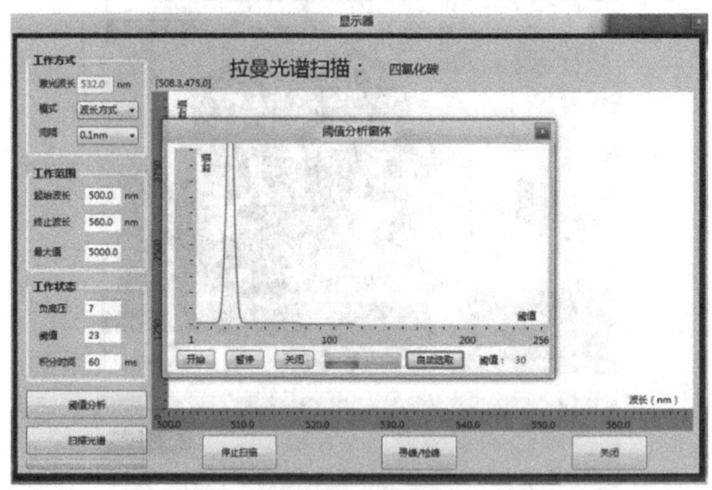

图 6-7-8　阈值分析

将自动选取的阈值填写到“工作状态”中的“阈值”输入框中，点击“扫描光谱”按钮进行光谱扫描，扫描时不可进行其他操作，如图 6-7-9 所示.

判断扫描结果中有效的峰值信息：

点击“寻峰/检峰”按钮，在打开的寻峰/检峰窗口中，点击“自动寻峰”按钮，仪器将会自动寻出扫描的峰值信息，其中一部分光谱峰是四氯化碳的特征峰，另一部分则是误检的峰. 通过将鼠标放置在扫描光谱的相应位置时，鼠标“十”字所显示的峰值位置和大小，可以判断出该峰值是否是四氯化碳的特征峰信息，如图 6-7-10 所示.

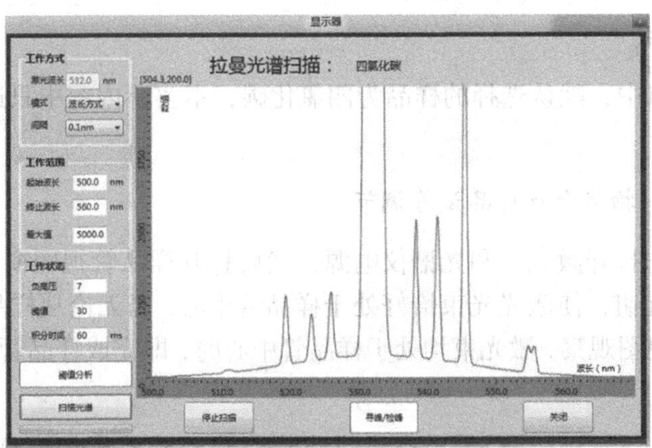

图 6-7-9　扫描光谱

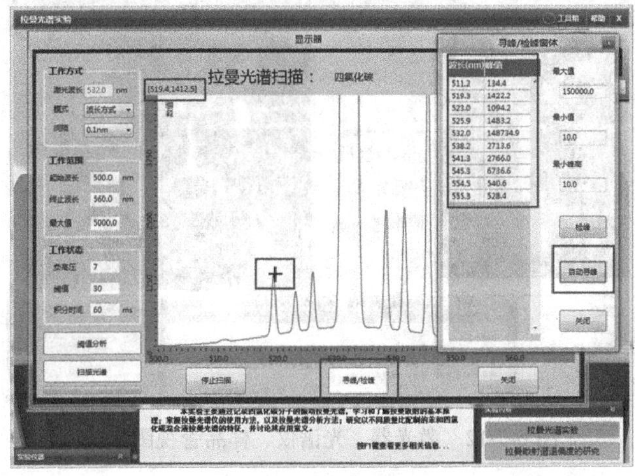

图 6-7-10　寻峰/检峰

7. 进行“拉曼散射谱退偏度的研究”

在实验内容栏中点击“拉曼散射谱退偏度的研究”，进入“拉曼散射谱退偏度的研究”主场景，如图 6-7-11 所示.

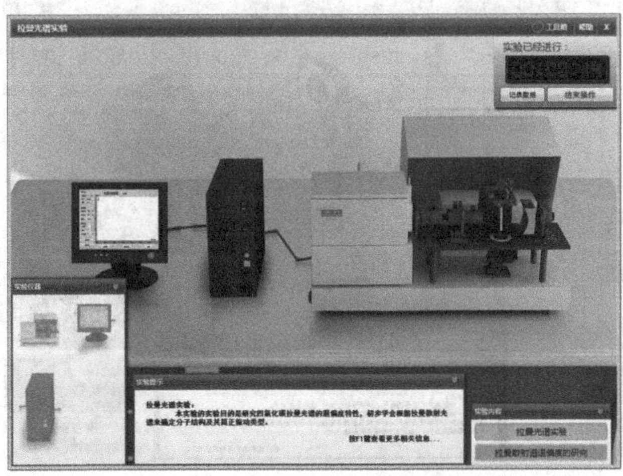

图 6-7-11　拉曼散射谱退偏度的研究

8. 选择待测样品

在样品视图窗口中，默认选择的样品为四氯化碳，本实验内容中只进行四氯化碳退偏度的测量.

9. 光路调节——物架台及样品试管调节

调整光路前，先打开激光器和光谱仪电源，然后打开样品管视图窗口以便观察. 调节光谱仪散光系统各个旋钮，使激光光束恰好处于样品管中心. 当无论从样品管正面视图观察，还是从样品管侧面视图观察，激光束均处于样品管中心时，即完成样品管的调节，如图 6-7-12 所示.

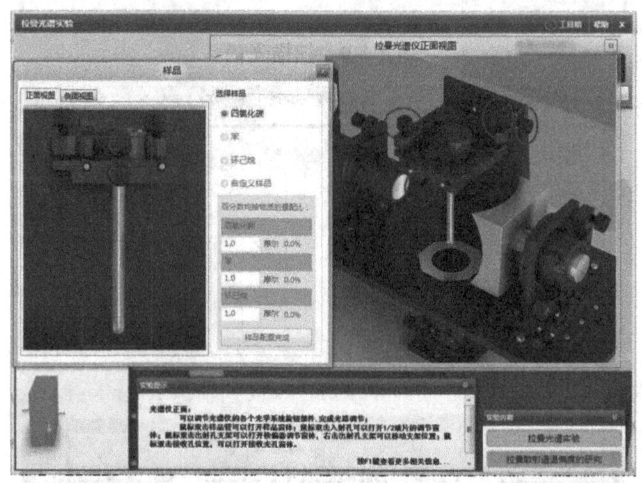

图 6-7-12　激光器、光谱仪、样品管视图窗口

10. 光路调节——聚光透镜调节与狭缝对准

双击狭缝位置，打开接收光孔调节窗口. 分别调节聚光系统模块的各个旋钮以及接收系统的各个旋钮，同时观察光斑与狭缝中心的相对位置，选择合适的缝宽，使光线完全通过狭缝，如图 6-7-13 所示.

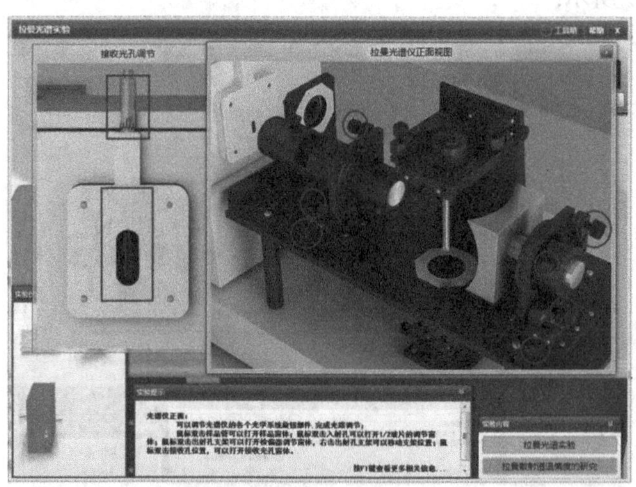

图 6-7-13　光孔调节窗口

11. 偏振片与 1/2 波片

研究拉曼光谱的退偏度性质，需要装置偏振片与 1/2 波片.

(1) 拉曼光谱仪正面视图中圈定的位置下方为 1/2 波片，上方为偏振片. 用鼠标双击相应的位置，可以弹出对应的调节窗口，如图 6-7-14 所示.

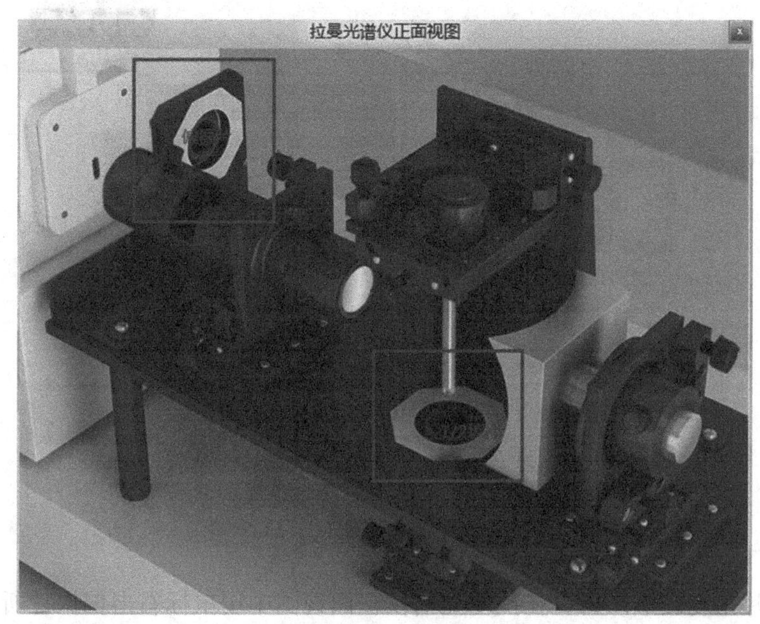

图 6-7-14　装置偏振片与 1/2 波片

(2) 双击打开 1/2 波片窗口，选择“放置”按钮，1/2 波片被嵌入到光路中，此时点击“向左”或“向右”箭头，可以调节 1/2 波片的旋转角度；选择“取下”按钮，可以将 1/2 波片从光路中移除，如图 6-7-15 所示.

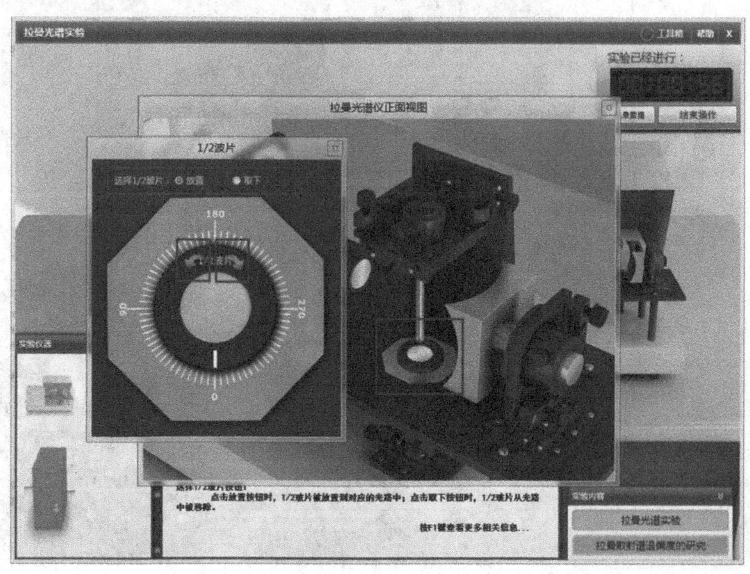

图 6-7-15　波片窗口

(3) 双击打开偏振片窗口，选择“放置”按钮，偏振片被嵌入到光路中，此时点击“向左”或“向右”箭头，可以调节偏振片的旋转角度；选择“取下”按钮，可以将偏振片从光路中移除，如图 6-7-16 所示.

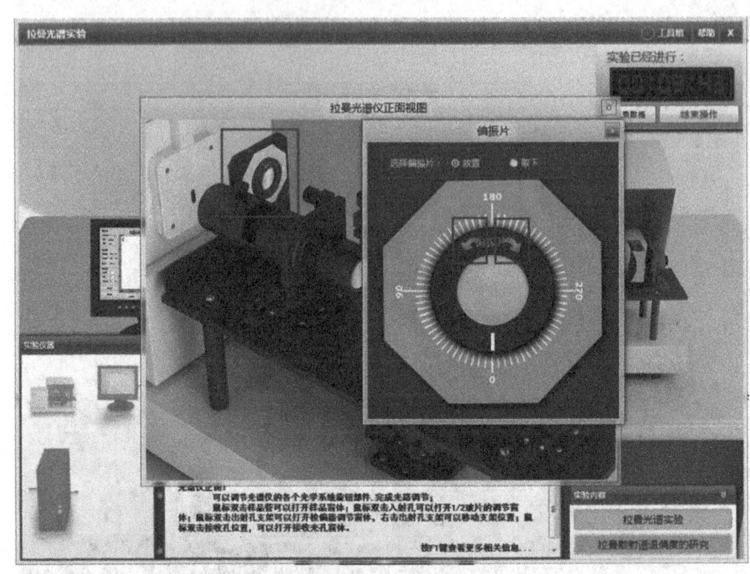

图 6-7-16　偏振片窗口

完成偏振片角度调节以后，在拉曼光谱仪正面视图中用鼠标右击偏振片所在位置，可以将偏振片放置到接收光管和狭缝之间的位置上；再次用鼠标右击偏振片位置，可以将偏振片移出. 注意：只有当偏振片被“放置”到偏振片支架上且与支架共同处于接收光管和狭缝之间的位置上时，偏振片才被“真正的”放置到光路中，如图 6-7-17 所示.

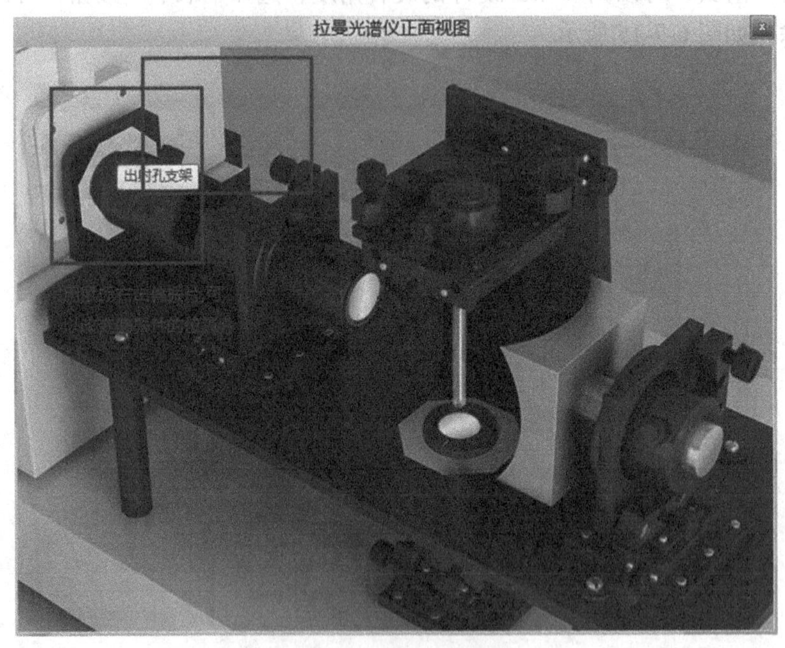

图 6-7-17　放置偏振片

拉曼光谱扫描过程重复步骤 6.

【思考题】

(1) 在拉曼光谱实验中为了得到高质量的谱图，除了选用性能优异的光谱仪外，正确地使用光谱仪，控制和提高仪器的分辨率和信噪比是很重要的. 提高仪器的分辨率和信噪比的主要因素是什么？实验中如何实现和鉴别？

(2) 分析拉曼光谱的特点及其应用.

6.8　塞曼效应实验

【实验简介】

塞曼效应是物理学史上一个著名的实验. 荷兰物理学家塞曼(Zeeman)在 1896 年发现把产生光谱的光源置于足够强的磁场中，磁场作用于发光体，使光谱发生变化，一条谱线即会分裂成几条偏振化的谱线，这种现象称为塞曼效应.

塞曼效应是法拉第磁致旋光效应之后发现的又一个磁光效应. 这个现象的发现是对光的电磁理论的有力支持，证实了原子具有磁矩和空间取向量子化，使人们对物质光谱、原子、分子有了更多了解.

塞曼效应另一引人注目的发现是由谱线的变化来确定离子的荷质比的大小、符号. 根据洛伦兹(H. A. Lorentz)的电子论，测得光谱的波长、谱线的增宽及外加磁场强度，即可测得离子的荷质比. 由塞曼效应和洛伦兹的电子论计算得到的这个结果极为重要，因为它发表在汤姆孙(J. J. Thomson)宣布电子发现之前几个月，汤姆孙正是借助于塞曼效应由洛伦兹理论算得的荷质比，与他自己所测得的阴极射线的荷质比进行比较具有相同的数量级，从而得到确实的证据，证明了电子的存在.

本实验通过观察并拍摄 Hg(546.1 nm)谱线在磁场中的分裂情况，研究塞曼分裂谱的特征，学习应用塞曼效应测量电子的荷质比和研究原子能级结构的方法.

【实验仪器】

电磁铁、毫特斯拉计、汞灯、滤光片、法布里-珀罗(F-P)标准具(5 mm)、偏振片、1/4 波片、透镜、望远镜.

【实验重难点】

(1) 掌握塞曼效应理论，确定能级的量子数与朗德因子，绘出跃迁的能级图.

(2) 掌握法布里-珀罗标准具的原理及使用. 当观察到的干涉图像抖动时，说明标准具没有被调平，此时需要调整面板上的 3 个旋钮. 当视线上下左右移动时，干涉图像没有“吞吐”现象时，说明标准具已被调平.

(3) 熟练掌握光路的调节. 光路没有调整好会导致观察到的干涉图像模糊、暗淡，此时通过调节仪器的位置和高低调整光路. 当光路被调整好后，可以看到明亮、清晰的干涉图像.

【实验操作】

(1) 开始实验，实验场景的主窗口如图 6-8-1 所示.

(2) 汞灯和对应电源连接，将汞灯放置到磁铁中央灯架后打开电源，如图 6-8-2 所示.

(3) 将磁铁转动到与观察光路垂直方向.

在主场景鼠标双击电磁铁打开电磁铁调整界面. 在调整界面中选择磁铁方向“垂直于光路”方向，如图 6-8-3 所示.

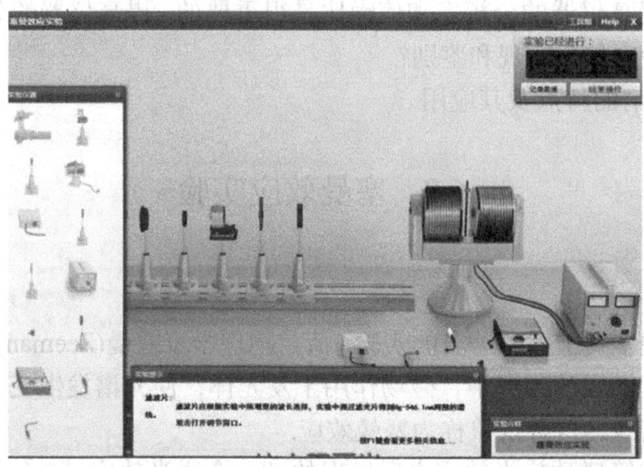

图 6-8-1　主窗口

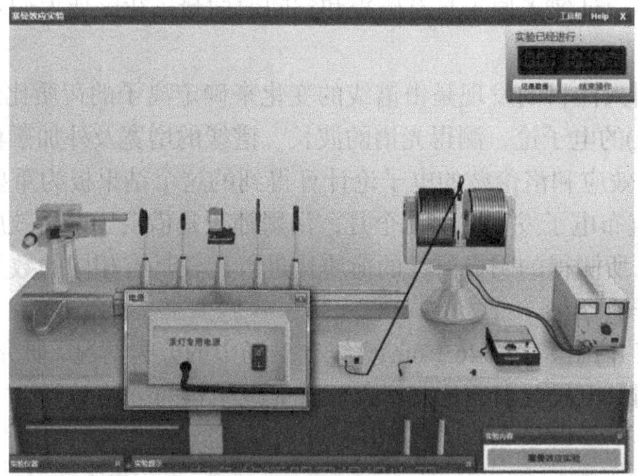

图 6-8-2　打开汞灯电源

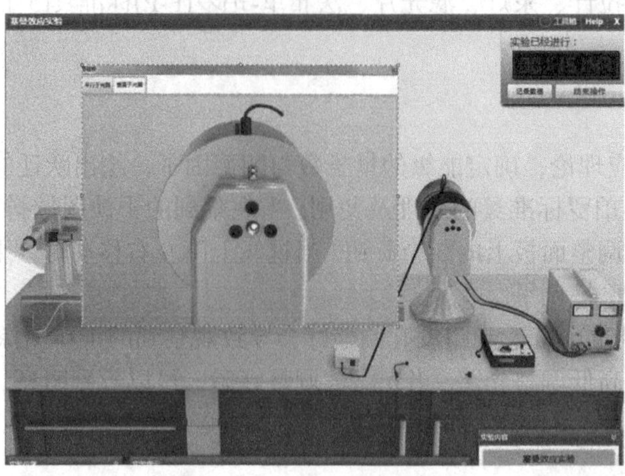

图 6-8-3　电磁铁调整界面

(4) 调节光路，使各个仪器光心共轴，如图 6-8-4 所示.

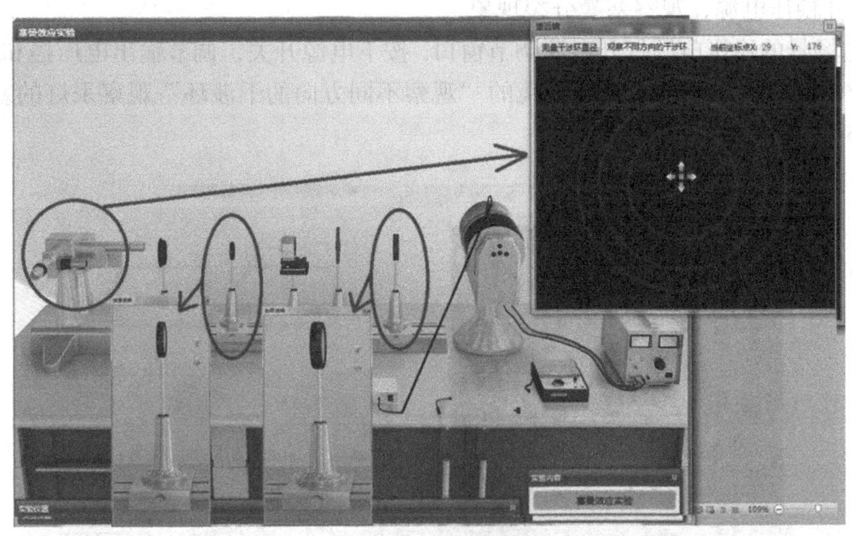

图 6-8-4　调节光路

① 将 F-P 标准具、会聚透镜、成像透镜等实验仪器参照实验光路放置.

② 鼠标双击望远镜查看实验现象.

③ 调节光路中各个仪器的位置和高低，使观察到的干涉图像清晰、明亮. 用鼠标选中仪器并拖动可以改变仪器位置，双击仪器打开仪器调节窗口后，调节仪器的光心高低.

(5) 调节 F-P 标准具的平行度，如图 6-8-5 所示.

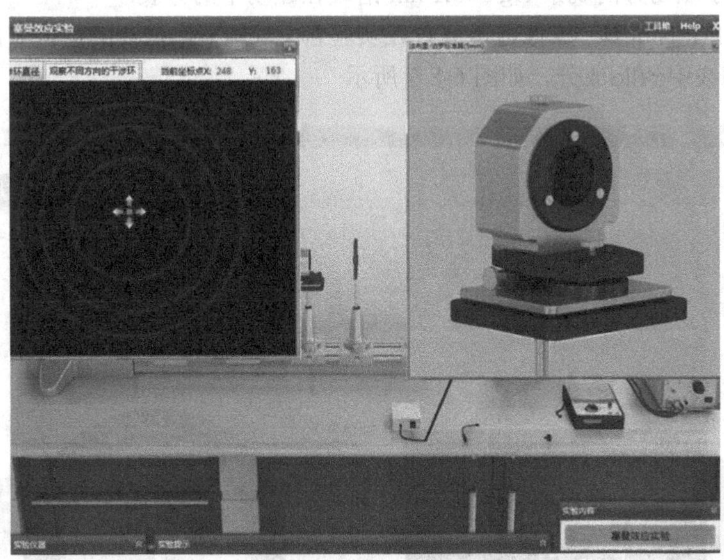

图 6-8-5　仪器调节窗口

① 双击光路中的 F-P 标准具，打开调节窗口.

② 仔细调节 F-P 标准具面板上的三个调平螺丝，使两个镀膜面完全平行. 调平过程中，在望远镜的观察窗口中选择“观察不同方向干涉环”观察干涉图像. 鼠标点击不同方向的箭

头移动视线时，如果 F-P 标准具两个镀膜面完全平行，则干涉圆环中心没有吞吐现象.

(6) 打开稳压电源，观察塞曼分裂现象.

双击主场景的稳压电源打开电源调节窗口. 按下电源开关，调节输出电压挡和微调旋钮，使得磁铁产生合适的磁场. 通过望远镜的“观察不同方向的干涉环”观察汞灯的塞曼分裂现象，如图 6-8-6 所示.

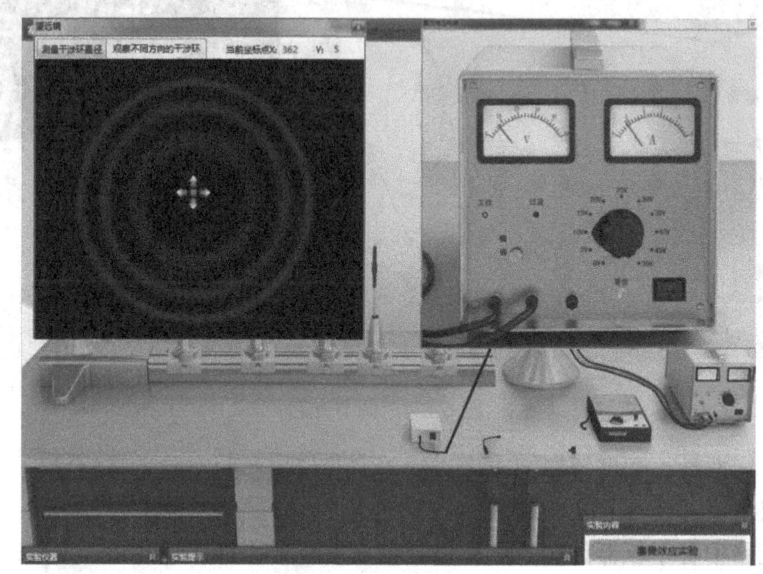

图 6-8-6　电源调节窗口

(7) 在垂直于磁场方向观察 Hg 546.1 nm 谱线在磁场中的分裂.

将偏振片、F-P 标准具、成像透镜放置在实验台上，调节偏振片的透振方向并观察干涉环的变化，区分谱线中π和σ成分，如图 6-8-7 所示.

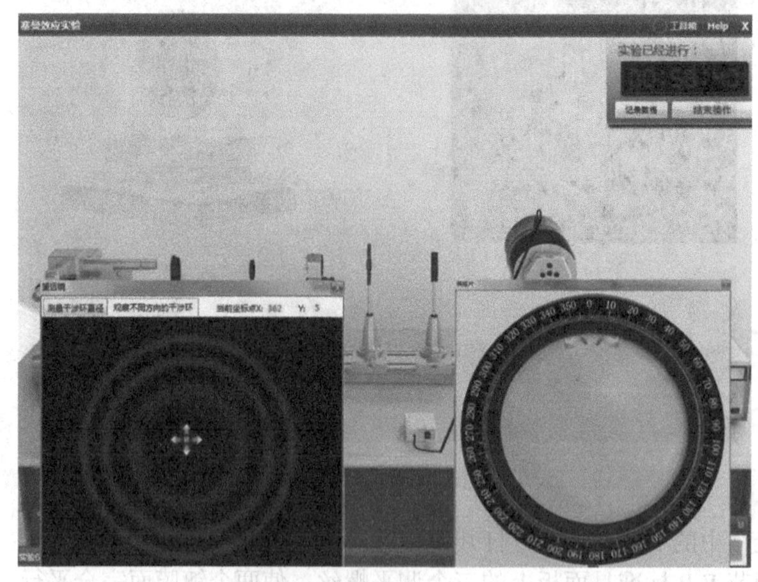

图 6-8-7　调节偏振片的透振方向

(8) 平行于磁场方向观察 Hg 546.1 nm 谱线在磁场中的分裂，用偏振片和 1/4 波片区分谱线中 σ^+ 和 σ^- 成分.

① 调节电磁铁的转动方向，使电磁铁与光路方向平行. 鼠标双击主场景的电磁体打开磁铁方向调节窗口，选择磁铁方向“与光路平行”，此时磁铁磁场方向指向观察者，如图 6-8-8 所示.

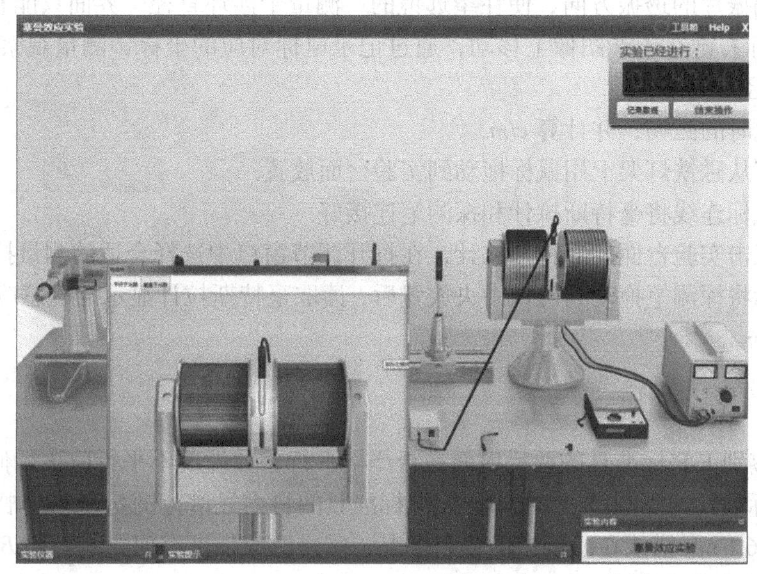

图 6-8-8　磁铁方向调节窗口

② 将1/4 波片放置在磁铁侧面对应位置. 鼠标选择实验台上的 1/4 波片并拖动到磁铁侧面对应处放置.

③ 鼠标双击主场景中的望远镜、偏振片和 1/4 波片，打开对应的观察窗口和调节窗口. 调节偏振片的透振方向和 1/4 波片轴方向，观察干涉图像的变化，区别谱线中σ^+和σ^-成分，如图 6-8-9 所示.

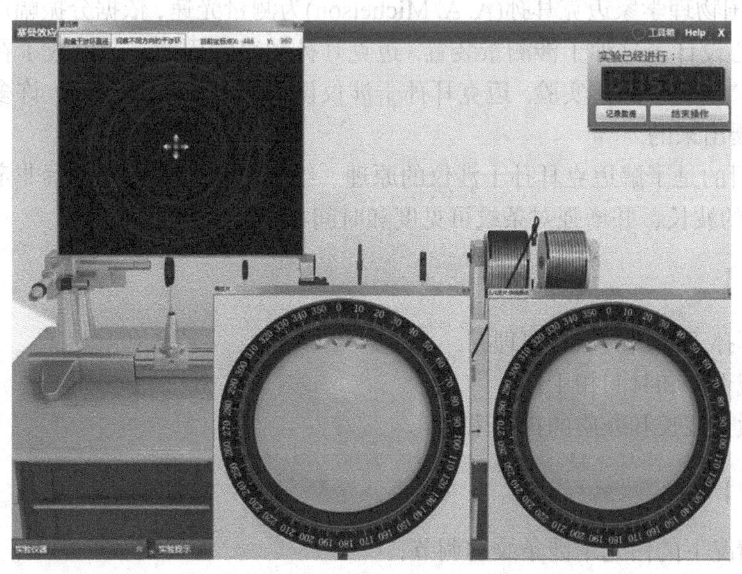

图 6-8-9　观察窗口和调节窗口

(9) 垂直于磁场方向观察，用塞曼分裂计算电子荷质比 e/m.

① 调节电磁铁的转动方向，使电磁铁与光路方向垂直. 将偏振片、F-P 标准具、成像透镜放置在实验台上.

② 调节稳压电源输出电压使磁铁产生合适的磁感应强度.

③ 调整偏振片的透振方向，使在望远镜的"测量干涉环直径"界面只能看到π成分对应的干涉环. 鼠标右键在干涉图像上移动，通过记录鼠标对应的坐标，测量观察到的相邻两级的干涉圆环直径.

④ 测量此时的磁场，并计算 e/m.

⑤ 将汞灯从磁铁灯架上用鼠标拖动到实验台面放置.

⑥ 通过鼠标连线将毫特斯拉计和探测笔连接好.

⑦ 鼠标双击实验台面的毫特斯拉计，在打开调节窗口中选择合适的测量挡并调零.

⑧ 用鼠标将探测笔拖动到磁铁中央放置后，读取毫特斯拉计显示的磁感应强度，并计算电子荷质比 e/m.

【思考题】

(1) 如何鉴别 F-P 标准具的两反射面是否严格平行，如发现不平行应该如何调节?

(2) 已知标准具间隔圈厚度 d=5 mm，该标准具的自由光谱范围是多大? 根据标准具自由光谱范围及 546.1 nm 谱线在磁场中的分裂情况，对磁感应强度有何要求? 若 B=0.62 T，分裂谱线中哪几条将会发生重叠?

(3) 沿磁场方向观察，Δm=1 和Δm=−1 的跃迁各产生哪种圆偏振光? 用实验现象说明.

6.9　迈克耳孙干涉仪

【实验简介】

1881 年美国物理学家迈克耳孙(A. A. Michelson)为测量光速，依据分振幅产生双光束实现干涉的原理精心设计了这种干涉测量装置. 迈克耳孙和莫雷用此一起完成了在相对论研究中有重要意义的"以太"漂移实验. 迈克耳孙干涉仪设计精巧、应用广泛，许多现代干涉仪都是由它衍生发展出来的.

本实验的目的是了解迈克耳孙干涉仪的原理、结构和调节方法，观察非定域干涉条纹，测量氦-氖激光的波长，并增强对条纹可见度和时间相干性的认识.

【实验重点】

(1) 迈克耳孙干涉仪的干涉原理;

(2) 非定域干涉和时间相干性;

(3) 测量激光波长和介质的折射率.

【实验难点】

(1) 等臂情况下的白光干涉条纹的调节;

(2) 有测量介质条件下的白光干涉条纹的调节.

【实验仪器】

He-Ne 激光器、Na 光源、白光源、小孔光阑、短焦透镜(扩束镜)、迈克耳孙干涉仪.

【实验操作】

1. 光路调节

刚进入本实验程序时，实验桌上只有一个迈克耳孙干涉仪. 从仪器栏拖入 He-Ne 激光器和小孔光阑，放置好位置，如图 6-9-1 所示.

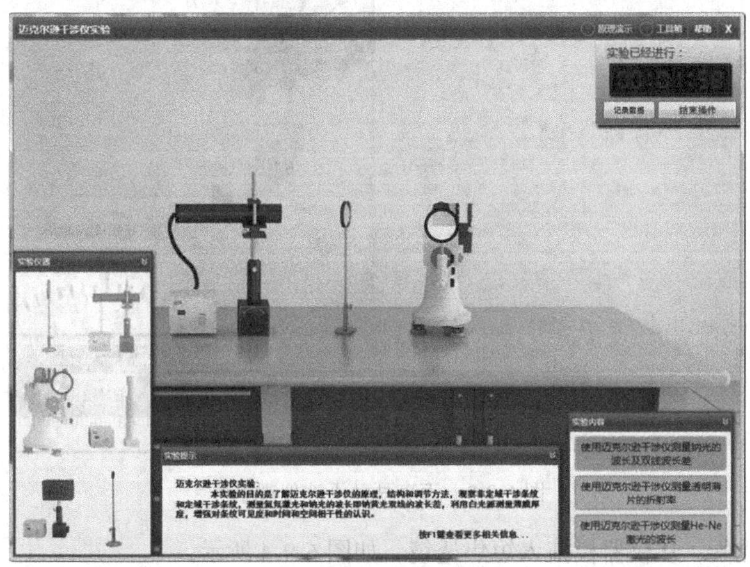

图 6-9-1　主窗口

双击激光器打开调节界面，点击电源开关打开电源，关闭调节界面，如图 6-9-2(a)所示.

(a) 激光器调节界面

(b) 小孔光阑调节界面

图 6-9-2　调节界面

双击小孔光阑打开调节界面. 调节高度，并注意桌面上的干涉仪，当激光恰好可以通过小孔光阑照在干涉仪上时停止调节，关闭调节窗口，如图 6-9-2(b)所示.

双击迈克耳孙干涉仪，点击观察屏(毛玻璃). 鼠标通过调节 M_2 镜上的三个旋钮来调节 M_2 镜的方向，使两排光点重合，如图 6-9-3 所示，关闭调节窗口.

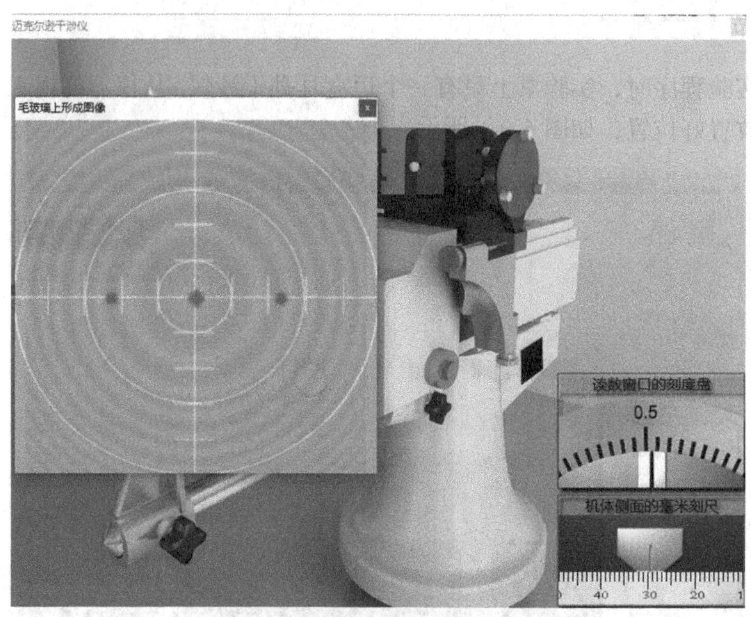

图 6-9-3　迈克耳孙干涉仪观察屏

移除小孔光阑，从仪器栏拖入短焦透镜，如图 6-9-4 所示.

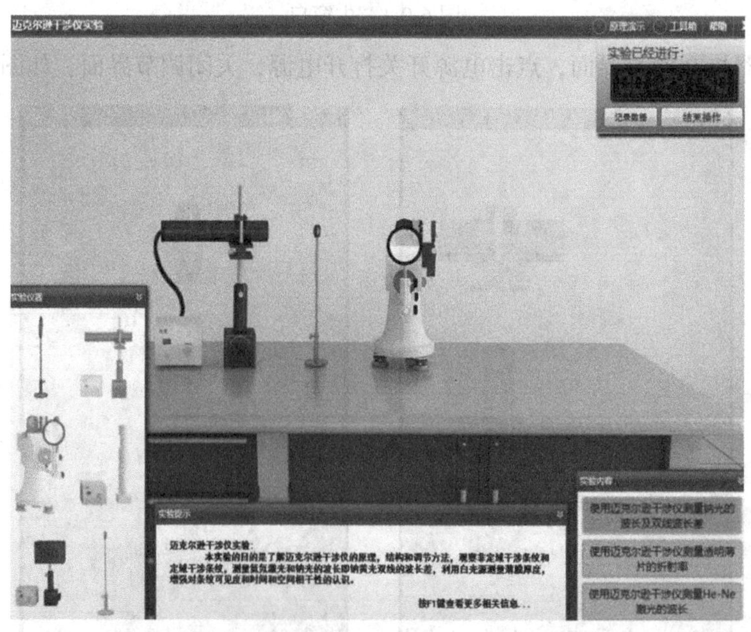

图 6-9-4　短焦透镜

双击短焦透镜，打开调节界面(图 6-9-5). 调节高度，并注意桌面上的干涉仪，当激光恰好可以通过短焦透镜照在干涉仪上时停止调节，关闭调节窗口. 光路调节完成.

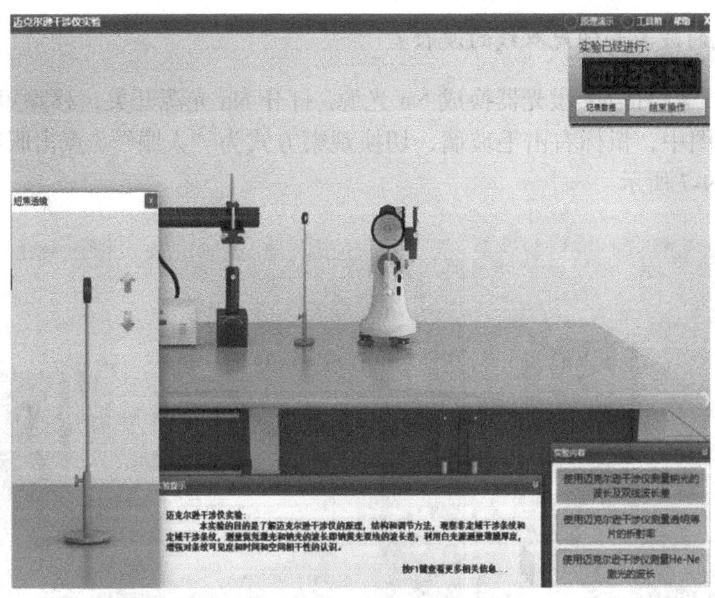

图 6-9-5 调节界面

2. 测量 He-Ne 激光波长

光路调节后，可以看见干涉仪上出现明亮的干涉条纹. 小心地调节 M_2 镜上的旋钮，使条纹圆环的中心在毛玻璃的中心.

调节“粗调”旋钮，使条纹处于比较容易数清楚的粗细，然后选择一个位置作为起始位置，记下此时的读数，点击“微调”旋钮进行调节，当图像“吞吐”30 个条纹的时候记下当前读数，连续记录几次数据，如图 6-9-6 所示.

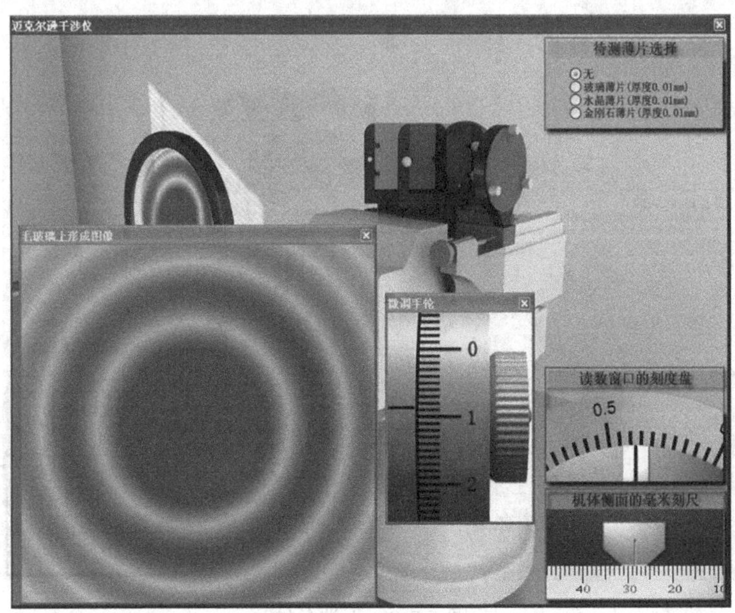

图 6-9-6 干涉条纹

利用逐差法处理数据并计算出 He-Ne 激光波长.

3. 测量钠光的波长和钠光双线的波长差

光路调节后，将 He-Ne 激光器换成 Na 光源. 打开 Na 光源开关，移除短焦透镜. 在迈克耳孙干涉仪大视图中，鼠标右击毛玻璃，切换观察方式为“人眼”. 点击眼睛图标，打开观察窗口，如图 6-9-7 所示.

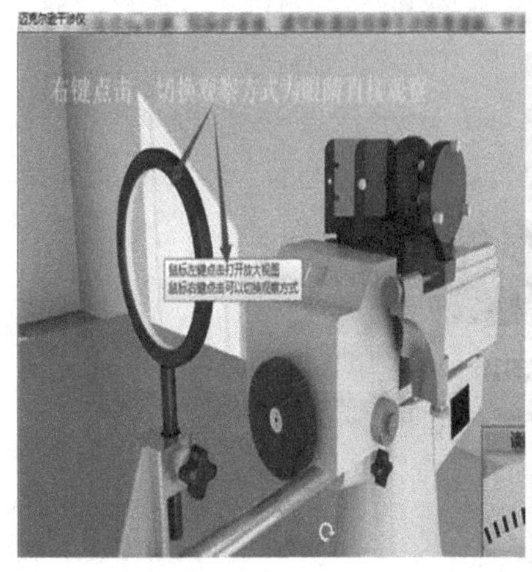

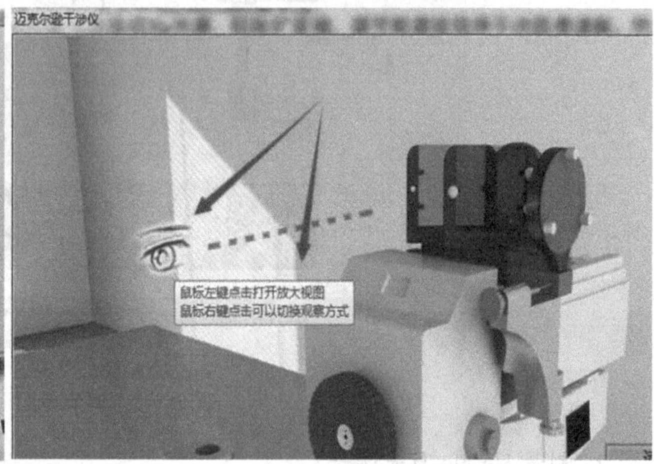

图 6-9-7 观察窗口

调节“粗调”旋钮使干涉图像清晰. 然后选择一个位置作为起始位置，记下此时的读数，点击“微调”旋钮进行调节，当图像“吞吐” 30 个条纹的时候记下当前读数，连续记录几组数据，如图 6-9-8 所示. 然后用逐差法算出钠光波长.

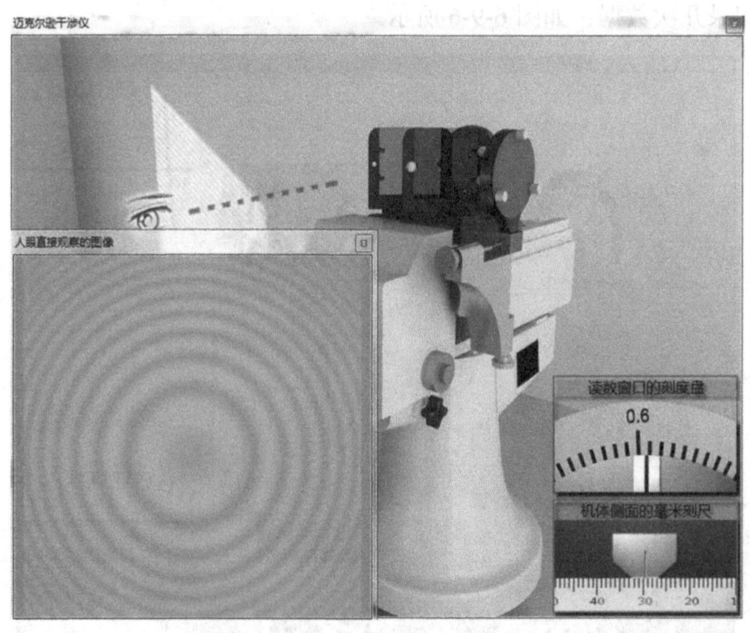

图 6-9-8 干涉条纹

转动“粗调”旋钮，记录读数从最不清晰的状态到下一个最不清晰的状态时读数的变化，连续记录几组数据. 然后用逐差法处理并计算出 Na 光双线的波长差.

4. 测量透明薄片的折射率

使用 He-Ne 激光器，调节好光路，使干涉条纹的中心位于毛玻璃的中心(图 6-9-9). 然后转动“粗调”旋钮，使干涉条纹处于最粗的状态(此时无法看清条纹). 移除 He-Ne 激光器和短焦透镜，换上白光源并打开电源.

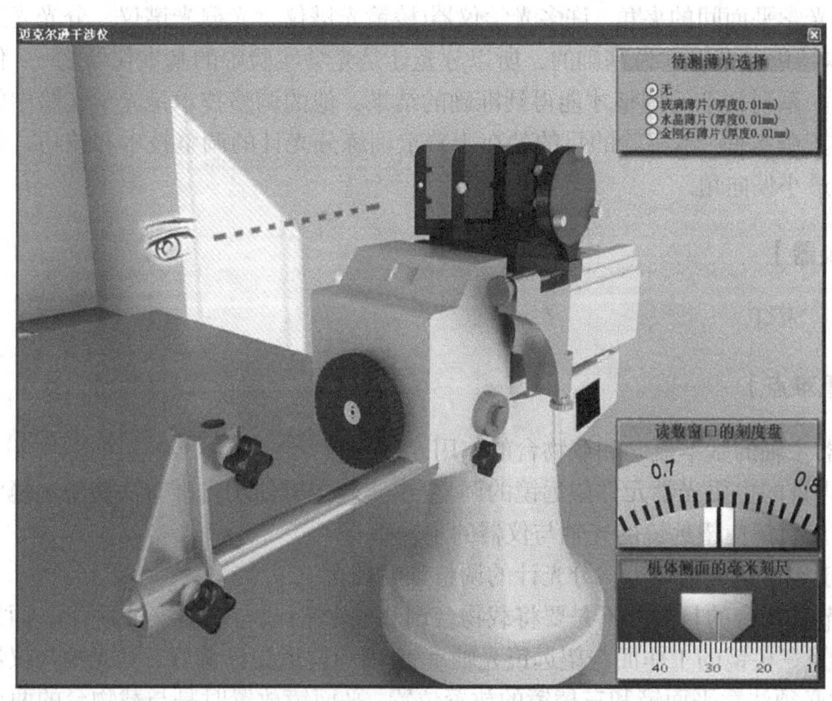

图 6-9-9 观察窗口

小心地调节“粗调”旋钮，会在附近的某一个位置发现观察窗口中出现彩色的干涉条纹. 如果条纹过粗或者过细，可以轻轻地调节 M_2 镜上的旋钮，使条纹处于合适的粗细，转动“微调”旋钮使中央黑褐色条纹位于视场中心，记录下当前读数.

鼠标选择待测薄片选择面板来放置薄片. 此时中央黑褐色条纹偏离了中心，调节“微调”旋钮使条纹再次回到视场中心，记录此时的读数. 根据具体公式计算条纹的折射率.

【思考题】

(1) 在单色光干涉的条件下，去掉补偿板是否影响实验的正常进行？

(2) 测 He-Ne 激光波长时，要求 n 尽可能大，这是为什么？对测得的数据应采用什么方法进行处理？

(3) 根据迈克耳孙干涉实验原理图，如果把干涉仪中的补偿板 B 去掉，会影响到哪些测量？哪些测量不受影响？

(4) 白光干涉条纹的出现必须在两臂基本相等的条件下，为什么？

6.10 分光计实验

【实验简介】

分光计是精确测定光线偏转角的仪器，也称测角仪. 光学中的许多基本量如波长、折射率等都可以直接或间接地表现为光线的偏转角，因而利用它可测量波长、折射率，此外还能精确地测量光学平面间的夹角. 许多光学仪器(棱镜光谱仪、光栅光谱仪、分光光度计、单色仪等)的基本结构也是以它为基础的，所以分光计是光学实验中的基本仪器之一. 使用分光计时必须经过一系列精细的调整才能得到准确的结果，他的调整技术是光学实验中的基本技术之一，必须正确掌握. 本实验的目的就在于着重训练分光计的调整技术和技巧，并用它来测量三棱镜的最小偏向角.

【实验仪器】

分光计、汞灯.

【实验重难点】

(1) 仪器主轴的基本概念和载物台的作用.

(2) 分光计的主要光学元件望远镜的调整：本实验主要使用自准直法使望远镜对无限远调焦，用双面反射镜使望远镜的光轴与仪器的主轴垂直.

(3) 由于望远镜视场很小，分光计的调整难度较大.

(4) 调节载物台的目的并不是要将载物台调节成水平(或与仪器主轴垂直)，而是使放在上面的平面镜及三棱镜的工作面与望远镜光轴垂直(因为望远镜已调好，其光轴与仪器主轴已垂直). 调节时必须注意平面镜和三棱镜的放置位置. 平面镜放置时是与载物台的两个螺钉连线垂直而与另一个螺钉重合，因此只能调节垂直螺钉而不能调节重合螺钉. 因为调节垂直螺钉使平面镜转动能改变反射的十字像上下位置，而调节重合螺钉使平面镜在自身平面内转动不能改变反射的十字像位置，三棱镜在载物台上的放置应使调节一个工作面时不影响另一个工作面(即调节一个工作面时这个工作面的反射像垂直上下运动而另一个面在自身平面内转动). 除此方法外，还可以用三螺钉和三顶点重合法.

【实验操作】

(1) 双击打开分光计的调节面板，如图 6-10-1 所示.

(2) 单击上图中红色方框内的区域弹出放大的观察窗口，调节目镜调节旋钮使分划板清晰，如图 6-10-2(a)所示.

(3) 单击“选择要调节的部位”中的载物台，弹出载物台的调节区域，如图 6-10-2(b)所示.

(4) 点击选择双面镜，把双面镜放在载物台上，点击“顺时针”或“逆时针”按钮让镜面平行于载物台某条刻痕，并点击“旋转望远镜和游标盘”中游标盘的转动按钮，转动载物台使镜面对准望远镜，如图 6-10-3 所示.

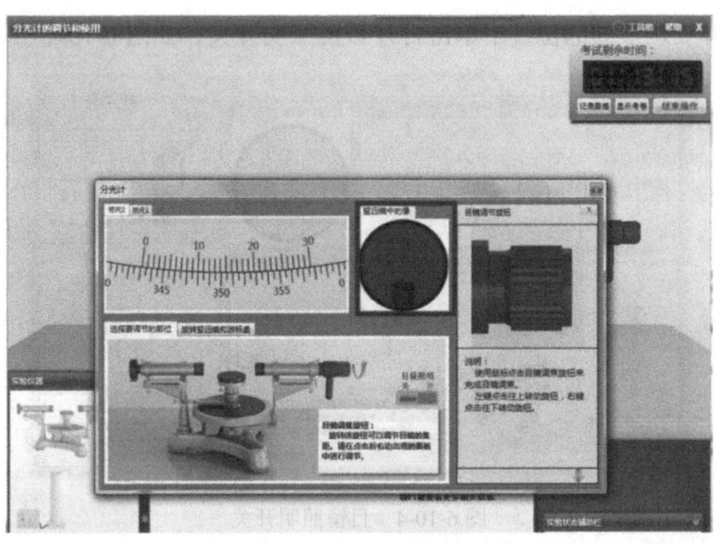

图 6-10-1　分光计的调节面板

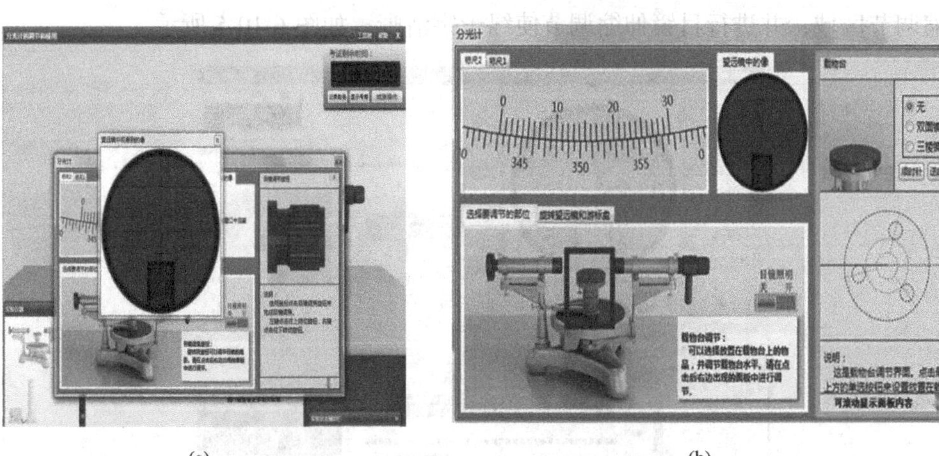

(a)　　(b)

图 6-10-2　目镜放大调节和载物台调节

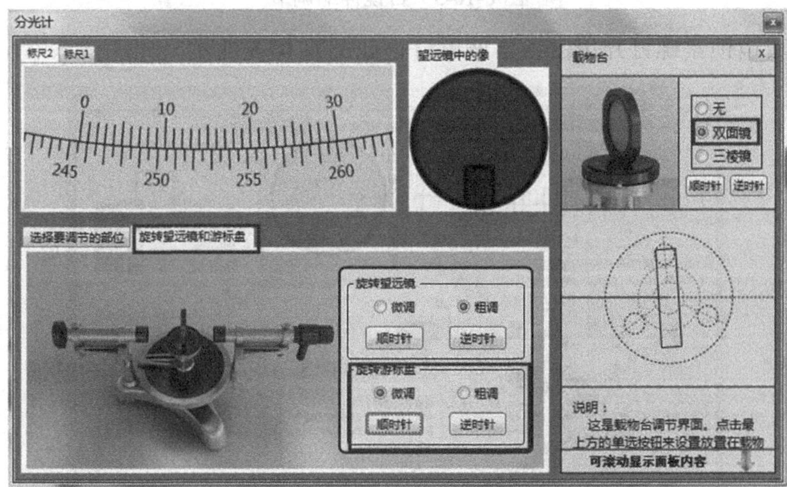

图 6-10-3　载物台调节界面

(5) 在“选择要调节的部位”中单击打开目镜照明开关，如图 6-10-4 所示.

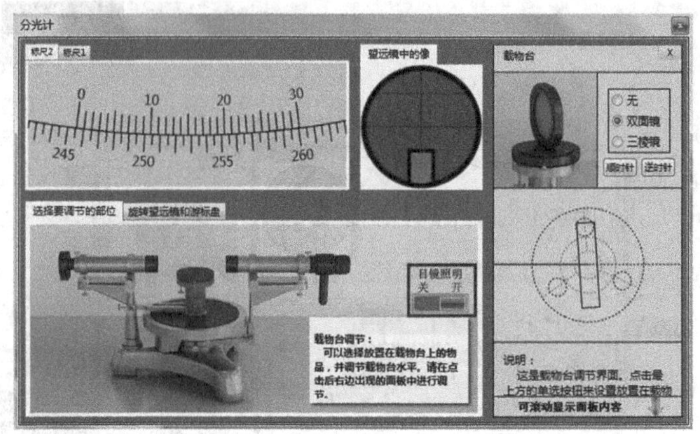

图 6-10-4　目镜照明开关

(6) 转动游标盘使望远镜的观察窗口中出现绿十字像，点击下图中红色方框中的区域弹出目镜的伸缩调节区域，并进行目镜伸缩调节使绿十字清晰，如图 6-10-5 所示.

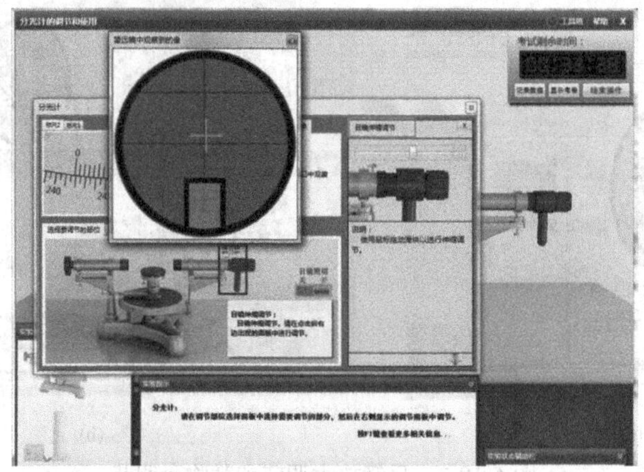

图 6-10-5　目镜伸缩调节

(7) 选择目镜锁紧螺钉并单击锁紧该螺钉，如图 6-10-6 所示.

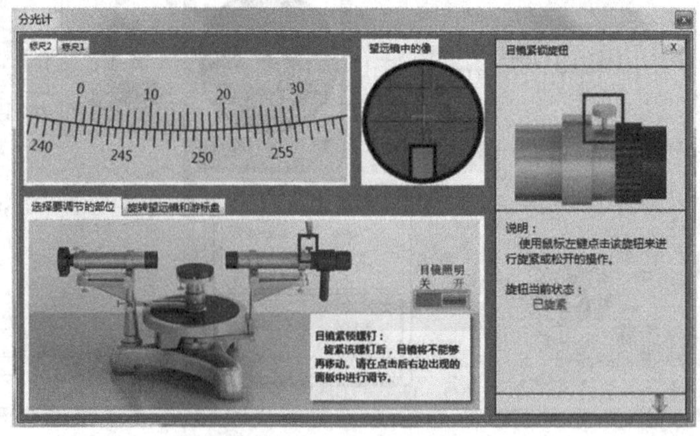

图 6-10-6　目镜锁紧螺钉

(8) 转动游标盘使双面镜正对望远镜，点击望远镜竖直仰角调节螺钉(图 6-10-7(a))和双面镜后面的载物台螺钉(图 6-10-7(b))使望远镜垂直于仪器主轴.

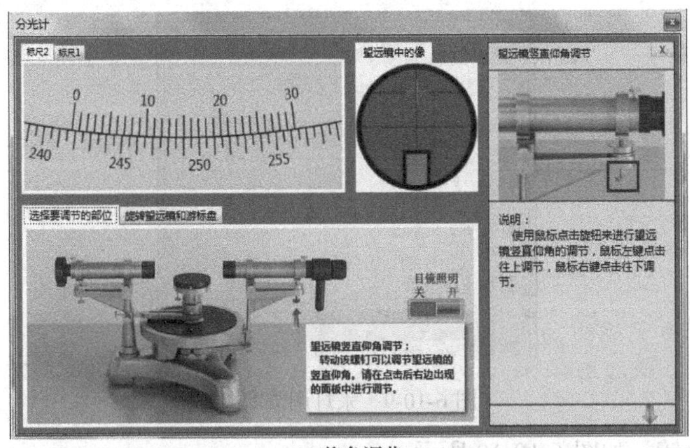

(a) 仰角调节

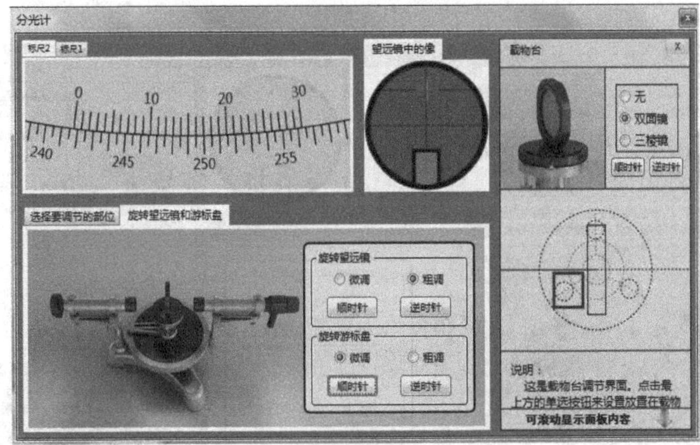

(b) 载物台调节

图 6-10-7　调节分光计

(9) 把汞灯从仪器栏中移入实验台，如图 6-10-8 所示.

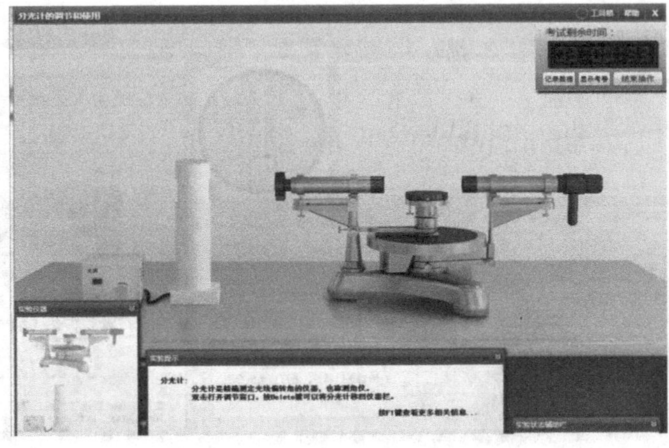

图 6-10-8　汞灯移入实验台

(10) 双击汞灯打开汞灯的调节窗口，单击开关打开汞灯，让汞灯预热一段时间(仿真实验中不需要预热)，如图 6-10-9 所示.

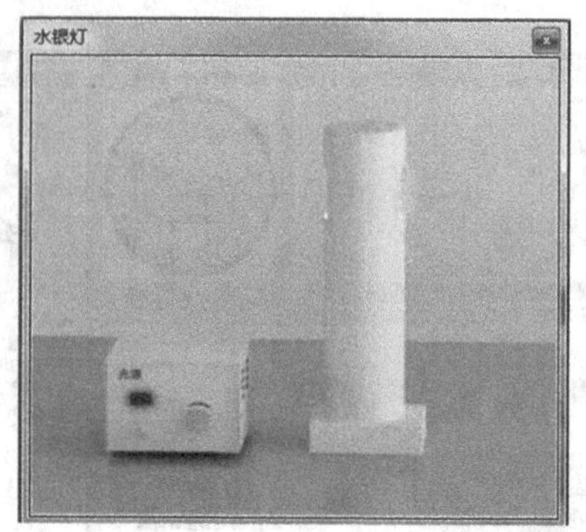

图 6-10-9　汞灯调节窗口

(11) 移除双面镜，如图 6-10-10 所示.

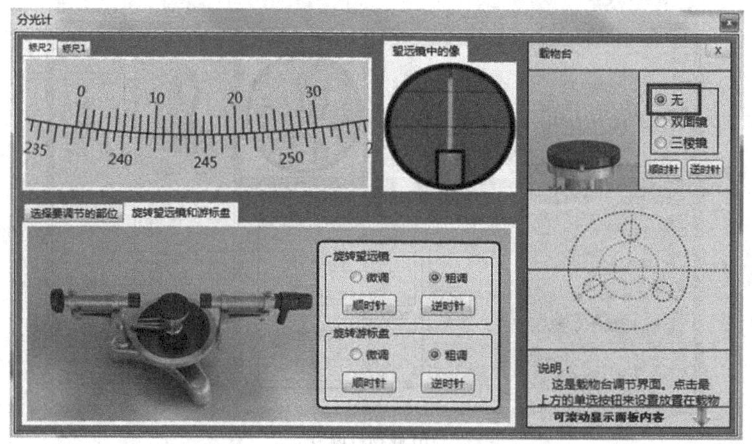

图 6-10-10　移除双面镜

(12) 对狭缝装置进行调节，使狭缝的像清晰. 点击狭缝装置调节螺钉对狭缝宽度进行调节，使狭缝宽度适当，如图 6-10-11 所示.

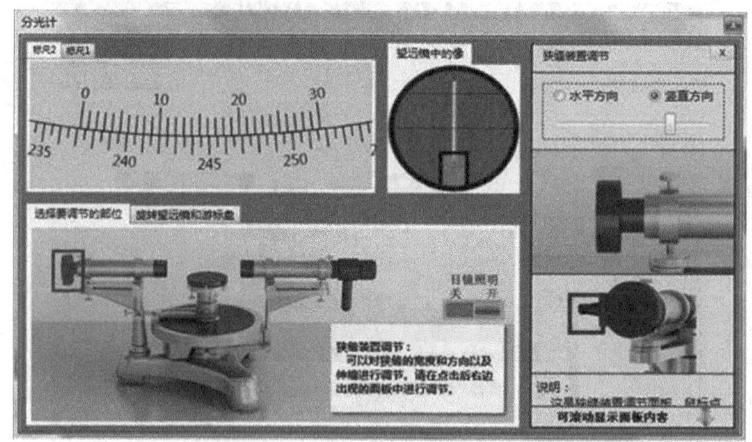

图 6-10-11　狭缝装置调节

(13) 将狭缝水平放置，如图 6-10-12 所示.

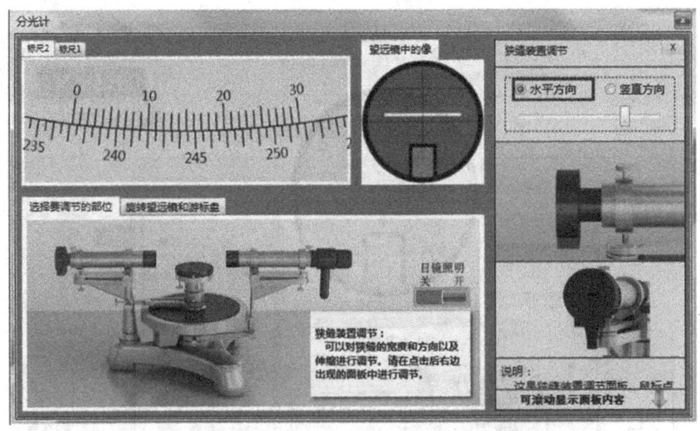

图 6-10-12　狭缝水平放置

(14) 调节平行光管的仰角调节螺钉使平行光管与仪器主轴垂直，如图 6-10-13 所示.

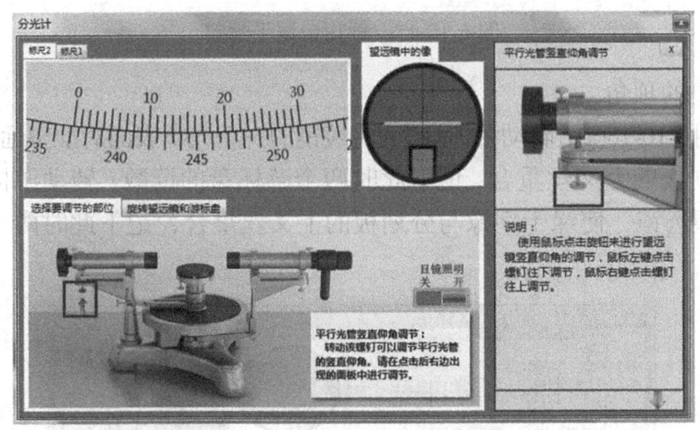

图 6-10-13　平行光管仰角调节

(15) 将狭缝竖直放置，并将三棱镜置于载物台上. 通过点击“顺时针”或“逆时针”按钮使棱镜三边与台下三螺丝的连线互相垂直，并转动游标盘使棱镜的一个光学表面正对望远镜，如图 6-10-14 所示.

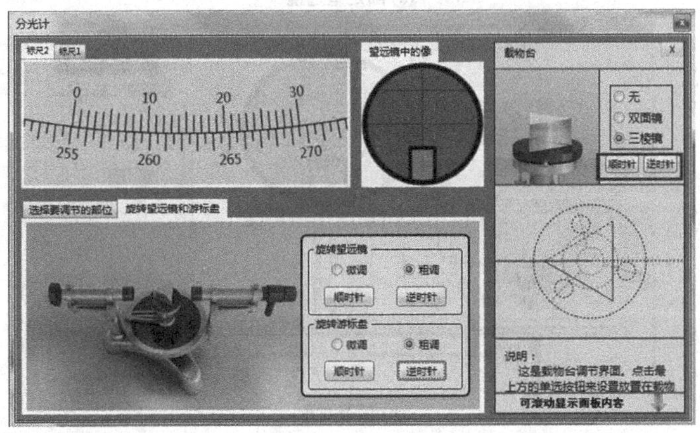

图 6-10-14　载物台调节界面

(16) 调节载物台的调平螺钉使棱镜的两个光学表面平行于仪器主轴，如图 6-10-15 所示.

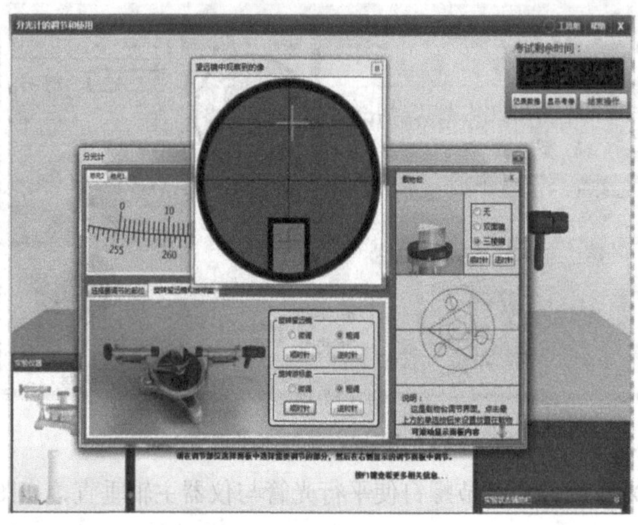

图 6-10-15　载物台调平螺钉

(17) 测量棱镜的顶角.

固定望远镜(图6-10-16(a)),转动游标盘. 先将棱镜的一个光学表面对准望远镜(图6-10-16(b)),使绿十字像与分划板的上叉丝重合，记下此时两个游标盘的读数；转动游标盘将棱镜的另一个光学表面对准望远镜，使绿十字像与分划板的上叉丝重合，记下此时两个游标盘的读数，如图 6-10-16 所示.

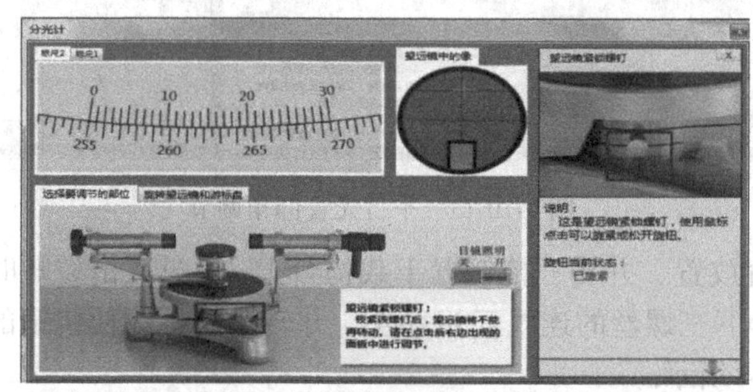

(a) 固定望远镜

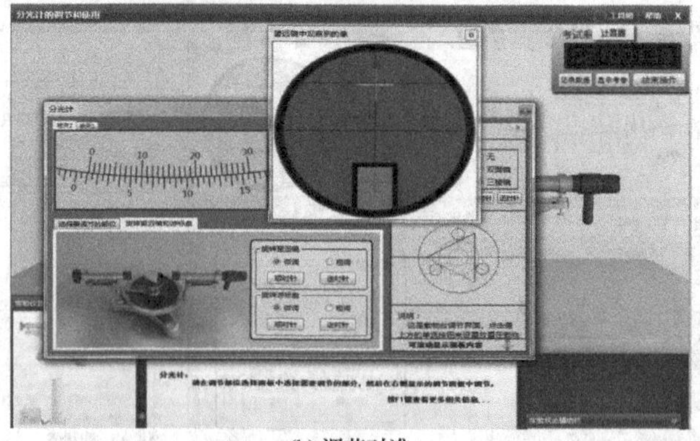

(b) 调节对准

图 6-10-16　棱镜顶角测量

(18) 旋松望远镜的制动螺钉. 转动游标盘和望远镜找出棱镜出射的各种颜色的光谱线，如图 6-10-17 所示.

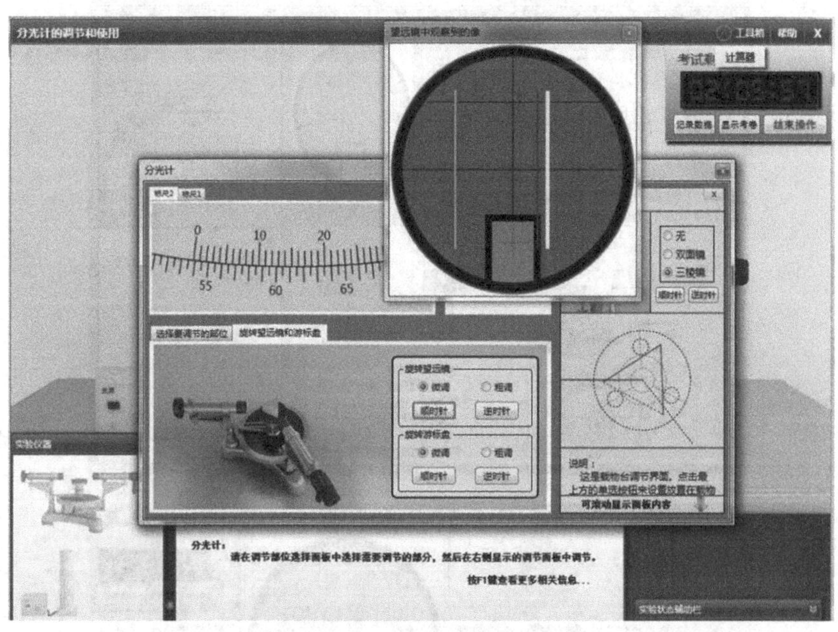

图 6-10-17　旋松制动螺钉

(19) 找到三棱镜的最小偏向角，对两个游标进行读数，如图 6-10-18 所示.

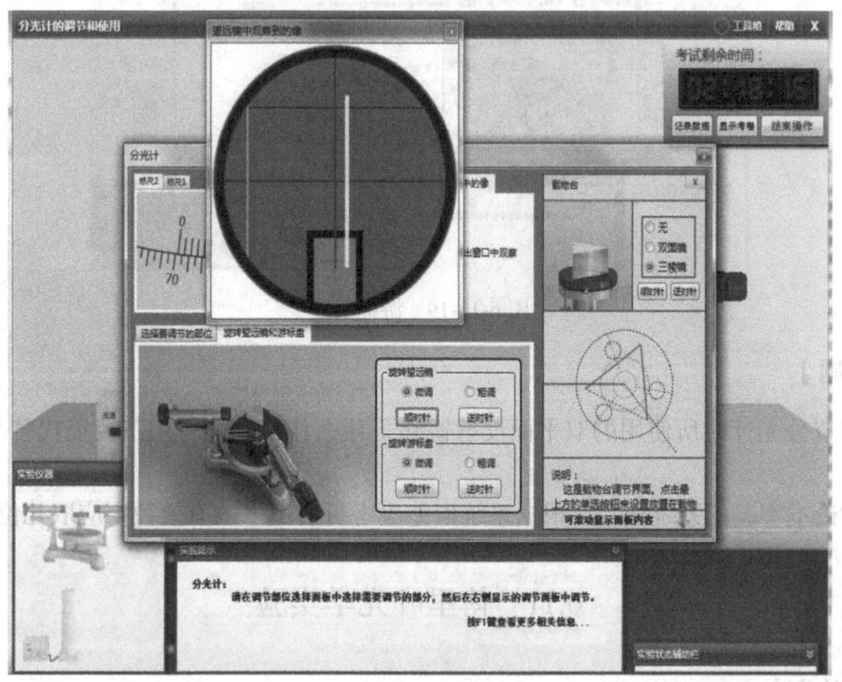

图 6-10-18　最小偏向角

(20) 锁定游标盘，移除三棱镜，转动望远镜使望远镜的光轴与平行光管的光轴平行，并对两个游标进行读数，如图 6-10-19 所示.

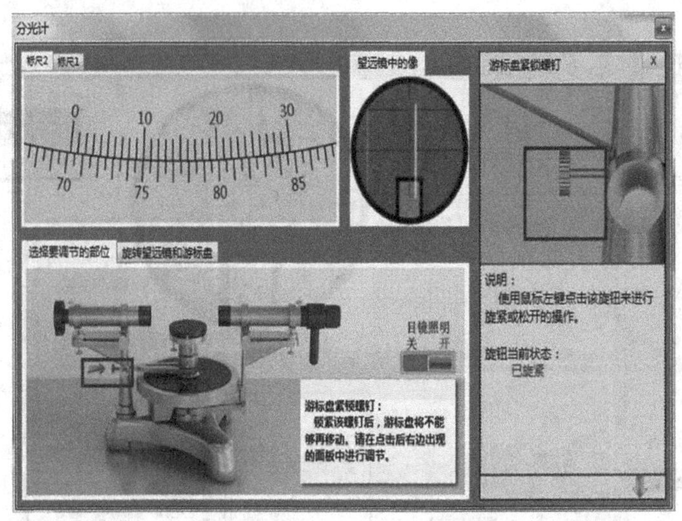

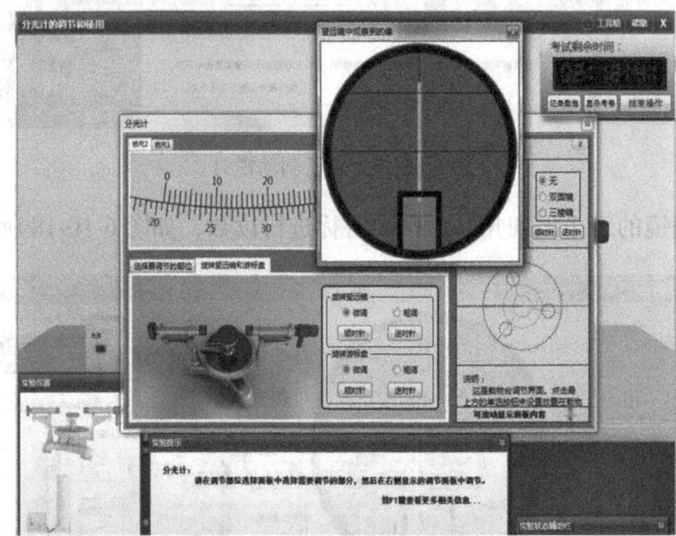

图 6-10-19　游标读数

【思考题】

(1) 调节分光计时所使用的双平面反射镜起了什么作用？能否用三棱镜代替平面镜来调整望远镜？

(2) 讨论本实验的系统误差，根据系统误差决定折射率 n 的有效数字应取几位？

6.11　傅里叶光学实验

【实验简介】

傅里叶光学原理的发明最早可以追溯到 1893 年阿贝(Abbe)为了提高显微镜的分辨本领所

做的努力. 他提出一种新的相干成像的原理，以波动光学衍射和干涉的原理来解释显微镜的成像过程，解决了提高成像质量的理论问题. 1906 年波特(Porter)用实验验证了阿贝的理论. 1948 年全息术提出，1955 年光学传递函数作为像质评价兴起，1960 年由于激光器的出现，相干光学的实验得到重新装备，因此从 20 世纪 40 年代，古老的光学进入了“现代光学”的阶段，而现代光学的蓬勃发展阶段是从 20 世纪 60 年代开始的. 由于阿贝理论的启发，人们开始考虑到光学成像系统与电子通信系统都是用来收集、传递或者处理信息的，因此 20 世纪 30 年代后期起电子信息论的结果被大量应用于光学系统分析中. 两者一个为时间信号，一个是空间信号，但都具有线性和不变性，所以数学上都可以用傅里叶变换的方法. 将光学衍射现象和傅里叶变换频谱分析对应起来，进而应用于光学成像系统的分析中，不仅是以新的概念来理解熟知的物理光学现象，而且使近代光学技术得到了许多重大的发展，例如，泽尼克相衬显微镜、光学匹配滤波器等，因此形成了现代光学中一门技术性很强的分支学科——傅里叶光学.

【实验仪器】

激光器、扩束镜、准直镜、傅里叶透镜、物屏、光屏和滤波器.

【实验重难点】

(1) 根据光学实验原理，利用所给仪器在导轨上摆放出正确的光路；
(2) 能够根据透镜成像原理，测量傅里叶透镜的焦距；
(3) 利用夫琅禾费衍射测一维光栅常量；
(4) 观察并记录下述傅里叶频谱面上不同滤波条件的图样或特征.

【实验操作】

1. 主窗口

成功进入实验场景窗口，实验场景的主窗口如图 6-11-1 所示.

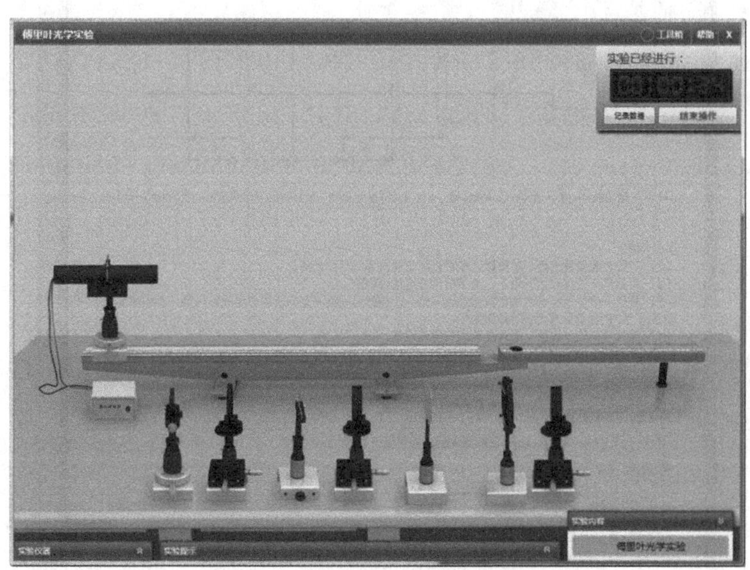

图 6-11-1 傅里叶光学实验主场景图

2. 调节平行光路

(1) 将扩束镜、准直镜和光屏放到导轨上，并按照光路(光路：激光器→扩束镜→准直镜→光屏)摆放好仪器，如图 6-11-2(a)所示.

(2) 打开激光器，调整扩束镜和准直镜之间的距离，直到移动光屏时光屏上的光斑直径不发生变化，此时平行光调节成功，如图 6-11-2(b)所示.

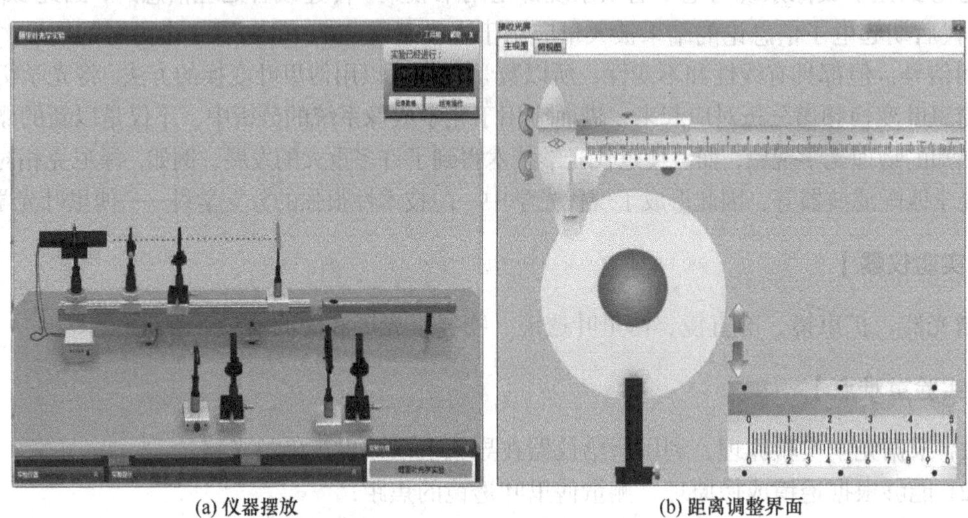

(a) 仪器摆放　　(b) 距离调整界面

图 6-11-2　平行光路调节

(3) 平行光调节成功以后，打开数据表格窗口，点击调节平行光的“确认光路”按钮(下图红色方框内按钮)保存当前光路状态，如图 6-11-3 所示.

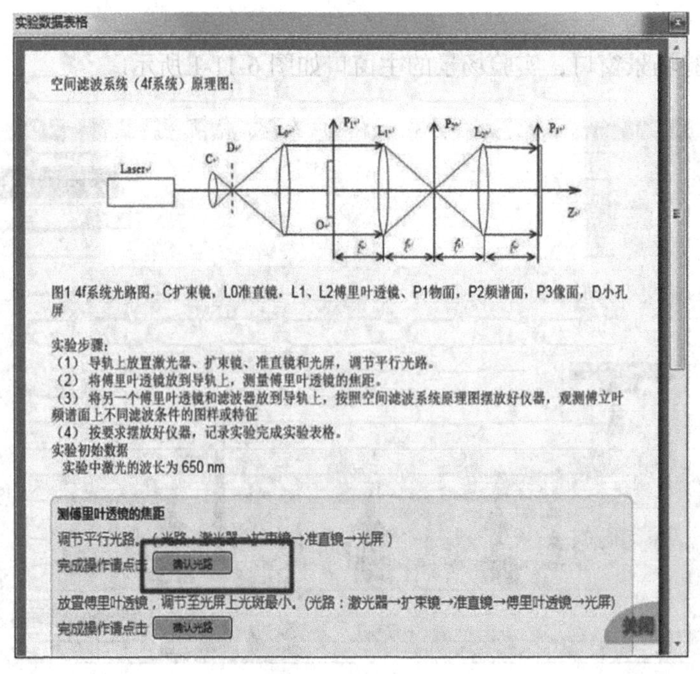

图 6-11-3　数据表格窗口

3. 测量傅里叶透镜的焦距

(1) 将傅里叶透镜(实验中的两个傅里叶透镜任选一个都可以)放到导轨上，并按照光路(光路：激光器→扩束镜→准直镜→傅里叶透镜→光屏)摆放好，如图 6-11-4(a)所示.

(2) 打开激光器，在完成平行光调节的基础上，调整傅里叶透镜与光屏之间的距离，直到光屏上的光斑直径最小，亮度最亮，此时光路调节成功，如图 6-11-4(b)所示.

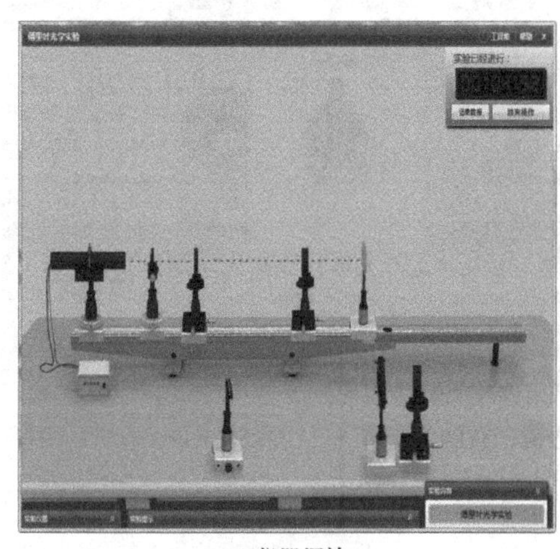

(a) 仪器摆放　　(b) 距离调整界面

图 6-11-4　测量傅里叶透镜焦距的光路调节

(3) 打开数据表格窗口，点击测量傅里叶焦距的“确认光路”按钮(下图红色方框内按钮)保存当前光路状态，如图 6-11-5 所示.

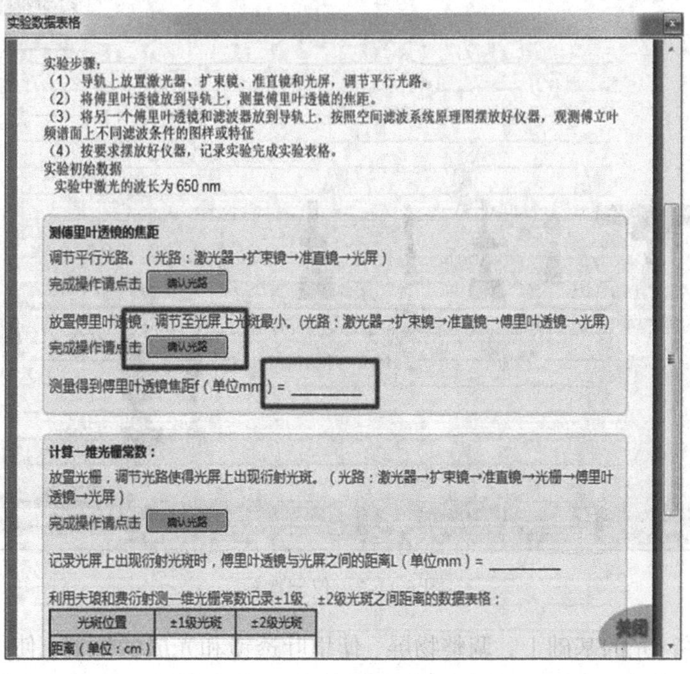

图 6-11-5　测量傅里叶透镜焦距数据窗口

(4) 双击主场景中导轨上的傅里叶透镜和光屏，查看仪器俯视图，读出仪器在导轨上的位置，计算仪器之间的距离并填入数据表格中，如图 6-11-6 所示.

图 6-11-6　左侧为透镜，右侧为光屏

4. 利用夫琅禾费衍射测一维光栅常量

(1) 将物屏放到导轨上，并按照光路(光路：激光器→扩束镜→准直镜→物屏→傅里叶透镜→光屏)摆放好，如图 6-11-7 所示.

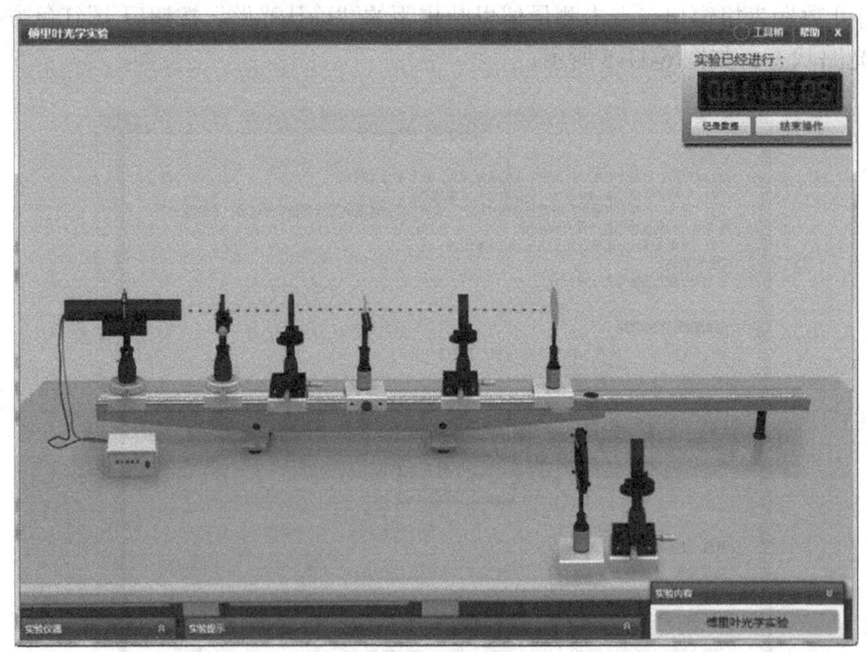

图 6-11-7　仪器摆放

(2) 在调整平行光的基础上，调整物屏、傅里叶透镜和光屏的位置，使得物屏在傅里叶透镜的左焦点处，光屏在傅里叶透镜的右焦点处；打开激光器的电源开关，同时选择合适的一维光栅(参见物屏功能介绍)，此时光屏上会出现光栅的衍射光斑(注意：若此时没有出现衍射

光斑，需要适当微调物屏和光屏的位置)，如图 6-11-8 所示.

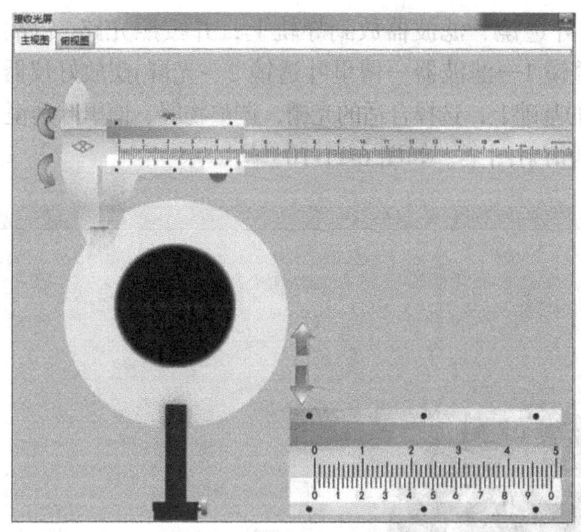

图 6-11-8　光屏位置调节

(3) 打开数据表格窗口，点击计算一维光栅常量的“确认光路”按钮，保存当前光路状态，如图 6-11-9 所示.

(4) 移动光屏上的游标卡尺，测量光屏上的光栅衍射图案的±1 级光斑和±2 级光斑的距离.

(5) 根据光栅方程 $d\sin\theta=k\lambda(k=0, \pm1, \pm2, \pm3, \cdots)$计算一维光栅常量，并将测量与计算结果填入数据表格中.

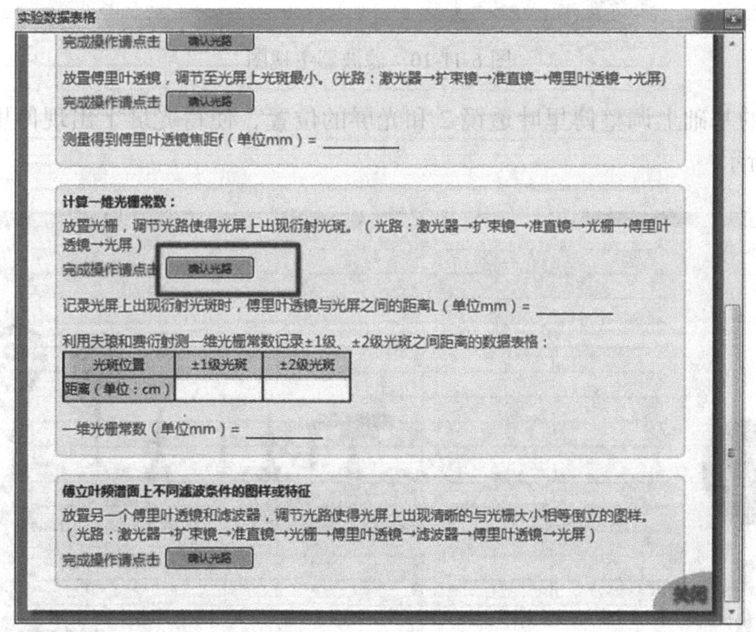

图 6-11-9　数据记录

5. 观察并记录傅里叶频谱面上不同滤波条件的图样或特征

(1) 将另一个傅里叶透镜、滤波器放到导轨上，并按照光路(光路：激光器→扩束镜→准直镜→物屏→傅里叶透镜 1→滤波器→傅里叶透镜 2→光屏)摆放好仪器.

(2) 在调整平行光的基础上，选择合适的光栅，调整物屏、傅里叶透镜、滤波器位置，直到滤波器上出现清晰的光栅衍射图案，如图 6-11-10 所示.

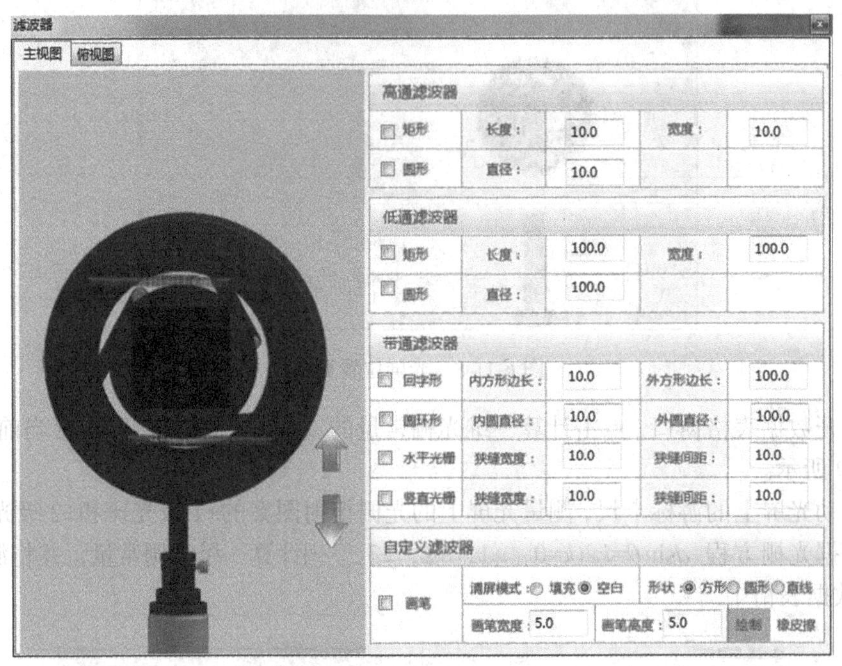

图 6-11-10　滤波器主视图

(3) 在(2)的基础上调整傅里叶透镜 2 和光屏的位置，使得光屏上出现傅里叶滤波图案，如图 6-11-11 所示.

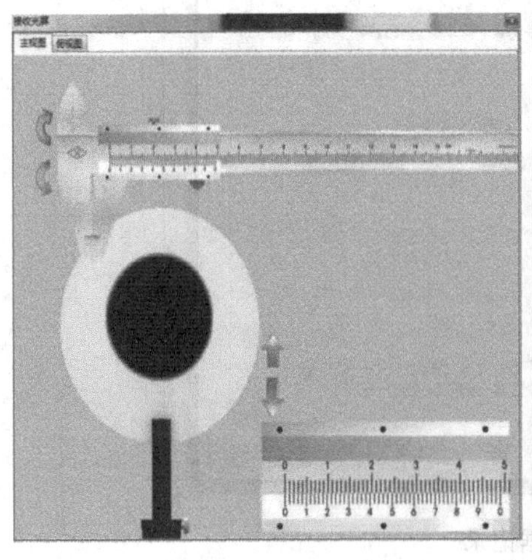

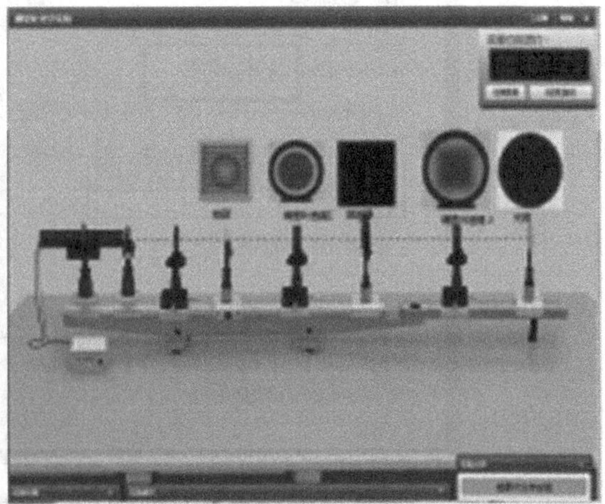

图 6-11-11　光屏调节和傅里叶滤波图案

(4) 打开数据表格窗口，点击该模块下的“确认光路”按钮(下图红色方框内按钮)保存当前光路状态，如图 6-11-12 所示.

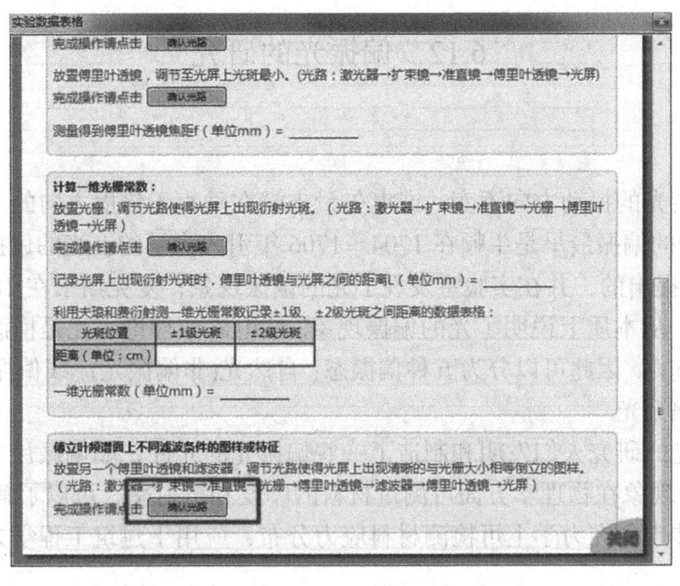

图 6-11-12　数据记录

(5) “光”字屏滤波，物面上是规则的光栅和一个汉字组成叠加，观察实验结果. 将物屏上的光栅换成“光”字屏，打开激光器，观察 4f 系统的成像特征，如图 6-11-13 所示.

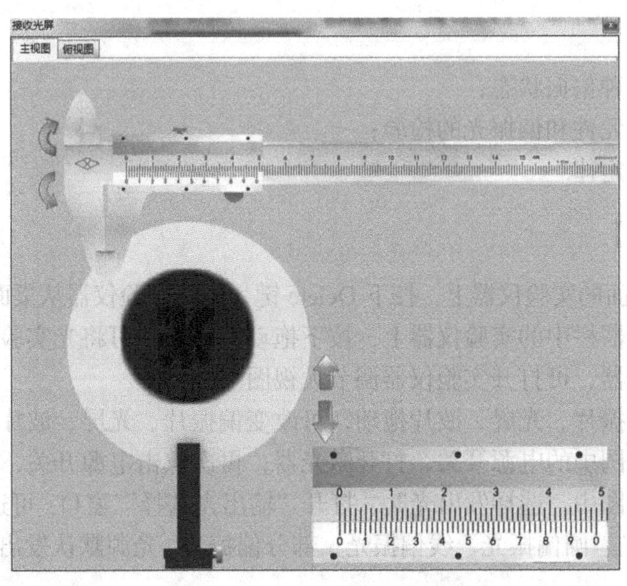

图 6-11-13　“光”字屏滤波

【思考题】

(1) 在实验中如果挡掉零级光斑，让所有高级衍射光斑透过，在像平面得到的像是什么样的?

(2) 为什么实验中使用的傅里叶透镜的口径一般较大、焦距较长？

(3) 一般的透镜系统可以看成高通滤波器还是低通滤波器，为什么？

6.12　偏振光的研究

【实验简介】

光的偏振是指光的振动方向不变，或电矢量末端在垂直于传播方向的平面上的轨迹呈椭圆或圆的现象. 光的偏振最早是牛顿在1704～1706年引入光学的；光的偏振这一术语是马吕斯在1809年首先提出的，并在实验室发现了光的偏振现象；麦克斯韦在1865～1873年建立了光的电磁理论，从本质上说明了光的偏振现象. 按电磁波理论，光是横波，它的振动方向和光的传播方向垂直. 因此可以分为五种偏振态：自然光(非偏振光)、线偏振光、部分偏振光、圆偏振光和椭圆偏振光.

通过对偏振光的研究人们发明和制造了一些偏振光的元件，如偏振片、波片和各种棱镜等. 利用光的偏振现象在物理学方面可测量材料的厚度和折射率，可以了解材料的微观结构. 利用偏振光的干涉现象在力学上可检测材料应力分布，应用于建筑工程学方面可以检测桥梁和水坝的安全度.

【实验仪器】

光源(可发出多种类型激光)、偏振片、波片(1/2和1/4)、光屏.

【实验重难点】

(1) 了解光的五种偏振状态；

(2) 了解偏振光元件和偏振光的检验；

(3) 掌握马吕斯定律.

【实验操作提示】

(1) 鼠标移到桌面的实验仪器上，按下Delete键，可将实验仪器从桌面删除，放回仪器栏.

(2) 鼠标移到仪器栏中的实验仪器上，按下拖动到桌面，可将光实验仪器移回桌面.

(3) 双击实验仪器，可打开实验仪器调节大视图.

(4) 鼠标按下偏振片、光屏、波片拖动，可改变偏振片、光屏、波片在光路中的位置.

(5) 点击放大视图中的电源开关，打开激光器；再次点击电源开关，关闭激光器.

(6) 点击放大视图中“选择发出光”，打开“输出光选择”窗口. 可选择光的类型，包括自然光、椭圆偏振光、圆偏振光、线偏振光、部分偏振光. 光源默认发出的是自然光.

【实验操作】

1. 主窗口

打开偏振光观察与研究的仿真实验. 默认进入“研究1/4波片对偏振光的影响”实验，如图6-12-1所示.

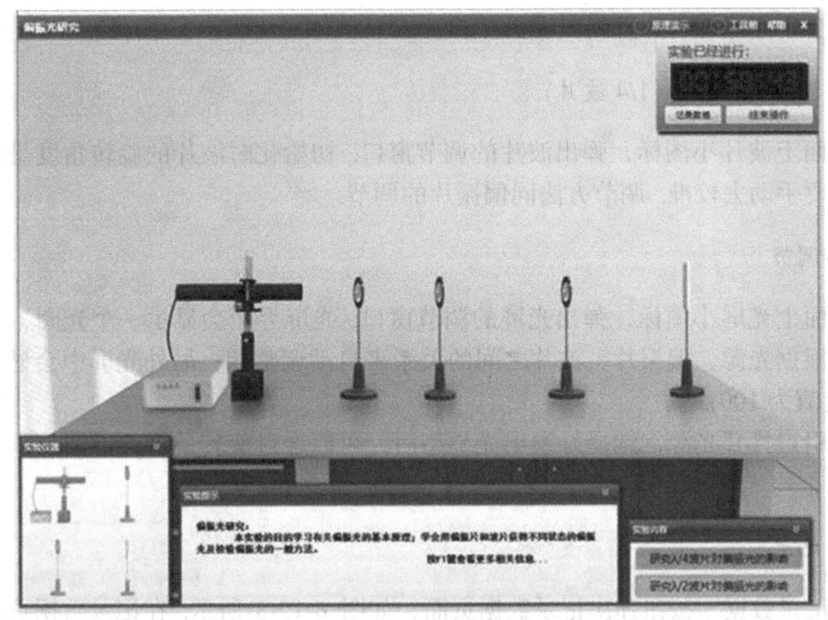

图 6-12-1 主窗口

2. 光源调节

双击桌面上光源小图标，弹出光源的调节窗口，可以单击光源的“开关”按钮，切换光源的开关状态，如图 6-12-2(a)所示；同时可以点击“选择发出光”按钮来选择光源发出光的类型，光源默认发出的是“自然光”，如图 6-12-2(b)所示.

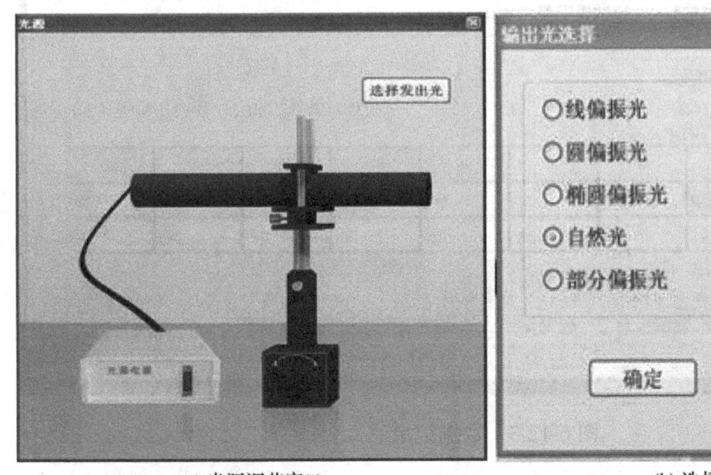

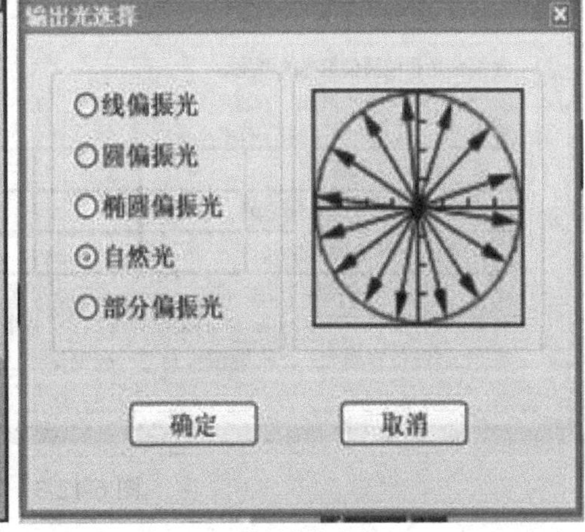

(a) 光源调节窗口 (b) 选择发出光窗口

图 6-12-2 光源调节

3. 偏振片调节

双击桌面上偏振片小图标，弹出偏振片的调节窗口. 初始化时偏振片的旋转角度是随机的，用户使用时需要手动去校准. 最大旋转范围为 360°，最小刻度为 1°. 可以通过点击调节窗口中旋钮来逆时针或顺时针旋转偏振片. 旋转的最小刻度单位为 1°. 当鼠标按住选择不放时，偏振片会不停地旋转，直到鼠标松开.

4. 波片调节(含 1/2 和 1/4 波片)

双击桌面上波片小图标，弹出波片的调节窗口. 初始化时波片的旋转角度是随机的，用户使用时需要手动去校准. 调节方法同偏振片的调节.

5. 光屏调节

双击桌面上光屏小图标，弹出光屏的调节窗口. 光屏界面会显示一个光圈，光圈中的光的强度是会根据光源、偏振片、波片之间的关系来自动调整的；另外光屏中会显示当前光强的数值(最大值为 100).

实验中用户打开光源，选择好发出光类型后，可以通过旋转偏振片、波片来观察光屏上光强的变化.

6. 数据记录

单击“记录数据”按钮弹出记录数据页面，如图 6-12-3 所示. 在记录数据页面的相应地方填写实验中的测量数据，点击“关闭”按钮，则暂时关闭记录数据页面；再次点击“记录数据”按钮会显示记录数据页面.

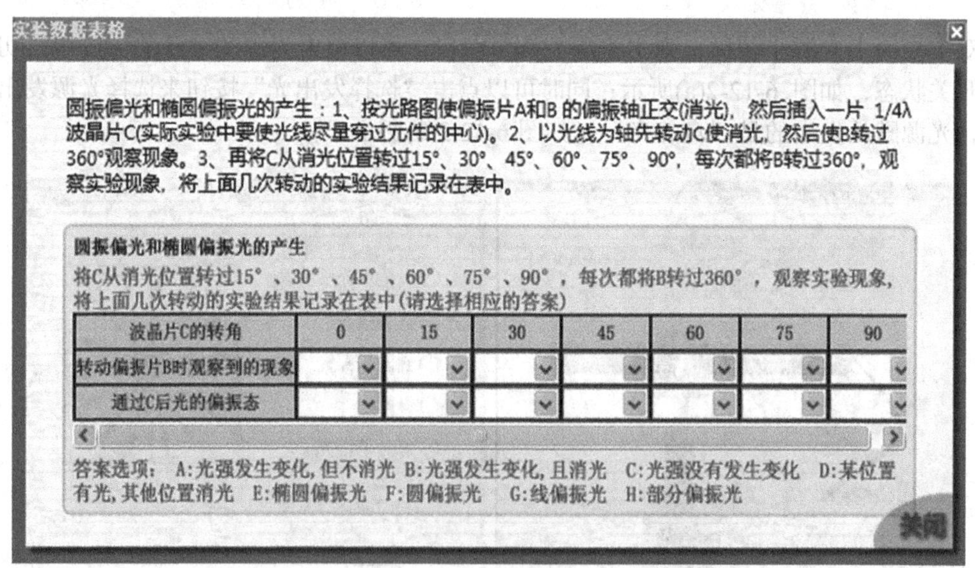

图 6-12-3 数据记录

6.13 霍尔效应实验

【实验简介】

在磁场中的载流导体上出现横向电势差的现象是 24 岁的研究生霍尔(Edwin H. Hall)在 1879 年发现的，现在称之为霍尔效应. 随着半导体物理学的迅猛发展，霍尔系数和电导率的测量已经成为研究半导体材料的主要方法之一. 通过实验测量半导体材料的霍尔系数和电导率可以判断材料的导电类型、载流子浓度、载流子迁移率等主要参数. 若能测得霍尔系数和电导率随温度变化的关系，还可以求出半导体材料的杂质电离能和材料的禁带宽度.

在霍尔效应发现约 100 年后，德国物理学家克利津(Klaus von Klitzing)等研究半导体在极低温度和强磁场中发现了量子霍尔效应，它不仅可作为一种新型电阻标准，还可以改进一些基本量的精确测定，是当代凝聚态物理学和磁学令人惊异的进展之一，克利津因此发现获得 1985 年诺贝尔物理学奖. 其后美籍华裔物理学家崔琦(D. C. Tsui)和施特默在更强磁场下研究量子霍尔效应时发现了分数量子霍尔效应. 它的发现使人们对宏观量子现象的认识更深入一步，他们因此发现获得了 1998 年诺贝尔物理学奖.

用霍尔效应制备的各种传感器，已广泛应用于工业自动化技术、检测技术和信息处理各个方面. 本实验的目的是通过用霍尔元件测量磁场，判断霍尔元件载流子类型，计算载流子的浓度和迁移速度，以及了解霍尔效应测试中的各种负效应及消除方法.

【实验仪器】

QS-H 霍尔效应组合仪、小磁针、测试仪.

霍尔效应组合仪包括电磁铁、霍尔样品和样品架、换向开关和接线柱，如图 6-13-1 所示.

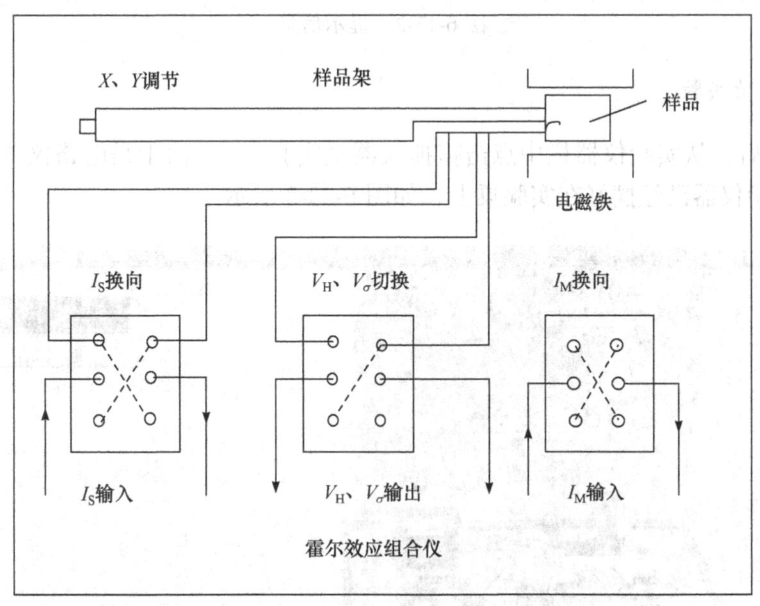

图 6-13-1　霍尔效应组合仪原理图

【实验重难点】

(1) 了解霍尔效应原理以及有关霍尔器件对材料要求的知识；

(2) 学习用“对称测量法”消除副效应影响；

(3) 根据霍尔电压判断霍尔元件载流子类型，计算载流子的浓度和迁移速度.

【实验操作】

1. 主窗口

打开霍尔效应的仿真实验，如图 6-13-2 所示.

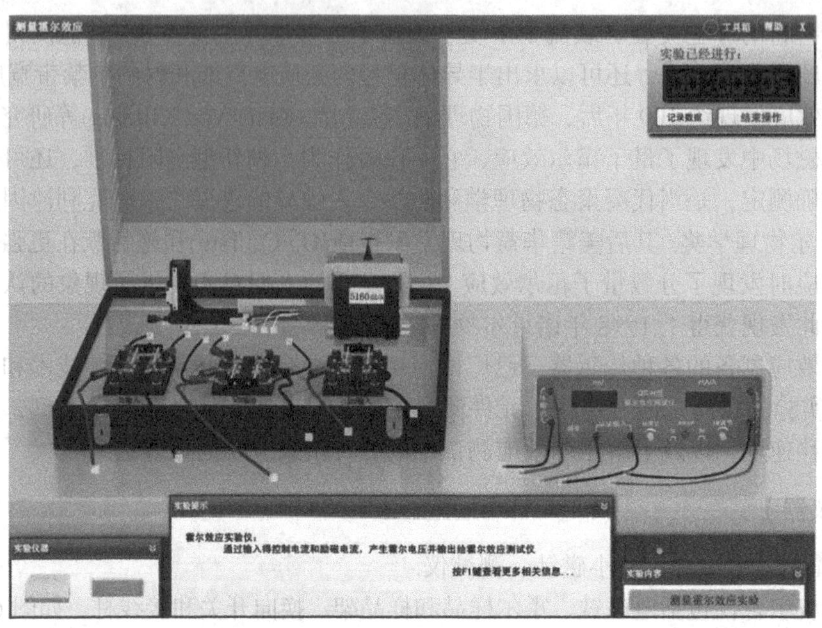

图 6-13-2　提示信息

2. 正式开始实验

开始实验后，从实验仪器栏中点击拖拽仪器至实验台上. 由于是电路仪器，所以无法移动. 开始时实验仪器已经摆好在实验桌上，如图 6-13-3 所示.

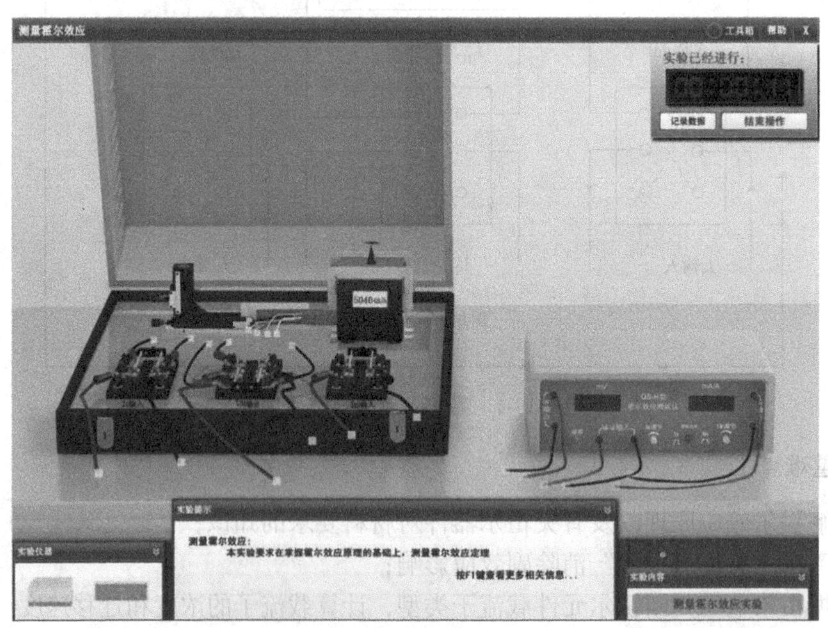

图 6-13-3　实验主场景图

将实验仪器栏、实验提示栏和实验内容栏展开，将鼠标移至仪器各部分均会显示说明信息. 双击其左上部系统菜单图标关闭仪器图片窗口，在实验仪器列表窗口双击其左上部系统菜单图标关闭之.

(1) 霍尔效应测试仪.

双击桌面上霍尔效应测试仪小图标，弹出霍尔效应测试仪的调节窗口；主要有两个显示的图面，一个为背景图，主要是控制该仪器的电源的开关，另一个为正面图，主要是控制电流和励磁电流的输出大小，并测量返回的电压大小. 该仪器每次开启电源时会产生误差，需要手动去校准，如图 6-13-4 所示.

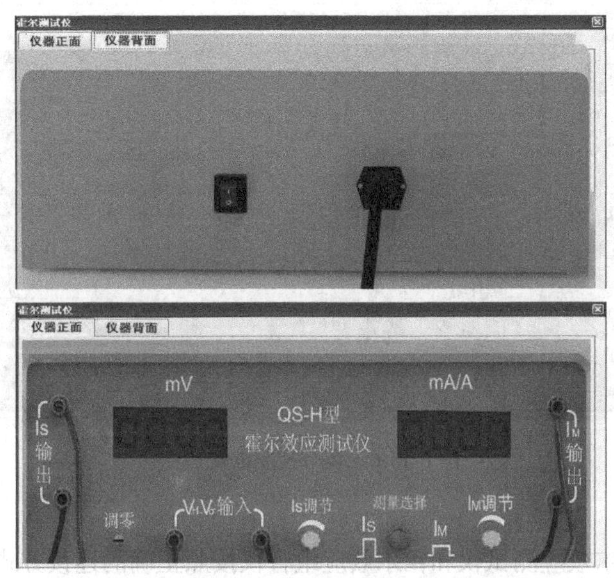

图 6-13-4　霍尔效应测试仪正面和背面

(2) 霍尔效应测试仪显示.

双击桌面上霍尔效应测试仪图标，弹出霍尔效应测试仪的调节窗口. 初始化时霍尔效应测试仪上的开关位置是按照标准形式放置的，3 个开关能随意拨动，也能改变霍尔元件在磁场中的位置，如图 6-13-5 所示.

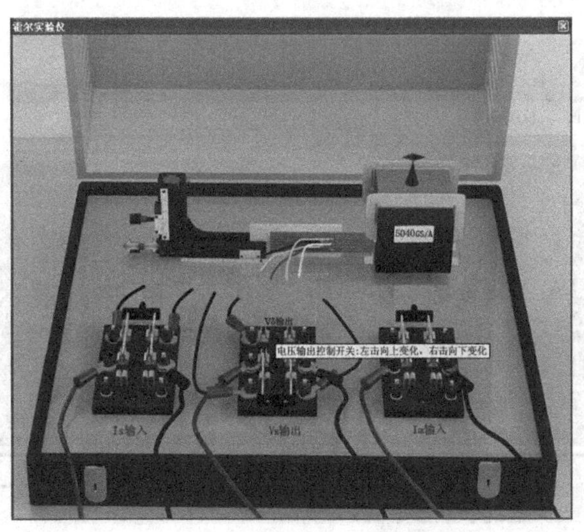

图 6-13-5　霍尔效应测试仪的调节窗口

I_S控制电流的最大量程为 20 mA，最小测量单位为 0.01 mA. 可以通过点击调节控制电流旋钮来逆时针或顺时针旋转改变控制电流大小. 若鼠标按住选择不放，则会不停地改变控制电流的大小(当达到显示最大值时显示值不变)，直到鼠标松开(励磁电流同控制电流相同). 打开开关之后一定要校准，并调节 I_S 调节和 I_M 调节使显示电流值随着调节变化而变化，如图 6-13-6 所示.

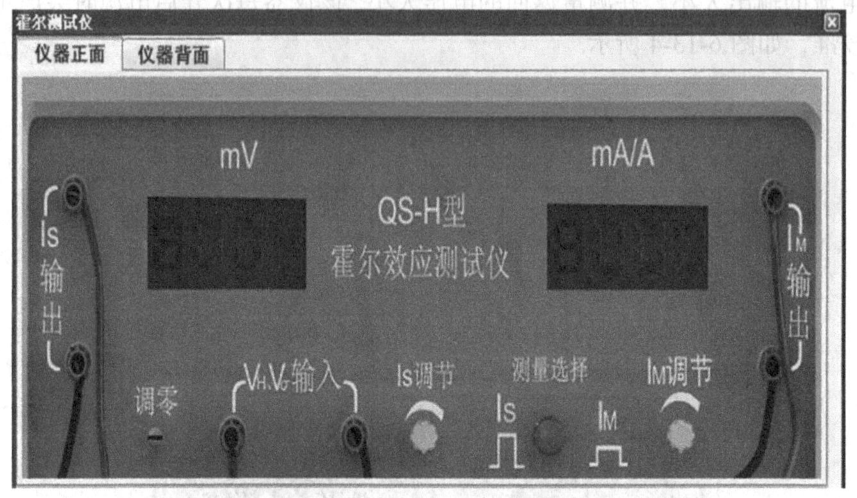

图 6-13-6　调节控制电流旋钮

(3) 连接电路.

关闭电源，将霍尔效应测试仪和霍尔效应组合仪按照正确的连接方式连接到同一电路中，并对霍尔测试仪和霍尔效应组合仪均做调零处理. 如果不处理，则可能使其测试结果不正确.

(4) 调零并测试.

打开测试仪的电源开关. 点击调零旋钮. 将左侧显示的电压值调节到 0.00；并按照实验的要求连接好电路，在电路的连接过程中需要注意的是电路之间接点的连接问题，连接正确后才会显示正常的电路，否则会提示放置错误. 连接好线路图后按照实验要求做实验，直到实验结束，如图 6-13-7 所示.

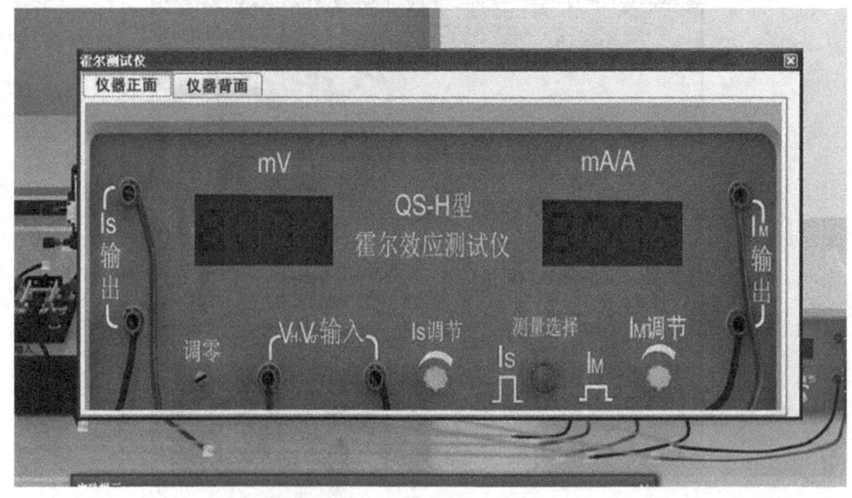

图 6-13-7　调零旋钮

(5) 完成实验. 按照实验内容中的要求完成实验. 多做几次测量，并得到最终的平均结果.

电导率是通过测量不等位电动势后根据公式计算得到的. 其他的相关参数也是根据上面的公式计算得到的. 样品的导电类型是根据小磁针的偏转来判断的，蓝色为 S 极，红色为 N 极.

(6) 测试完成后，保存数据，单击“记录数据”按钮弹出记录数据页面.

在记录数据页面的相应地方填写实验中的测量数据，点击“关闭”按钮，则暂时关闭记录数据页面；再次点击“记录数据”按钮会显示记录数据页面，如图 6-13-8 所示.

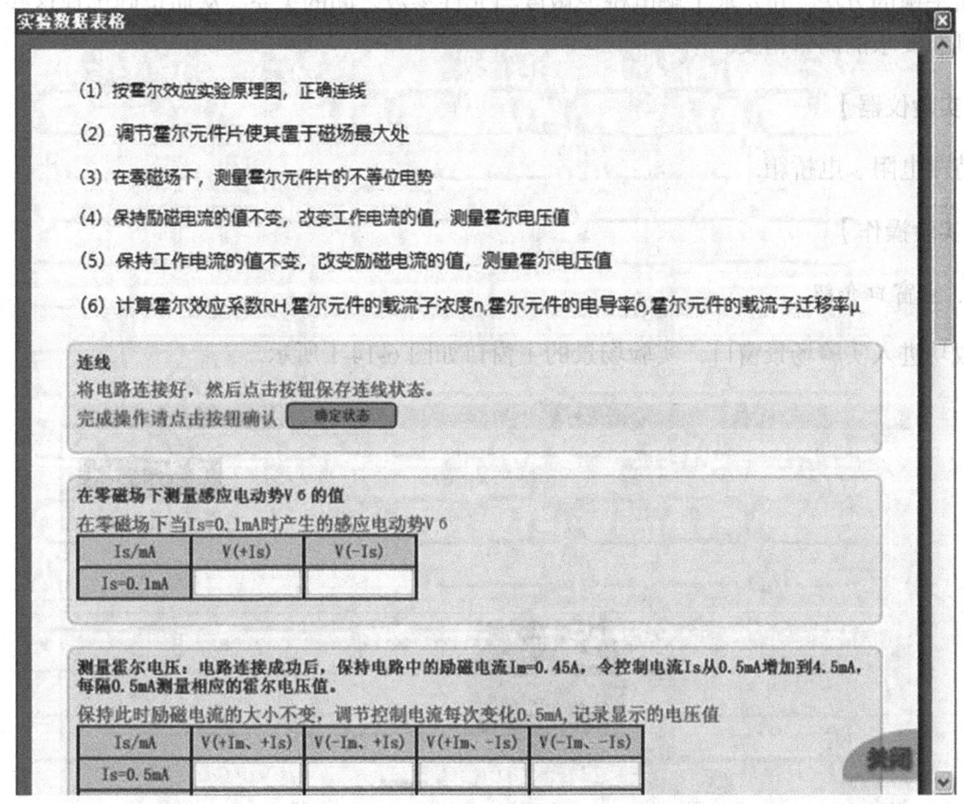

图 6-13-8 数据记录

【思考题】

(1) 若磁场不恰好与霍尔元件的法线一致，对测量结果有何影响，如何用实验方法判断 B 与元件法线是否一致？

(2) 能否用霍尔元件测量交变磁场？

6.14 箱式直流电桥测量电阻实验

【实验简介】

直流电桥是一种用比较法测量电阻的仪器，主要由比例臂、比较臂、检流计等构成桥式线路. 测量时将被测量与已知量进行比较而得到测量结果，因而测量精度高，加上方法巧妙、使用方便，所以得到了广泛的应用.

电桥的种类繁多，但直流电桥是最基本的一种，它是学习其他电桥的基础. 早在 1833 年就有人提出基本的电桥网络，但一直未引起注意，直至 1843 年惠斯通才加以应用，后人就称之为惠斯通电桥. 单电桥电路是电学中很基本的一种电路连接方式，可测电阻范围为 $1\sim10^6\ \Omega$.

通过传感器，利用电桥电路还可以测量一些非电量，如温度、湿度、应变等，在非电量的电测法中有着广泛的应用. 本实验是用电阻箱和检流计等仪器组成惠斯通电桥电路，以加深对直流单电桥测量电阻原理的理解. 本实验的目的是通过用惠斯通电桥测量电阻，掌握调节电桥平衡的方法，并要求了解电桥灵敏度与元件参数之间的关系，从而正确选择这些元件，以达到所要求的测量精度.

【实验仪器】

待测电阻、电桥箱.

【实验操作】

1. 主窗口介绍

成功进入实验场景窗口，实验场景的主窗口如图 6-14-1 所示.

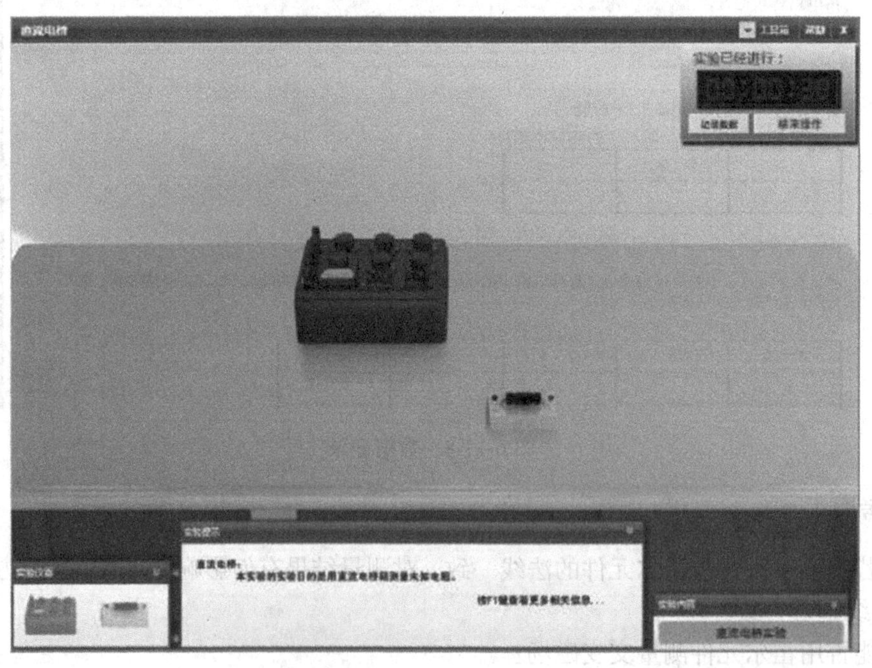

图 6-14-1　直流电桥(电桥箱版)

在实验场景主窗口的右上角有“工具箱”和“帮助”两个菜单项. 工具箱提供实验中可能用到的工具；点击帮助菜单项，弹出帮助文档. 在场景的下方，从左到右，依次是“实验仪器栏”“实验提示栏”和“实验内容栏”. 实验仪器栏里放置着实验用到的仪器，点击拖动，可以把相应的仪器拖到实验场景中去，供实验使用. 实验提示栏，即时提示实验信息或相关的操作信息. 实验内容栏，是相关实验名称的列表，点击实验名称可以重新开始实验和进行实验的切换. 在实验场景中，可以在一定范围内拖动指定仪器. 把鼠标放在仪器上面，按下 Delete 键，可以删除指定仪器到仪器栏.

2. 连线

当鼠标移动到实验仪器接线柱的上方时，拖动鼠标，便会产生“导线”，当鼠标移动到另一个接线柱的时候，松开鼠标，两个接线柱之间便产生一条导线，连线成功；如果松开鼠标的时候，鼠标不是在某个接线柱上，画出的导线将会被自动销毁，此次连线失败. 根据实验电路图正确连线，连线操作完成，如图 6-14-2 所示.

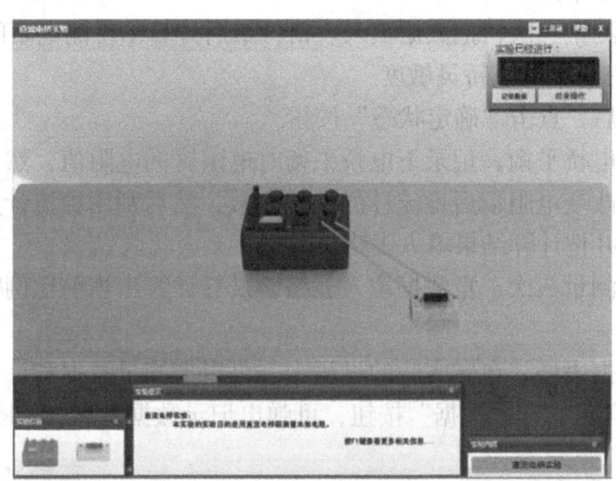

图 6-14-2　导线连接

3. 检流计调零

线路连接完毕后，断开电源开关，打开检流计调节界面，按下检流计的电计按钮，旋转电桥箱检流计部分的调零旋钮，并观察检流计的指针，当检流计的指针指向零点时，调零成功，如图 6-14-3 所示.

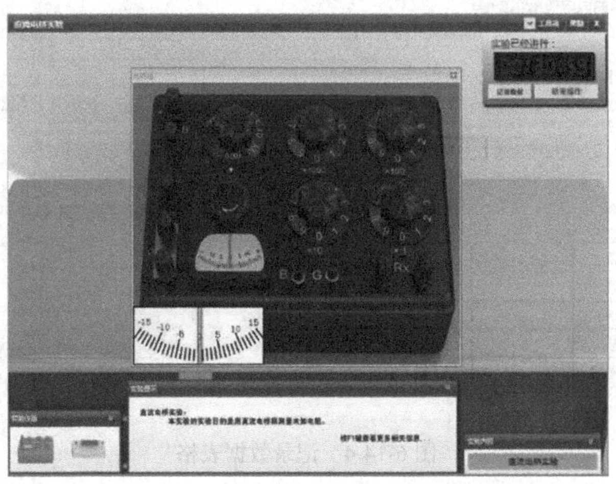

图 6-14-3　检流计调节界面

4. 根据实验内容调节电路

(1) 根据直流电桥电路图连接好电路，然后在数据表格中点击“连线”模块下的“确定状态”按钮，保存连线状态.

(2) 用箱式电桥测量几个未知电阻.

按下电源按钮，一边调节比例臂和电阻臂，一边左击电计按钮，看检流计指针的偏转情况，如果检流计指针缓慢地在一个很小范围内偏转，则右击电计按钮，然后微调电阻臂，观察检流计指针偏转情况，直至电桥平衡. 记下此时的电阻臂、比例臂的值，并计算出待测电阻的电阻值，填入表格中.

重复以上步骤，测量三次，把数据填入表格，最后计算出待测电阻的平均值.

(3) 测量选定比例臂下的电桥灵敏度.

选定好比例臂以后，点击“确定状态”按钮.

调节电阻臂，使电桥平衡，记录下电桥平衡时电阻臂的电阻值，然后改变电阻臂的值，记下改变的电阻值和改变电阻值后检流计的偏转格数，然后利用检流计灵敏度计算公式，计算出电桥的灵敏度，并把计算结果填入表格.

重复以上步骤，测量三次，把数据填入表格，最后计算出当前比例臂下电桥灵敏度的平均值.

程序提供记录数据表格，在做实验的过程中，可以把测量数据和计算数据填到数据表格中去. 点击场景右上角的“记录数据”按钮，可弹出记录数据窗体，如图 6-14-4 所示.

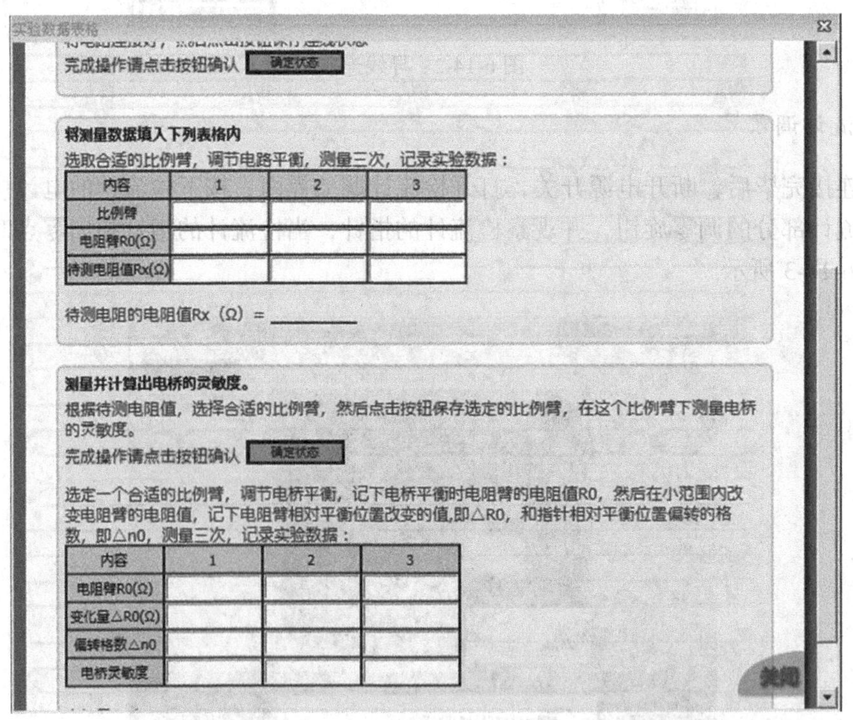

图 6-14-4　记录数据表格

把测量和计算出来的数据，填入相应的位置，实验结束.

【思考题】

如果取桥臂电阻 $R_1=R_2$，调节 R_0 从 0 到最大，检流计指针始终偏在零点的一侧，这说明什么问题？应做怎样的调整，才能使电桥达到平衡？

6.15　自组直流电桥测量电阻实验

【实验内容】

(1) 按直流电桥实验的实验电路图，正确连线.

(2) 线路连接好以后，检流计调零.

(3) 调节直流电桥平衡.

(4) 测量并计算出待测电阻值 R_x，微调电路中的电阻箱，测量并根据电桥灵敏度公式计算出直流电桥的电桥灵敏度.

(5) 记录数据，并计算出待测电阻值.

【实验仪器】

电压源、滑线变阻器(2 个)、四线电阻箱(3 个)、检流计、待测电阻、电源开关.

【实验操作】

1. 主窗口介绍

成功进入实验场景窗口，实验场景的主窗口如图 6-15-1 所示.

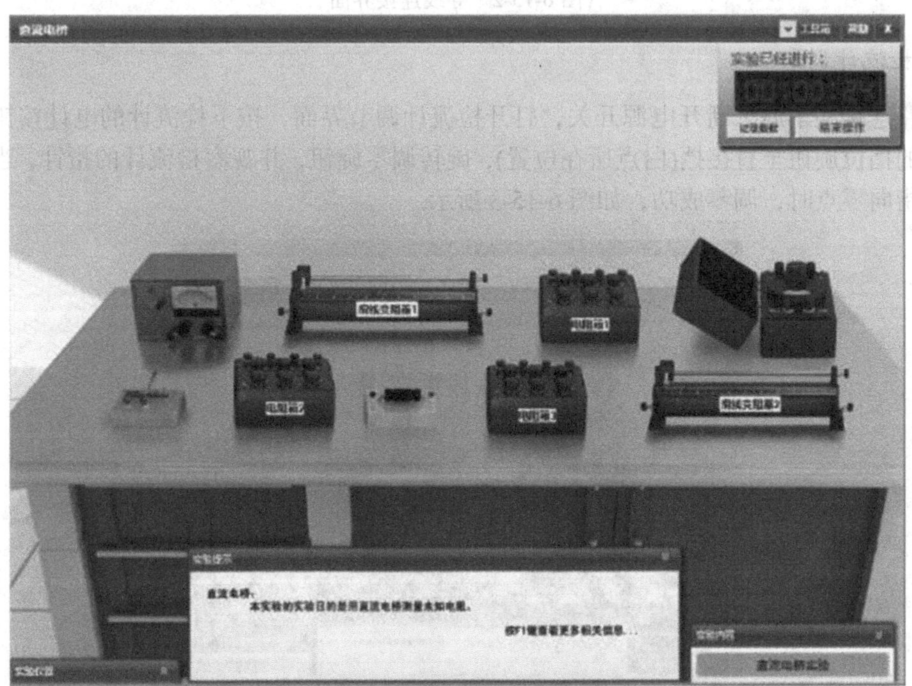

图 6-15-1　直流电桥(散装版)

实验大场景主要由一张桌子组成，本实验中，实验仪器都放在桌子上面. 在实验场景中，可以在一定范围内拖动指定仪器. 把鼠标放在仪器上面，按下 Delete 键，可以删除指定仪器到仪器栏. 双击场景中的仪器可以进入仪器的调节窗口.

注: 实验刚开始时，实验仪器就被初始化到实验桌上. 直流电桥(散装版)的实验仪器较多，所以实验仪器不允许拖动和删除.

2. 连线

当鼠标移动到实验仪器接线柱的上方时，拖动鼠标，便会产生“导线”，当鼠标移动到另一个接线柱的时候，松开鼠标，两个接线柱之间便产生一条导线，连线成功；如果松开鼠标的时候，鼠标不是在某个接线柱上，画出的导线将会被自动销毁，此次连线失败. 根据实验电路图正确连线，连线操作完成，如图 6-15-2 所示.

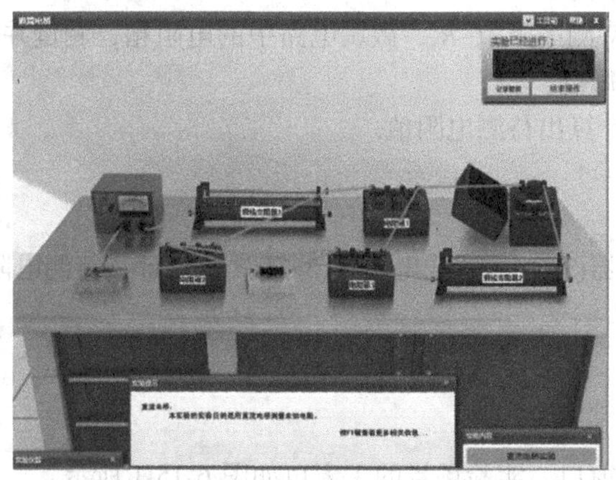

图 6-15-2　导线连接界面

3. 检流计调零

线路连接完毕后，断开电源开关，打开检流计调节界面，按下检流计的电计按钮，旋转检流计的挡位旋钮至直接挡(白点所在位置)，旋转调零旋钮，并观察检流计的指针，当检流计的指针指向零点时，调零成功，如图 6-15-3 所示.

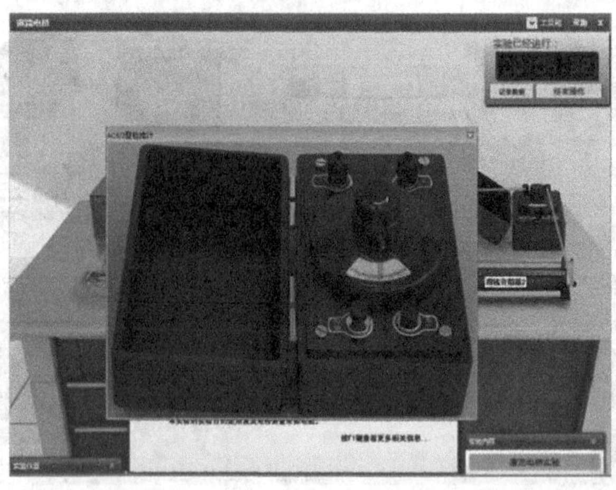

图 6-15-3　检流计调节界面

4. 根据实验内容调节电路

(1) 滑线变阻器的调节. 实验刚开始时，电桥一般处于不平衡状态，为了防止过大的电流通过检流计，应将与检流计串联的滑线变阻器的阻值调到最大，随着电桥逐渐平衡，再逐渐减小滑线变阻器的阻值，以提高检测的灵敏度.

(2) 根据直流电桥电路图连接好电路，然后在数据表格中点击“连线”模块下的“确定状态”按钮，保存连线状态.

(3) 测量未知电阻，电路连接好以后，选取合适的比例臂，调节电桥平衡，在数据表格的相应位置，记录下电阻箱 R_1、R_2、R_3(即 R_0 处)的电阻值. 然后互换电路中的电阻箱 R_1、R_2，并保持它们的电阻值不变，调节 R_3 使电桥平衡，并在列表的相应位置记下 R_3 的值(即 R_0 处)，根据互换法测电阻公式，计算出未知电阻 R_x. 测量三次，最后计算出待测电阻的平均值，填入数据表格的相应位置.

(4) 测量电桥灵敏度. 根据待测电阻值，调节并设定电阻箱 R_1、R_2、电压源和滑线变阻器的值，在这个环境下测量电桥灵敏度，设定以后在数据表格中点击“测量并计算出电桥的灵敏度”模块下的“确定状态”按钮，保存状态.

(5) 确定测量灵敏度的环境以后，调节电阻箱 R_3 使电桥平衡，记下电桥平衡时电阻箱 R_3 的值(即下面列表中的 R_0)，然后在小范围内改变电阻箱 R_3 的电阻值，记下电阻箱相对平衡位置改变的值，即 ΔR_0，以及检流计指针相对平衡位置偏转的格数，即 Δn_0，测量三次，记录实验数据，根据计算电桥灵敏度公式计算出电桥灵敏度的平均值，填入数据表格的相应位置.

(6) 直流电桥灵敏度研究. 确定测量灵敏度的环境以后，依次把电压表的电压调到 0.5 V、1.0 V、1.5 V、2.0 V、2.5 V、3.0 V，分别在这些电压下调节电阻箱 R_3 使电桥平衡，记下电桥平衡时电阻箱 R_3 的值，然后在小范围内改变电阻箱 R_3 的电阻值，记下电阻箱相对平衡位置改变的值，即 ΔR_0，以及检流计指针相对平衡位置偏转的格数，即 Δn_0，记录测量数据，并根据测量数据计算出相应电桥环境下的电桥灵敏度.

(7) 记录数据程序提供记录数据表格. 点击场景右上角的“记录数据”按钮，可弹出记录数据窗口，如图 6-15-4 所示.

把测量和计算出来的数据填入相应的位置，实验结束.

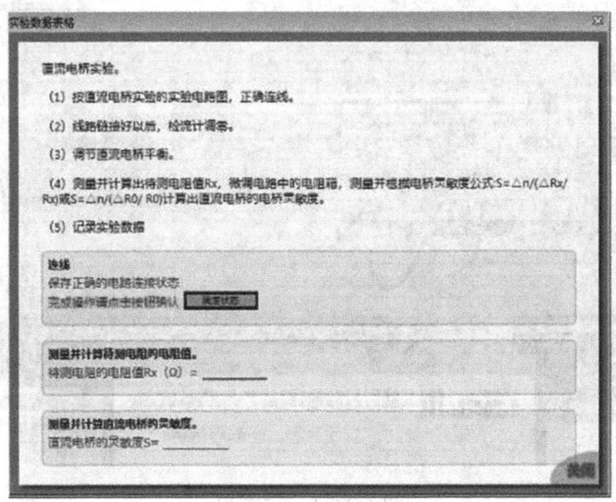

图 6-15-4　数据记录

6.16 示波器实验

【实验简介】

我们常用的同步示波器是利用示波管内电子束在电场中的偏转，显示随时间变化的电信号的一种观测仪器. 它不仅可以定性观察电路(或元件)中传输的周期信号，而且还可以定量测量各种稳态的电学量，如电压、周期、波形的宽度及上升、下降时间等. 自 1931 年美国研制出第一台示波器至今已有 90 多年，它在各个研究领域都取得了广泛的应用，根据不同信号的应用，示波器发展成为多种类型，如慢扫描示波器、取样示波器、记忆示波器等，它们的显像原理是不同的. 示波器已成为科学研究、实验教学、医药卫生、电工电子和仪器仪表等各个研究领域和行业最常用的仪器.

【实验仪器】

示波器、信号发生器、未知信号源.

【实验重难点】

(1) 了解示波器的基本原理和结构；
(2) 学习使用示波器观察波形和测量信号周期及其时间参数.

【实验操作】

1. 主窗口

打开用示波器测时间仿真实验，主窗口如图 6-16-1 所示.

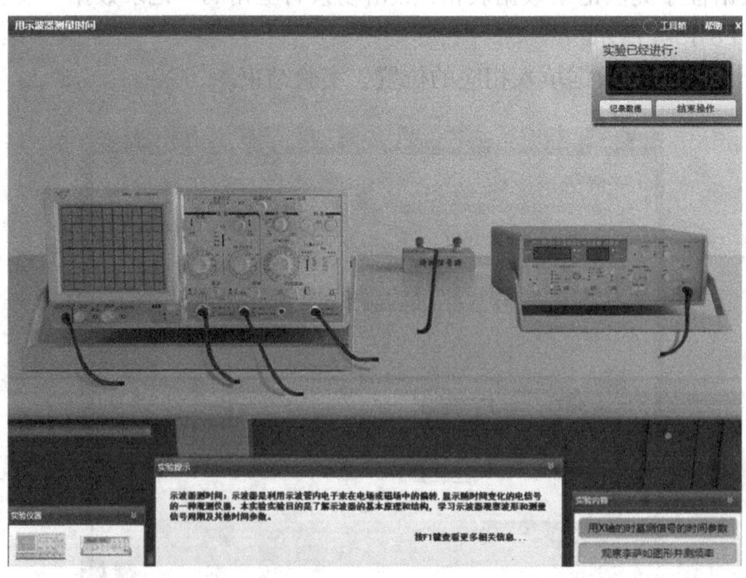

图 6-16-1　主窗口

2. 开始实验

(1) 测示波器校准信号周期和示波器校准信号，打开示波器调节界面，如图 6-16-2 所示.

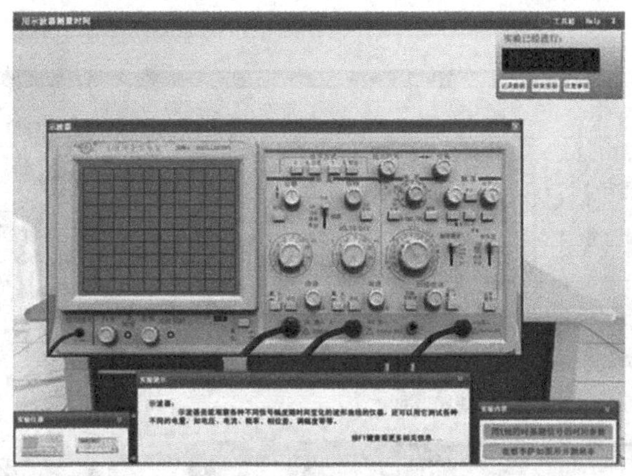

图 6-16-2　示波器调节界面

在示波器调节窗口中，左键单击示波器开关，打开示波器，进行示波器调节和校准，如图 6-16-3 所示. 调节电平旋钮，使信号稳定，如图 6-16-4 所示.

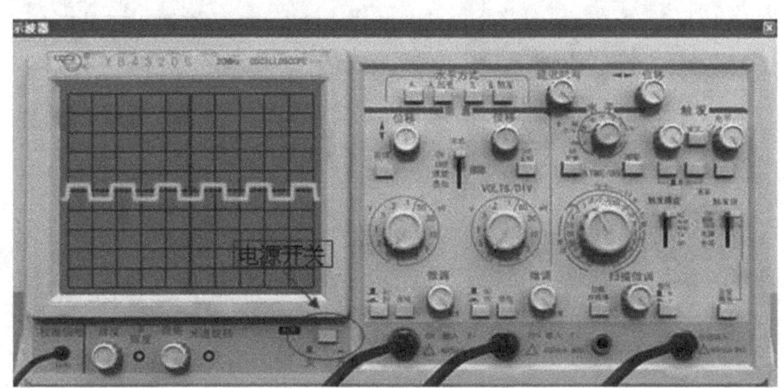

图 6-16-3　示波器调节和校准

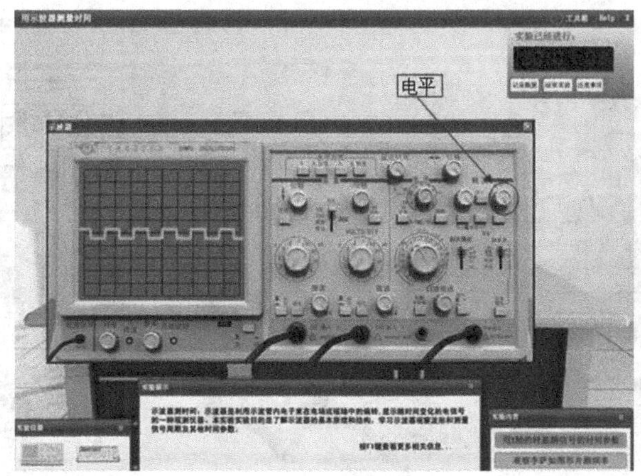

图 6-16-4　稳定信号

调节示波器聚焦旋钮和辉度旋钮使示波器显示屏中的信号清晰，调好后如图 6-16-5 所示；调节 CH1 幅度调节旋钮和 CH1 幅度微调旋钮，校准信号显现为峰峰值为 4 V，如图 6-16-6 所示；调节示波器时间灵敏度旋钮和扫描微调旋钮，校准信号周期显示为 1 kHz，调好后如图 6-16-7 所示.

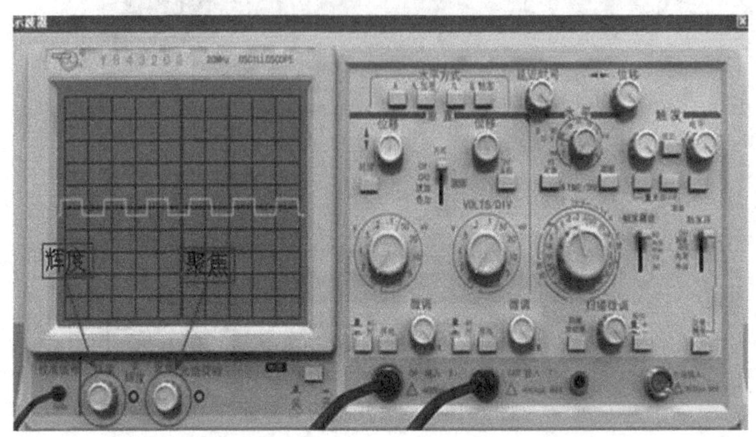

图 6-16-5　清晰信号

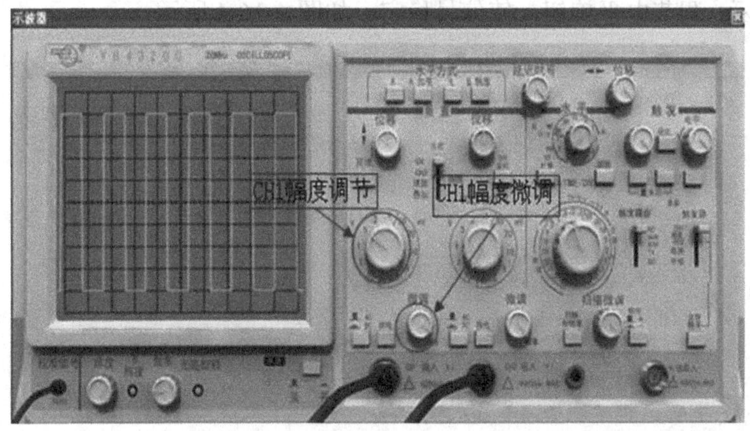

图 6-16-6　校准信号(1)

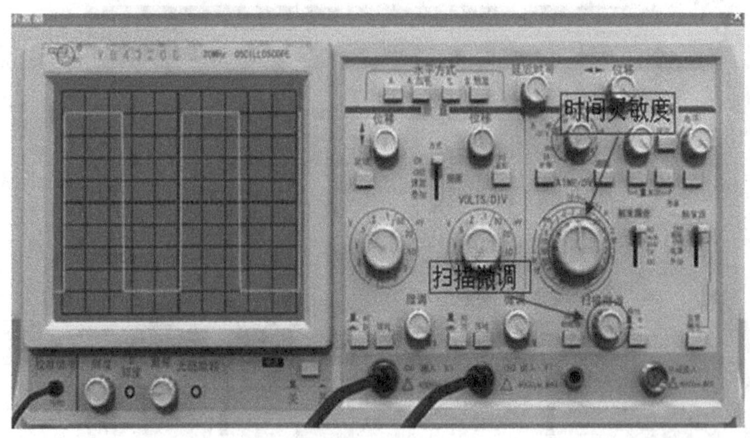

图 6-16-7　校准信号(2)

至此，示波器校准结束.

(2) 依次将示波器时间灵敏度旋钮调节为 0.1 ms/cm(图 6-16-8)、0.2 ms/cm(图 6-16-9)、0.5 ms/cm (图 6-16-10).

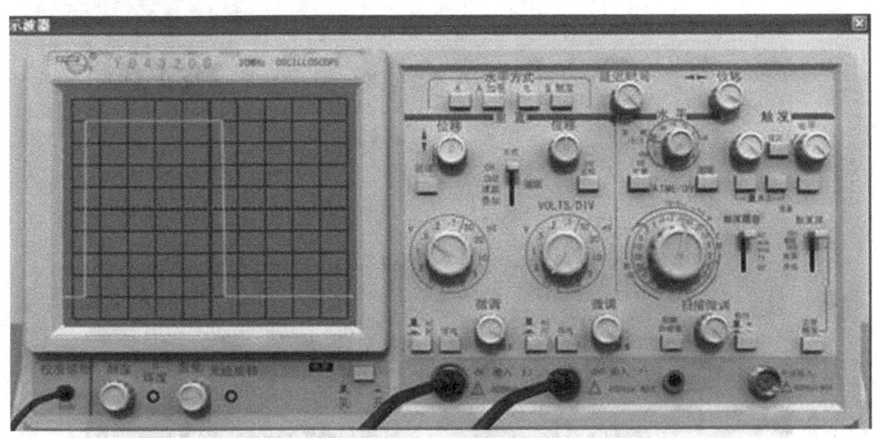

图 6-16-8 灵敏度旋钮 0.1 ms/cm

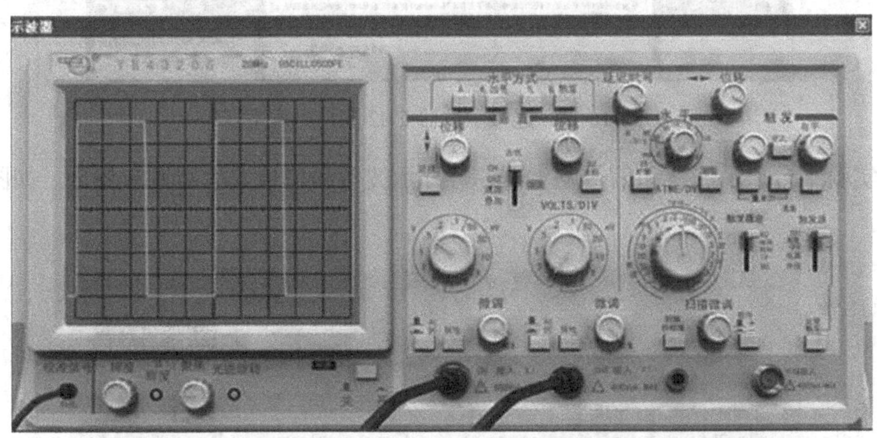

图 6-16-9 灵敏度旋钮 0.2 ms/cm

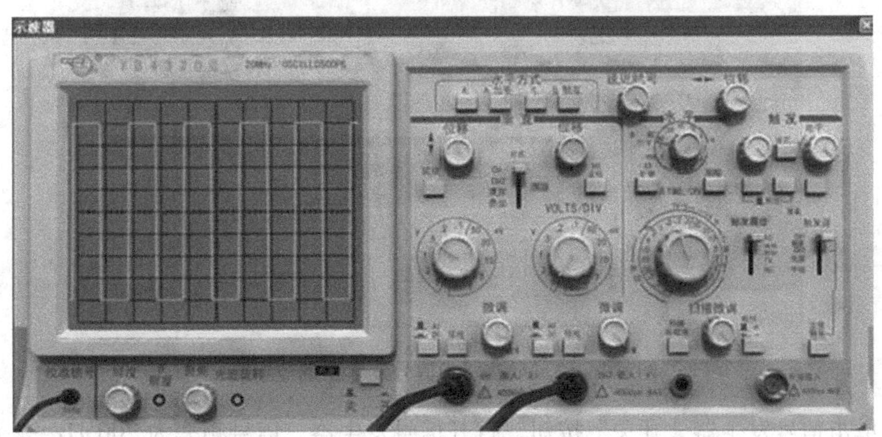

图 6-16-10 灵敏度旋钮 0.5 ms/cm

(3) 选择信号发生器的对称方波接 y 输入(幅度和 y 轴量程任选)，信号频率为 200 Hz～2 kHz(每隔 200 Hz 测一次)，选择示波器合适的时基，测量对应频率的厘米数、周期和频率. 首先按照校准 CH1 的方法对 CH2 进行校准. 连接示波器 CH2 和信号发生器，如图 6-16-11 所示.

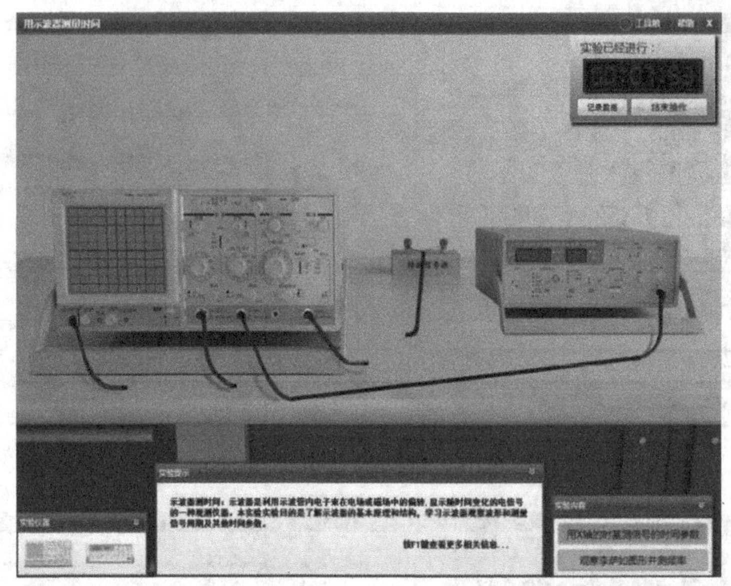

图 6-16-11　连接示波器 CH2 和信号发生器

双击实验平台上示波器和信号发生器，打开示波器和信号发生器调节界面，如图 6-16-12 所示.

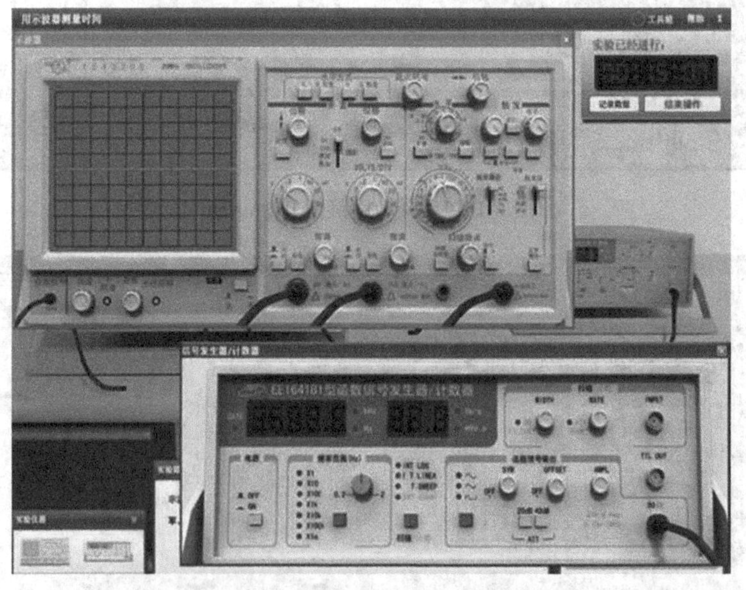

图 6-16-12　示波器和信号发生器调节界面

左键单击信号发生器“开关”按钮，打开信号发生器，信号频率为 200 Hz～2 kHz(每隔 200 Hz 测一次)，调节信号频率，波形选择对称方波，选择示波器合适的时基，调节时间灵敏度旋钮，使信号满屏，测量对应频率的厘米数、周期和频率. 同时把示波器中的方式拨动开关调到 CH2 挡上. 频率为 200 Hz(周期为 5 ms)时，界面如图 6-16-13 所示.

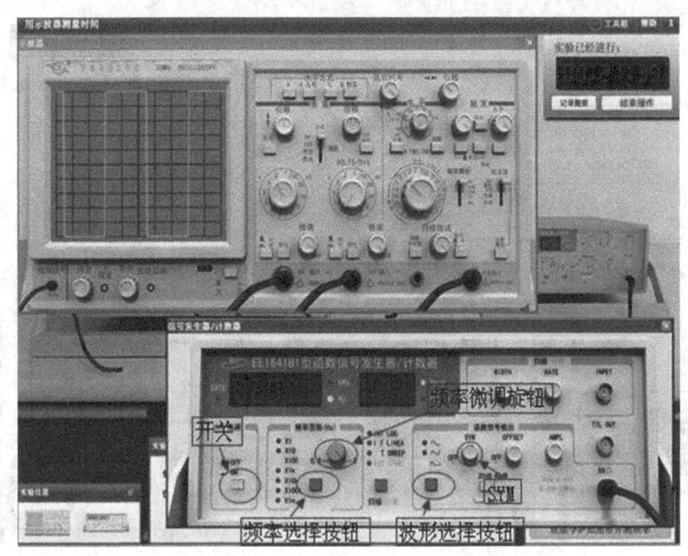

图 6-16-13　频率为 200 Hz 界面

(4) 选择信号发生器的非对称方波接 y 轴，频率分别为 200 Hz、500 Hz、1 kHz、2 kHz、5 kHz、10 kHz、20 kHz 测量各频率时的周期和方波的宽度. 用(2)的方法作曲线，调节信号发生器中的 SYM 旋钮，使信号发生器输出非对称方波(占空比任意)，SYM 旋钮在调节的最中间时为对称方波. 选择示波器合适的时基，调节时间灵敏度旋钮，使信号满屏，测量对应频率的厘米数、周期和频率. 同时把示波器中的方式拨动开关调到 CH2 挡上，同时按下 CH2 的 AC-DC 按钮，使 CH2 中的信号全部显示. 以 1 kHz 为例，如图 6-16-14 所示.

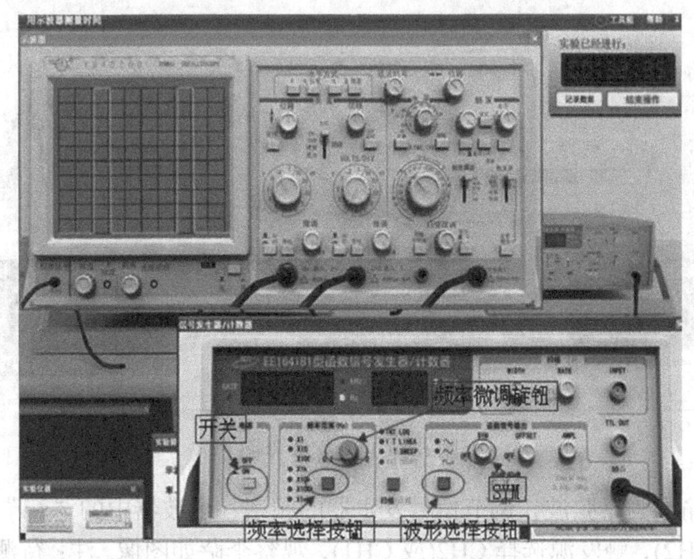

图 6-16-14　频率为 1 kHz 界面

(5) 改变信号发生器输出波形为三角波，频率为 500 Hz、1 kHz、1.5 kHz，测量各个频率时的上升时间、下降时间和周期. 频率为 1 kHz 时，界面如图 6-16-15 所示.

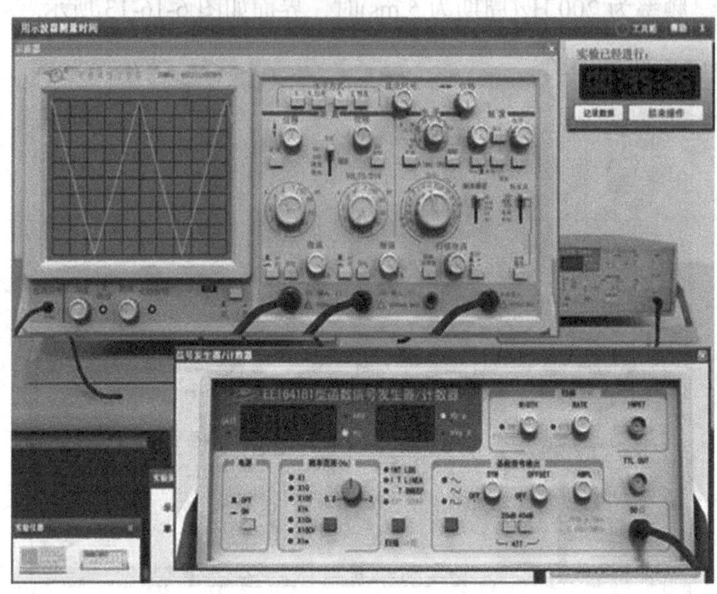

图 6-16-15　频率为 1 kHz 界面

(6) 观察李萨如图形并测频率. 用信号发生器和未知信号源分别接 y 轴和 x 轴，接线界面如图 6-16-16 所示.

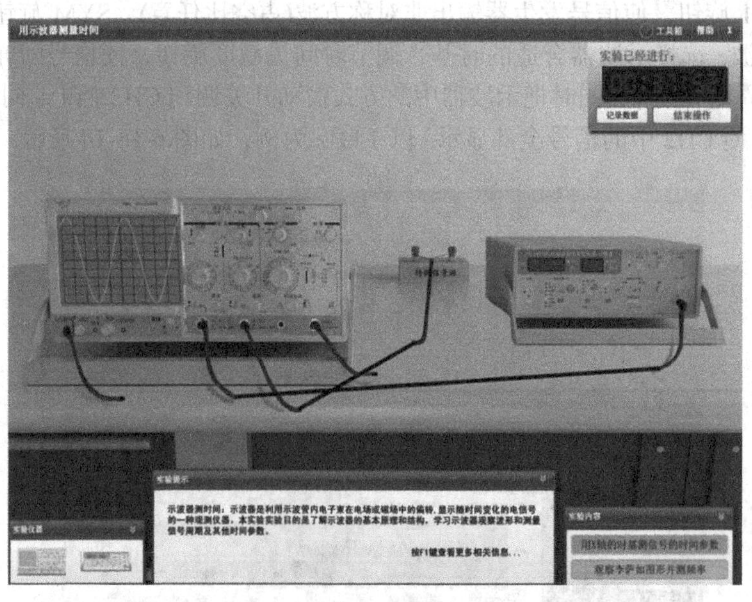

图 6-16-16　接线界面

信号发生器输出为正弦波，调节信号发生器的频率，示波器中的“x-y”按钮按下，方式调节到 CH1(或 CH2)，触发源选择 CH2(或 CH1)，观察李萨如图像. 注：待测信号源输出信号频率为随机产生. 当 $f_x/f_y=1$ 时，界面如图 6-16-17 所示；当 $f_x/f_y=1/2$ 时，界面如图 6-16-18 所示；当 $f_x/f_y=2$ 时，界面如图 6-16-19 所示.

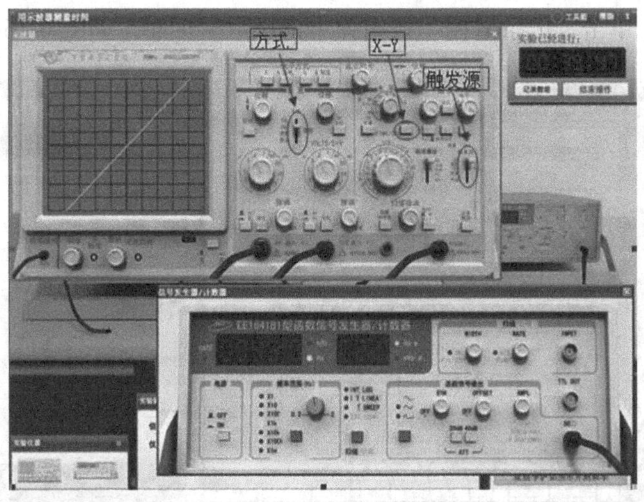

图 6-16-17　$f_x/f_y=1$ 界面

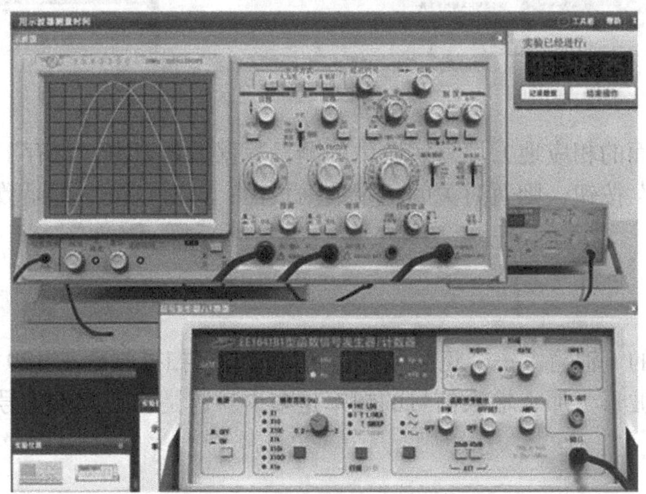

图 6-16-18　$f_x/f_y=1/2$ 界面

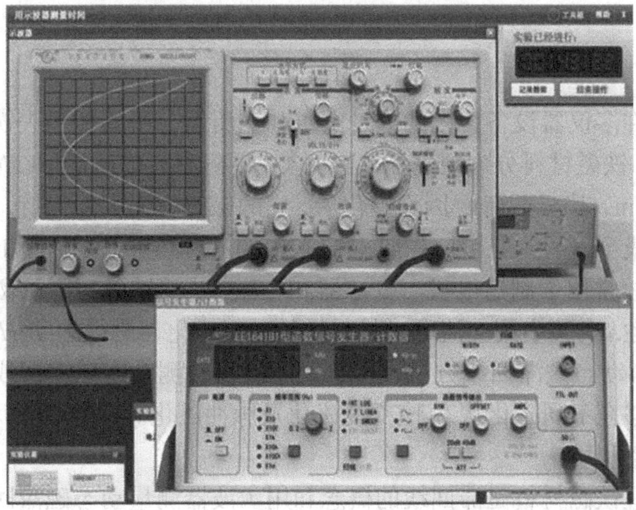

图 6-16-19　$f_x/f_y=2$ 界面

(7) 保存数据，单击“记录数据”按钮弹出记录数据页面，如图 6-16-20 所示.

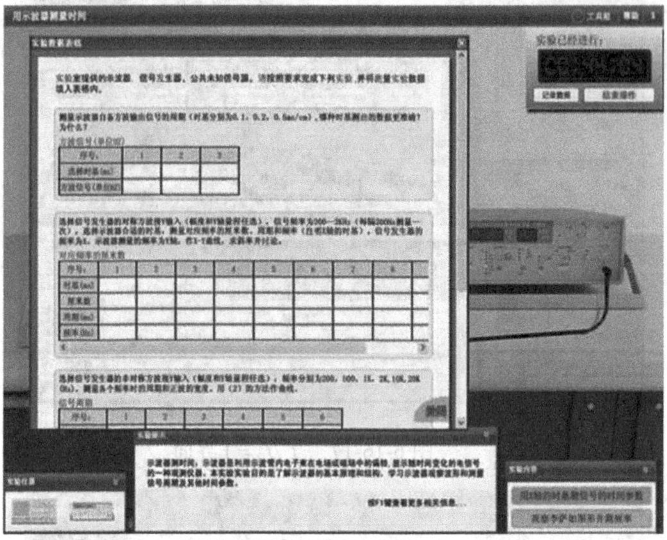

图 6-16-20　数据记录

在记录数据页面的相应地方填写实验中的测量数据后，点击“保存”按钮即可保存当前数据；点击“关闭”按钮，则暂时关闭记录数据页面；再次点击“记录数据”按钮会显示记录数据页面.

【思考题】

假定在示波器的 y 轴输入一个正弦电压，所用的水平扫描频率为 120 Hz，在荧光屏上出现三个稳定的正弦波形，那么输入信号的频率是多少？这是否是测量信号频率的好方法？为什么？

6.17　动态磁滞回线测量实验

【实验简介】

工程技术中有许多仪器设备，大的如发电机和变压器，小的如手表铁心和录音磁头等，都要用到铁磁材料. 铁磁材料分为硬磁和软磁两类. 硬磁材料的磁滞回线宽，剩磁和矫顽磁力较大(120～20000 A/m，甚至更高)，因而磁化后，它的磁感应强度能保持，适宜制作永久磁铁. 软磁材料的磁滞回线窄，矫顽磁力小(一般小于 120 A/m)，但它的磁导率和饱和磁感应强度大，容易磁化和去磁，故常用于制造电机、变压器和电磁铁. 而铁磁材料的磁化曲线和磁滞回线是该材料的重要特性. 实验中用交流电对材料样品进行磁化，测得的 B-H 曲线称为动态磁滞回线. 测量磁性材料动态磁滞回线方法较多，用示波器法测动态磁滞回线的方法具有直观、方便、迅速以及能够在不同磁化状态下(交变磁化及脉冲磁化等)进行观察和测量的独特优点，所以在实验中被广泛利用.

本实验要求掌握铁磁材料磁滞回线的概念和用示波器测量动态磁滞回线的原理和方法，从而在理论和实际应用上加深对材料磁特性的认识.

【实验仪器】

GY-4 可调隔离变压器、示波器、标定电阻、实验样品、标准互感器.

【实验操作】

1. 测量动态磁滞回线和基本磁化曲线

(1) 启动实验程序，进入实验窗口，如图 6-17-1 所示.

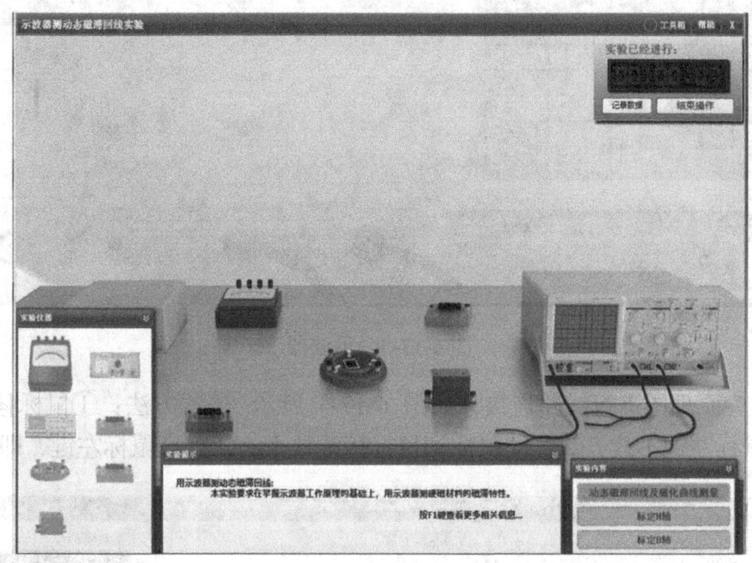

图 6-17-1　实验主场景图

(2) 调节示波器.

① 打开示波器窗口. 点击开关按钮，打开示波器电源. 调节辉度旋钮、聚焦旋钮，并将校准信号接入示波器，分别对示波器 CH1 通道和 CH2 通道进行校准，如图 6-17-2 所示.

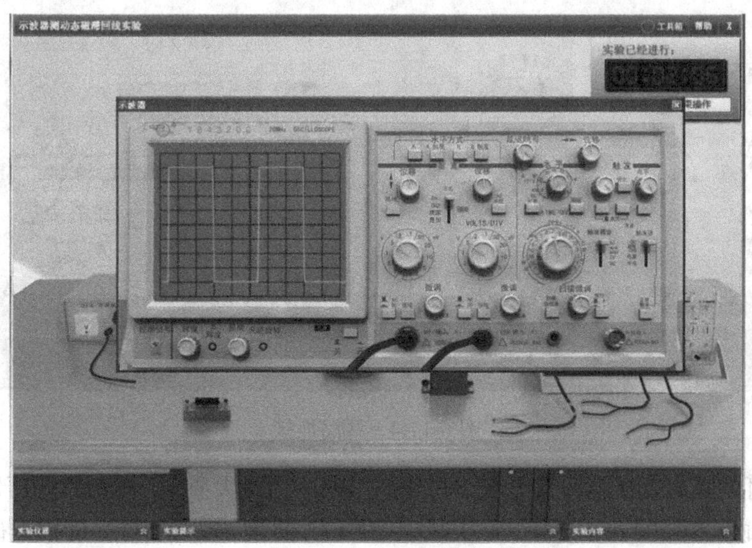

图 6-17-2　示波器窗口

② 按下示波器 x-y 按钮，调节示波器 CH1 通道和 CH2 通道的光点均与坐标原点重合，如图 6-17-3 所示.

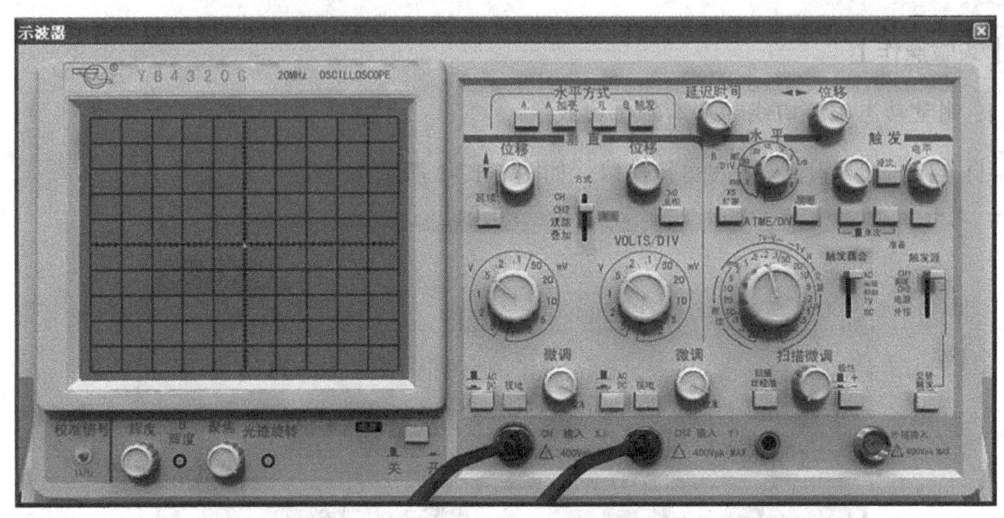

图 6-17-3　示波器

(3) 按照实验原理图进行线路连接，如图 6-17-4 所示. 连线方法：①鼠标移动到仪器的接线柱上，按下鼠标左键不放；②移动鼠标到目标接线柱上；③松开鼠标左键，即完成一条连线.

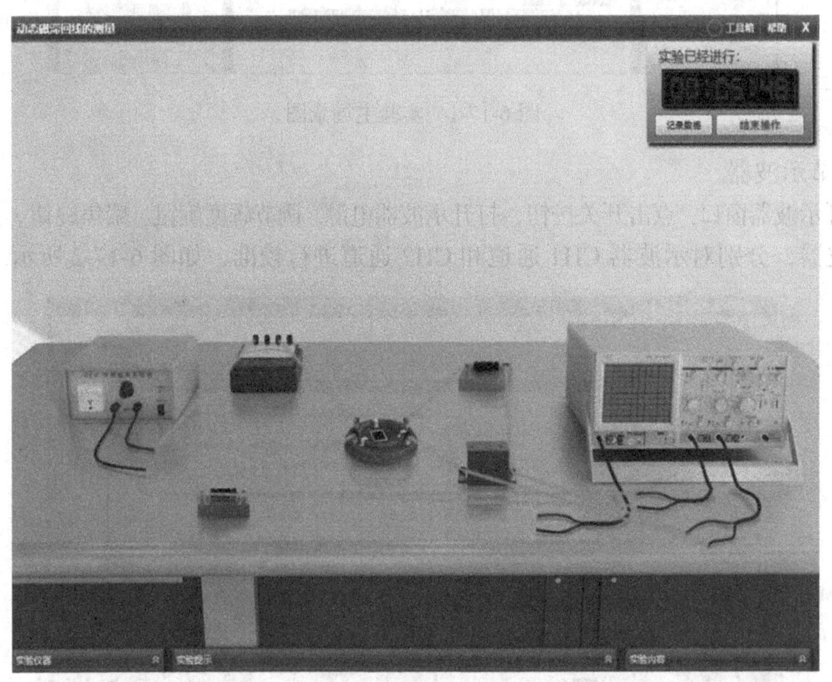

图 6-17-4　线路连接

(4) 打开可调隔离变压器电源开关，调节输出电压到最大值，缓慢调节调压器的输出电压，使励磁电流从最大值 600 mA 开始，每次减小 20 mA，直至调为零，样品即被退磁，如图 6-17-5 所示.

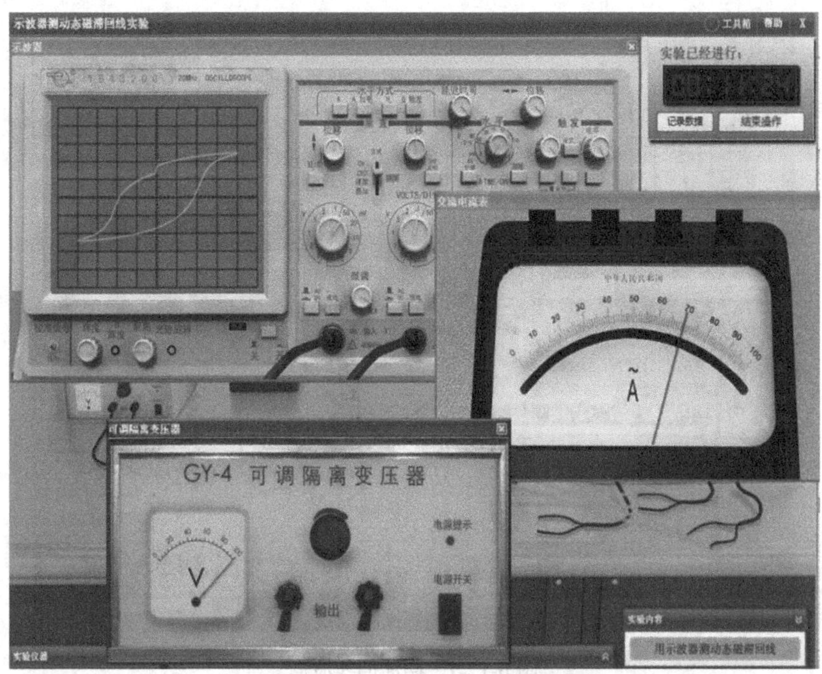

图 6-17-5　可调隔离变压器电源

(5) 调节输出电压为 80 V，观察并记录示波器显示的饱和磁滞回线波形，如图 6-17-6 所示.

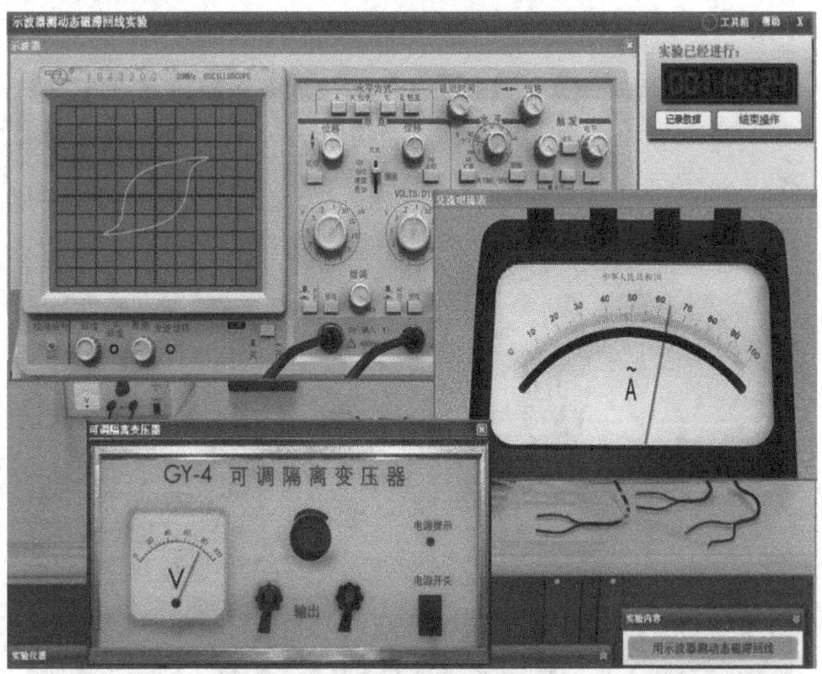

图 6-17-6　饱和磁滞回线波形

(6) 保持示波器增益不变，依次调节电源电压为 10 V、20 V、30 V、40 V、50 V、60 V、70 V、80 V、90 V、100 V，观察并记录各个磁滞回线波形的顶点坐标，如图 6-17-7 所示.

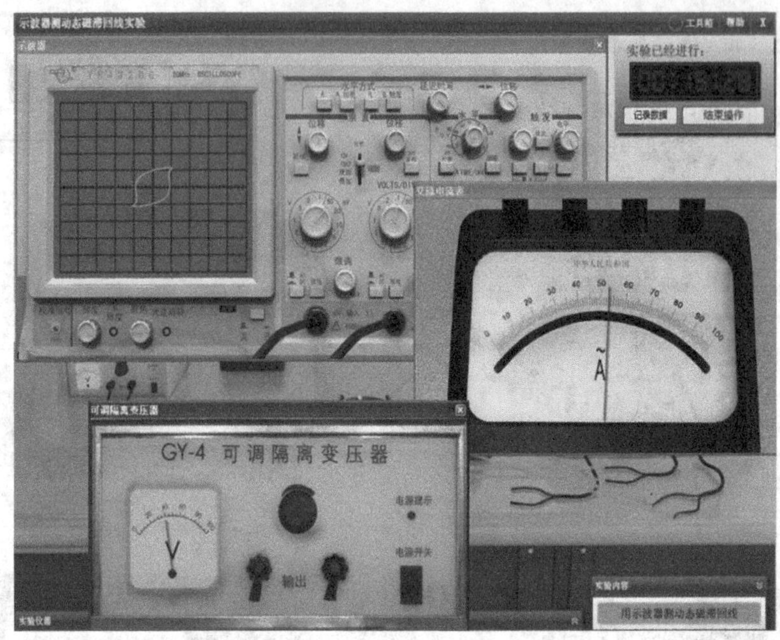

图 6-17-7　磁滞回线波形

2. 进行标定磁场强度 H 的操作提示

(1) 在实验仪器栏中将标定电阻 R_0 拖动到实验桌上，对照标定 H_0 原理图进行连线，如图 6-17-8 所示.

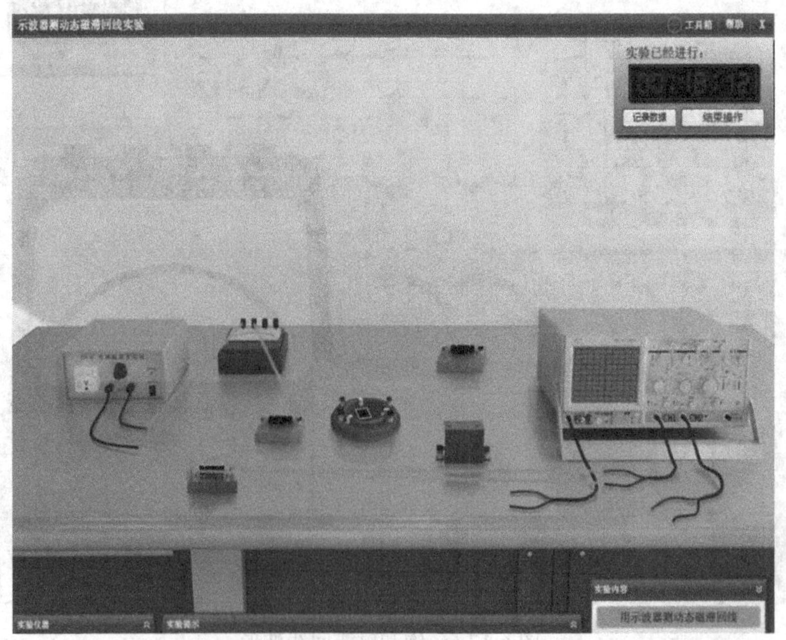

图 6-17-8　线路连接

(2) 调节电源电压使电路中的电流值为表格中的值，并记录示波器上显示波形的总长度(小格的格数)以及对应的增益挡位；根据已知数据及计算公式，计算出每小格代表的磁场强度

H_0的值，如图 6-17-9 所示.

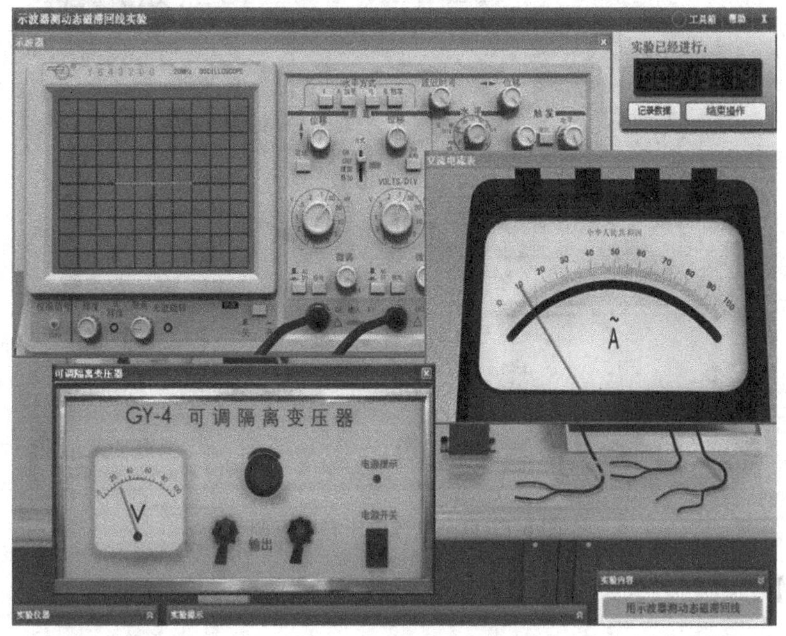

图 6-17-9　电源电压和电流调节

3. 进行标定磁感应强度 B 的操作提示

(1) 先将实验样品移回实验仪器栏，再将标准互感器拖到实验桌上，按照标定 B_0 原理图进行连接线路，如图 6-17-10 所示.

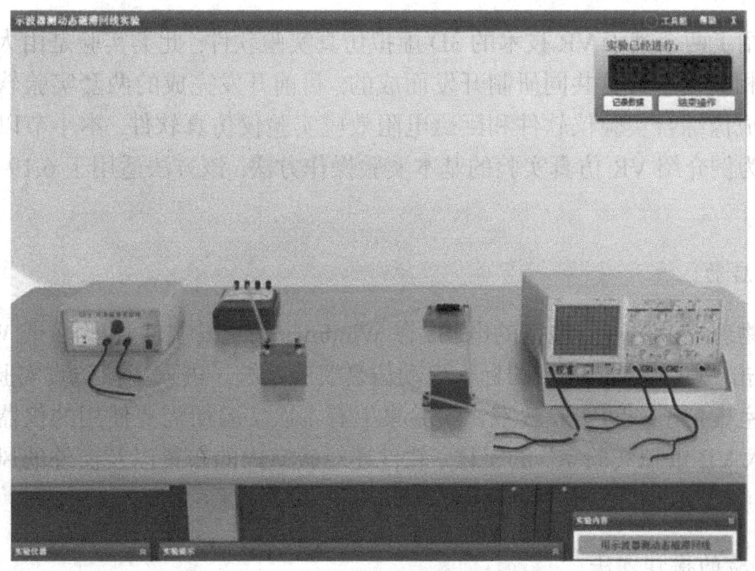

图 6-17-10　线路连接

(2) 调节电源电压使电路中的电流值为表格中的值，并记录示波器上显示波形的总长度(小格的格数)；根据已知数据及计算公式，计算出每小格代表的磁感应强度 B_0 的值，如图 6-17-11 所示.

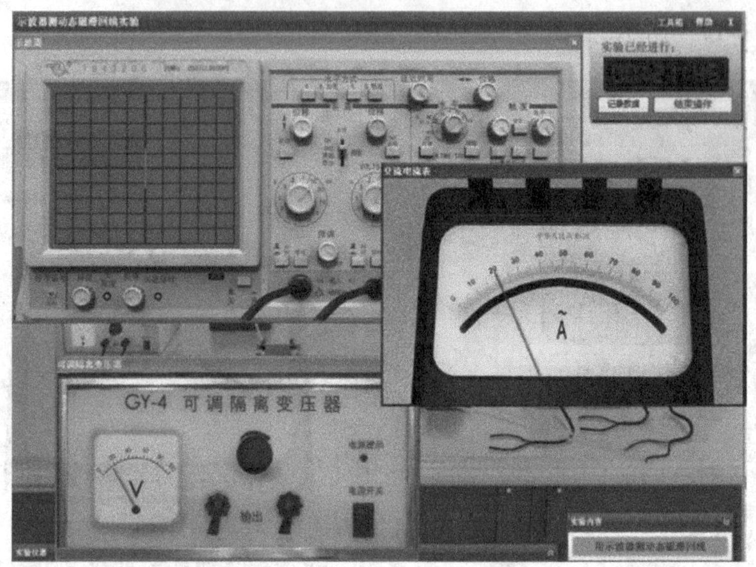

图 6-17-11　电源电压和电流调节

【思考题】

(1) R_1的值为什么不能大?

(2) U_c对应的是H还是B? 请说明理由?

(3) 测量磁滞回线要使材料达到磁饱和，退磁也应从磁饱和开始，意义何在?

6.18　基于 VR 设备的虚拟仿真实验操作方法

本章还介绍了两个基于 VR 技术的 3D 虚拟仿真实验软件. 此类实验是由太原科技大学实验教学团队与相关技术人员共同研制开发而成的. 目前开发完成的两套实验软件分别是热辐射与红外扫描成像综合实验仪软件和巨磁电阻效应实验仪仿真软件. 本小节以热辐射与红外扫描成像实验为例介绍 VR 仿真实验的基本实验操作方法. 该方法适用于 6.19 和 6.20 两小节实验.

1. 系统的启动

打开大学物理虚拟仿真实验室的电脑，在 Windows 系统的文件管理器(或 Windows 的“开始”菜单)里双击“GCRFS.EXE”图标，启动仿真实验系统，进入虚拟仿真实验室(图 6-18-1). 虚拟仿真实验室虚拟了一间实验教室，实验桌上有本次实验所需要使用的仪器，面前的黑板上有“欢迎进入 VR 虚拟实验室”的字样. 软件还对教室内的布置以及窗外的风景等进行了细致的模拟.

2. 仿真实验的操作方法

实验者在教师的指导下佩戴好 VR 头盔后，仿佛置身于线下实验室一样. 3D 虚拟仿真实验要求实验者使用操作手柄来进行实验.

图 6-18-2 为 VR 实验配套操作手柄的功能示意图，此模块可以通过点击图 6-18-1 中黑板

上方中部的“操作帮助”图标而打开. 操作手柄不同于鼠标，操作时主要利用手柄食指位置的扳机按钮，按住扳机按钮后，会出现蓝色的谱线，然后移动手柄，选中目标(通过蓝色谱线指定)，待所选目标变为绿色高亮时，则表示已经锁定目标. 然后点击操作手柄拇指位置的触摸板按钮，按下即为选中既定目标. 如果仅需要打开所选模块，则需要单击手柄正面的触摸板按钮向上(下)按下即可. 如果所选目标为旋钮或者开关，则需要把触摸板的旋转钮向左(右)按下.

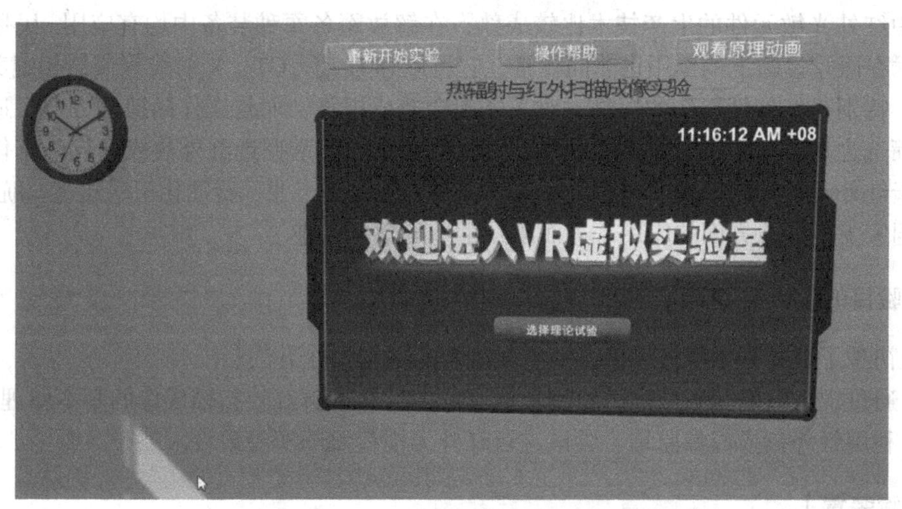

图 6-18-1　仿真实验主界面

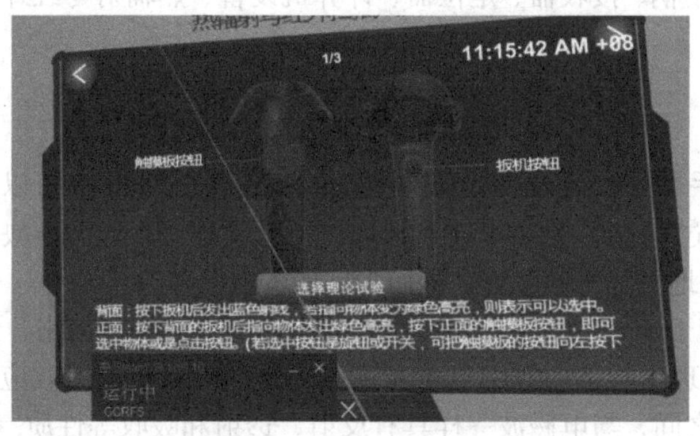

图 6-18-2　手柄功能示意图

如图 6-18-1 所示，在 VR 仿真实验界面中，通过用手柄操作打开操作帮助、观看原理动画等来帮助实验者更好地完成实验. 此外，如对本次实验结果感到不满意，实验者还可以选择重新开始实验，直到获得满意的实验结果为止.

以上介绍了基于 VR 3D 实验的基本操作方法，这里与普通裸眼 3D 仿真实验相比，主要是需要增加相应的硬件设备(头盔、手柄、定位器). 只有配套上述的硬件，才能使实验交互性达到最佳. 在实际实验过程中，使用者通过自身的语言、身体运动或动作等自然技能，就能对虚拟环境中的对象进行考察或操作. 使用者在虚拟环境中获得视觉、触觉、听觉、动觉等多种感知，从而达到身临其境的感受，真正地做到虚拟现实. 裸眼 3D 实验仿真软件与 VR 仿真实验软件相比，里面所用实验设备原型以及实验原理等均一致，仅仅是操作方法上有所区别. 下面将系统地介绍两个基于 VR 技术虚拟仿真实验.

6.19　热辐射与红外扫描成像实验

红外技术作为军事工业中的“顶尖技术”，在国防中用于目标跟踪、武器制导、夜间侦察等各个方面. 中国在近红外和中红外技术的研究应用已有较高水准，尤其是单元及多元近红外和中红外光敏元件的生产技术比较成熟，在解放军各军种装备中均有应用. 民用方面，红外技术在医疗诊断上的作用也非同寻常，它可以和 B 超、CT、X 射线等仪器相媲美，并互为补充，特别是红外无损伤的探测，对人体不会造成损害，而且操作简捷、方便，适合作为普查、筛选之用. 通过该实验的学习可以使学生初步了解掌握远红外热成像仪的工作原理；加深对于红外无损检测技术的理解，了解其在电力、电子工业、石油化工、建筑、航空航天、钢铁等国家支柱产业方面的应用，进而激发学生的学习兴趣.

【实验目的】

(1) 初步了解并基本掌握 VR 虚拟仿真实验的基本操作方法；

(2) 通过辐射盒的辐射数据，绘制辐射盒的图像，理解红外扫描成像的基本原理；

(3) 利用红外扫描成像原理，尝试进行红外无损检测的实验设计.

【实验装置】

VR 头盔、操作手柄、接收器、定位器、计算机设备、热辐射与红外扫描成像综合实验仪软件.

【实验原理】

通过鼠标操作(手柄操作)点击图 6-18-1 中的“观看原理动画”可以直观地展示该实验原理. 此外，还可以通过点击图 6-18-1 中黑板上的“选择理论实验”模块，即通过完成一些相关的测试实验去更好地理解实验原理，进而为完成本实验奠定基础.

当物体的温度高于绝对零度时，均有红外线向周围空间辐射出来，红外辐射的物理本质是热辐射. 其微观机理是物体内部带电粒子不停地运动导致热辐射效应. 热辐射的波长和频率在 0.76～100 μm 之间，与电磁波一样具有反射、透射和吸收等性质. 设辐射到物体上的能量为 Q，被物体吸收的能量为 Q_α，透过物体的能量为 Q_τ，被反射的能量为 Q_ρ. 由能量守恒定律可得

$$\frac{Q_\alpha}{Q}+\frac{Q_\tau}{Q}+\frac{Q_\rho}{Q}=\alpha+\tau+\rho=1 \tag{6-19-1}$$

式中，α为吸收率；τ为透射率；ρ为反射率.

基尔霍夫指出：物体的辐射发射量 M 和吸收率α的比值 M/α与物体的性质无关，都等同于在同一温度下的绝对黑体的辐射发射量 M_B.

$$\frac{M_1}{\alpha_1}=\frac{M_2}{\alpha_2}=\cdots=M_B=f(T) \tag{6-19-2}$$

基尔霍夫定律不仅对所有波长的全辐射(或称总辐射)而言是正确的，而且对任意单色波长

λ也是正确的.

能完全吸收入射辐射，并具有最大辐射率的物体叫做绝对黑体. 实验室中人工制作绝对黑体的条件是：①腔壁近似等温；②开孔面积≪腔体.

本实验中我们利用红外传感器测量辐射方盒表面的总辐射发射量 M. M 是所有波长的电磁波的光谱辐射发射量的总和，数学表达式为

$$M=\int_0^{+\infty} M_\lambda \mathrm{d}\lambda \tag{6-19-3}$$

上式被称为斯蒂芬-玻尔兹曼定律. 不同的物体，处于不同的温度，辐射发射量都不同，但有一定的规律.

比辐射率ε的定义：物体的辐射发射量与黑体的辐射发射量之比，即

$$\varepsilon=\left(\frac{\text{物体辐射发射量}}{\text{黑体辐射发射量}}\right)_T=\frac{M}{M_\mathrm{B}}=\frac{\int_0^\infty \varepsilon_\lambda M_{\mathrm{B}\lambda}\mathrm{d}\lambda}{\int_0^\infty M_{\mathrm{B}\lambda}\mathrm{d}\lambda} \tag{6-19-4}$$

由基尔霍夫定律可知，辐射发射量 M 与吸收率α的关系为 $M=\alpha M_\mathrm{B}$.

由能量守恒定律和基尔霍夫定律，即公式(6-19-1)和(6-19-2)联立求解

$$\begin{cases}\alpha+\tau+\rho=1\\ \alpha=\dfrac{M}{M_\mathrm{B}}\end{cases}$$

可得

$$M=M_\mathrm{B}(1-\tau-\rho) \tag{6-19-5}$$

由上述知识可知，若我们测出物体的辐射发射量和黑体的辐射发射量，便可求出物体的吸收率，还可以获得物体反射率和透射率的有关信息.

实验装置中样品表面每一点的对外辐射情况，可近似当作余弦辐射体处理，如图 6-19-1 所示. 所以

$$I=I_0\cos i\text{，}\ \varPhi=\int_0^\Omega I\mathrm{d}\Omega \tag{6-19-6}$$

式中，I 表示发光强度；$\varPhi$ 表示光通量. 在球面上取一个 di 的环带，它对应的立体角为 $\mathrm{d}\Omega=-2\pi\mathrm{d}\cos i$，$\mathrm{d}\varPhi=-\pi\int_0^{\frac{\pi}{2}} I_0 2\cos i\mathrm{d}\cos i=\pi L\mathrm{d}S_1$, $M=\dfrac{\mathrm{d}\varPhi}{\mathrm{d}S_1}=\pi L=\pi\dfrac{I}{\mathrm{d}S_1\cos i}$，$M=\rho M_0$ (其中 ρ 为发射率). $I=\dfrac{M\cos i}{\pi}\mathrm{d}S_1=\dfrac{\rho M_0\cos i}{\pi}\mathrm{d}S_1$.

考虑到探测器接收面上的一个立体角 $\mathrm{d}\Omega=\dfrac{\mathrm{d}S\cos\alpha}{l^2}$，如图 6-19-2，所以有

$$\mathrm{d}\varPhi=I\mathrm{d}\Omega=\frac{\rho M_0\cos i}{\pi}\mathrm{d}S_1\frac{\mathrm{d}S\cos\alpha}{l^2}\text{，}\ \mathrm{d}\varPhi=\frac{\rho M_0\cos i\cos\alpha}{\pi l^2}\mathrm{d}S_1\mathrm{d}S$$

$$\varPhi=\iint\frac{\rho M_0\cos i\cos\alpha}{\pi l^2}\mathrm{d}S\mathrm{d}S_1 \tag{6-19-7}$$

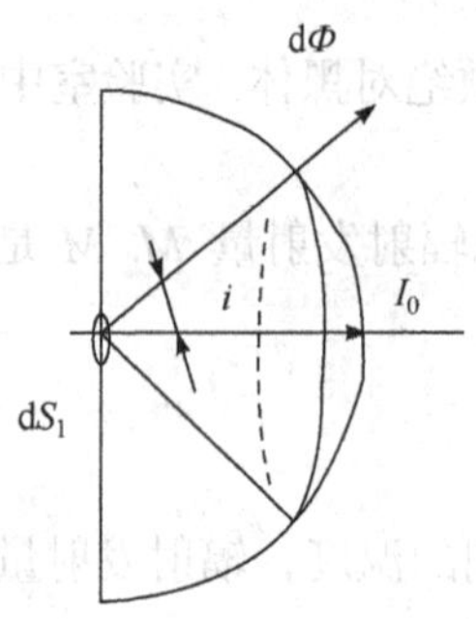

图 6-19-1 余弦辐射体示意图

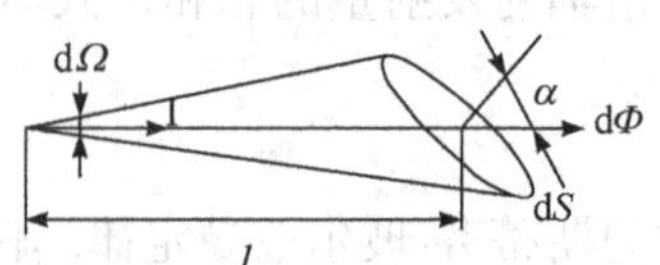

图 6-19-2 探测器接收面立体角示意图

因为探测器接收面积以及光阑直径都很小，所以可以认为接收到的光强均匀分布，所以有$\int \mathrm{d}S = S$，又有$\mathrm{d}S_1 = \mathrm{d}x\mathrm{d}y$，所以

$$\Phi = \iint \frac{\rho M_0 \cos i \cos\alpha}{\pi l^2} S\mathrm{d}x\mathrm{d}y \tag{6-19-8}$$

上式中各参数的函数表达式如下：

(1) 光线入射角：$\alpha = i = \arctan\dfrac{\sqrt{(x-L)^2+(y-H)^2}}{L_9}$；

(2) 入射光线传输距离：$l = \dfrac{L_9 + L_{10}}{\cos\alpha}$；

(3) 假设黑体出射度：$M_0 = \sigma T^4\ (\sigma = 5.673\times10^{-8}\,\mathrm{W/(m^2\cdot K^2)})$；

(4) 发射率：$\rho = \begin{cases}1, \\ 0.31,\end{cases}$ 式中$\rho=1$为黑体，$\rho > 0.31$为灰体.

受光阑限制，装置中的探测器只能接收一定角度内入射的光线，如图 6-19-3 所示. 能探测到光线的最大、最小入射角分别为

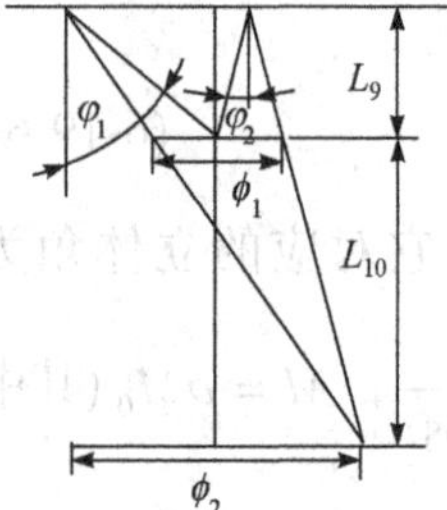

图 6-19-3 入射角示意图

$$\phi_1 = \arctan\frac{L_9(\varphi_1+\varphi_2)+L_{10}\varphi_1}{2L_9L_{10}}, \quad \phi_2 = \arctan\frac{L_9(\varphi_2-\varphi_1)-L_{10}\varphi_1}{2L_9L_{10}}$$

如图 6-19-4 所示，从辐射体上一个微元 dx, dy 向探测器发出的一束红外线，经过光阑后在探测面上得到一个光斑，半径为$r_1 = \dfrac{(L_9+L_{10})\varphi_1}{2L_9}$，探测器探测面半径为$r_2 = \dfrac{1}{2}\varphi_2$，两圆心距离为$d = L_{10}\tan\alpha$，则夹角为

$$\beta_1 = \arccos\frac{r_1^2+d^2-r_2^2}{2r_1d}$$

$$\beta_2 = \arccos\frac{r_2^2+d^2-r_1^2}{2r_1d}$$

所以，最后的有效照射面积 S 为

$$
S=\begin{cases}
0\cdots\cdots & (\alpha>\phi_1)\\
\pi r_1^{\ 2}\cdots\cdots & (\alpha<|\phi_2|\cap r_1<r_2)\\
\pi r_2^{\ 2}\cdots\cdots & (\alpha<|\phi_2|\cap r_1>r_2)\\
\beta_1 r_1^{\ 2}+\beta_2 r_2^{\ 2}-r_1 d\sin\beta_1 & (\text{其他})
\end{cases}
\qquad (6\text{-}19\text{-}9)
$$

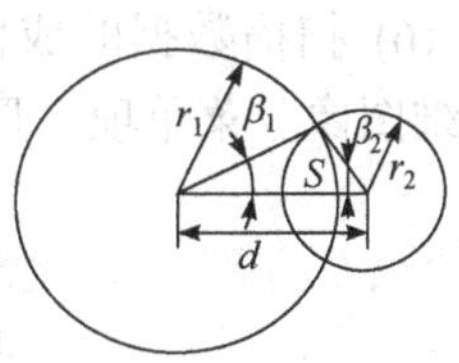

图 6-19-4　有效辐射面示意图

这样，图像能够反映辐射面的外形特征，因此可以利用本仪器进行成像实验.

【实验内容与步骤】

(1) 在 Windows 系统的文件管理器中点开热辐射红外成像实验仿真系统软件(GCRFS.EXE).

(2) 点击实验桌上的电脑开始实验，然后选择仿真实验中用到的仪器：热辐射综合实验仪、热辐射测量平台.

(3) 加热辐射方盒. 打开热辐射与红外扫描成像综合实验仪，设定热辐射盒的温度(一般取热辐射盒表面温度小于 70 ℃，如 50 ℃)，等待约 20 min 待温度稳定时，并保证热辐射盒表面温度的误差小于 1 ℃，使热辐射盒待测样品的表面与红外传感器的敏感面平行(当测量曲线显示几乎是一条水平直线时，就表示平行了). 调试二维电动扫描系统确保待测样品全部落入在所扫描的区间之内.

(4) 设置红外传感器垂直方向的扫描范围. 通过操作手柄点开如图 6-19-5 所示界面. 这里需要说明的是，在设置扫描范围前，应该首先点击图 6-19-5 中所示的“实验初始化”.“垂直上位置”表示垂直扫描的开始位置，“垂直下位置”表示垂直扫描的结束位置，“垂直间隔”表示每次扫描时，垂直方向的电动平移台移动的距离.垂直上位置一般设置在 0～30 mm，而垂直下位置一般设置在 40～60 mm，垂直间隔(扫描间隔)一般取 2 mm.

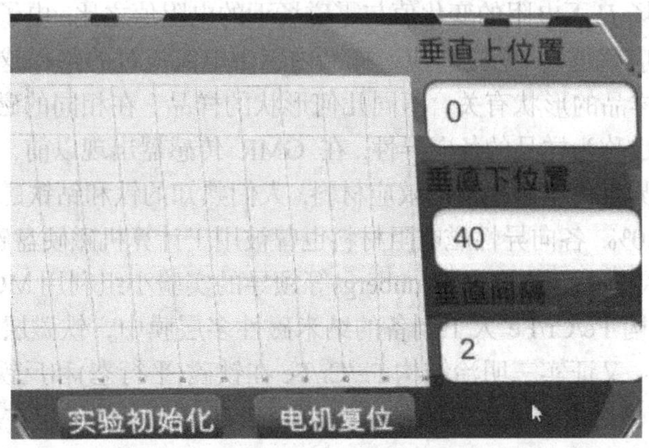

图 6-19-5　外传感器扫描范围设置界面

(5) 点击如图 6-19-5 所示的“电机复位”，使用水平方向与垂直方向的电动平移台回到初始位置.然后选择开始扫描. 如果用户想在设置好垂直参数后，不想每次都按开始扫描，可以勾选“每次开始自动扫描”，在扫描完本组曲线后，自动开始下一组曲线的扫描.直到达到扫描结束条件，垂直方向的电动平移台移到垂直下位置.

(6) 扫描数据的成像处理. 将仿真实验实测数据导入到数据处理软件，系统会自动调用“二维图像”菜单项，显示二维图像，如图 6-19-6 所示.

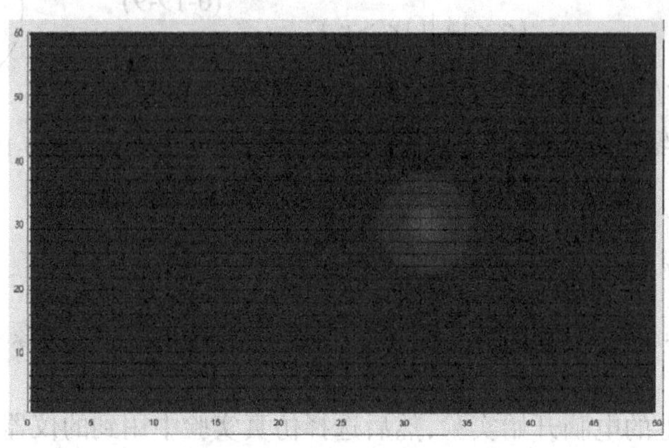

图 6-19-6　红外扫描成像结果 2D 图

【注意事项】

(1) 务必确保待测样品全部落在所扫描的区间之内.

(2) 只有在“实验初始化”之后，在“电机复位”之前，才允许设置传感器扫描范围，扫描过程中，不允许设置.

6.20　巨磁电阻效应实验

经典物理学中，铁磁样品在外加磁场作用下，因为受洛伦兹力的作用，内部电子的运动(量子力学中称之为“散射”)方向发生改变，从而样品电阻率发生变化，阻值也随之变化. 通常，磁阻率可定义为：磁场 H 下电阻的变化值与零磁场下的电阻值之比. 电子的散射时间越长，磁场作用在电阻上的效应就越大. 与之对应，样品内感生电流流过的路程越长，样品阻值变化量越大. 磁电阻效应与样品的形状有关，不同几何形状的样品，在相同的磁场下，其电阻率变化不同，在某些情况下也称为样品的各向异性. 在 GMR 传感器出现以前，人们使用的磁电阻传感器主要是利用各向异性磁电阻(AMR)效应材料. 人们熟知的铁和钴铁磁性金属的各向异性磁电阻可达到 0.8%和 3.0%. 各向异性磁电阻材料也曾被用于计算机磁硬盘磁读出头器件.

1986 年，德国皮特 · 克鲁伯格(P. Grunberg)等领导的实验小组利用 MOKE(磁光 Kerr)技术，首次发现在三明治结构 Fe/Cr/Fe 人工制备的纳米磁性多层膜中，铁磁层间能形成反铁磁耦合的状态. 随后 1989 年，又证实三明治结构 Fe/Cr/Fe 在铁磁(平行态)和反铁磁(反平行态)耦合状态下电阻有巨大变化，指出该磁致电阻的巨大改变来自于两个铁磁层在反铁磁耦合状态下对电子的自旋反转散射.

人们早就知道过渡金属铁、钴、镍能够出现铁磁性有序状态，后来发现很多的过渡金属和稀土金属的化合物具有反铁磁(或亚铁磁)有序状态，相关理论指出这些状态源于铁磁性原子磁矩之间的直接交换作用和间接交换作用.直接交换作用的特征长度为 0.1～0.3 nm，间接交换作用可以长达 1 nm 以上. 1 nm 已经是实验室中人工微结构材料可以实现的尺度，所以，科学家们开始了探索人工微结构中的磁性交换作用. 1986 年德国物理学家皮特 · 克鲁伯格采用分子束外延(MBE)方法制备了铁-铬-铁三层单晶结构薄膜. 发现对于非铁磁层铬的某个特定厚度，没有外磁场时，两边铁磁层磁矩是反平行的，这个新现象成为巨磁电阻(giant magneto resistance，简称 GMR)效应出现的前提. 进一步发现两个磁矩反平行时对应高电阻状态，平行时对应低电阻状态，两个电阻的差别高达 10%. 1988 年法国物理学家艾尔伯 · 费尔(Albert Fert)的研究小组将铁、铬薄膜交替制成几十个周期的铁-铬超晶格薄膜，发现当改变磁场强度时，超晶格薄膜的电阻下降近一半，磁电阻比率达到 50%. 这个前所未有的电阻巨大变化现象被称为巨磁电阻效应. GMR 效应的发现，导致了新的自旋电子学的创立. GMR 效应的应用使计算机硬盘的容量提高了几百倍，从几百 Mbit，提高到几百 Gbit 甚至上千 Gbit. 艾尔伯 · 费尔和皮特 · 克鲁伯格因此获得 2007 年诺贝尔物理学奖.

巨磁电阻效应发现的另一重大意义在于打开了一扇通向新技术世界的大门——自旋电子学.传统的电子学是以电子的电荷移动为基础的，电子自旋往往被忽略了. 巨磁电阻效应表明电子自旋对电流的影响非常强烈，电子的电荷移动与自旋两者都可能载运信息. 自旋电子学的研究和发展引发了电子技术与信息技术的一场新的革命. 目前电脑、音乐播放器等各类数码电子产品中所装备的硬盘磁头，基本上都应用了巨磁电阻效应. 利用巨磁电阻效应制成的多种传感器，已广泛应用于各种测控领域. 除利用铁磁膜-金属膜-铁磁膜的 GMR 效应外，由两层铁磁膜夹一极薄的绝缘膜或半导体膜构成的隧穿磁阻(TMR)效应，已显示出比 GMR 效应更高的灵敏度. 此外，在单晶和多晶等多种形态的钙钛矿结构的稀土锰酸盐，以及一些磁性半导体中，都发现了巨磁电阻效应. 通过该实验的学习可以使学生初步了解巨磁电阻效应原理；加深对于巨磁效应在传感器高集成度、高灵敏度、抗干扰性方面的应用，进而激发学生的学习兴趣.

【实验目的】

(1) 巨磁阻样品的输出电压及 MR 值随磁感应强度的变化关系；
(2) 巨磁阻样品的灵敏度与其工作电压 V_{in} 的变化关系；
(3) 巨磁阻样品的温度 T 与其输出电压 V_{out} 的变化关系；
(4) 巨磁阻样品敏感轴与磁场间的夹角与传感器灵敏度的关系；
(5) 巨磁电阻样品与位移的关系.

【实验装置】

VR 头盔、操作手柄、接收器、定位器、计算机设备、巨磁电阻效应实验仪虚拟仿真软件.

【实验原理】

通过鼠标操作(手柄操作)点击实验原理(观看原理动画)可以直观地展示该实验原理. 由于原理内容均可以通过上述操作，在实验界面中清楚直观地展示，这里就不再对实验原理进行赘述.

【实验内容与步骤】

(1) 在 Windows 系统的文件管理器中点开巨磁电阻效应实验仿真系统软件(GCGMR-A.EXE). 巨磁电阻效应虚拟实验室如图 6-20-1 所示.

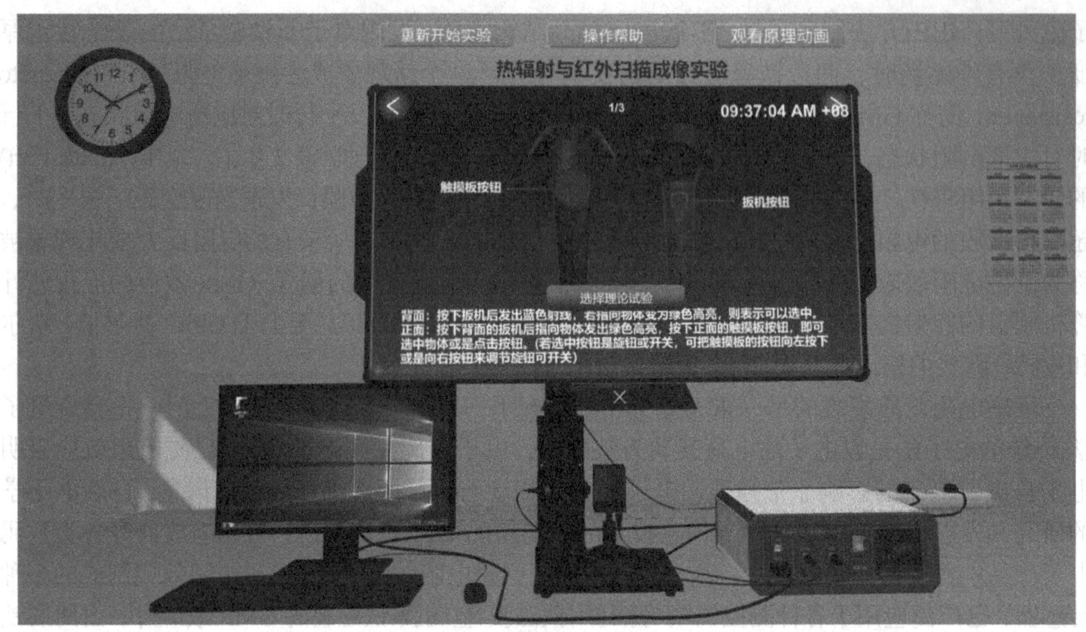

图 6-20-1　虚拟实验室界面

(2) 点击实验桌上的计算机进入实验，然后选择仿真实验中用到的仪器：巨磁电阻传感器、可调恒流源、亥姆霍兹线圈，且按正确的连接方式将其连接(仪器连接方式在操作帮助中可以查看).

(3) 巨磁阻样品的输出电压及 MR 值随磁感应强度的变化关系.

① 将样品转动至磁感应强度最大方向(使样品管脚与磁感应强度 B 的方向平行)，调节“电压调节”旋扭使输出电压为 10.00 V，同时将“励磁电流”逆时针调到底.

② 将电流方向扭子开关拨到中间挡，单击“零点偏移量”并选择“V_{out} 调零”. 调节励磁电流从−500 mA 到 500 mA，每间隔 50 mA 测量一次样品的输出电压值 V_{out}，具体操作为：将机箱前面板电流方向扭子开关拨到“−”，将输出电流调到 500 mA，单击软件界面中“记录数据”按钮，数据会自动显示到左边表格内；当记录完−50 mA 时的数据后，将电流方向扭子开关拨到正中间，此时电流为 0，线圈磁场为零，单击“记录数据”按钮记录下此时数据；然后，将电流方向扭子开关拨到“+”，按相同方法记录 50 mA 到 500 mA 时的电压值 V_{out}.

③ 记录完所有数据后，将电流调节到 150 mA 左右. 分别点击“MR-B 曲线”和“V_{out}-B 曲线”按钮，界面坐标轴上显示出相应曲线，可对该曲线进行保存、复制、打印等操作，也可将实验数据导出以便使用.

(4) 巨磁阻样品的灵敏度与其工作电压 V_{in} 的变化关系.

① 将样品转动至磁感应强度最大方向(使样品管脚与磁感应强度 B 的方向平行). 将电流方向扭子开关拨到“+”或“−”，并将电流调节至 150 mA 左右.

② 打开实验测试软件，单击“实验选择”，选择对应的实验内容. 调节输出电压从 5.00～10.0 V 变化，每间隔 1 V，测量一次输出电压值，即将电压调到表格中相应数值时，单击“记录数据”按钮即可，数据记录完成后，单击“V_{out}-V_{in} 曲线”按钮，得到相应的变化关系曲线.

③ 总结样品工作电压对其灵敏度的影响.

(5) 巨磁阻样品的温度 T 与其输出电压 V_{out} 的变化关系.

① 将样品台上 PT100 和 HEATER 航空插座与智能温控机箱前面板的 PT100 和 HEATER 用导线对应相连. 然后，开启智能温控机箱的电源开关.

② 将样品转动至磁感应强度最大方向(使样品管脚与磁感应强度 B 的方向平行). 将电流方向扭子开关拨到 “+” 或 “−” ，并将电流调节至 150 mA 左右.

③ 打开温控仪，可由室温开始，每间隔 2 ℃，测量一次输出电压值，每次温度上升到记录点时，至少等待一分钟，芯片工作状态稳定时再点击 “记录数据” 按钮.

④ 记录完一组数据后，单击 “V_{out}-T 曲线” 按钮得到样品的电磁特性与温度的变化关系. 可点击坐标轴上方的 “ZoomBox” 按钮，然后在坐标轴上拖出一个矩形(让曲线包含在矩形内)，这样就可以看到放大后的完整曲线了.

(6) 巨磁阻样品敏感轴与磁场间的夹角与传感器灵敏度的关系.

① 将样品转动至磁感应强度最大方向(使样品管脚与磁感应强度 B 的方向平行). 将电流方向扭子开关拨到 “+” 或 “−” ，并将电流调节至 150 mA 左右.

② 将样品逆时针旋转 90° (转动盘零刻线与样品台 180°或 0°刻度线重合)，将此时样品的位置记为−90°，顺时针旋转巨磁阻传感器，在−90°～90°夹角范围内，每间隔 10°记录一次样品的输出电压值.

③ 记录完数据，单击 “V_{out}-θ 曲线” 按钮得到输出电压与夹角之间的关系，观察样品的各向异性特性并总结实验结果.

(7) 巨磁电阻样品与位移的关系.

① 将样品转动至磁感应强度最大方向(使样品管脚与磁感应强度 B 的方向平行)，将电流方向扭子开关拨到 “+” 或 “−” ，并将电流调节至 150 mA 左右.

② 打开实验测试软件，单击 “实验选择” ，选择对应的实验内容. 调节 “输出电压” 旋钮，直至电压表头显示为 10 V.

③ 改变亥姆霍兹线圈其中一个线圈的位置，使其在 R～$2R$ 范围内移动，每移动一个刻度记录一次输出电压值.

④ 记录完数据，单击 “V_{out}-L 曲线” 按钮得到输出电压与位移之间的关系曲线，总结实验结果.

【注意事项】

(1) 无特殊情况下，操作中每次改变或移动一个变量后，等待 5 s 左右，再按下 “记录数据” 按钮. 这段时间是各部分器件进入稳定工作状态的一个过渡过程.

(2) 实验软件中的演示数据均是在巨磁电阻引脚指向位移的方向时所测得的.

(3) 使用实验软件时，在每次实验之前(指开始记录数据之前)都要将电流调到 0 mA(即电流方向扭子开关拨到中间挡)，再将电压调至 10 V 后，点击 “零点偏移量” 并选择 “V_{out} 调零” ，随后再进行实验操作.